The Master Plan
for Zhengdong New District
郑东新区总体规划篇

01 郑州市郑东新区
城市规划与建筑设计(2001~2009)
Urban Planning and Architectural Designs
for Zhengdong New District of Zhengzhou(2001-2009)

○主编：李克
○编著：郑州市郑东新区管理委员会、郑州市城市规划局
○Editors in Chief: Ke Li
○Compiler: Zhengzhou Zhengdong New District Administration Committee, Zhengzhou Urban Planning Bureau

图书在版编目（CIP）数据

郑州市郑东新区城市规划与建筑设计（2001～2009）1. 郑东新区总体规划篇/李克主编；郑州市郑东新区管理委员会，郑州市城市规划局编著. – 北京：中国建筑工业出版社，2010
ISBN 978-7-112-11828-1

I. 郑… II. ①李…②郑…③郑… III. 城市规划–建筑设计–郑州市–2001～2009 IV. TU984.261.1

中国版本图书馆CIP数据核字（2010）第031187号

责任编辑：滕云飞　徐　纺
版式设计：朱　涛
封面设计：简健能

**郑州市郑东新区城市规划与建筑设计（2001～2009）1.
郑东新区总体规划篇**
李克　主编
郑州市郑东新区管理委员会，郑州市城市规划局　编著
*
中国建筑工业出版社出版、发行（北京西郊百万庄）
各地新华书店、建筑书店经销
上海利丰雅高印刷有限公司　制版
恒美印务（广州）有限公司　印刷
*
开本：850×1168毫米　1/12
印张：25 $\frac{1}{2}$　字数：765千字
2010年6月第一版　2010年6月第一次印刷
定价：**250.00元**
ISBN 978-7-112-11828-1
　　　（19092）
版权所有　翻印必究
如有印装质量问题，可寄本社退换
（邮政编码　100037）

前言
Forword

一

  郑州，一座有着3600多年历史文化积淀的古都，"商汤都亳"曾是商初时期的天下名都，是中国"八大古都"中年代最久远的城市。

  郑东新区，一个现代城区建设的杰作。自2003年开始启动建设至今，这里发生的巨变令人惊叹。走近郑东新区，感受到的是一座充满活力的新城，一股蓬勃向上的气势，一种优美舒适的生态体验。柔美的环形城市布局，蔚为壮观的高楼大厦，亲水宜人的秀美景观，充分展现着这座新城积极向上的发展活力与深厚的历史人文魅力。

  郑东新区正在日新月异的发展和成长之中，在这背后，高起点、高标准、高品位的城市规划与建筑设计为郑东新区织就了美好的蓝图，而对规划设计成果的严格执行，是郑东新区从蓝图走向现实的关键所在。规划设计是开发建设的龙头，郑东新区的开发建设是充分尊重规划设计、严格执行规划设计的经典案例。

二

  众所周知，郑东新区规划面积大，建设成效显著，为河南这个人口大省加快城市化进程，促进经济社会发展、提升城市形象等发挥了重要作用。毫不夸张地说，郑东新区的规划建设，使郑州实现了从城市向大都市的质变。同时，由于郑东新区发展背景具有中国特色，规划设计理念新颖，这些也引起了规划学界的高度关注，引发了众多针对郑东新区规划设计的分析和研究。但是，我们也注意到了其中存在的一个不足，即大部分研究将精力集中于一个具体的规划或设计，而鲜有系统、完整地介绍整个郑东新区规划设计的论著。我们认为，这项工作对于更全面、更客观地认识郑东新区规划设计是十分重要的。

  基于以上认识，本书选择郑东新区规划设计作为研究对象，做一项专门的城市规划设计案例研究。为了使读者可以清晰地看到郑东新区规划设计的完整程序，看到郑东新区从蓝图变成一座现代化新城的脚印，本书从郑东新区的发展背景出发，沿着城市规划不同层次的轨迹，从总体概念性规划、专项规划、商务中心区规划、城市设计与建筑设计、总体规划局部调整等多层面、多维度对郑东新区规划设计进行剖析。这其中又包含了两条主线，一是对已经实现的规划设计进行分析、研究，以验证规划设计理念是否先进，规划设计是否合理，并对这些成功经验进行总结；二是也希望通过对规划设计的分析、研究，发现其中存在的问题和不足，提出完善的对策或建议。

  由于河南省正处于处于城镇化快速推进阶段，郑东新区的建设更是日新月异，方方面面的城市问题不断涌现，各种探索仍需不断深化。有些在今天看来先进的规划理念，随着技术的进步，也许会逐渐滞后；有些今天看来优秀的规划设计，也许会随着时间的推移而产生新的问题。同时，由于能力有限、时间紧迫，本书仍难免有疏漏或不足之处，希望读者谅解，并恳请读者提出宝贵意见和建议。

  尽管如此，这样一部系统全面的介绍、分析郑东新区规划设计成果的著作，无疑是一项具有重要意义的工作。它具有一定的学术性、权威性，具有较强的学习和参考价值。

三

  为了编好这本巨著，主编单位调动了一切可以动用的资源，组成了阵容强大的编委会。编委会对全书的总体结构、编写体例等进行了反复的讨论和研究。如今，这套《郑州市郑东新区城市规划与建筑设计》系列丛书终于呈现在广大读者面前。

  整套系列以丛书分为5个分册，分别是：郑东新区总体规划篇、郑东新区专项规划篇、郑东新区商务中心区城市规划与建筑设计篇、郑东新区城市设计与建筑设计篇、郑东新区规划调整与发展篇。

  本书可以作为郑东新区规划管理者的重要参考资料；可以作为规划设计人员的学习、参考资料；同时，也是所有关心支持郑东新区规划和发展的广大市民了解郑东新区未来的窗口。

  在本书问世之际，谨向所有关心、支持本书编写与出版工作的单位和个人表示诚挚的谢意！特别要衷心感谢对本书提出了宝贵意见的领导和专家！没有大家的共同努力，是不可能有这样一部详尽的介绍郑东新区规划设计的著作问世的。

丛书编委会

主　编

李　克

副 主 编

王文超　陈义初　赵建才

委　员（以姓氏笔划为序）

丁世显　马　懿　牛西岭　王福成　王广国　王　鹏
祁金立　张京祖　张保科　张建慧　吴福民　李建民
李柳身　范　强　陈　新　康定军　穆为民　戴用堆
　　　　　　　　　魏深义

执行主编

王　哲

执行副主编

周定友

编辑人员（以姓氏笔划为序）

丁俊玉　马洲平　王秀艳　王　尉　毛新辉　史向阳　卢　璐
孙力如　孙晓光　刘大全　刘新华　刘　俊　刘艳中　全　壮
关艳红　邵　毅　李　召　李　彦　李利杰　陈国清　陈丽苑
陈群阳　陈　浩　何文兵　张　泉　张须恒　张春晖　张春敏
岳　波　周　敏　周一晴　赵　谨　赵志愿　赵龙梅　胡诚逸
段清超　徐雪峰　袁素霞　柴　慧　贾大勇　程　红　翟燕红

编　著

郑东新区管理委员会　郑州市城市规划局

建筑摄影

中国摄影家协会　河南省摄影家协会会员　摄影家
武郑身　崔　鹏　（协助摄影　刘天星）

英文翻译

郑州大学外语系　郑明教授

目录 contents

前言
Forword

第一部分 Part I 导论 Introduction

1. 郑东新区规划建设导论 　　李 克　005
   Planning and Construction Intruduction of Zhengdong New District

第二部分 Part II 郑东新区总体概念规划方案国际征集
World-wide Solicitation of Conceptual Master Plan for Zhengdong New District

1. 国际征集文件　033
   Documents for International Planning Solicitation

   关于征集郑东新区总体发展概念规划方案的函　034
   Letters about Solicitation of Conceptual Development Master Plan of Zhengdong New District

   郑东新区总体发展概念规划任务委托书　034
   Design Assignment for the Conceptual Development Plan of Zhengdong New District

   郑东新区总体发展概念规划征集背景资料　035
   Background Information for the Conceptual Development Plan of Zhengdong New District

2. 新加坡PWD工程集团方案　038
   Schemes from PWD Engineering Group, Singapore

3. 法国夏氏城市设计与建筑设计事务所方案　064
   Schemes from Arte Charpentier, France

4. 澳大利亚COX集团方案　082
   Schemes from COX Group, Australia

5. 中国城市规划设计研究院方案　096
   Schemes from China Academy of Urban Planning and Design

6. 美国SASAKI公司方案 …… 114
   Schemes from SASAKI Corporation, The United States

7. 日本黑川纪章建筑·都市设计事务所方案 …… 124
   Schemes from Kisho Kurokawa Architect & Associates, Japan

8. 规划方案征集评审会会议纪要 …… 140
   Minutes of Examination & Appraisal Meeting on the Collected Plans

   规划方案征集中期评审会会议纪要 I …… 141
   Minutes of Examination & Appraisal Meeting on the Collected Plans I

   规划方案征集终期评审会会议纪要 II …… 143
   Minutes of Examination & Appraisal Meeting on the Collected Plans II

第三部分 / Part III 郑东新区总体规划概念规划的深化和完善
To Deepen and Perfect the Conceptual Master Plan of Zhengdong New District

1. 郑东新区起步区及龙湖地区规划深化 …… 147
   To Deepen the Plan of the Start-up Area and Longhu Area of Zhengdong New District

   郑东新区起步区与龙湖地区规划深化 …… 148
   To Deepen the Plan of the Start-up Area and Longhu Area of Zhengdong New District

   人工湖和运河网络系统的开发 …… 170
   Developement of Aritificial Lakes and Canal Network

   郑东新区河流水系及生态走廊规划 …… 175
   Planning for the Water System and the Eco-Corridor in Zhengdong New District

   龙湖城市设计导则 …… 180
   Guidelines for Longhu Urban Design

2. 郑东新区大学园区、科技园区规划调整方案 …… 185
   Revised Schemes for University Park and Science and Technology Park of Zhengdong New District

   日本黑川纪章建筑·都市设计事务所方案 …… 186
   Schemes from Kisho Kurokawa Architect & Associates, Japan

   华南理工大学建筑学院设计方案 …… 201
   Schemes from Architecture Design Institute of South China University of Technology

3. 郑东新区拓展区控制性详细规划 …… 244
   Regulatory Detailed Plan of the Extention Area of Zhengdong New District

4. 龙湖地区控制性详细规划 …… 257
   Regulatory Detailed Plan for Longhu Area

5. 龙子湖地区控制性详细规划 …… 274
   Regulatory Detailed Plan for Longzihu Area

6. 郑东新区基础设施总体规划　　283
Master Plan of Infrastruture for Zhengdong New District

后记
Postscript

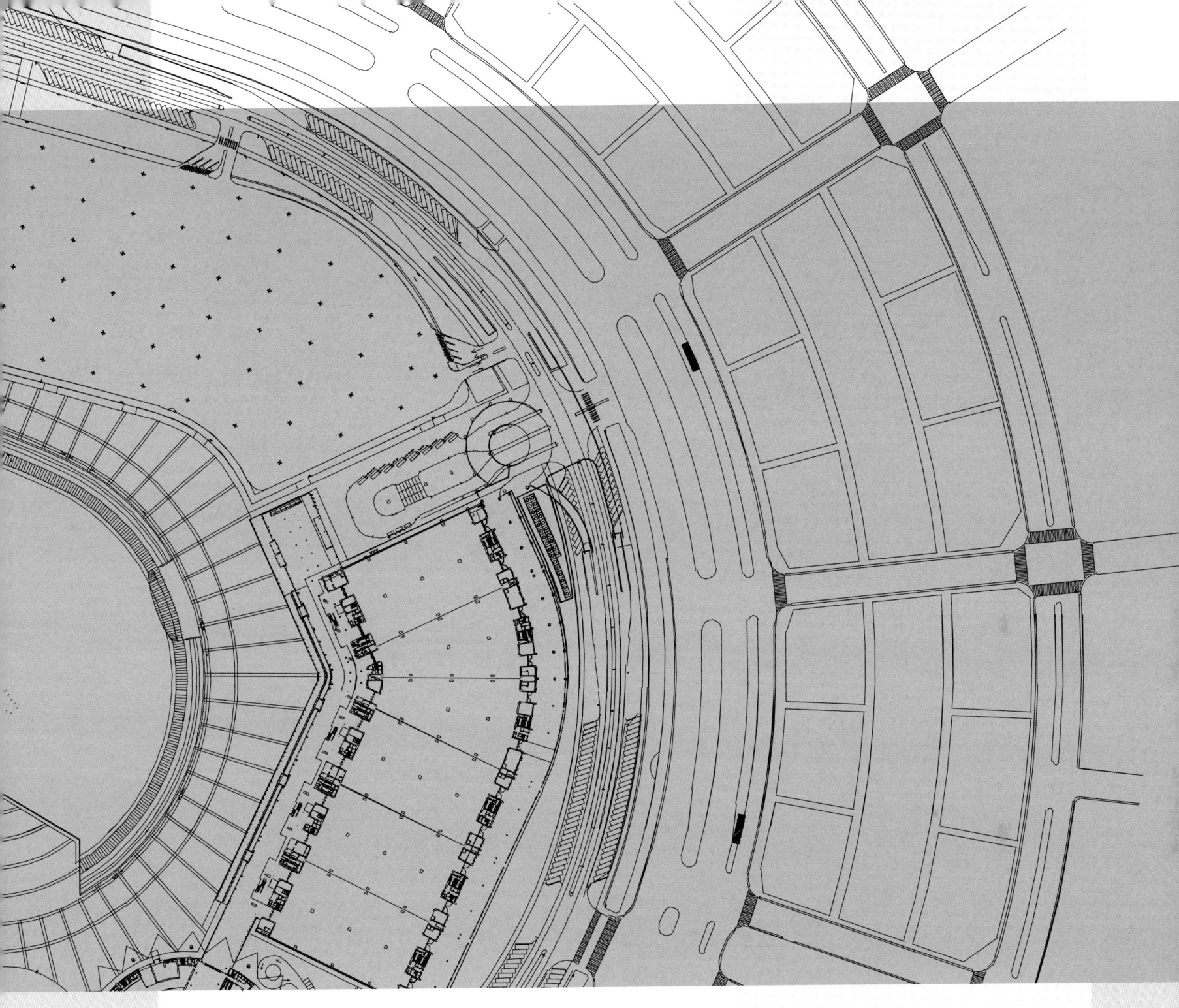

导论

第一部分
Part I

Introduction

第一部分 导论
Part I Introduction

005 郑东新区规划建设导论
Planning and Construction Intruduction of Zhengdong New District

郑东新区规划建设导论 [1]

Planning and Construction Intruduction of Zhengdong New District

在我国城镇化进程中,伴随着大量的人口涌入城市,城市的规模也不断扩张,其中,各地纷纷兴起的城市新区建设,是我国城市扩张的一种重要形式,并在城镇化进程中起到了重要的作用。

2001年,河南省委、省政府为加快全省及郑州市的发展,提出了建设中原城市群经济隆起带的发展战略,明确提出建设以郑州为核心的中原城市群。为增强核心城市郑州的辐射带动力,省、市两级政府经过综合考虑,审时度势,决定对郑东新区进行综合研究、统一规划、分期实施。

郑东新区规划范围西起107国道,东至京珠高速公路,北起连霍高速公路,南至机场快速路,总控制面积约150km^2。

1 郑东新区自然人文概况

1.1 自然地理条件

郑东新区位于郑州市区东部,西依中岳嵩山,北临黄河,东南远望黄淮海平原。地貌类型属黄河冲积平原,地势平坦,总体上西南高、东北低,平均地形坡度约1.5‰左右。北部河道、灌渠纵横交错、水利条件良好,大部分为农业用地,主要种植水稻和小麦,另外还分布有大量鱼塘。南部地势相对起伏,有一些固定沙丘,现状用地除经济技术开发区外主要为农业用地,主要种植小麦、玉米、果树和槐树。

郑东新区地质构造属嵩山隆起与开封盆地间的边坡,地表类型为第四纪冲洪积和淤积物,地基承载力在1~1.5kg/cm^{2}之间。区内北部连霍高速附近有断裂构造分布,称为中牟北断层,该断层为中生代断层,新生代以来未发现有任何活动迹象。区内地震基本烈度为七度。

郑东新区水系有贾鲁河、金水河、熊耳河、七里河、潮河、东风渠、魏河等河流,均属淮河水系,流向多为西北至东南流向。区内地下水属第四纪孔隙潜水,水位埋藏较浅,其稳定水位埋深约为2~3m。

郑东新区气候属暖温带大陆性气候,四季分明,雨热同期。平均气温14.2℃~14.6℃,1月气温最低,7月气温最高,无霜期205~235天;全年降水量640mm左右;年平均风速2.8~3.2m/s,最大风速是18~22m/s。

1.2 历史沿革

郑州是一座历史悠久的城市。早在8000年前,这里已经成为人类开发的地区之一。根据史记记载,中华民族的始祖——黄帝生于轩辕之丘,即今新郑市西北始祖山。

商代中期,郑州曾为都城,城址在今商城,城区面积达25km^2,是"商汤都亳"的天下名都,也是中国"八大古都"中时代最早的都城。西周时期称管国,为当时周朝之东方重镇。春秋战国时期,郑、韩先后在新郑建都,长达500多年。秦汉时期,郑州地区始置荥阳、巩、京、新郑等县。之后,历代先后在郑州地区设置荥阳郡、北豫州、荥州等。隋开皇三年(公元583年)将荥州改为郑州。隋开皇十六年(公元596年)置管州治所,州治位于今天的管城区。北宋建都汴京后,郑州属京畿路(今开封市),崇宁四年(公元1105年),建为西辅,成为宋代四辅郡之一。金代,隶南京路(今开封市)。明初,郑州划归开封府。清代,郑州两次升为直隶州,隶河南省。

1913年,郑州改称为郑县。1923年,郑州爆发了震惊中外的"二·七"大罢工,在中国工运史上写下了光辉的篇章。1931年撤销复改郑县。1933年为河南省第一行政督察专员公署驻地。

1948年10月22日,中国人民解放军接管郑州,正式建立了郑州市。1954年10月30日,河南省委、省政府迁郑,郑州成为河南的省会,同时被确定为河南省"国家重点建设城市"。

1.3 文化资源

郑州历史悠久,是中华民族的发祥地之一,孕育了中华民族及其光辉灿烂的文化。曾有夏、商、管、郑、韩五朝为都,隋、唐、五代、宋、金、元、明、清八代为州。辖区内发现有距今8000年的裴李岗文化遗址,距今5000年的大河村、秦王寨等多种类型的仰韶文化与龙山文化遗址。悠久的历史给郑州留下了丰富的文化积淀,全市有各类文物古迹1400多处,其中国家级文物保护单位26处。在郑东新区及其紧密相连的范围内,有着十分丰富的历史遗存。

2 郑东新区开发建设的背景

2.1 经济全球化背景下的中心城市优先发展战略使然

经济全球化与区域经济一体化已成为当今世界经济发展的两大趋势。从区际竞争的角度看,大城市、大城市群是国家或地区参与国际或区际竞争的主要载体。我国东部地区的发展实践也证明了中心城市和大城市群在区域经济发展中的巨大引擎作用。与此相比,包括河南省在内的我国中部地区中心城市发展不足,经济总量小、产业层次低、辐射效应弱。因此,要不断提高河南的综合实力和区域竞争力,实现河南经济的又好又快发展,必须大力发展壮大中心城市,提高郑州的首位度,充分发挥郑州的辐射、带动作用,促进中原城市群的快速发展。

2.2 紧紧抓住战略机遇期的客观要求

21世纪头20年是我国社会经济发展的重要战略机遇期。从国际环境看,尽管我们面临的国际环境正在发生着新的变化,但和平与发展的世界主题短期内不会出现大的变化,这在客观上为我国的现代化建设提供了有利的国际和平环境。经济全球化和世界性的经济结构调整,为我国的产业结构调整、升级提供了机遇;有利于发挥比较优势和后发优势,参与国际竞争,扩大对外贸易;有利于引进国外先进技术和管理经验,进行科技革新和体制、机制创新。

从国内环境看,改革开放以来,人民生活实现了由贫穷向小康的历史性跨越;市场供求关系实现了由全面短缺向结构性过剩的变化;经济发展的体制环境实现了由计划经济向社会主义市场经济的突破;对外经济关系实现了由封闭半封闭向全面开放的历史性转变。从河南的情况看,经济总量连续多年居全国第五位、中西部之首。经过20多年的快速发展,河南省经济社会已经站在了新的起点上,面临着新的发展机遇和挑战。

河南要实现中原崛起,促进中部地区崛起,必须紧紧抓住这一重要战略机遇期,积极借鉴深圳、上海、苏南等东部先行地区的经验,以科学发展观为指导,加快城市建设,加快工业化进程,更好地满足经济社会发展需要。

2.3 实现中原崛起、促进中部崛起的迫切需要

东部地区经过改革开放以来20多年的持续快速发展,已经实现了"先富起来";1999年以后,西部地区在大开发战略的带动下,加快了发展步伐,发展速度后来居上;进入"十五"时期以后,国家又提出了振兴东北等老工业基地的区域战略,支持东北地区老工业基地加快调整和改造,助其逐步走向振兴。而中部地区在全国范围内的地位呈不断下降之势,"中部塌陷"问题日益凸显。

中部困境的出现,一方面与国家的区域开发战略有一定的关联性,另一方面,也是由于中部地区城市化进程慢,特别是缺少大城市或者城市群的带动所导致的。中部地区基本都是农业大省,城市化水平低,主要人口还集中在农村地区,农民脱贫致富困难,成为中部发展的一个沉重负担。因此,要解决"中部塌陷"的问题,根本出路在于加快城市发展,大幅度提高城市的承载力,依托城市发展工业和服务业,在加快工业化进程的同时实现农业现代化。

河南是全国第一人口大省,长期以来城市化进程十分缓慢,到2002年城镇化水平仅为25.8%,远低于全国平均水平,亦低于中部其他省份。因此,加快河南省城镇化进程,对于全省经济、社会发展具有重要意义。郑州作为河南省的龙头城市和省会城市,是全省城镇化的重要承载区。因此,拉大郑州城市框架,增强郑州的集聚、辐射力,对于实现中原崛起,促进中部崛起具有举足轻重的作用。

2.4 充分发挥郑州辐射带动作用的必然选择

城市群是现代社会工业化和城市化快速发展的产物,它以一个经济比较发达、具有较强辐射带动能力的核心城市为依托,由空间距离较近、经济联系密切、

功能互补的数个城市共同组成，是区域经济竞争的主要载体。这其中，核心城市对城市群、对区域的发展起着异常重要的作用。

中原城市群以郑州为核心，1.5小时交通圈为半径，包括洛阳、开封、新乡、焦作、许昌、平顶山、漯河、济源共9个城市。中原城市群总体实力相对较强，经济社会发展水平在中部各城市群中居首位。但是作为核心城市的郑州，却存在着城市规模较小、实力较弱、首位度较低的问题。从中部地区的横向比较看，郑州的经济总量只占河南省的15.6%，相对于武汉占湖北的30.8%，长沙占湖南的20%，西安占陕西的38.7%，明显偏低。从中原城市群内部看，2002年，在城市人口规模上，郑州高出洛阳不到0.6倍；在经济总量上，郑州高出洛阳不到0.7倍；在工业基础尤其是装备制造业、科研力量等方面，郑州甚至不如洛阳。郑州要充分发挥中原崛起的核心和龙头作用，辐射带动其他城市的发展，以其当时的实力，尚难以胜任。

另一方面，从全国城市布局来看，在京津以南、武汉以北、西安以东和济南以西方圆500km²范围内，长期缺乏一个经济实力雄厚的区域性中心城市。与上述城市相比，虽然郑州实力相对较弱，但由于其独特的区位、交通和资源优势，郑州具备发展成为区域性中心城市的潜力。首先，河南省经济近年来呈快速增长之势，郑州作为河南省省会，拥有近1亿人口的潜在市场，为其发展提供了广阔的腹地。其次，在区位上，郑州位于我国中西部结合地带，铁路、公路、航空四通八达，是全国重要的交通、通信枢纽，是东部地区产业西进和西部地区战略资源东输的桥头堡。因此，发展壮大郑州的城市规模，建设区域性中心城市，辐射带动周边区域的发展，对中原城市群、对河南省、甚至对全国的发展都具有重要的意义。然而2002年的郑州，建成区面积仅有150km²，根本无力承载更多的产业和人口集聚。要破解这一难题，拉大郑州城市框架成为首要任务。在这种背景下，郑东新区的规划建设应运而生，承载了郑州新时期跨越和腾飞的历史重托和无限梦想。

3 郑东新区开发建设的基础及条件

3.1 经济社会基础

2002年，郑东新区范围内人口总数约16万人，其中城镇人口约0.5万人，主要分布在经济技术开发区及各乡镇政府所在地；农村人口约14.5万人，主要分布在辖区内的90个自然村，另外沿郑汴路两侧有1万人左右的务工、经商人口。区内有综合性质医院1所，中学4所，小学20所。

经济技术开发区在"九五"期间累计实现国内生产总值7.3亿元，全社会固定资产投资总额20.7亿元，进出口总额1229万美元。到2000年，开发区批准立项时企业总数为358个，其中工业企业225个，三资企业37个，属高新技术领域的项目的123个，高科技企业创业中心65个。在各类项目中，第二产业项目占据明显优势，并在印刷包装、电力设备、食品工程等方面形成一批支柱企业和拳头产品。

区内城市建设用地较少，约为6.5km²，占规划区总用地的4.3%，村镇建设用地约15km²，占总用地的10%。城市建设用地主要集中在国家郑州经济技术开发区以及郑汴路两侧和北部的金城路附近。区内尚有一定数量的特殊用地和一处占地约1000亩（约66.7hm²）的森林公园，其中占地约2.7km²的原郑州机场已搬迁至郑州新郑机场。区内现状道路以连霍高速公路、107国道、机场高速、郑汴公路为骨架，内部分布有6~9m的乡间公路。陇海铁路从区内中部东西穿过，区内还留有原机场油库的铁路专用线、郑汴枢纽东北联络线和粮食厅仓库铁路专用线、重油库铁路专用线和圃田车站。区内已建有东周水厂（日供水能力10万t）、王新庄污水处理厂（40万t/d）、开封—郑州天然气输气管道等大型基础设施。区内的电力设施有一座35kV的祭城变电站，现状区域范围内的电力供应主要由祭城变和107国道以西的省府变，东风变和机场高速以南的金岱变承担。区域的东北和南部现状分布有220kV的柳金线和郑汴高压走廊。

3.2 开发建设的有利条件

3.2.1 广阔的发展空间。东区可开发面积约150km²，比郑州现有建成区面积还大，为郑州加快城市化进程、进行大规模开发建设提供了空间保障。

3.2.2 良好的地形、地质条件。郑州市的北面是黄河河道、黄河湿地保护区，西部是沟壑纵横的丘陵山区，西南地貌多为淮河水系冲积沟壑，东南方向多为工业和仓储区，另外郑州航空港位于城市的东南方向，受机场净空要求的限制，城市也难以成规模发展。只有东部地区，腹地宽广平坦，平均地形坡度约1.5%，地貌类型属黄河冲积平原，地表地层以第四纪黄土沉积为主，土层深厚又不十分疏松，宜于工程建设。区内总的地势西南高、东北低，有利于减少基础设施投资。该区地质构造上位于嵩山隆起与开封盆地间的边坡，其他地表类型为第四纪冲洪积和淤积物。区域北部连霍高速公路附近有断裂，该断层为中生代断层，新生代以来未发现任何活动迹象。

3.2.3 具有先发优势。位于郑东新区范围内的原郑州机场迁建工作始于1997年，进入2000年后，原有老机场土地全部转为国有土地投入先期建设开发，为东区的起步提供了良好的契机。

3.2.4 基础设施条件好。东区的基础设施也比较齐全，有日处理能力40万吨的王新庄污水处理厂，有日供水能力20万吨的东周水厂，另外开封至郑州的天然气输气管大体与郑汴路平行，由东至西从本区中部穿过，且在管城中医院北侧设有天然气门站一处，还有郑州市天燃气的总供给站，这些都为城市发展提供了良好的支撑。

3.2.5 具有一定的经济基础。现状区内南部有郑州经济技术开发区，目前发展状况良好，且已初步形成规模。除一些市区外迁的工业企业外，一大批现代化的新兴产业也纷纷在此落户。此外，省外大型企业如丹尼斯集团等在原机场地区的入驻开发，为未来东区的经济发展打下了良好的基础。

3.2.6 良好的区位交通条件。东区公路、铁路、航空交通发达，毗邻107国道，京珠高速公路与连霍高速公路在区域内交叉，规划的京珠高速铁路与连霍高速铁路客运专线在区域内交叉，同时全面提速的陇海铁路也从区内横贯而过。另外，经由区域南侧的机场高速公路20分钟内便可抵达郑州新郑国际机场。现状的郑汴路、航海路和规划建设的金水东路、黄河东路可与市中心组团进行快捷的联系与沟通。

4 郑东新区的规划建设历程

4.1 前期酝酿阶段：以1998年总规修编为标志

按照1998年国务院批复的《郑州城市总体规划（1995~2010）》的要求，郑州市区人口远景目标为500~600万，城市化水平70%~80%。当时，郑州中心城区规模偏小，而且受陇海、京广铁路分割，拓展空间受到制约，与近亿人口大省省会城市的地位，及建设全国区域性中心城市的目标很不相适应，因而必须寻求新的发展空间。

2000年初，原郑州军民合用机场的迁建工程顺利启动，为城市向东发展提供了必要的起步空间和机遇；京珠高速公路郑州段和黄河二桥的开工建设、107国道的改造也为城市东部的发展创造了良好的条件；为实现"把郑州市建设成为社会主义现代化商贸城市和国家区域性中心城市"的发展目标，决定在《郑州城市总体规划（1995~2010）》所确定用地范围的基础上，结合近期建设规划，在保证总体规划建设用地规模不变的前提下，将城市北部和南部的部分发展用地调整至原东部莆田组团，重点进行该地区即"郑东新区"的开发和建设。

4.2 正式启动阶段：以2001年8月国际征集为标志

为了使郑东新区高起点规划、高标准建设，在对上海、深圳、青岛等城市新区建设考察的基础上，经过认真研讨与比较，决定对郑东新区总体发展概念规划进行国际咨询。

2001年8月，郑州市向国内外17家知名规划设计单位发出方案征集邀请函和设计任务书。经多方征集考察、慎重筛选和商务谈判，最后选中法国夏氏建筑设计与城市规划事务所、美国SASAKI公司、日本黑川纪章建筑・都市设计事务所、新加坡PWD工程集团、澳大利亚COX集团、中国城市规划设计研究院6家单位进行国际方案征集。

中国建筑学会理事长（原建设部副部长）宋春华和建设部总规划师陈晓丽为评审组长的30多位国内外专家对方案进行了反复评审。最后，日本黑川纪章方案以其先进的理念和独具魅力的设计获得专家们的一致好评，最终脱颖而出。随后，规划方案向社会公开展示并进行了问卷调查，90%以上市民赞同黑川方案。2002年3月，郑州市人大常委会通过决议，以地方法规形式对规划方案予以确认。后将方案向省委、省政府进行了汇报，并按照有关法定程序，经过逐级审批，报国务院备案。2002年12月在西班牙举行的2002城市规划国际会议（CITIES Summit 2002）上，黑川纪章先生因设计郑东新区规划等方案而获得首届"国际城市规划设计杰出奖"。

4.3 实施建设阶段：以2003年1月会展中心动工为标志

2003年1月20日，郑州国际会展中心奠基，标志着郑东新区建设正式拉开帷幕。

截至2008年初，郑东新区在省委省政府、市委市政府正确领导下，在省市有关部门的大力支持和广大建设者共同努力下，克难攻坚，开拓创新，团结拼搏，稳步走过规划设计阶段、起步攻坚阶段及快速发展和建管并重阶段，圆满完成了省委省政府、市委市政府确定的"三年出形象、五年成规模"的目标任务。建成区面积达到50余km^2，累计完成固定资产投资550.7亿元，累计开工项目406个（其中社会投资项目开工207个、基础设施项目开工199个）；在建和建成房屋面积突破1800万m^2，入住人口突破24万人，一座特色鲜明、环境优美、生机勃勃、独具魅力的新城区迅速崛起。

4.3.1 功能区建设进展顺利

CBD（中央商务区）成为全省最具活力的金融和企业总部核心区域。五年多来，中央商务区累计完成投资109.6亿元。引进的70个项目中有67个已开工建设，在建和建成房屋面积300万m^2。中央商务区内外环规划建设的60栋高层中有58栋已开工建设，其中46栋封顶、31栋投入使用。作为中央商务区三大标志性建筑，郑州国际会展中心摘取了中国展馆新锐奖，并高水平承办了第二届中博会、2008年中国国内旅游交易会等一大批在全国具有重要影响的展会；河南艺术中心成为弘扬中原文化的载体；280m高的郑州会展宾馆目前已完成桩基工程。银行、保险、证券、企业总部等400余家单位相继入驻，如意湖、时尚文化广场、多个主题公园等相继落成，中央商务区成为郑州市的城市名片，荣获"中国最具投资价值中央商务区"称号。

龙湖南区成为功能齐全的高品位宜居区域。该区累计完成投资72.6亿元。引进34个项目，其中在建项目17个，14个项目已建成投入使用，在建和建成面积达到265万m^2。一批全国知名房地产企业相继进区开发。

商住物流区成为行政办公和物流产业聚集区。商住物流区累计完成投资134.7亿元。引进项目109个，其中在建项目60个，40个竣工投入使用，在建及建成面积达到860万m^2。

龙子湖区成为集教育、科研为一体的聚集区。龙子湖区累计完成投资22.6亿元，第一批进驻的7所高校一期工程投入使用，开发建设面积达192万m^2，入住师生突破6万人。

科技物流园区成为科技创新基地和现代物流中心。科技物流园区完成投资9.3亿元。作为国家863计划的郑州创新基地——电子27所一期工程基本竣工。计划总投资约45亿元、规划建筑面积约300万、占地约4718亩（约315hm^2）的国家干线公路物流港项目建设进展顺利，美国摩根、华丰钢铁、美国福蒙特、中国万通等一批国内外著名物流项目入驻该区域。

4.3.2 城市功能日趋完善

目前，东区已形成了基本完善的交通网络。开工建设道路241km，通车里程达208km，开工的46座桥梁中36座实现通车。区内道路桥梁将东区与老城区、东区各功能区之间有机地连接在一起。

市政设施基本满足需求。起步区范围内基本实现了"十通"目标，各类管线随道路建设一次入地，形成了完善的地下网络，满足了城市未来发展的需要。

绿化、亮化和美化成效显著。绿化面积达到800余万m^2，建设城市公园33个，中央商务区绿化率达到51%，东区整体规划绿化率达到49.66%。对近30km的河道进行了高标准综合整治，如意湖、如意河、昆丽河蓄水通航，水域靓丽初现端倪。

教育保障形成体系。郑州市第八中学郑东新区学校、八十六中、四十七中和省实验学校、北大附小、海文幼儿园等20余所学校、幼儿园建成招生，初步形成了从学前教育到高等教育、从义务教育到职业教育、类型比较齐全的现代教育体系。

医疗体系形成网络。省疾控中心、市紧急救援中心建成投入使用，郑州颐和医院建设全面铺开，妇女儿童医院、友谊医院等多家公立及民营医院正在积极筹建，10余个医疗卫生网点投入运行，综合医疗卫生服务网络正在形成。

4.3.3 产业发展呈多元化趋势

随着城市功能的逐步完善，金融、保险、会展物流、文化及商业服务业项目纷纷入驻，东区产业呈现多元化发展趋势。一是金融保险、总部经济初具规模。15家省级金融机构、30余家企业总部入驻。二是房地产业快速发展。全国知名房地产企业云集，各具特色的房地产项目形成了东区品牌效应。三是会展物流业水平不断提高。郑州国际会展中心先后承办了120余次大型展会，并带动了相关产业的快速发展，摩根金融控股有限公司、华丰钢铁、汇福粮油等大型现代物流企业先后入驻。四是文化产业基础扎实，会展中心、艺术中心、会展宾馆等建筑及"如意"、"群英会"等雕塑蕴涵丰富，已成为东区新的文化靓点。中原出版传媒投资集团、世界客属文化中心、河南报业集团传媒大厦、郑州市广播电视中心等项目的建设，为打造新的城市文化中心区奠定了基础。

4.3.4 招商融资成绩突出

通过优化和盘活资产、包装基础设施项目、扩大融资规模等方式，延长了资金链条，先后同农业银行、国家开发银行等10余家金融机构合作，累计融资超过62亿元，为加快东区建设提供了坚实的资金保障。积极开展"大招商、招大商"，重点引进规模大、竞争力强、产业关联度高的龙头型、旗舰型项目，招商引资工作取得突破性进展。先后引进社会投资项目244个，引进资金超过350亿元。在东区注册企业超过600家，批准外商投资企业46家。合同利用外资4.51亿美元，实际利用外资2.54亿美元。与30多个国家、地区及全国200多个城市、3000多家企业和单位建立了双向联系。

4.3.5 影响力、辐射力不断增强

随着东区"五年成规模"目标任务的全面完成，完善的配套设施，优美的环境使东区知名度、美誉度大幅提高。5年来，境内外近17万人、6000批次、30多个国家，32个省、自治区、直辖市，400多个城市的考察团到东区参观学习；包括吴邦国、贾庆林、李长春、李克强、贺国强、周永康等多名党和国家领导人到东区视察。各级领导和社会各界均对东区给予了充分肯定和较高评价。

4.4 发展完善阶段：以"五年成规模"总结表彰大会和"十年建新区"跨越式发展目标为标志

在努力实现"十年建新区"跨越式发展目标的指引下，郑东新区正式进入第二个五年（2008~2012）发展阶段。

"十年建新区"的总体目标是：到2012年，基础设施更加完善，综合承载能力进一步增强。中央商务区、龙湖南区、商住物流区、龙子湖区全面建成，龙湖区开工建设，经济技术开发区成为在国内具有较强影响力，并对全市经济发展具有强大带动作用的新型产业基地和现代制造业基地。通过5年的不懈努力，力争把郑东新区建设成为全国重要的综合交通枢纽中心、物流中心、区域性金融中心，企业总部基地、现代服务业基地、现代制造业基地，资源节约型和生态文明的示范新区，使郑东新区成为全省科学发展的示范园，社会和谐的首善区，改革创新的试验田，对外开放的排头兵，跨越发展的先行者。

围绕上述目标，提出要突出做好以下几项工作：

一是坚持一张蓝图绘到底，打造特色东区；二是加快产业聚集，建设繁荣东区；三是加快发展文化旅游产业，打造文化东区；四是注重民生改善，构建和谐东区；五是加快完善功能，建设生态宜居东区。

5 郑东新区的城市发展特色

5.1 组团式、集约化发展道路

郑东新区规划积极探索组团式、集约化发展道路，摒弃了过去"摊大饼"式的粗放式城市扩张模式。郑东新区规划把该区域分为CBD、龙湖地区、商住物流、龙子湖高校区、高科技园区和经济技术开发区等若干组团，每个组团规划有环形道路，公共设施沿环形道路布置，并通过环形道路之间的连接实现组团之间的联系，沿河流、湖泊、高速公路、环路、主干路规划有大面积的生态回廊绿地，塑造了优美的城市生态环境。

5.2 基础设施一步到位

按照国际发达城市的标准统一规划，新区的水、电、气、暖、通讯管网等提前预设，基础设施地下部分一步到位，能够保证郑东新区在未来50年内不再挖沟破路，提升了城市形象。

5.3 超前的规划设计理念

郑东新区规划设计的理念超前，规划引入了生态城市、共生城市、新陈代谢城市和环形城市等先进理念。新区规划通过道路、河渠、湖泊的绿化建设构建生态回廊，并将龙湖生物圈与嵩山生物圈、黄河生物圈有机相连，形成生态城市。新区规划重视城市发展与自然生态保护相协调和保持历史、现实与未来的延续性，体现了新区与老城、传统与现代、城市与自然、人与其他生物的和谐共生。规划通过组团式发展、营造良好的生态系统，促进城市的可持续发展，体现了新陈代谢的理念。

5.4 充分体现了东方文化底蕴

郑东新区规划体现了东方文化特别是中原文化特色，根据龙的传说及湖的形态，把规划中的人工湖取名为龙湖；CBD和CBD副中心两个环形城市，通过运河连接，构成象征吉祥和谐的巨型"如意"；国际会展宾馆的造型以登封"嵩岳寺塔"为原型；居住区引入我国传统的"四合院"、"九宫格"的建筑理念等，彰显出浓厚的传统文化内涵、鲜明的城市个性和独特的城市空间形象。

5.5 规划的法定性和权威性

郑东新区的规划还坚持一张蓝图绘到底。规划一经确定，就以立法形式保持其权威性，任何部门和单位应服从规划；规划部门要严格执法，不能随意变动。

将来政府换届了，还能"一张蓝图绘到底"，保证规划的连续性。

6 郑东新区的城市规划建设经验

郑东新区规划建设已有5个年头，基本实现了"三年出形象、五年成规模"的目标。回顾5年来郑东新区规划建设的历程，新区建设具有以下几点经验。

6.1 坚持科学发展观、实现规划先行

郑东新区在建设之初就提出要以科学发展观为指导，高标准、高起点进行规划和建设。面向国际征集总体发展概念规划，在郑州乃至全省城建史上实现了突破。郑东新区最终确定的规划方案，引入了生态城市、共生城市、环形城市等先进理念，为此后的高标准建设奠定了坚实的基础。

6.2 以人为本，妥善处理征地拆迁和群众安置问题

郑东新区建设，面临着繁重的失地农民拆迁安置任务，60000多失地农民需要适时适当地安置。对此，郑州市政府明确职责，依法推进征地、拆迁工作。集体土地的征地、拆迁、补偿的各项具体工作，按属地原则，分别由金水区和管城区政府负责。征地拆迁安置、补偿费用由新区管委会列支，两区政府包干使用，具体对被拆迁人的补偿标准由各区依据相关法律、法规制定。同时，两区政府要对征地、拆迁工作实行三包（包任务、包时限、包稳定），要把各项政策兑现到位，妥善安排好群众的生产、生活。

6.3 相互促进，处理好新区建设和老城区改造的关系

郑州市大部分居民都居住在老城区内，考虑到新区建设对人口的疏解效应很难立竿见影，郑州市政府提出一手抓新区规划建设，一手抓老城区改造更新。近年来，郑州市先后进行了市区出入口、铁路沿线、火车站西出口、二七广场地区、广场绿地、夜景照明工程等多项规划建设和改造工程。老城区的形象和生活环境得到了极大的改善。同时，修建了107辅道，把新城区和老城区之间的原107国道更名中州大道，成为贯穿郑州市南北的一条主干道，加强了新老城区之间的联系。

6.4 坚持文化为魂，妥善处理保护与开发的关系

在新区规划建设中，制定文物古迹保护专项规划，尽量保护原有历史风貌。同时，城市基础设施建设、绿化，以及单位建筑都要考虑文化特色，积极引入文化元素，真正以文化凸现优势，以文化提升城市品位，展示城市魅力。如由3000年前的埙、5000年前的排箫和8000年前的骨笛造型组合而成的河南艺术中心不但美感十足，同时也张扬着中原文化的精髓。

6.5 统筹协调，人与自然和谐相处

郑州是一座相对缺水的城市，黑川纪章的规划却设计了一个面积6.08km²的龙湖，然而这正是新区规划的点睛之笔。历史上，郑东新区一直存在有大片的湖泊和沼泽，地下水位较高。龙湖的位置和规模是根据当地鱼塘的现状决定的。鱼塘主要以地下水为水源，龙湖设想是以部分地下水和部分中水为水源。龙湖、东西、南北运河及流经老城的金水河、七里河、熊耳河、东风渠与路、桥、建筑景观交相辉映，共同构成了郑州的水系景观。既可以改善城市的生态环境和气候，促进旅游产业，优化人居环境和城市景观，又能防洪排涝，实现人与自然生态和谐相处。

6.6 坚持组团式规划，滚动发展

东区开建之初，由于受国家经济宏观调控政策的影响，发展受制于资金的短缺。郑州市探索走出了"统一规划，分步实施，政府主导，市场运作，自求平衡，滚动发展"的新区建设与运营模式，变困境为创新的动力。运用市场经济的手段，所有经营性土地，全部实行"招拍挂"，通过招商引资，郑东新区把建设项目推向市场，引进有实力、带动力强的企业来创业发展。另一方面，郑东新区还把管网、广告、污水处理等城市资源交由公司市场化运作，实现了投资与收益、建设与发展的最高效益。

附：郑东新区规划方案国际征集前部分规划成果

附1 华南理工大学郑东新区起步区规划方案

1.1 总体概念

抓住老机场和107国道搬迁的良好机遇，以老机场用地为郑东新区起步区，向东南带动发展形成约3.5km²的郑东新区，完成城市职能的多元转化。开拓城市空间，实现城市跨越，从城市西部老市区，走向东部新城区，在建立新郑州城市多元结构和规模的同时，预示"中部地区的心脏"一个新形象。以原107国道为城市新的南北轴线，形成新的铁路、公路、航空港以及地铁轻轨交织的交通枢纽。西部老市区与东部郑东新区两大片区，以金水路、黄河路、郑汴路、农业路、航海路以及将建设的地铁1、2号线为东西联系的枢纽。以格网道路骨架为基本，完成城市道路的顺利转换。从东到西，配合周边南部机场组团，北部组团，西部大学城组团，将新老城区拉接成强有力联系的网络。北以连霍高速公路，东以京珠高速公路为边界，内部形成一条完整的新郑州城市外环道。

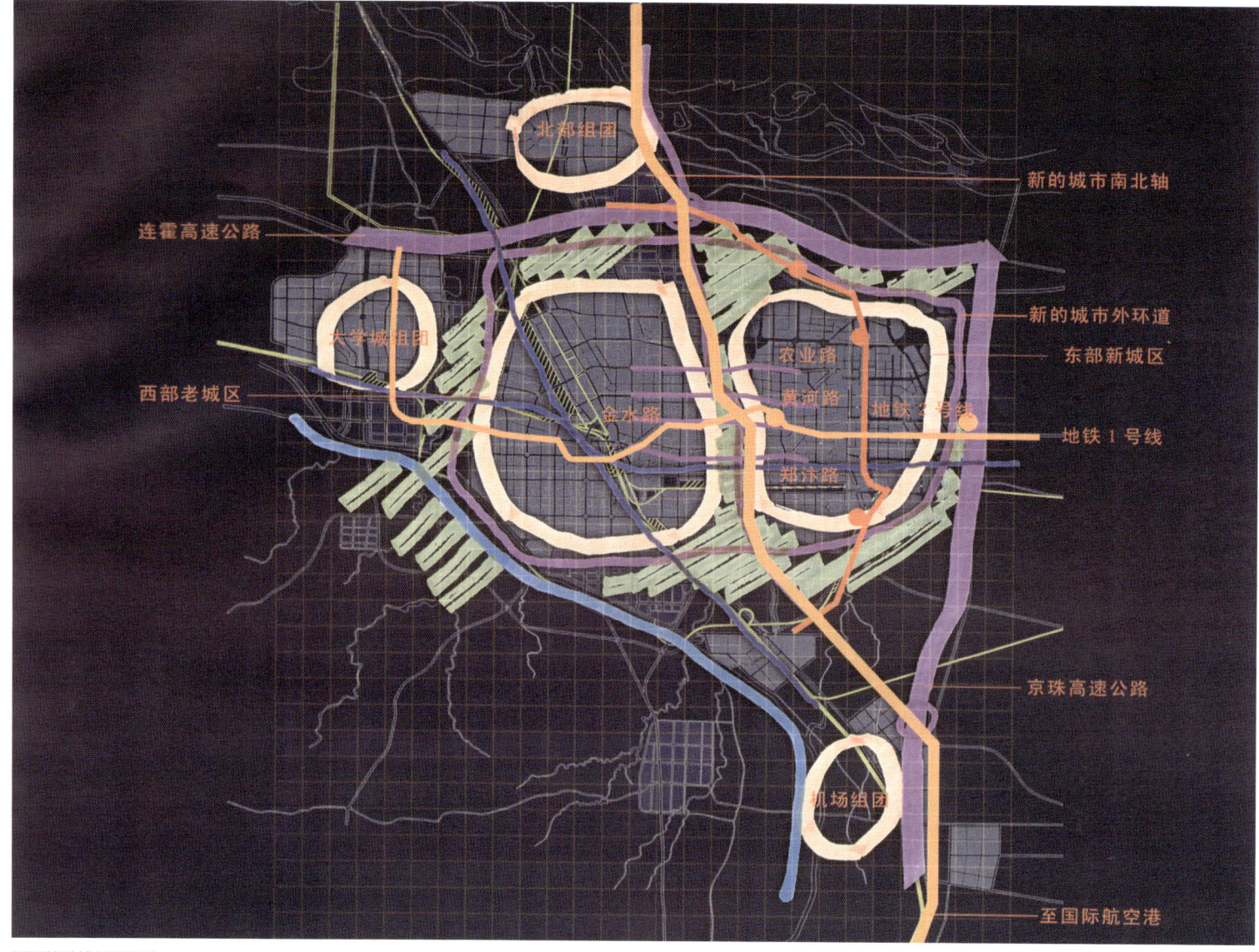

新郑州总体城市结构概念

新的城市职能的多元转化以及城市形态演变的整体态势，要求削减107国道城市过境交通的形象，转而成为新郑州的新的城市轴线。新的城市轴线的生成，为激发和带动新郑州整体构架的发展带来机遇。航海路、金水路、黄河路、郑汴路、农业路贯穿东西，配合新的城市轴线共同形成新老城区发展的带动起点。规划确立以点带动，有利于郑州这样一个有一定规模、一定经济实力的城市快速形成基本的新城市形象，带动整个区域的发展。

郑东新区起步区和东开发区，一个位于北部，一个位于南部，构成郑东新区总体发展格局的重要组成以及支撑部分。利用老机场的优势区位作为郑东新区的起步区，抓住机遇，通过以点带动，郑东新区起步区首先向南发展，正在建设的国家郑州经济技术开发区配合向北发展，激活中部郑汴路地区，形成开放的发展格局。

郑东新区起步区的南向发展以及东开发区的北向发展，共同激发并改造中部郑汴路地区的发展，构成107国道东侧约60km²的活跃核心——郑东新区核心区。

郑东新区核心区构成郑东新区整体发展的强大动势，再向南、向东、向北发展。森林公园等自然绿化嵌入郑东新区，配合郑东新区核心区，共同构成相互渗透的开放发展态势。

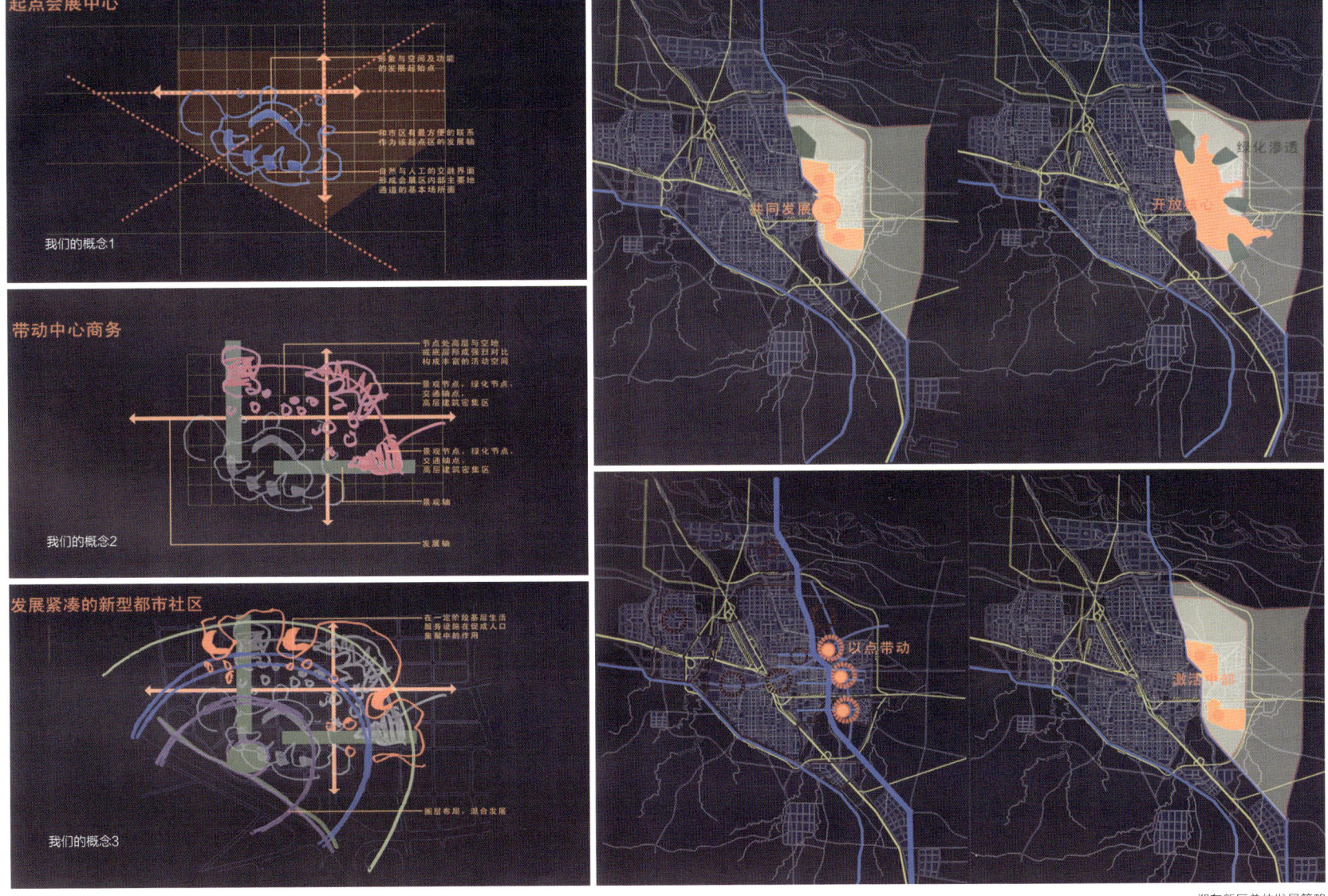

郑东新区总体发展策略

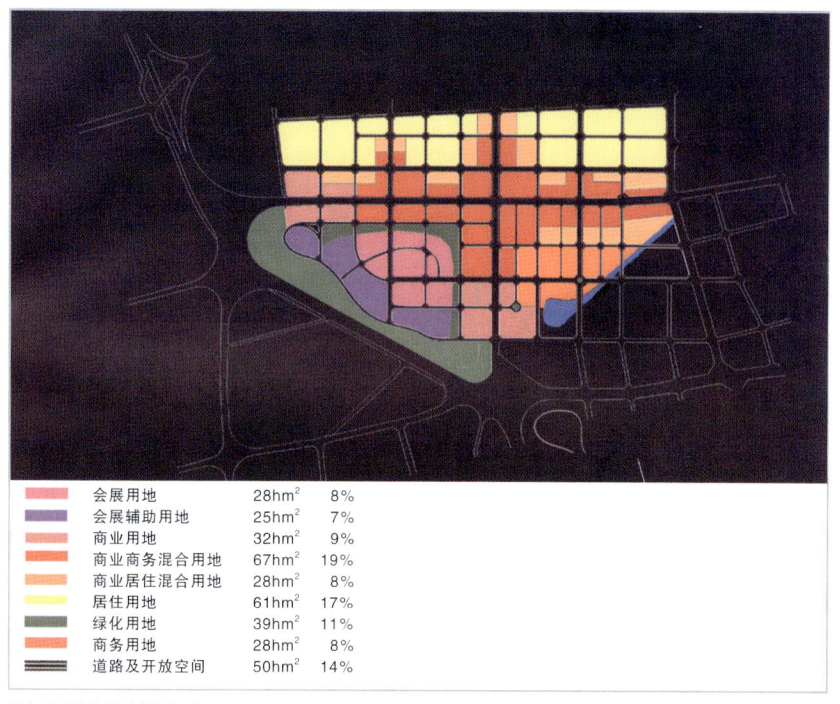

会展用地	28hm²	8%
会展辅助用地	25hm²	7%
商业用地	32hm²	9%
商业商务混合用地	67hm²	19%
商业居住混合用地	28hm²	8%
居住用地	61hm²	17%
绿化用地	39hm²	11%
商务用地	28hm²	8%
道路及开放空间	50hm²	14%

郑东新区总体用地规划概念

1.2 郑东新区规划范围

郑东新区起步区以黄河路和庐山路为轴，由107过国道和熊耳河环绕，是约3.5km²的原老机场用地。

1.3 规划设计理念和准则

（1）分别考虑规划用地选址，分期及投资进度，造型和交通组织等多种因素的互动。

（2）分区起步区应成为未来城市的启动力量和重要组成部分，不应成为割开的或者孤立的城区。

（3）我们的规划是一个可持续发展的动态规划。城市发展战略的选择必须有足够的持久性，我们的方案兼顾未来郑州的总体规划，在不同的发展阶段，围绕最初构想的"中心实质"，保持功能的多样性。

（4）关注生态环境问题，节约能源，控制污染。规划顺畅、便利、高效的综合性的绿色交通网络系统，并使其易与外界往来沟通。

（5）关注公众的共同利益，规划有秩序的空间网络，真正实现以人为本，应注重用街道把该区的建筑联系起来，构筑有活力的街道，应注重郑州市发展历史和现实因素，把该区同城市实在地结合起来。

（6）该区不仅成为区域性商务核心，而且成为未来郑州市的综合生活中心。应规划设计成为24小时活跃的各种设施俱全的都市社区。

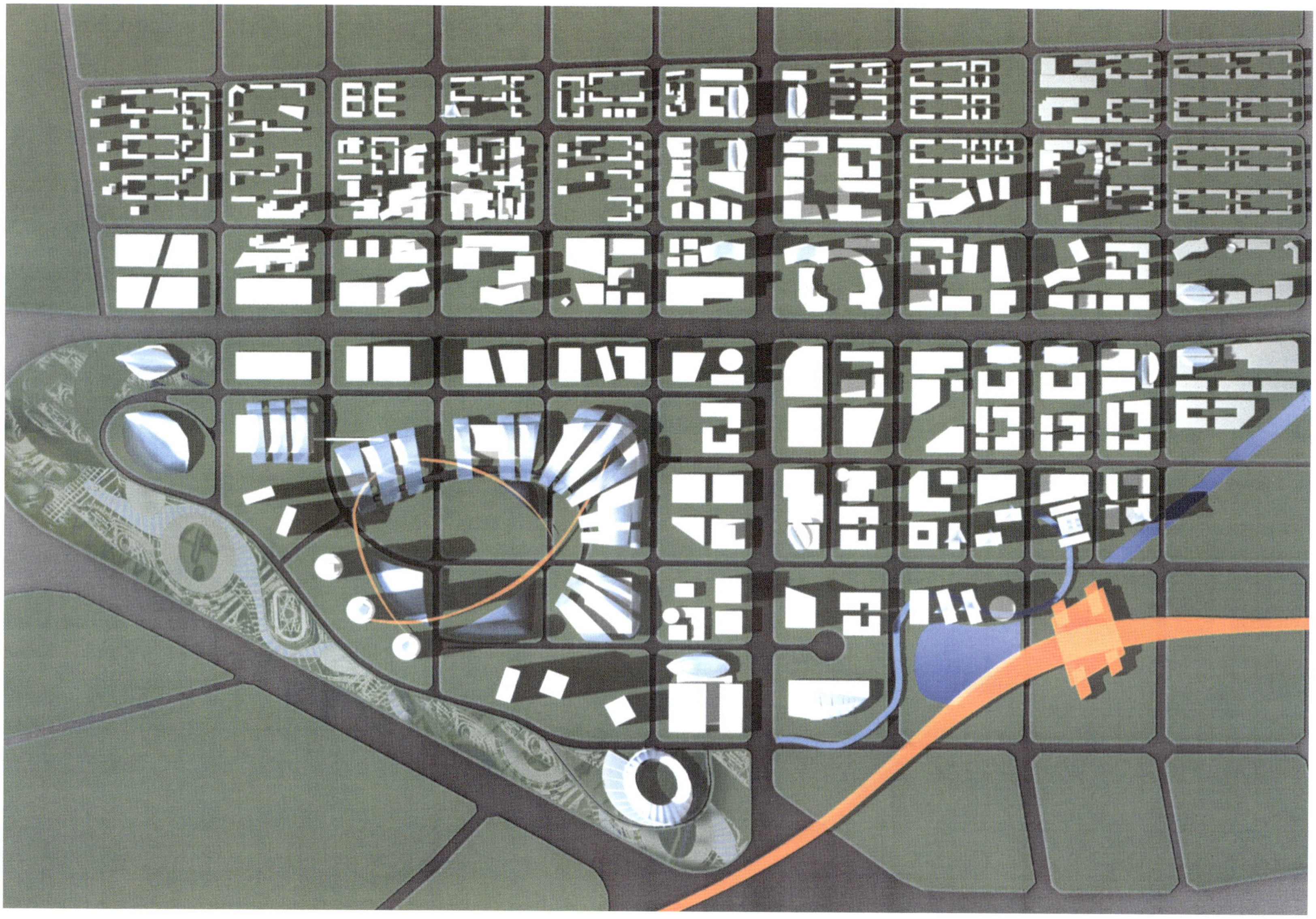

总平面图

1.4 交通策略

起步区利用交通引领城市发展，依托黄河路、庐山路，利用轻轨 1 号线切入起步区的优势，设立绿色交通体系中转，通过恒山路串联郑东新区核心区域，有效地激励郑东新区整体框架的实现。

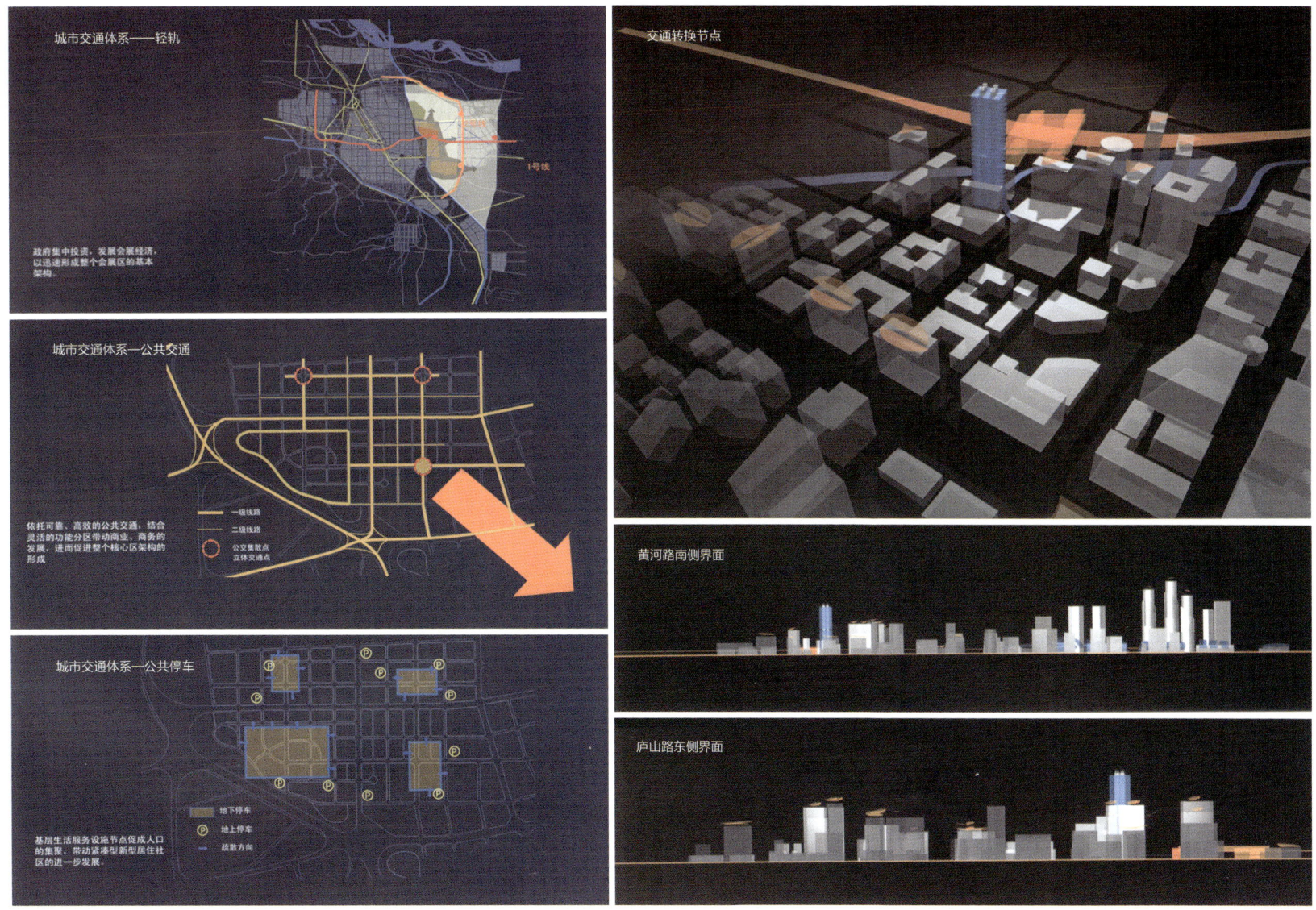

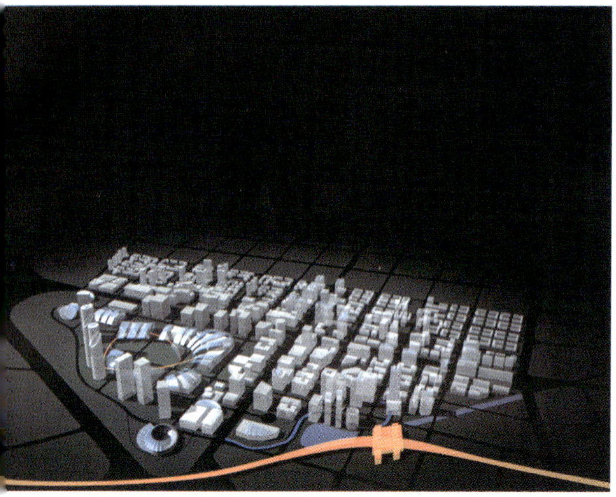

从老城区眺望新区　　从新区眺望老城区

1.5 重点设计目标

　　使该新会展商务中心区在外观视觉及实际功效上完整突出，为起步区与老城区及南边核心区提供很强的视觉上和功能上的联系。

　　提供一条通畅无阻的通向东边、南边郑东核心区的景观道路，并配合建立另外一条南北景观轴线，与庐山路、黄河路共同形成景观轴网。

　　提供一个城市用地与整体交通系统相辅相成的发展结构，提供最大的开发效益，并保证为所有建筑物提供最佳的视野。

　　设计一个显著的，与核心区相适合的城市轮廓。

　　会展中心设置较大的开畅空间，及在次中心设置生活所需的社区设施场所，建立开放空间秩序，以促进人们的社会文化生活，组织城市生活秩序。

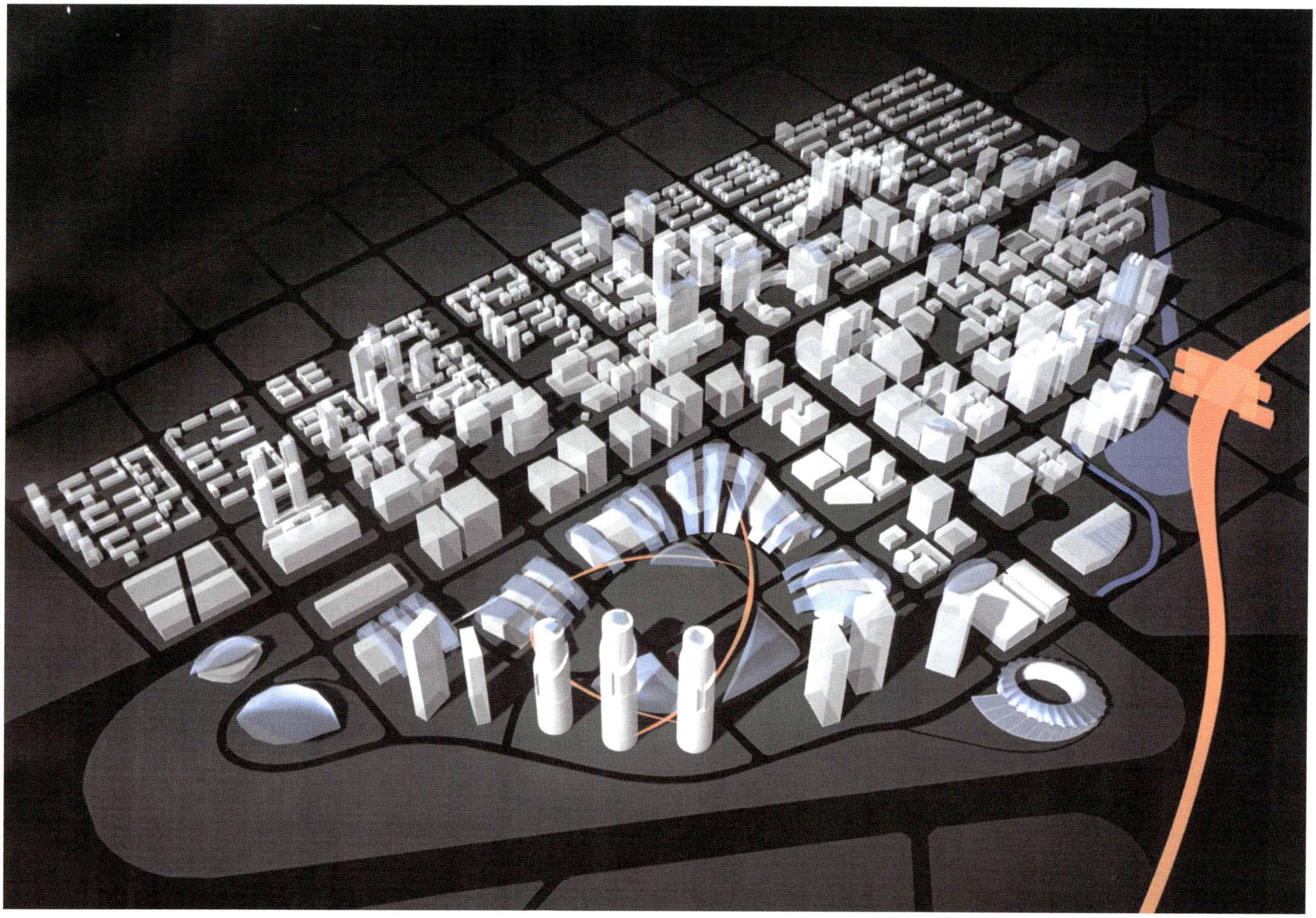

鸟瞰图

1.6 规划方法

分期建设规划
从会展带动－交通带动－新型紧凑居住社区带动，抓住每期主导带动力量，贯彻圈层布局、交叉发展的分期建设概念。

节点及界面规划
开放、通透的内外视野；尺度同绿地的关系（开阔的运动公园水平展开与超高层建筑群体形成强烈的视觉对比。自然形态的室外展场契合富有生态感的绿地，亲密接触）；有活力的街道有助于起步区的发展（景观大道，纵剖起步区各个区域，全面展示区域形象。通向各个节点的多功能干道，控制起步区主要节点，配合整体框架形成扎实的网络。生活干道，经营活跃气氛，构建基层生活场景）。

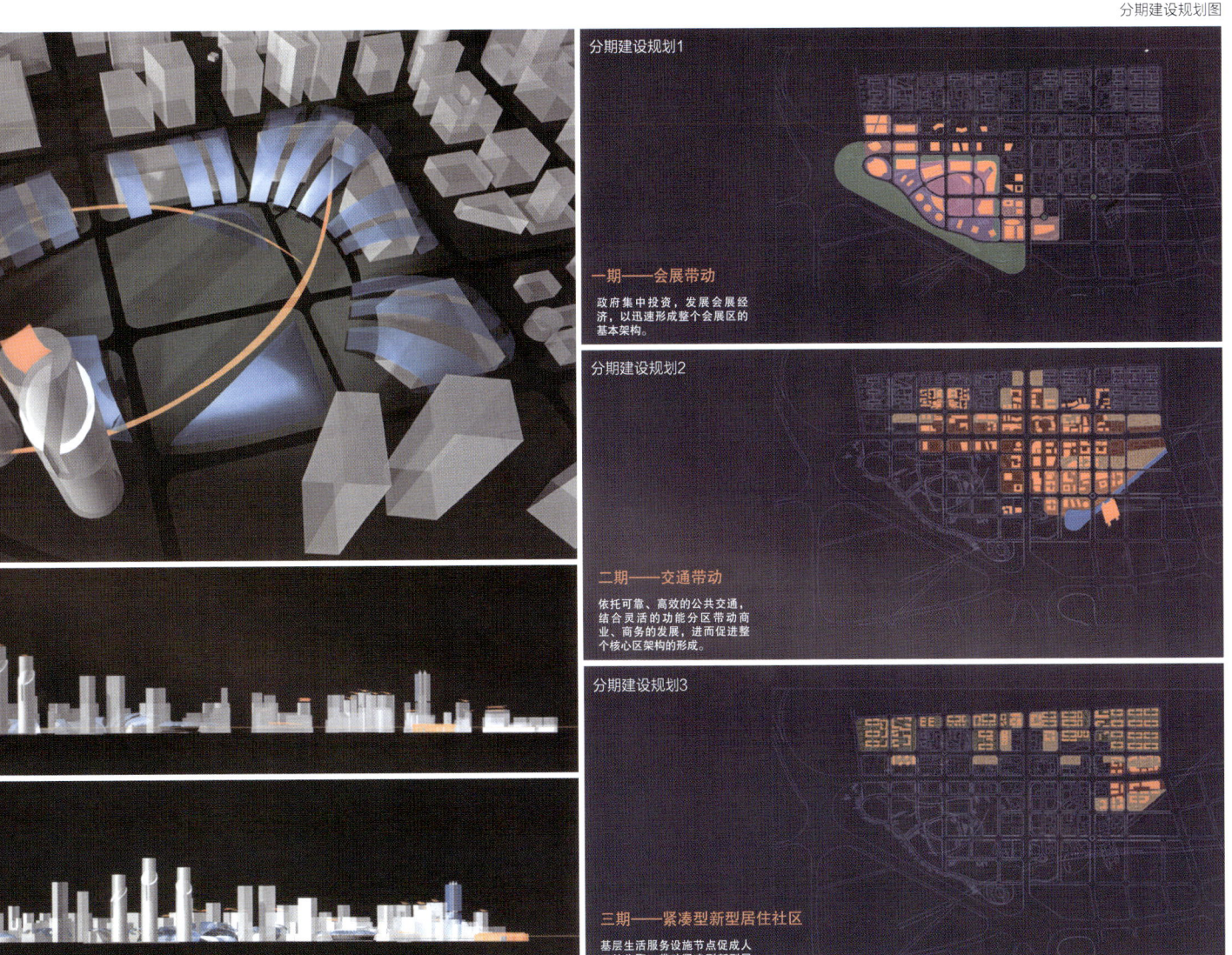

分期建设规划图

步行及绿化体系图

居住区示意图

政府操控梯度设想

附2 上海同济城市规划设计研究院郑州市郑东新区起步区规划方案

2.1 郑东新区起步区概念规划方案

2.1.1 功能定位

郑东新区中心应当是作为区域中心城市郑州的现代化、高品质、高效率的新城市中心，着眼于服务全省以至更大区域。

2.1.2 区位选择

空间上与原中心既分离又有密切而便捷的联系；

有较为良好的用地与环境条件；

相对于城市发展的比较中心位置；

一定的基础设施建设条件；

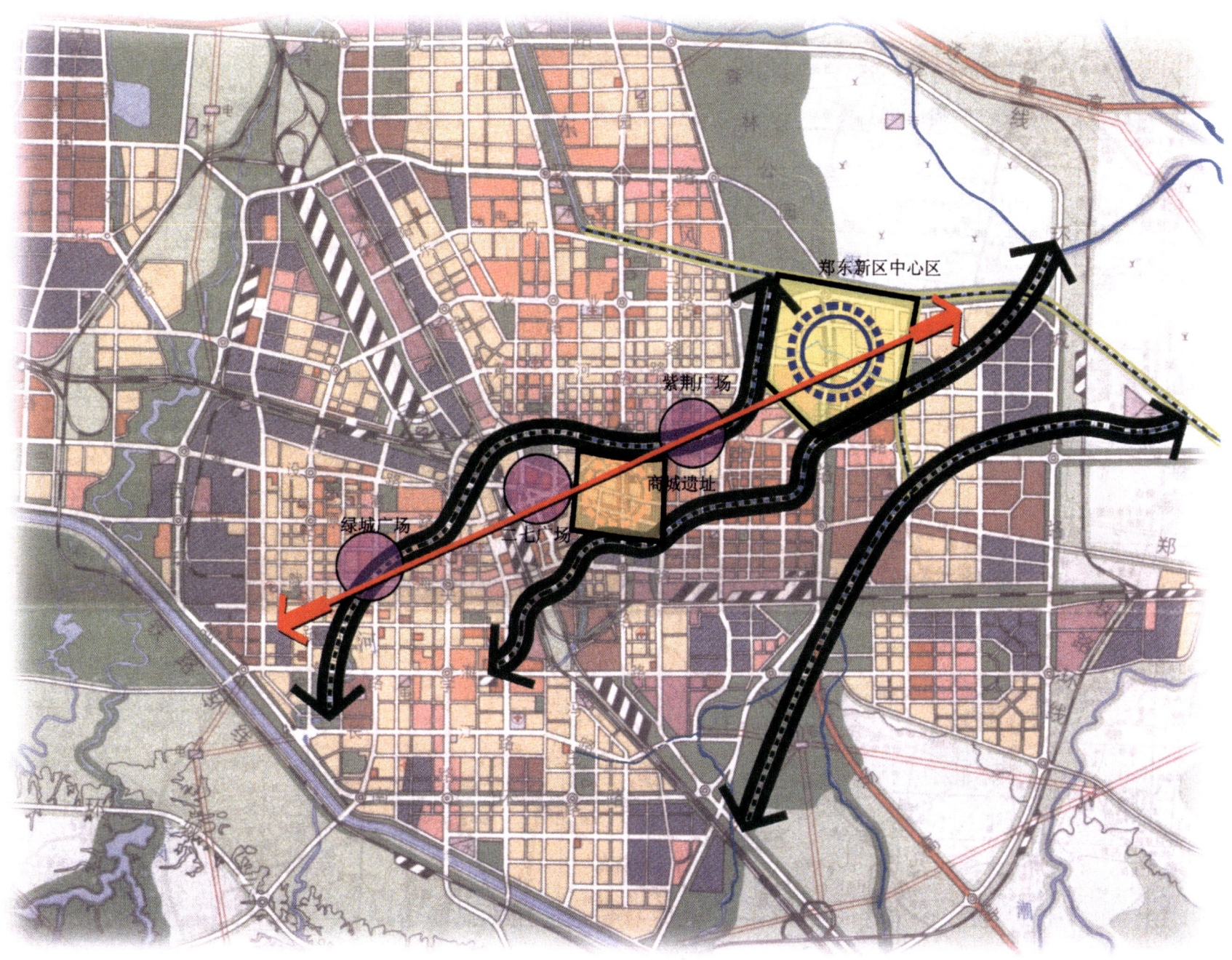

郑州市结构分析图

郑东新区交通分析　　　　　　　　　　　　　郑东新区结构分析

2.1.3 交通分析

交通水平的高低，直接制约和影响着CBD在高度积聚状态下的有效工作。因此，大规模的CBD开发，尤其是CBD新区开发建设，往往需要以大规模的交通系统建设为先导。通过合理CBD交通发展战略诱导CBD开发建设，并同时将CBD交通系统建设作为城市整体交通系统结构性调整和发展的历史性契机。

交通是CBD高效运转的核心问题。大容量公共交通设施的建设，决定了CBD开发的成败。选择不同的交通结构，是CBD规划所要考虑的首要问题。

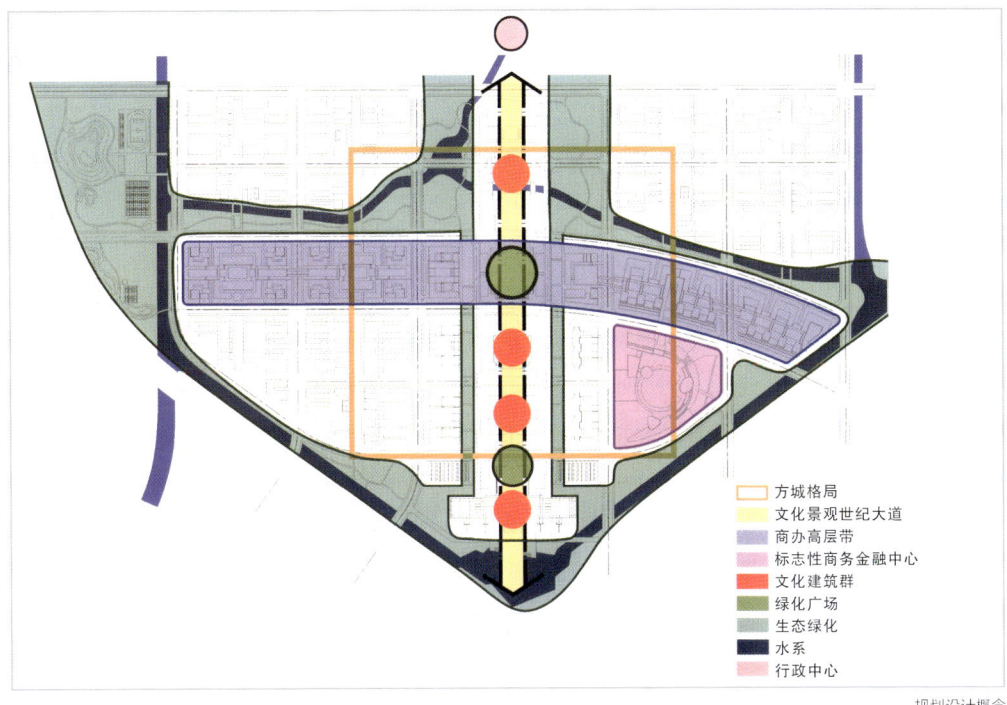

规划设计概念

2.2 中心区的规划布局结构

（1）中心区规划继承生态和借鉴古城洛阳及开封的布局特点，突出"方城"的概念，形成规整而严谨的格网城市。

（2）规划强调布局生态性，功能复合性和形象标志性。

（3）规划建构十字形核心骨架，主体建筑群及公共空间依次骨架呈带状轴向展开。

（4）规划强化生态化的开放空间和景观体系。

（5）规划着力塑造强有力的城市空间形态和天际轮廓线。

2.3 交通系统

以107国道和规划建设的地铁3号线为依托，中心区内部组织合理的方格路网，预留地铁轻轨用地和大规模换乘用地。加强基于TOD的土地开发模式，确立公交出行的优势地位。

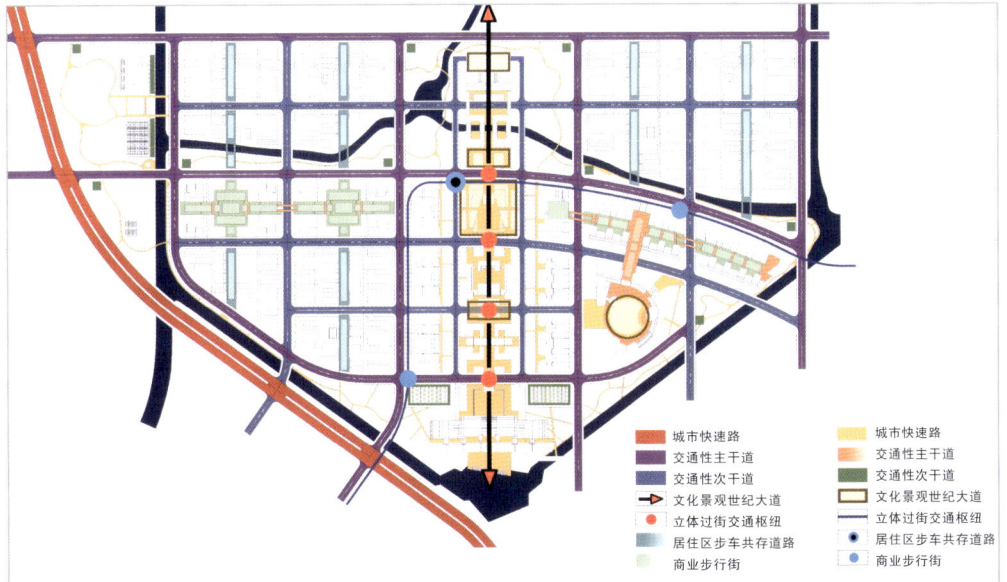

交通系统

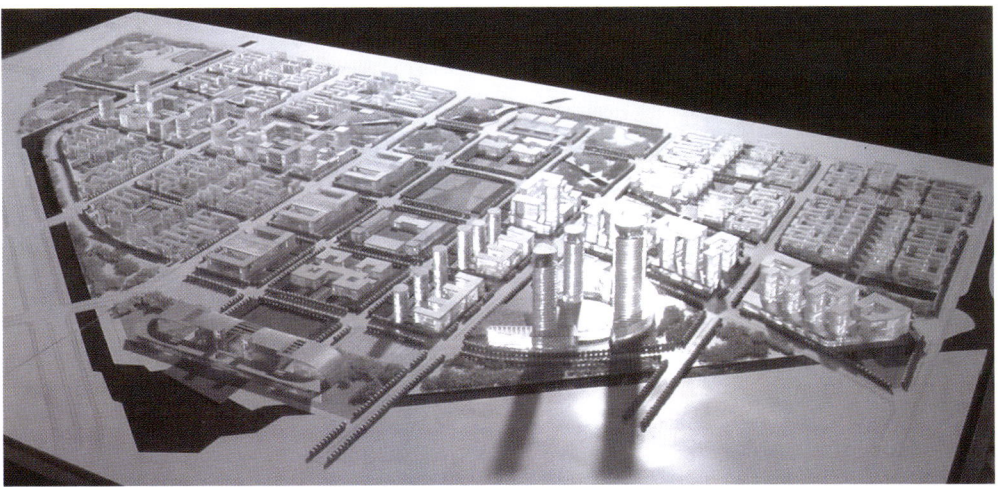

总体模型照片

建筑高度

- 20m以下
- 20～40m
- 40～100m
- 100～150m
- 200～300m

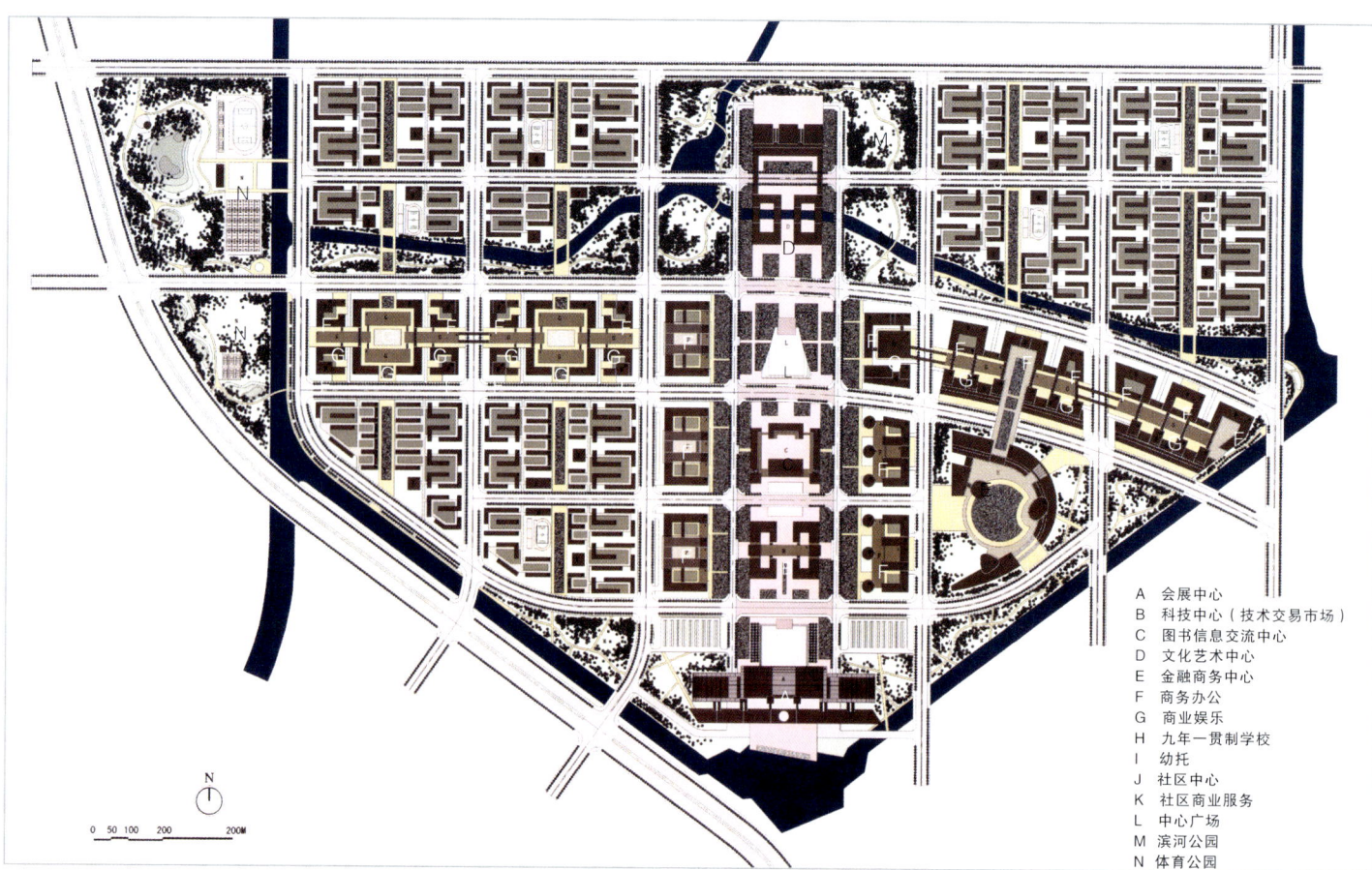

新区总平面图

A 会展中心
B 科技中心（技术交易市场）
C 图书信息交流中心
D 文化艺术中心
E 金融商务中心
F 商务办公
G 商业娱乐
H 九年一贯制学校
I 幼托
J 社区中心
K 社区商业服务
L 中心广场
M 滨河公园
N 体育公园

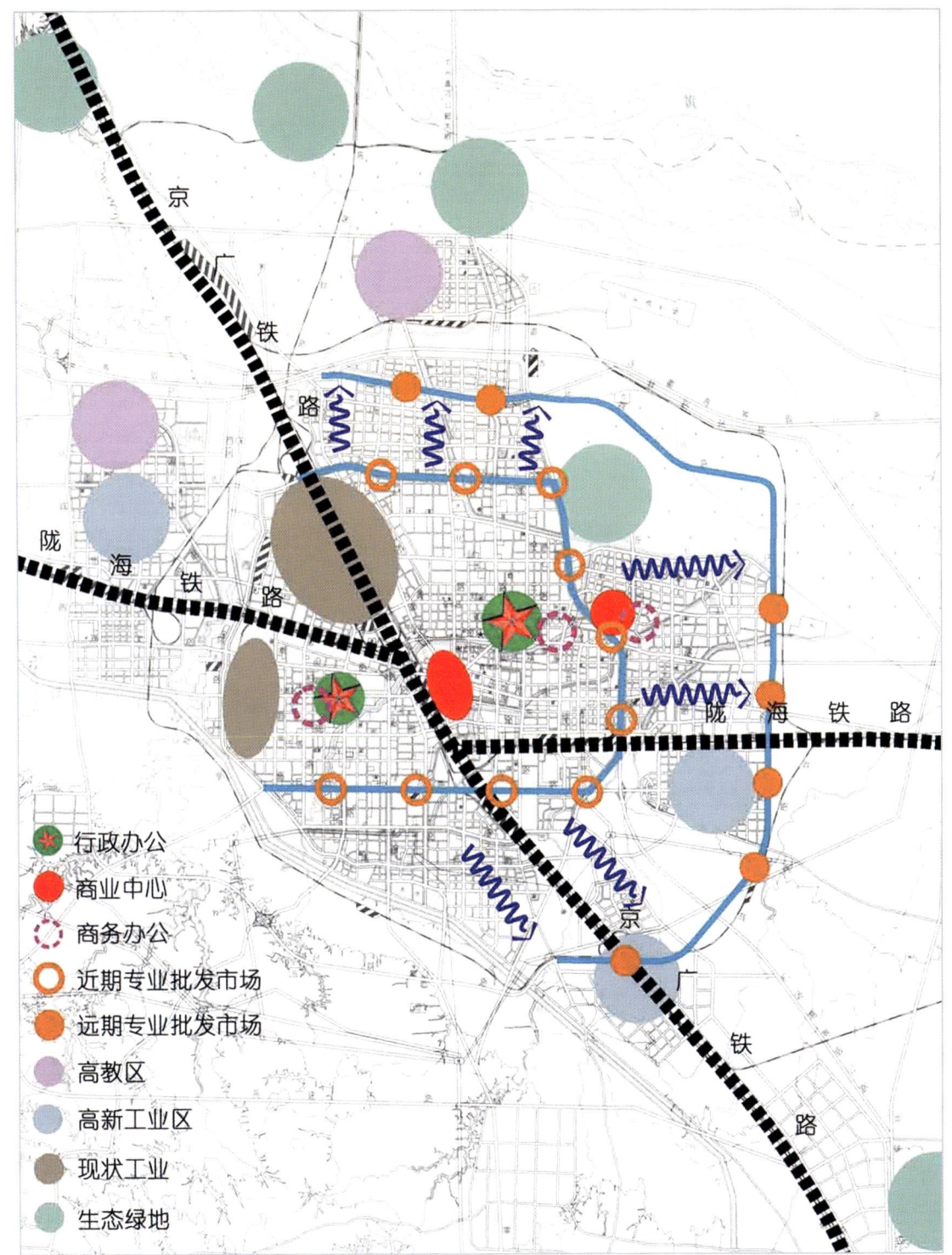

城市向东发展的功能区演变示意图

附3 中国城市规划设计研究院郑州市郑东新区机场片区概念规划

3.1 CBD与城市发展战略

郑州市发展CBD是新世纪构建区域性中心城市的需要，是新时期抢占经济发展制高点的需要，是促进大商贸城市产业升级的需要，是创造新的城市形象的需要，是展示郑州乃至河南省社会经济发展与建设成就的需要。作为城市发展战略重要组成部分，CBD的发展要借鉴国内外经验，制定CBD发展的相关政策，由点到面、有次序、有配套、有重点地启动CBD发展。

3.2 郑州市CBD的产业构成分析

城市中心功能设施的现代化程度是一个现代化的城市发展水平的标志。除了应具有通畅便捷的道路交通系统，满足生态环境的绿色开敞空间，不同产业的分区组合将形成城市中心区不同的景观与活力。

（1）信息中心：主要包括金融、保险、会计、律师、审计、广告策划、信息咨询、技术服务等。它们的外在物质形象表现多以办公楼为载体，对城市经济、城市文明、城市景观的形成都具有重要意义。

（2）商务中心：中心商务区是城市形象的标志。城市商务功能的提升与城市经济发展、产业结构有着直接的联系。郑州有必要在城市中心区设立一定规模的内外贸易机构和以贸易服务为主要内容的贸易中心，以便更好地利用和管理外资，健全贸易体系。

（3）社会服务业：主要包括文化活动、医疗保健、社会福利等服务行业。科学研究、文化的创造与传播及全民教育将是21世纪信息城市的重要功能。郑州市中心区的规划应考虑相应的文化内容，会展中心、博物馆、社会性的图书馆和文化活动中心等。

（4）大型批发市场：郑州市市场发育较为完备，物资集散活跃，交通组织便利，具备建设大型批发市场的条件。

（5）住宅：本区规划设计的居住标准和市场定位分为3个标准：以近中期营销目标为时限，中高档为主，适量高档的商住区；以中长期营销为目标，符合郑州市以外客户需求的中高档商住社区；以高档、度假、娱乐、休闲为主的商住社区。

各种产业的发展有其各自不同的需求及用地特征，在规划设计时应注意相应产业的选择，使新中心区及外围用地形成既有密切联系，在景观、功能上又有区别的有机联系的整体，共同构成郑州东部新的城市中心区。

3.3 规划定性

根据郑东新区机场片区的规划定性，该区集中布置金融贸易，商务办公，高档次的商业服务，信息服务和中高档的居住小区，主要功能区沿南北向和东西向两条轴线展开。

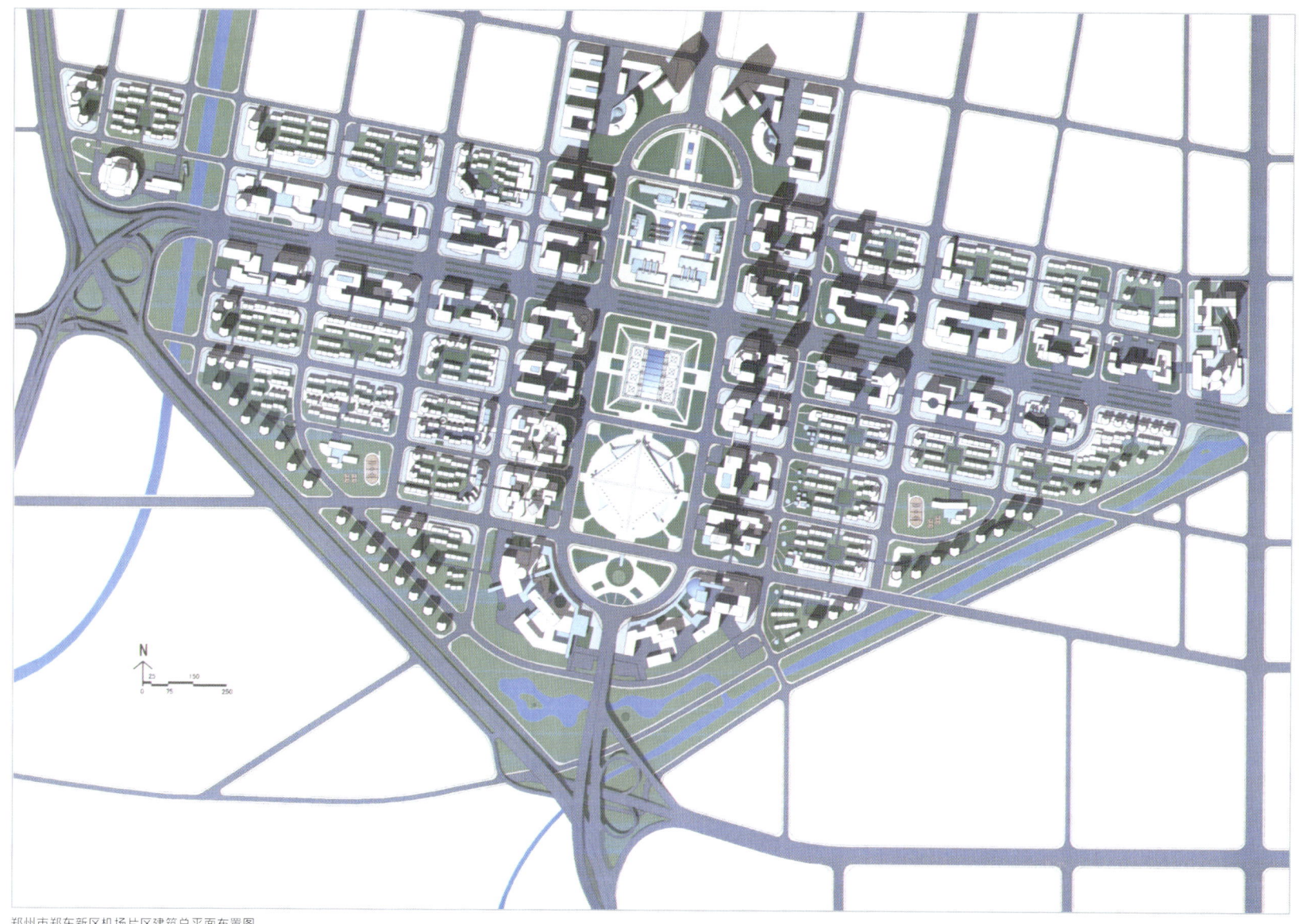

郑州市郑东新区机场片区用地规划图

郑州市郑东新区机场片区建筑总平面布置图

3.4 主要功能区

(1) 会展中心

(2) 商务办公区

(3) 金融保险区

(4) 文化娱乐区

(5) 商业中心区

(6) 商住综合区和居住区(位于南北、东西轴线两翼，以中高层为主，多层为辅)

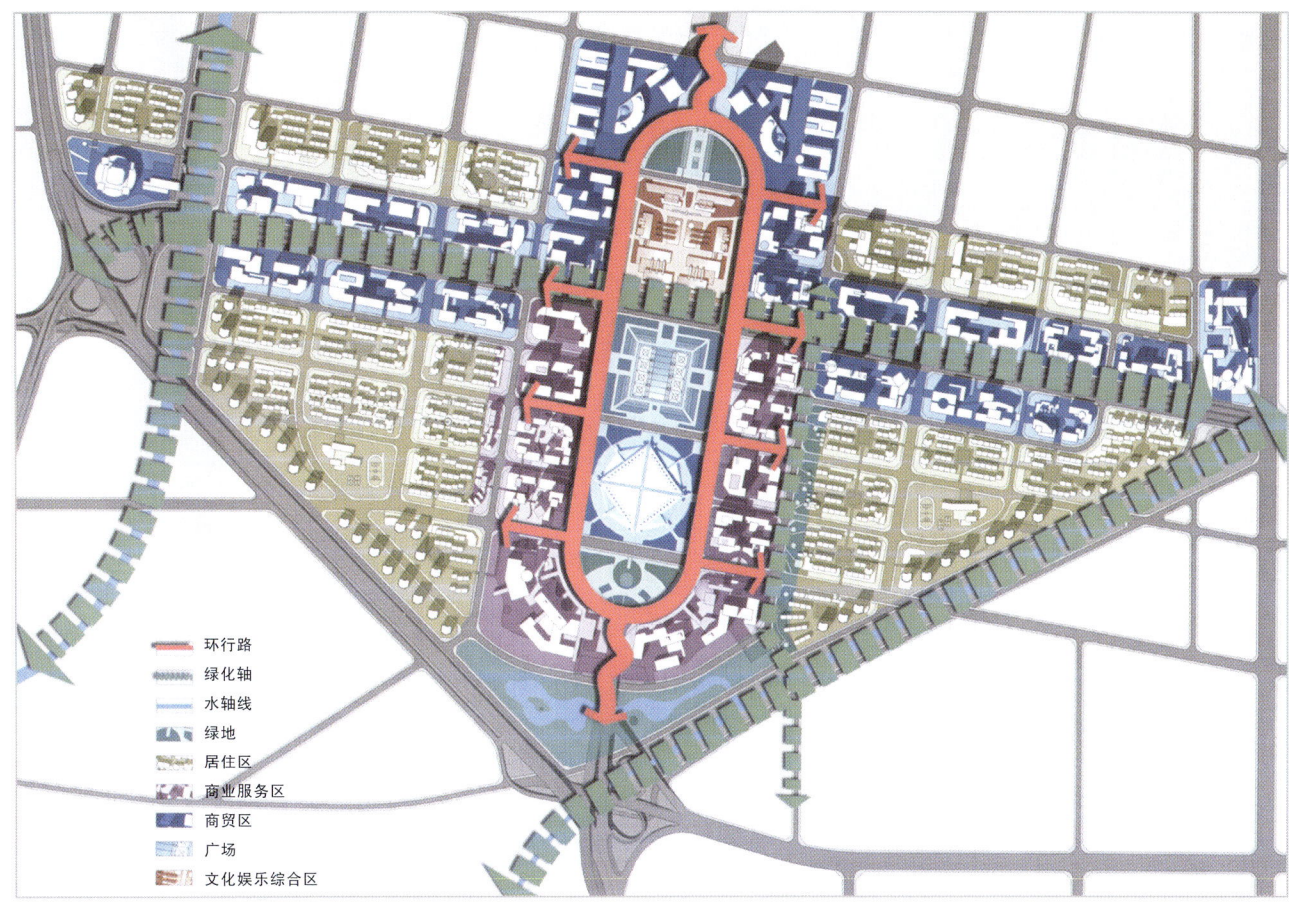

郑州市郑东新区机场片规划结构图

3.5 交通规划

核心区的城市干道以十字轴与方格网结合布置，有效利用东西向的黄河路与城市中心联系。

路网规划的目的是创造高效，便捷的交通体系。依照《郑州市总体规划》的要求，结合区域地形，将规划区内道路分为三级设置，即主干道、次干道、支路。

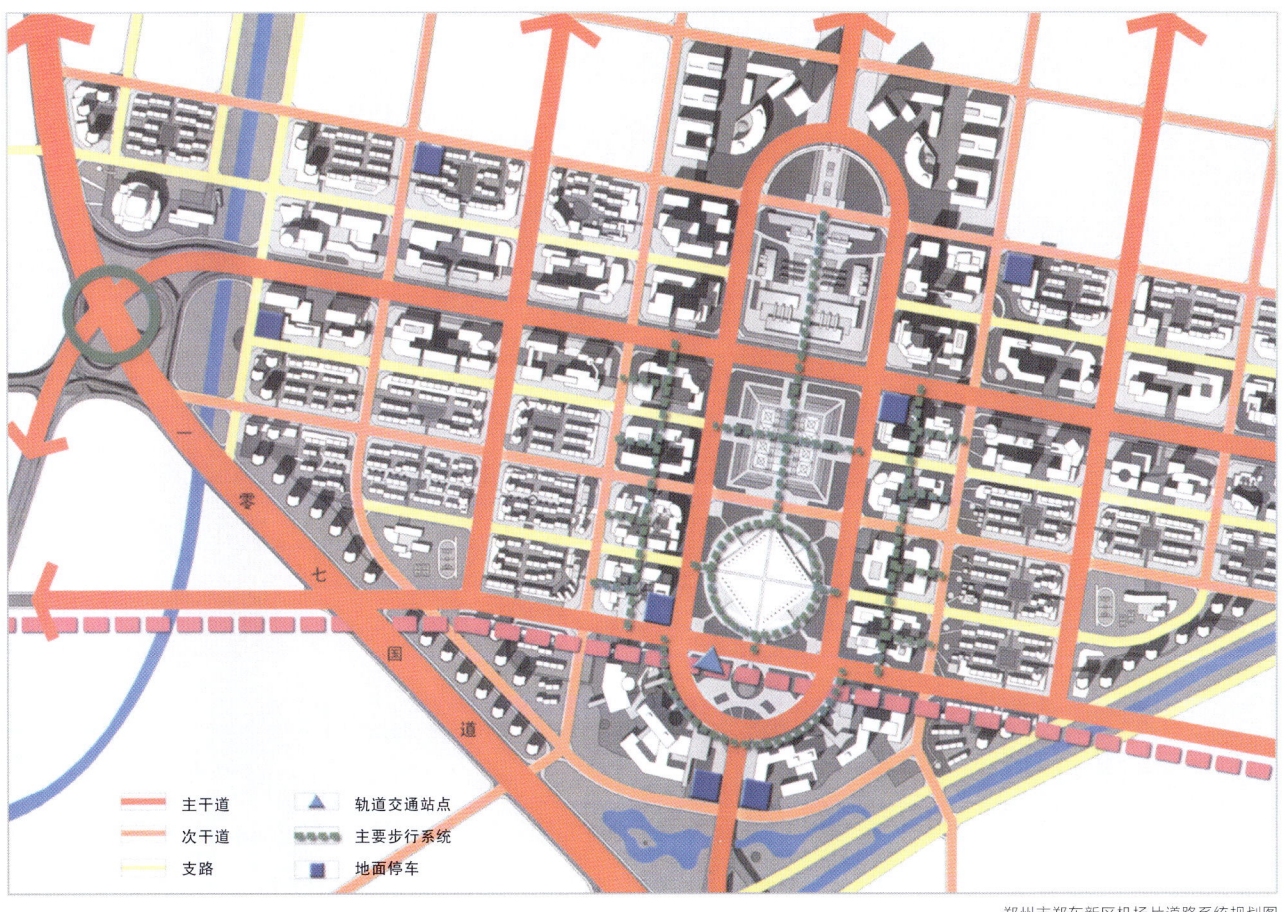

郑州市郑东新区机场片道路系统规划图

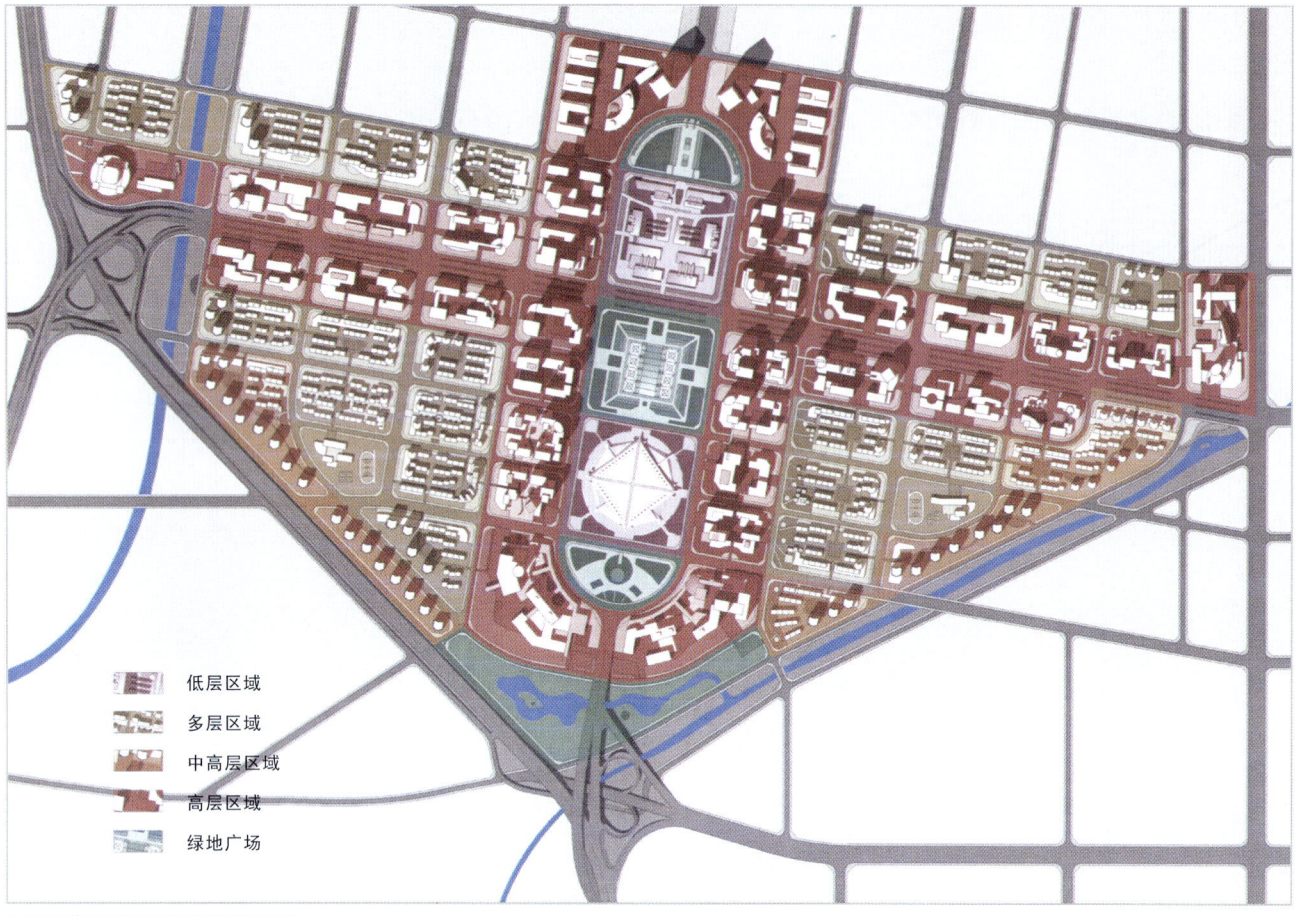

郑州市郑东新区机场片区建筑层高分区图

- 低层区域
- 多层区域
- 中高层区域
- 高层区域
- 绿地广场

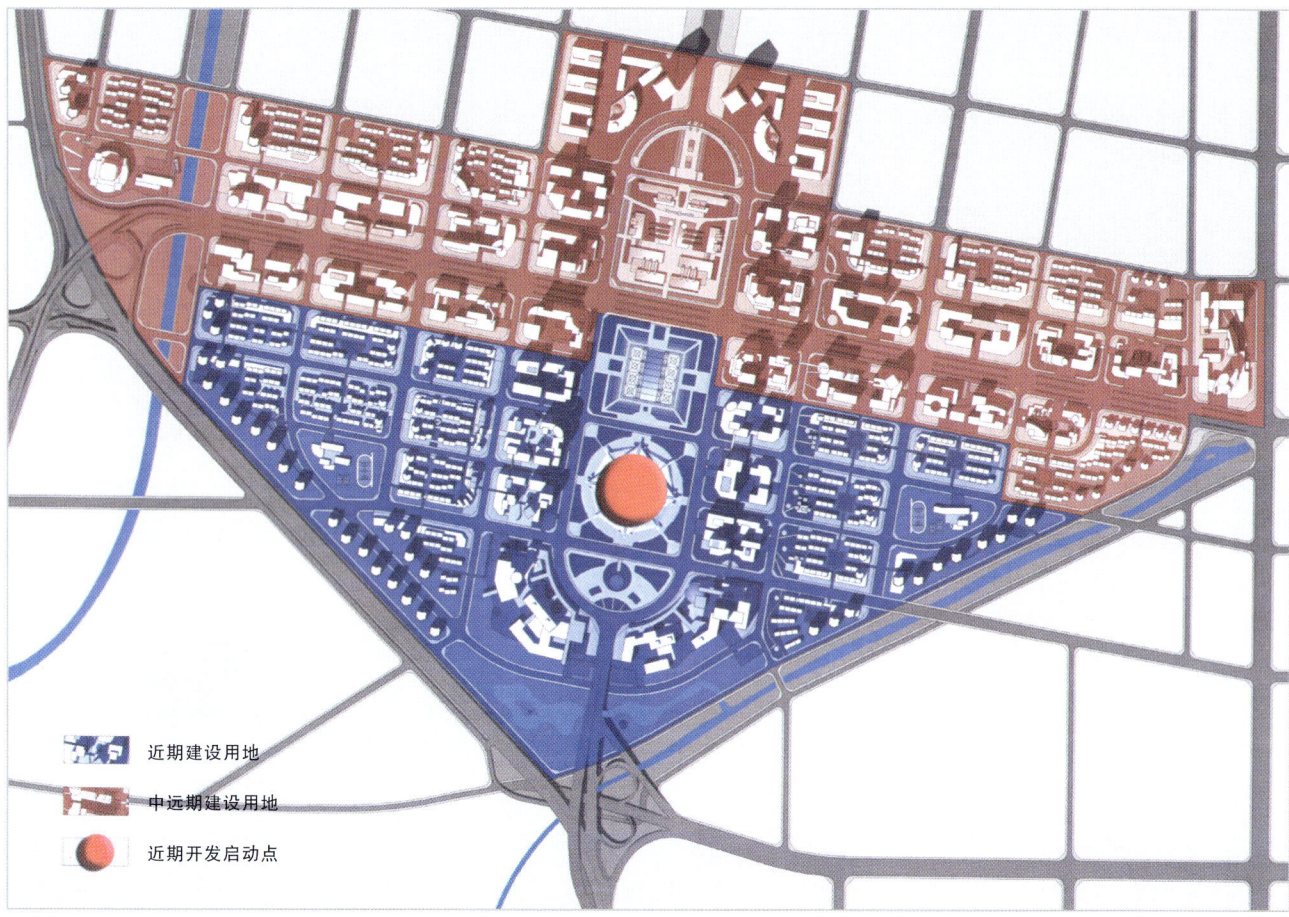

- 近期建设用地
- 中远期建设用地
- 近期开发启动点

郑州市郑东新区机场片区分期开发建设图

3.6 地标及主要节点

地标和主要节点是丰富城市景观，明确城市方向感，表现城市功能的重要区位。

郑东新区机场片区在进出的门户（东、西、南三端）、中部广场、几个主要道路交叉口处，根据其功能和景观要求规划布置城市主要标志和主要节点，沟通各功能区地块的视觉联系，形成有张力的空间效果。

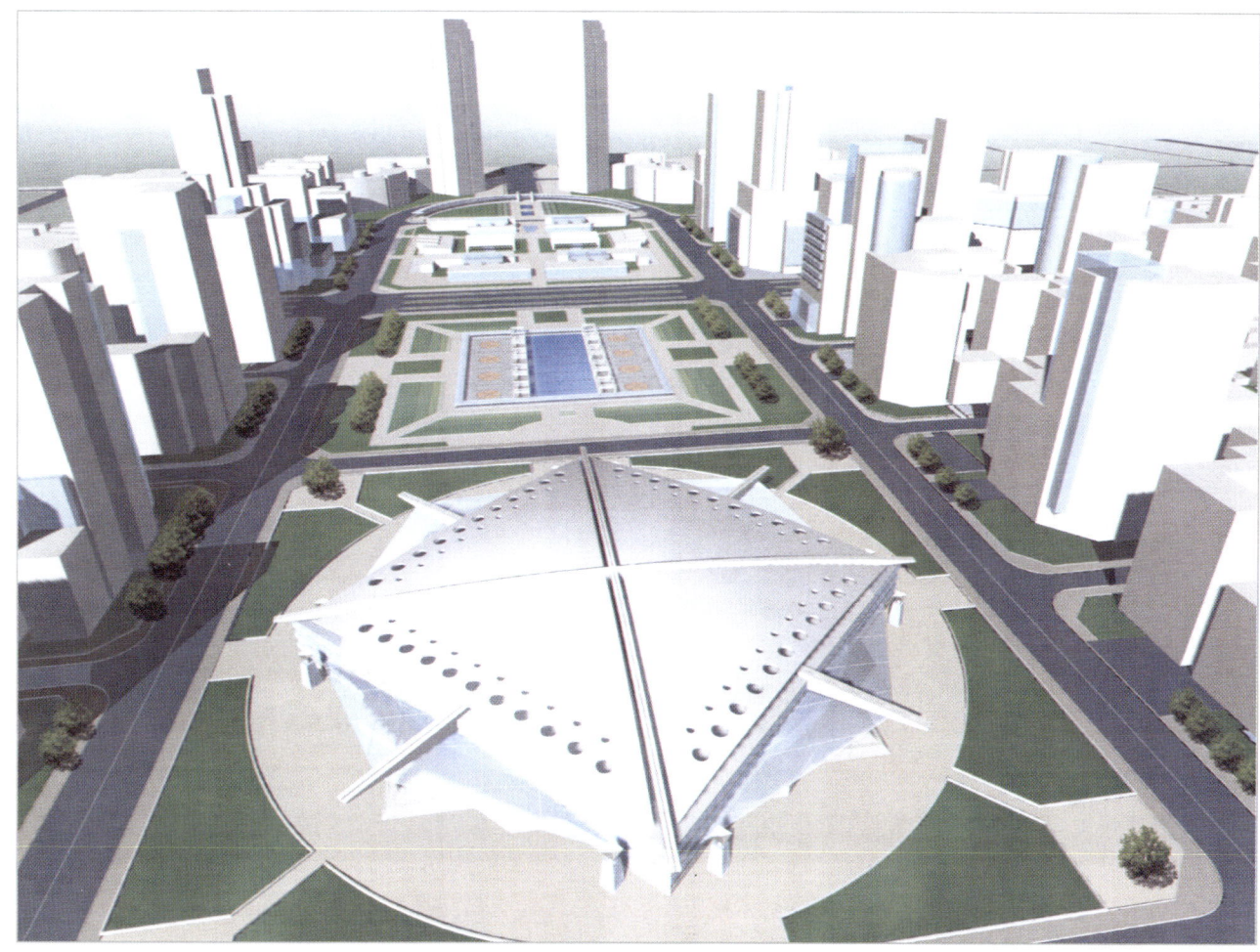

郑东新区机场片区透视图

3.7 开敞空间的规划设计遵循准则

（1）以人为本，所有开敞空间系统的组织要一切为人着想，为人所用

（2）努力提高环境的文化和艺术的吸引力，创造开敞空间的"精神文明"

（3）充分利用自然环境条件，通过规划建立自然与人工环境有机结合的开敞空间体系

（4）滨水地段要利用并改造现有水系，形成网络化的滨水空间环境魅力

（5）在中心区的南北轴线处开辟广场，以增加会展中心的魅力，凸现并突出其在中心区的核心地位，构成中心区独具魅力的公共空间

郑东新区机场片区建筑总平面部署图

附4 香港华鸿郑州市郑东新区起步区规划方案

区位及政策优势：郑州市地处中原，区位优势突出，具有承东启西的战略地位与济南、南京、武汉、西安、太原等周围百万人口以上的同级省会城市距离均在500~600km左右。其周围区域中，人口稠密、资源丰富，发展条件良好，特别是随着国家加快中西部地区发展的大开发战略的实施，更是给位处中部的郑州带来新的机遇。郑州市如美国芝加哥一样位于国家之中心点。

在战略需要去领导中西部大开发，郑州市有如芝加哥当年在美国由东至西部扩张经济时的地位，有待开发。

郑州市具有地理、历史和时机等潜力成为中国的芝加哥。

郑东新区在东圃田组团的基础上做适当调整。其规划范围西起107国道，东至规划京珠高速公路，北起连霍高速公路，南至机场高速公路，其总控制范围约210km²。

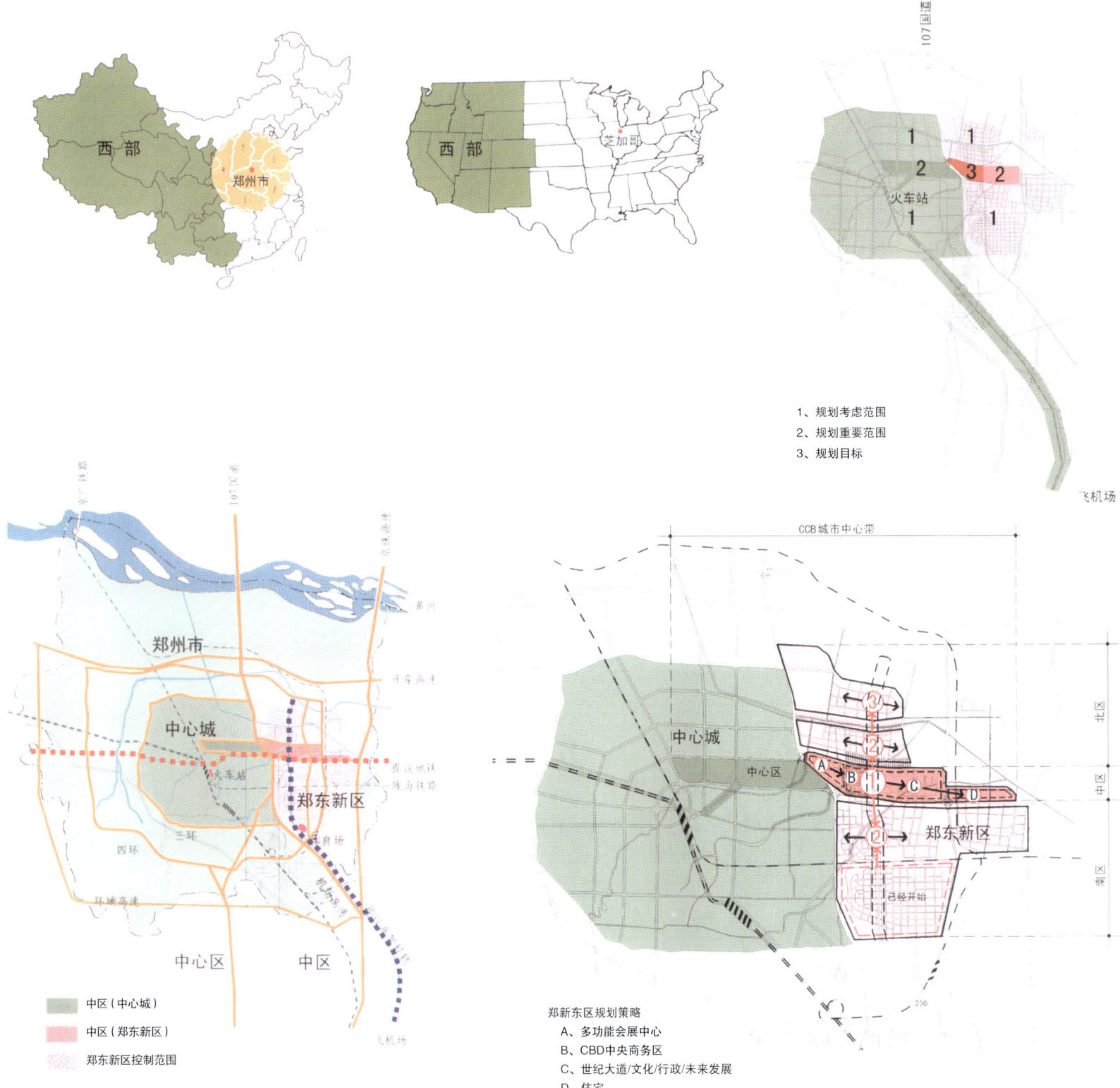

1、规划考虑范围
2、规划重要范围
3、规划目标

中区（中心城）
中区（郑东新区）
郑东新区控制范围

郑新东区规划策略
　A、多功能会展中心
　B、CBD中央商务区
　C、世纪大道/文化/行政/未来发展
　D、住宅

郑东新区规划范围总土地面积为210km²，规划2010年城市建设用地60km²；近期2005年25km²，其中2001～2003年为建设起步期，规划安排老机场国有土地及周围的开发建设6km²。

4.1 规划概念

(1) 保留CCB（中心城带）的概念。该区域占地近7km²，横跨整个郑东新区，用于商业和市政活动。

(2) 预计本世纪中叶人口将达到500万～600万，将郑东新区面积扩展到60km²。

在该方案中我们创建了一个中区，位于中心城带的东部，其西部是现有市中心的中心区。CCB及其所需要的包括文化和市政以及高档住宅在内的配套设施位于中心区。

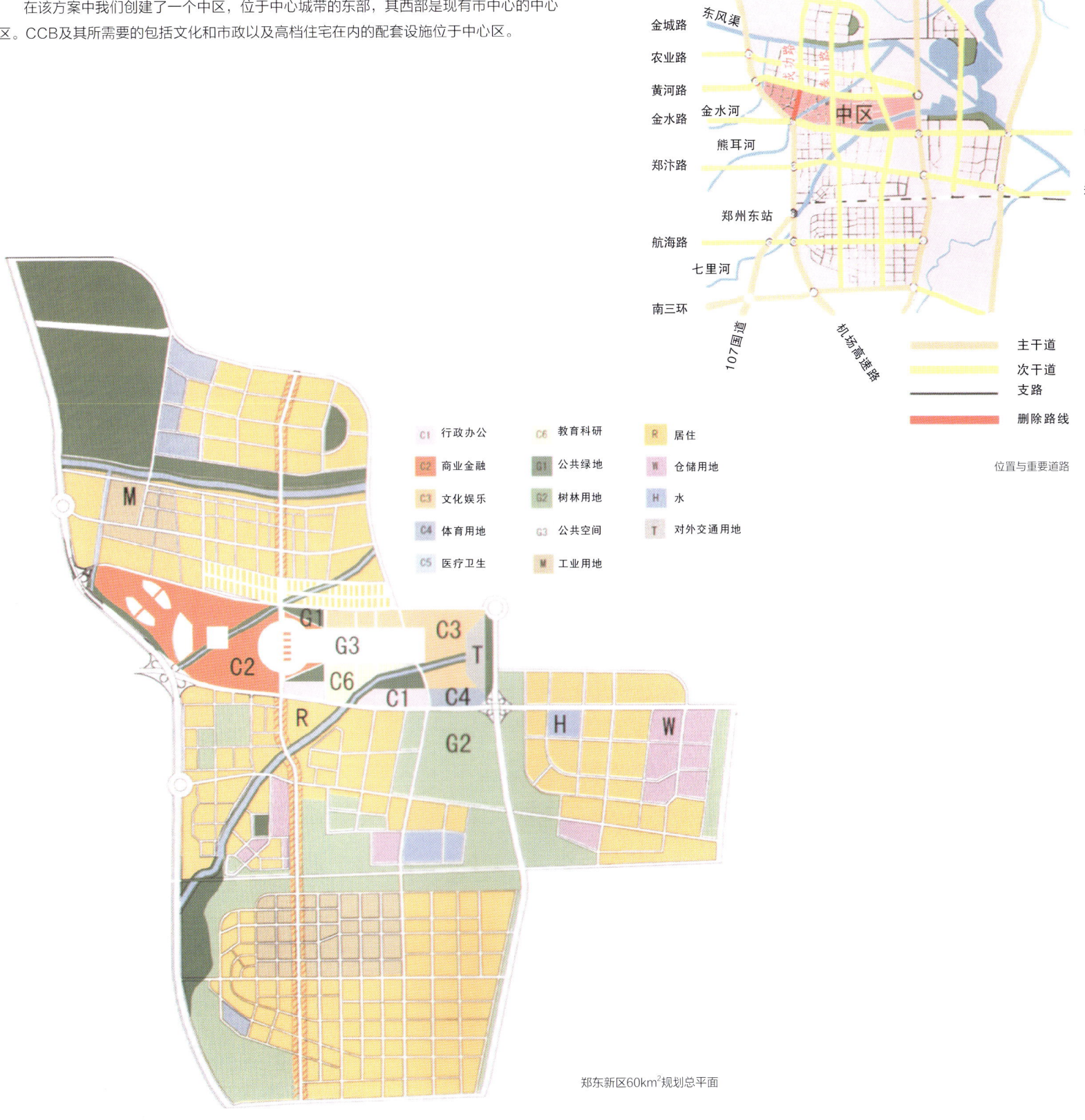

位置与重要道路

郑东新区60km²规划总平面

4.2 地面形象策略

城市建筑的地面形象不只是通过水平和垂直平面内的空地与坚固建筑物之间相互作用而形成一个地方特色。我们还需要根据建筑物的功能和用途去创造各具特色的城市建筑形象。通过对其他城市进行调研来确定未来城市建筑的功能用途以及给城市带来的益处。

（1）精神空地：在CCB内有大量的城市空间，把它们设计成郑东新区内外公众参观游览的目的地，也可把其看成市场经济下具有经济价值的财富，城市空地能使其周围的土地升值；还可以通过吸引旅游者来创收。

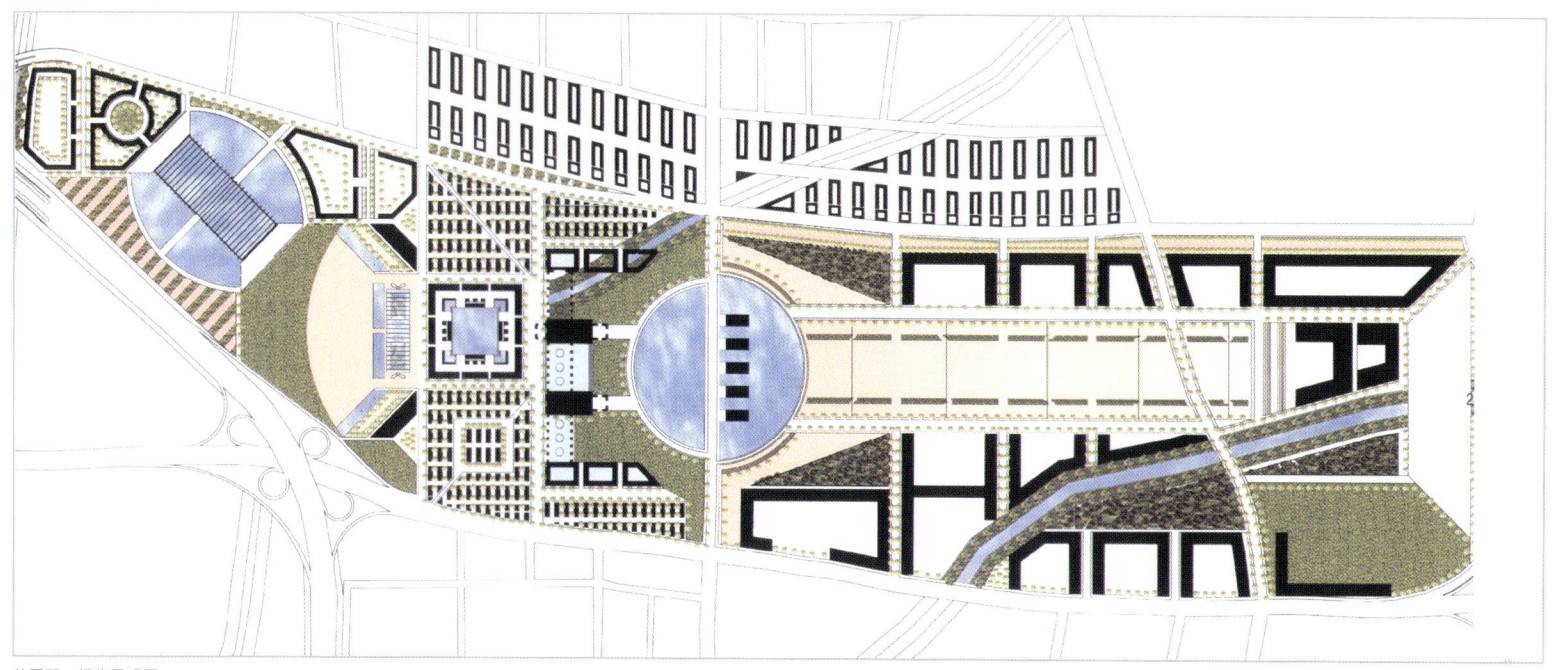

总平面、绿化景观图

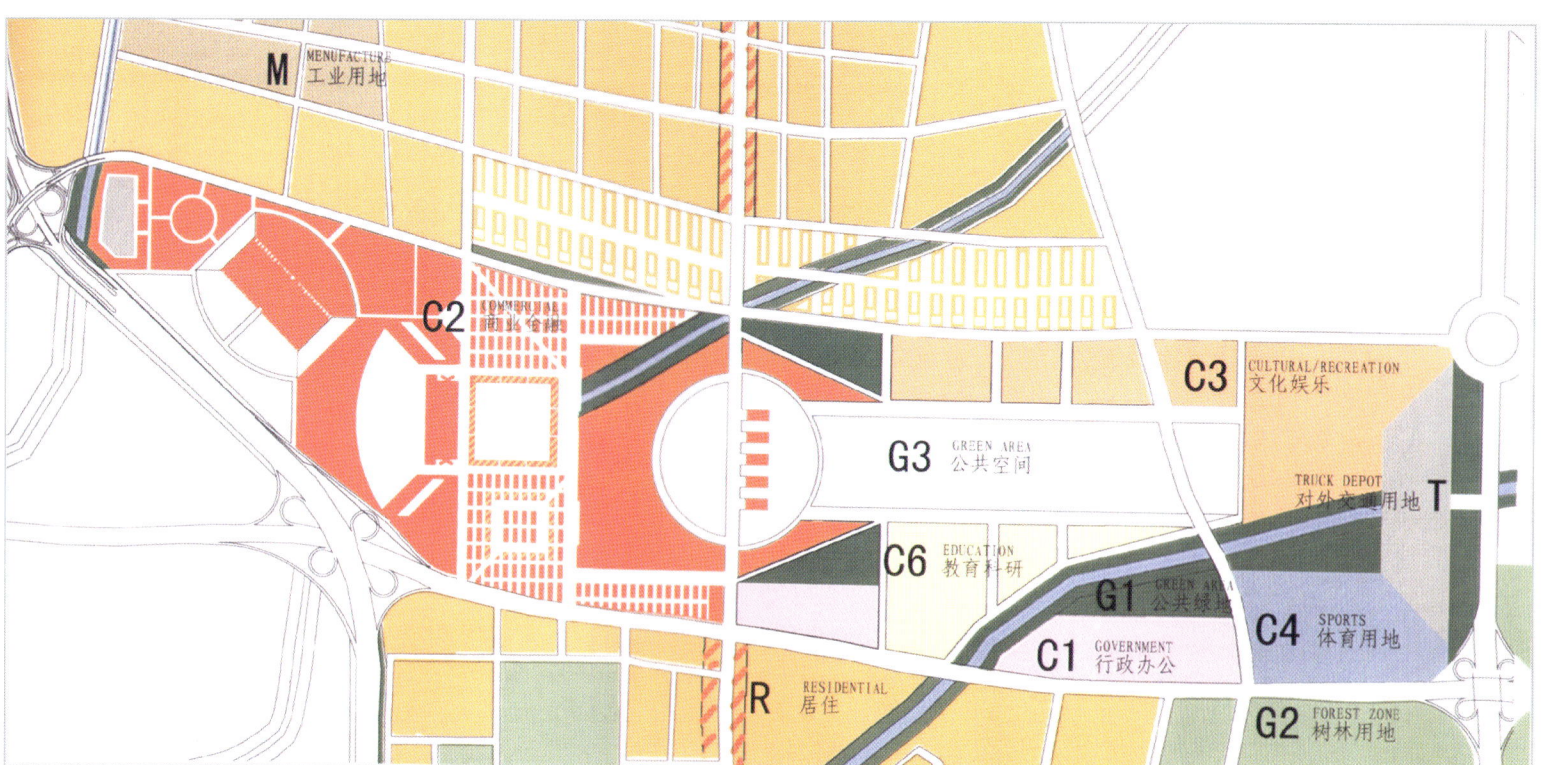

分区地图

(2) 建筑高度变化：我们建议在CBD内采取建筑物密集分布的格式体系，其中不设置绿化带。我们希望建成的CBD像纽约市的商业区那样，街上行人熙熙攘攘，路上车辆川流不息，两旁高楼林立，为了实现CBD有助于人们互相合作的用途，必须对城市规划中的低密度现象进行改革，杜绝在CBD中使用过多的土地用于沿商业建筑两旁景点建设的做法。

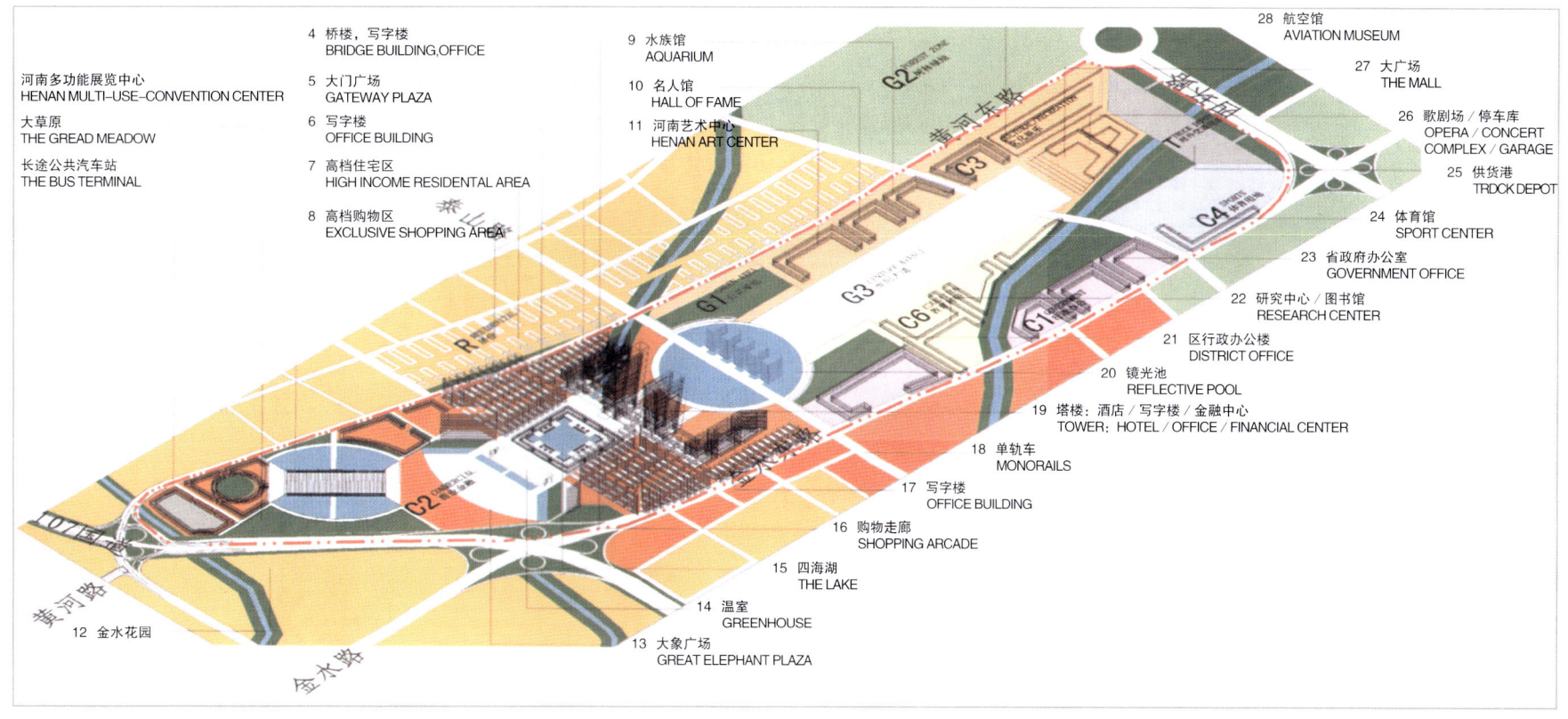

城市设计概念草图

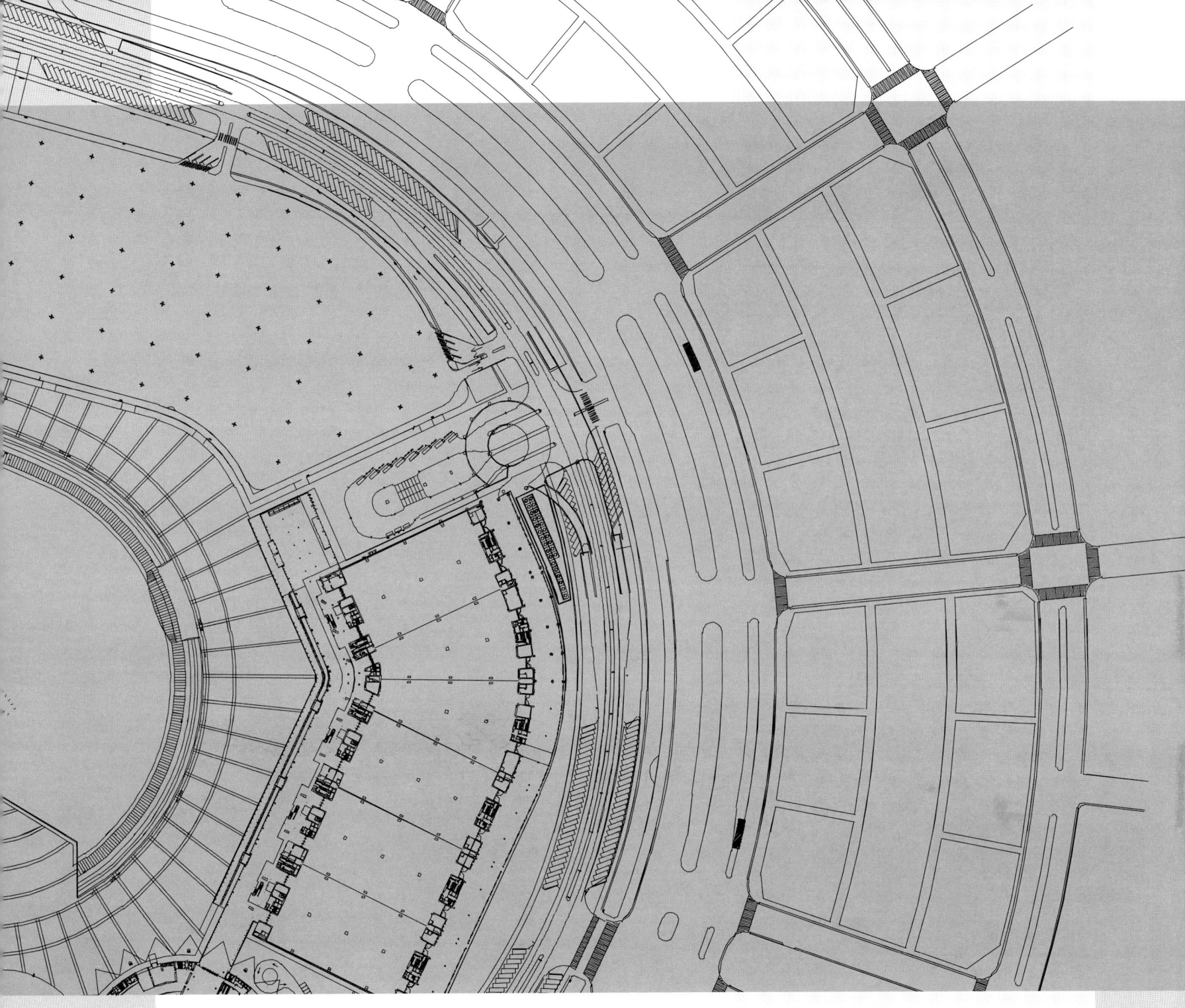

郑东新区
总体概念规划方案国际征集

第二部分
Part II

World-wide Solicitation of Conceptual
Master Plan for Zhengdong New District

第二部分　郑东新区总体概念规划方案国际征集
Part II　World-wide Solicitation of Conceptual Master Plan for Zhengdong New District

033　国际征集文件
　　　Documents for International Planning Solicitation

038　新加坡PWD工程集团方案
　　　Schemes from PWD Engineering Group, Singapore

064　法国夏氏城市设计与建筑设计事务所方案
　　　Schemes from Arte Charpentier, France

082　澳大利亚COX集团方案
　　　Schemes from COX Group, Australia

096　中国城市规划设计研究方案
　　　Schemes from China Academy of Urban Planning and Design

114　美国SASAKI公司方案
　　　Schemes from SASAKI Corporation, The United States

124　日本黑川纪章建筑都市设计事务所方案
　　　Schemes from Kisho Kurokawa Architect & Associates, Japan

140　规划方案征集评审会会议纪要
　　　Minutes of Examination & Appraisal Meeting on the Collected Plans

国际征集文件

Documents for International Planning Solicitation

关于征集郑东新区总体发展概念规划方案的函
Letters about Solicitation of Conceptual Development Master Plan of Zhengdong New District

经研究，郑州市人民政府决定对郑州市郑东新区总体发展概念规划进行国际方案征集。

一、方案名称

郑东新区总体发展概念规划

二、规划设计范围

郑州市区东部，西起 107 国道，东至拟建京珠高速公路，北以连霍高速公路为界，南至机场高速公路，规划范围约 150km²，在此范围内选择约 60 km² 城市建设用地。

三、目标

适应加快城市化进程需要，把郑东新区规划建设成为郑州市具有中原文化特色与时代气息的可持续发展现代化新城区、中部地区加快社会经济发展和城市化进程的示范区，充分发挥郑州作为国家区域中心城市的职能与作用。

四、工作任务

通过概念规划，寻求郑州市新区发展合理模式与发展思路，为省、市政府提供决策依据。

五、规划要求

1、研究确定郑东新区的定位、功能、空间发展模式与总体发展目标，研究郑州市建成区与郑东新区的关系。

2、分析研究对外交通与城市交通系统，构建便捷、高效的交通网络。

3、合理配置空间与土地资源，体现城市生态环境保护和可持续发展的理念。

4、分析研究城市公共设施供需关系，完善城市功能。

5、提出城区整体空间形象方案。

6、提出城市发展的策略和实施规划的相关政策措施。

六、规划成果要求

1、中期报告（2001 年 11 月 15 日以前提交）：包括研究报告草案、概念性规划构思图、总体空间效果示意图及相关分析图。

2、成果阶段（2001 年 12 月 15 日以前提交）：规划总报告、规划文本、相关规划电子图件。

七、规划设计费用：10万美元

八、若贵单位同意参加，请于2001年9月1日前回复

联系地址：中国河南郑州市嵩山北路 6 号
邮　　编：450052
联系电话与联系人：0086.371.7949266　张凯
传　　真：0086.371.7941435

郑州市城市规划管理局
2001 年 8 月 28 日

郑东新区总体发展概念规划任务委托书
Design Assignment for the Conceptual Development Plan of Zhengdong New District

经研究，拟委托贵单位编制郑东新区总体发展概念规划。

一、项目名称

郑东新区总体发展概念规划

二、规划设计范围

郑州市区东部，在 107 国道、拟建京珠高速公路、连霍高速公路、机场高速路围合的总面积约 150km² 范围内选择约 60km² 城市建设用地。

三、工作任务

借鉴国内外城市新区发展的成功经验，结合郑州实际，通过概念规划，寻求郑东新区合理的发展模式与思路，提出发展框架，为政府决策提供科学依据。

四、规划目标

贯彻可持续发展和城市化战略，充分发挥郑州作为国家区域中心城市的职能与作用，把郑东新区规划建设成为具有中原文化特色的现代化新城区、中西部地区加快社会经济发展和城市化进程的示范区。

五、规划设计要求

1、分析内陆城市发展规律，进行城市产业发展研究（重点研究现代服务业等新兴产业），研究确定郑东新区的功能、定位、总体发展目标，提出城市发展战略。

2、研究确定城市空间发展模式与用地布局，提出城区整体空间形象规划意向；

3、综合交通体系和信息化、网络化规划；

4、分析研究城市公共设施供需关系，提出郑州市 CBD 的选址方案和规模；

5、综合分析研究交通枢纽、商贸中心、中原文化等要素，并与国际开发理念有机融合，塑造城市特色；

6、分析研究城市生态环境，贯彻可持续发展战略；

7、规划实施措施。

六、规划成果要求

1、中期成果（2001 年 11 月 15 日以前提交）：研究报告草案，应包括以下专题：

①郑东新区发展战略研究报告；
②郑东新区功能定位及发展目标分析研究报告；
③空间发展模式、用地布局、空间形象分析研究报告；
④产业发展研究报告；
⑤综合交通规划与信息化、网络化规划分析研究报告；
⑥城市公共设施供需关系与 CBD 选址研究报告；
⑦城市特色塑造的分析研究报告；
⑧城市生态环境研究报告；
⑨规划实施措施研究报告。
图纸包括：
①空间发展模式分析图与方案图（1:20000）；
②用地布局规划图（1:20000）；
③CBD 选址方案图（1:20000）；
④综合交通规划图（1:20000）；
⑤景观规划分析图与整体空间意向图；
⑥生态系统规划分析图（1:20000）；
⑦其他相关图纸。

2、最终成果（2001 年 12 月 15 日以前提交）：规划总报告（包括以上专题）、规划说明书、相关规划图纸及电子图件。

七、规划设计费用：10万美元

郑州市城市规划管理局
2001 年 9 月 1 日

郑东新区总体发展概念规划征集背景资料
Background Information for the Conceptual Development Plan of Zhengdong New District

1 咨询背景

为了更好地迎接中国加入WTO所带来的机遇和挑战，适应全球经济一体化发展趋势，积极配合国家西部大开发的战略决策，在新世纪到来之际，河南省委、省政府，郑州市委、市政府提出要加快城市化进程、完善基础设施、优化生态环境、提高文化品位，把郑州建设成为国家区域性中心城市，其中重要的一项举措便是"郑东新区"的规划与建设。

郑东新区位于郑州市区东部，西起107国道，东至拟建的京珠高速公路，北起连霍高速公路，南至机场快速路，规划范围约150km²。区内现状城市建设用地约6.7km²，主要有军用机场（已迁出）、国家郑州经济技术开发区、森林公园，其他为村庄、农田、鱼塘等。该区地势平坦，水系主要有贾鲁河、金水河、熊耳河、七里河、潮河、东风渠等。

作为郑州市加快城市化进程战略的重要组成部分和新的经济增长点，郑东新区将在完善城市职能、增强城市实力、提升城市形象、促进城市发展等方面发挥其举足轻重的作用。

为了使郑东新区高起点、高标准、高质量建设，进而带动郑州市社会经济健康、有序、协调地发展，客观上需要有高水平的规划对其进行科学有效的引导与控制。

"概念规划"作为一种全新的工作方法与理念，在中国规划界已有了初步的探索和实践，取得了较好的效果。概念规划在发达国家早已被采用。新加坡在1960年代便将其引入到城市规划的编制当中，而欧洲许多国家也把概念规划作为城市发展的战略，由政府组织编制。

因此，咨询一系列有创意、有特色的发展理念，从有广度、有深度的分析中探讨和论证郑东新区未来发展的定位、走向、结构形态、景观意向等，显然要比制定一个具体的发展方案更为迫切有效。基于以上考虑，经过认真的研讨与比较，省市决策层决定对郑东新区总体发展概念规划进行国际咨询。

2 规划目标和内容

2.1 规划目标

贯彻可持续发展和城市化战略，充分发挥郑州作为国家区域中心城市的职能与作用，把郑东新区规划建设成为具有中原文化特色的现代化新城区、中西部地区加快社会经济发展和城市化进程的示范区。

2.2 规划内容

分析内陆城市发展规律，进行城市产业发展研究（重点研究现代服务业等新兴产业），研究确定郑东新区的功能定位、总体发展目标，提出城市发展战略；

研究确定城市空间发展模式与用地布局，提出城区整体空间形象规划意向；

综合交通体系规划；

分析研究城市公共设施供需关系，提出郑州市CBD的选址方案与合理规模；

综合分析研究交通枢纽、商贸中心、中原文化等要素，并与先进开发理念有机融合，塑造城市特色；

分析研究城市生态环境，贯彻可持续发展战略；

规划实施措施。

3 工作过程

2001年7月，受市委、市政府委托，郑州市城市规划局从抽调精干技术人员成立了专门的领导小组与规划编制研究中心，负责全面组织郑东新区总体发展概念规划方案国际咨询工作。通过借鉴北京、上海等地进行国际方案咨询的经验和作法，研究制定了《郑州市城市规划设计一般工作规程》和规划设计合同草案，使规划方案咨询有章可循，与国际惯例接轨。

8月初，我们向国际16家知名规划设计单位发出了咨询方案邀请和设计任务书。经多方咨询考察、慎重筛选和商务谈判，选中了法国夏氏建筑设计与城市规划事务所、美国SASAKI公司、日本黑川纪章建筑·都市设计事务所、新加坡PWD工程集团、澳大利亚COX集团、中国城市规划设计研究院6家单位承担规划任务。9月上旬，我们向以上设计单位发出中选通知书和任务委托书。设计单位到郑州进行了现场踏勘、收集资料，并与有关方面座谈了有关事宜。

11月中旬、12月中旬，我们分别组织召开了郑东新区总体发展概念规划中期与最终成果评审会。由来自国家建设部、清华大学、北京、上海、广州、深圳等地和美国的国内外著名规划专家组成的评审委员会，对6家设计单位提交的中期与最终方案进行了认真充分的评议。评委们对每个方案的优点和特点、不足和问题都作出了综合性评价，并提出了修改意见和建议。其中，日本黑川纪章建筑·都市设计事务所的方案得到了专家的一致肯定与好评。

评委们还对活动本身发表了各自的意见。他们认为，此次总体发展概念规划方案国际咨询非常必要，在国内尚属首次，能够邀请到不同国家的著名规划大师参加设计，对于提高郑州市知名度和城市品位、推动规划设计与国际接轨等都将产生积极的影响。

4 方案简介

4.1 黑川纪章建筑·都市设计事务所方案

4.1.1 方案将共生城市、新陈代谢城市以及环形城市的理念应用于郑东新区总体发展概念规划。

4.1.2 方案将"龙脉"水系的构想与郑州城市现状、中原文化相结合，提出了连接新旧CBD的"西南——东北向"城市历史、生态、商业、旅游城市中心轴线。该轴线汇聚了二七纪念塔、郑州商城遗址、省委、省政府、市委、市政府、新规划的CBD、CBD副中心、龙湖以及贯穿城区的两条主要河流金水河、熊耳河，是整个城市的精华所在，这一构思成为整个规划的亮点之一。

4.1.3 通过宏观分析研究，方案对郑州城市总体规划提出了合理的修正意见。为避免铁路干线从组团内部穿越，将东部圃田组团和东南部小李庄组团调整为三个组团，即在两组团之间增加一个高科技工业组团。结合京广、陇海两大铁路干线，提出"V"字型城市产业带。

4.1.4 规划提出郑州未来经济发展除加强现有的工业、旅游、商业贸易、农业等产业外，要重视二十一世纪三种新的成长产业，即IT产业、物流产业、生物产业（生态产业或遗传基因产业）。

4.1.5 规划采用了簇团式空间结构，每个簇团具有环形公路，簇团的商业、服务、行政中心沿环形公路布置，环路外围是绿化带。簇团之间的连接为环形道路之间的连接。

4.1.6 在老机场及周围地区规划CBD用地，以金融、办公、商务和居住功能为主。在西北部规划了8km²的人工湖（龙湖），其周围为低层居住区，在伸入龙湖的半岛上布置CBD副中心，以旅游、居住为主，连接CBD和CBD副中心的为商业、文化城市中心轴线。在中心轴线运河两侧为多层居住区，物流中心、工业主要集中在"V"字形产业带内。沿河流、湖泊、高速公路、环路、主干路规划有大面积的生态回廊绿地。

4.1.7 规划将西北部的养鱼塘改造为人工湖，面积约8km²，根据中原地区关于龙的传说以及湖的形态，取名为龙湖。该湖对改善郑州市生态环境、形成有特色的城市景观起着非常重要的作用。方案利用龙湖、河流形成的水运系统，并与水上旅游相结合，塑造新的水路城市景观。

4.1.8 CBD和CBD副中心构成城市空间形象的两个重要标志，这里集中了新区的高层建筑。CBD为环形城市结构，中心为椭圆形的公园，周围环绕高层建筑。中心公园的水池有喷泉，面向水池布置会展中心和艺术中心。两幢建筑以水池为中心，设计为如同盛开花瓣一样生动的形态。CBD副中心是一座以宾馆和高层住宅为主的环形城市,其中心湖的中心设有600m高的电视天线塔,成为象征21世纪的标志性纪念塔。

4.1.9 在综合交通规划中,该方案提出环形道路是解决交通问题的最佳途径之一。结合郑州城市总体规划,提出了三条环形公路,即第三、四、五号环形公路。第三环形公路连接铁路货站、货运中心、大型批发市场、旧市区与新区,为高架高速环路。第四环形公路连接城市中心组团外围的五个城市组团,并与连霍高速公路直接连接,为高架环形公路。第五环形公路连接机场、高科技城、科技研究城和大学城。新区内规划的东西向道路为第一、二、三、四、五东西横贯道路,把新区与旧城区有机联为一体。纵贯南北的干线道路为沿运河连接CBD和CBD副中心的第一城市中心轴线道路,以及西侧的第二城市中心轴线道路。另外,还规划了穿过CBD环绕龙湖的环形公路。规划在旧城区的二环路、新区的CBD与CBD副中心之间建设循环轻轨系统,在新旧CBD之间建设轻轨系统。

4.2 新加坡PWD工程集团方案

4.2.1 方案提出要加快调整产业结构,从以传统加工业为主完成向以新兴工业为主的结构转变;致力于发展以IT业为主的高新技术产业;规划将郑州建设成为国家区域性的交通航运中心。同时遵照可持续发展的原则,新旧城区结合,实现城市有机生长。

4.2.2 秉承"综合发展"的理念,主张城市开发、城市更新、城市动迁、旧城保护等有机结合,促进城市可持续发展。

4.2.3 方案规划有中央商务区增长带、交通及物流业增长带、高科技经济教育增长带三大发展走廊;提出要开发紧凑型的精品城市,同时建立完善的土地开发和供应市场机制,更好地为经济发展服务。

4.2.4 规划提出了一系列交通网络的规划措施:提高公共交通的设施条件和服务质量;新建项目的规划和布署,充分考虑公共交通的通达性;沿公共交通节点形成主要发展通道;建立便捷高效的城市地铁、中型轨道和轻轨系统,合理规划布置站点,使公共交通更便捷舒适;增强郑州作为区域性交通及物资集散综合性枢纽的职能;鼓励物资中转服务的发展,在机场附近建立物流中转中心;建立区域性的后勤物资集散中心;在转运中心附近规划农业科研和展览中心;新中央商务区内建立封闭型的高速通道;对107国道进行升级和改道;结合现有的主要道路,构造清晰有力的交通网络结构。

4.2.5 规划将水域系统与绿色通道有机结合;按照"国家级森林公园——博览园——体育运动公园——地区性主题公园——城市级公园——社区公园——绿色走廊"的等级结构,建立统一有序的城市开放空间系统。

4.2.6 方案将带状公园和商业步行街的有机结合,规划组织中央商务区。由东西走向的商业发展带和南北轴线的行政功能区构成"明快轴线+核心"的独特结构。新中央商务区的空间组织以清晰的城市轴线和明朗的街区划分增强人们对城市的认知感与方位感;注重营造连贯流畅、丰富有序的城市开敞空间,塑造魅力独具的城市特色。

4.3 法国夏氏建筑设计与城市规划事务所方案

4.3.1 方案对城市现状进行了深入的解构和分析。新区规划网络沿着现有农田土地分割的肌理呈西南朝东北走向的布局,同时依据并延续现有城市交通主轴设计新区交通网络。原有村镇和已初步城市化的地区将作为扩建新区商业服务、社会网络及便民服务设施形成的基础。在东风渠北部预留的城市建设用地里,设计一个包括众多沉淀水塘的大型公园。在郑州原机场旧址建设CBD;为加强CBD地区与现郑州经济技术开发区的联系,规划一条南北方向的主轴线,使其将成为两者之间平衡的桥梁。

4.3.2 规划提出快速道路、结构性轴线道路、主要道路、次要道路、街区道路五个等级系统构造均衡合理、层次分明的郑东新区道路网络。以一条快速专线、五条主要干线、若干类型公车路线建立多层次、多等级的公共交通专用道系统。

4.3.3 方案对水系进行整治和发展,灵活布置丰富的绿化空间,体现绿色和蓝色交织的景观特色。在新区北部建设一个大型的自然风景保留区;沿农田和鱼塘的分割线种植规则排列的树林;在居住区边缘设置主题花园;以现存村镇为发展基础,有条理地布置绿化;在街区内部灵活布局功能各异的花园广场系统,完善和补充绿化体系;以街道、建筑物和绿化三者之间的多样组合关系,塑造多种不同私密性质的半开放空间、不同特色的居住环境与城市景观。

4.4 澳大利亚COX集团方案

4.4.1 规划从可持续发展的课题入手,提出重新建设一个新城区,解决诸如生态环境、高效运作等全球性问题。通过新区与旧城之间彼此有机衔接,创造一个新旧交替的生态城市。

4.4.2 规划采用了"花园城市"的概念。在新区与旧城之间规划有一片南北向开敞空间,其中包括一个娱乐休闲湖泊;为保证新区与旧城在未来发展中的整体性和互动性,于连接部分采用东西轴向路桥的形式,向西延伸与旧城中心连接,向东延伸成为通往新区中心的走廊。该走廊分别向东北和东南方向扩展,涵盖两个居住区,形成中心"Y"型的发展格局。现有的村庄尽可能保留,以增加绿化面积。

4.4.3 方案在用地北部及市中心分别安置两个主要的就业区;将大学和医院设置在开敞空间、经济技术开发区和市中心;其它就业区分布于城镇中心,或者行政区、街区和住宅中心。

4.4.4 规划采用"市中心——城镇——行政区——街区——居住小区——组团"的分级结构,对城市各分区进行不同密度的区分。

4.4.5 城市中心以线型的形式,沿路桥、东部中心主干道的两翼从现有城市一直向西延伸,并与多种形式的绿化空间共存。中心建筑群包括歌剧院、艺术馆、博物馆、国际酒店和办公楼等。

4.4.6 方案提出新区交通系统主要由铁路、轻轨、公共汽车和各等级道路构成,共同构建完善的城市交通网络。公共交通在中轴线上由一系列地下城市铁路构成;一系列放射性铁路线形成城市走廊的主干,在居住区、就业区、市中心之间有直接相连的铁路线;将107国道分成两条对称平行的道路,构成南北开敞绿化走廊的边缘,同时与一些东西走向的道路相连。

4.5 中国城市规划设计研究院方案

4.5.1 规划通过加强经济、社会分析研究来指导城市规划的编制。

4.5.2 通过对城市发展条件分析,提出未来十年郑州将发展成为"国家区域性中心城市"和"现代化的商贸与工业城市"。

4.5.3 规划提出郑州城市发展策略为:大力发展现代服务业,建设区域性商贸中心;加快"东引西进"的步伐,增强综合竞争力;加快发展现代物流产业。

4.5.4 方案提出新区开发要树立经营城市的理念,使城市的整体资产能够不断增值。建立符合市场经济规律的土地价值体系,通过规划来强化对土地的合理利用。以市政基础设施配套为引导,选择合适的启动项目,带动相关项目和关联产业的发展。

4.5.5 规划从不同角度分析了城市发展的可能性,提供了可供选择的规划方案,并对规划的实施阶段,用地布局等作了较深入的研究。

4.5.6 以原机场片为核心,建设以商务、商业贸易、信息、管理、金融为主要功能的中心商务区。规划的工业区以郑州经济技术开发区为基础,在陇海铁路以南集中布置。在熊耳河、七里河附近以居住为主。规划物流中心以铁路东站为依托,在郑汴路两则布置。规划电子、信息等新兴产业基地位于区内东北部的东风渠南岸。休闲度假区结合森林公园在东风渠以北地区建设。

4.6 美国SASAKI公司方案

规划以可持续发展、社区组织,建立完善的公交系统、加强自然资源、能源和历史资源的保护与利用、塑造开敞空间等理念作为指导。方案对规划背景和现状进行了较深入的分析,在此基础上对未来发展趋势进行了预测。规划运用了案例分析的研究方法。规划对新区和老城区的关系考虑较为充分,并提出了整体平衡发展的概念,重点对规划概念、土地使用、交通、开敞空间和生态进行了规划。

上述6个方案除思路开阔、观点新颖、手法大胆外，还具有以下一些共性特点：

立足宏观分析研究，将新区作为城市的有机组成部分，妥善处理与旧城以及周围地区的关系。

加强社会、经济分析研究，并将其作为规划的依据，使规划更具科学性、合理性。

重视生态环境规划。方案均强调了"生态城市"和"可持续发展"的理念，结合现有的生态要素，构筑了完整的生态绿地系统，有效改善了城市生态环境。

重视城市综合交通规划。方案均综合考虑了交通的各种影响要素，通过构建均衡合理的道路交通系统，营造便捷高效的交通出行环境。

5 专家评述

专家们一致认为：各设计单位在较短的时间内做了大量的工作，规划方案内容翔实、各有特色、图文并茂，具有较高的规划设计水平，均达到了规划设计任务委托书的要求。

专家认为，日本黑川纪章建筑·都市设计事务所方案将新陈代谢和共生城市的概念应用于郑东新区总体发展概念规划，并对原有城市总体规划作了合理的修正。同时结合郑州实际，提出了"西南——东北向"城市历史文化生态发展轴；结合京广、陇海两大铁路干线，提出了城市工业布局呈"V"字形扩展的设想。CBD及北部湖区位置适宜、特色鲜明。方案介绍系统、态度严谨、内容充实，提出的设计概念思路清晰，在参评的6个方案中是最具创意的。

专家针对黑川方案提出几点建议：在已有工作的基础上，结合城市社会经济发展的分析，进一步深入研究郑东新区的规模、功能、布局和分期建设问题，使规划方案更加科学、合理、可行；"西南——东北向"的城市生态文化历史轴线，是该方案的精华，应针对该轴线作专题城市设计研究；在保持原有特色的前提下，对CBD和北部湖区的功能、规模和空间形态，作进一步深入分析；城市中心组团应进一步综合完整，边缘组团与中心组团的关系也需相应调整；对道路交通和轨道交通进行深入的专题研究；对开发模式、程序及相应的组织措施、管理办法，特别是起步区的规划建设问题，进行进一步的研究，使规划方案更加切实可行；为了保持概念规划的特点和方案的切实可行，建议后继规划工作由黑川事务所和国内规划设计单位合作完成。

新加坡PWD工程集团方案构思全面，分析认真务实，设计手法细及流畅。规划的路网等级结构清晰，交通组织较为合理。提出的"三大发展走廊"定位准确、简明形象。方案注重新旧城区的有机结合，较好处理了两者之间的关系。同时对CBD作了深入的分析和研究，在规模、布局、景观、结构等方面提出了较为系统完整的发展思路。方案实施成本较低，风险系数较小，可操作性强。

法国夏氏建筑设计与城市规划事务所方案在空间架构上，采取了一条与新旧城区恰当结合的发展思路，既加强与旧城区的联系，又保持了自身独立性，提出的"城市线形发展扩展模式"较有创意。方案还对基地的生态环境要素作了较为深入的分析，最大限度地体现了"生态城市"的思想。方案从城市现有肌理入手，合理构建新区结构网络，构思程序不失巧妙。此外，方案规划的"世纪大道"和"多等级、多层次的交通系统模式"也具有独到的特点。

澳大利亚COX集团方案最显著的特点是"Y"字型路网格局，手法新颖大胆，感染力强，城市景观组织也较有新意。其次，新区与旧城由"陆桥"联系，之间以大面积绿带和水体相隔离，一定程度上避免了以往城市"摊大饼"的格局，同时形成强烈对比，具有现代气息，沿中轴线展开的公共文化设施则便于新旧城共享。方案还进行了大量的量化分析，各项经济技术指标逻辑性较好，具有一定的说服力。

中国城市规划设计研究院方案从社会、经济和产业发展战略的研究入手，循序渐进，最终落实到空间发展战略，设计思想连贯，手法沉稳，逻辑缜密。方案倡导开放式的思维，对城市未来发展的可能性作了精彩的论证和探讨，通过多方案比较，提供了灵活的思路选择，增强了面对不可预见因素时的应变能力。此外，方案还对社会、经济进行了深入的分析研究，在经济发展战略、产业发展方面的分析有一定广度与新意。

美国SASAKI公司方案提出的"新旧城区整体平衡发展"概念合理，竖向城市轴线的构思较有特色，在绿化、环境方面处理较好。此外与其它城市的类比分析较为到位，对新区发展具有一定的借鉴意义。

6 结语

回顾这次国际咨询活动，我们有以下几点体会：

6.1 这次咨询活动是成功的。咨询了许多颇具价值的见解与创意，也为世界了解郑州提供了一个窗口，为规划建筑领域国际一流大师、设计人员提供了一处施展其才华的舞台，同时还为本地规划工作者提供了一次向大师学习、与国内外同行交流的良好机遇，达到了多赢的效果。

6.2 "概念规划"反映的仅是一种理念，而非一种完美的"理想"。

它给出的是一个开放性的结构形象，在最终得到贯彻和实施之前，还有待进一步的深化和完善，并根据实际情况实时作出修正和调整。因此，要在充分领会"概念规划"方案"精髓"、合理尊重其"灵魂"的前提下，认真做好规划的深化工作，以确保城市沿着预定的目标，健康、有序、弹性地发展。

6.3 中国已于年前正式成为WTO的一员。入世在带来一系列挑战的同时，也为规划领域的国际合作创造了广阔的发展前景。如何更好地迎进来、走出去，是摆在所有城建工作者面前的一个重要课题。而按合同办事，熟悉国际惯例，遵守国际规则，广泛开展国际间的交流与合作，无疑是适应转变、尽快实现与国际顺利接轨的很好途径。这也是本次郑东新区总体发展概念规划国际咨询留给我们最深刻的体会。

6.4 国际咨询活动要结合地方实际，不能一哄而上、盲目跟风。

要根据经济实力、客观需要决定是否有必要举办国际咨询活动以及活动的规模、范围、对象等，以作到"量体裁衣"。

6.5 在选择设计单位时，要对其国际影响力、所作工程项目、设计实力、强势专业、所获荣誉、口碑信誉等因素进行多渠道了解、多方位比较，慎重筛选。这样不仅可以做到有的放矢，还能充分发挥各设计单位的特点和专长，以保证咨询成果的高质量。

6.6 领导的重视和支持，规划的高效能管理，是项目取得最终成功的基本保证和前提。同时部门之间良好的沟通与协作也是促进项目顺利实施的重要条件。

河南省在中国行政区域中的位置

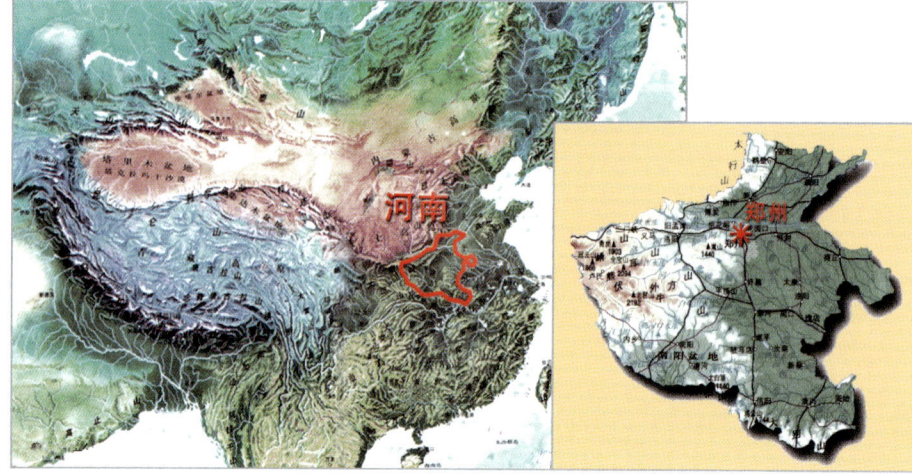
河南省地形图

河南省交通图

黄河远景

郑州市区

二七塔

新加坡PWD工程集团方案
Schemes from PWD Engineering Group, Singapore

1 前期分折

1.1 地理概况

河南省面积16.7万km², 人口9243万人。位于东经102°21'～116°39'和北纬31°23'～36°22'之间，属暖温带—亚热带、湿润及半湿润季风气候，与河北、山东、安徽、湖北、陕西、山西等省毗邻。

1.2 自然资源

河南省有丰富的土地资源、水热资源、矿产资源及动植物资源，但人均占有量多在全国平均水平以下。已发现102种矿产并探明74种储量矿，占全国的一半以上，26种矿产居全国前8位，12种居前3位，钼、铝土、金、银是河南四大优势金属矿产。此外，河南省是中华民族的发祥地，名胜古迹遍布，旅游资源丰富。

1.3 经济

1997年全省国内生产总值为407926亿元，人均国内生产总值421301元，财政总收入18573亿元财政总支出28437亿元，固定资产投资总额116519亿元。河南是全国经济作物主要产区之一，但农业基础薄弱，农村商品经济比较落后，80%的农村劳动力仍束缚在有限的土地上，全省工业化程度不高，产业结构不尽合理，国民经济发展水平处在较低的层次上，资金短缺的矛盾非常尖锐。人口增长过快，给经济和社会发展带来了沉重的压力。

1.4 人民生活

1997年底，全省从业人员4820万人，职工人数841.33万人，城镇失业人数199万人。全省职工平均工资5225元，城镇居民消费水平3906元，人均住房面积8.0m²。农村居民消费水平1842元，人均住房面积21.36m²。城乡居民储蓄存款年均2243亿元，人均21267元。每万人口平均拥有病床数19张，医生数11.5人。

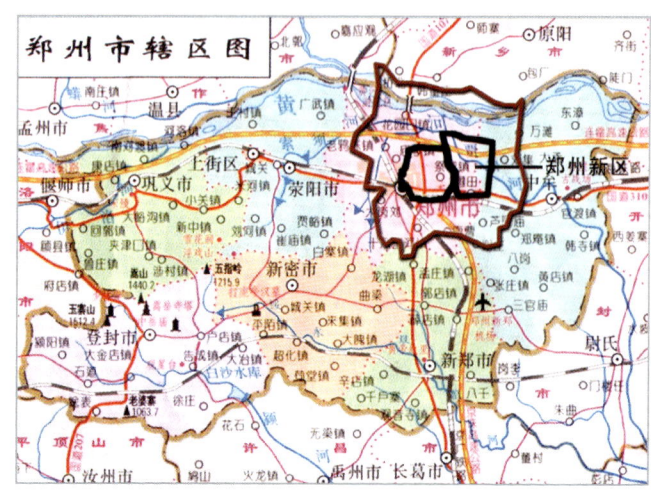
郑州市辖区图

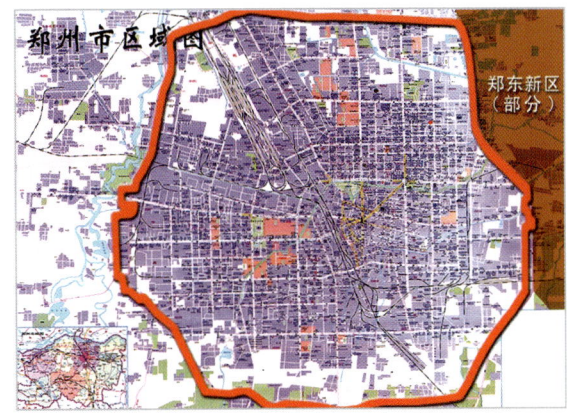

郑州市区域图

1.5 文化教育

河南高等教育发展较快，已初具规模，基础教育稳步发展，中等教育结构进一步得到调整。1997年，河南省共有高等院校50所，教师16530人，在校生136000人；中等专业学校185所，教师15609人，在校生290326人；小学41526所，教师411192人，在校生11699599人，但在总体上教育还比较落后，成人教育尚未真正转向以岗位培训为重点的轨道。办学条件较差，小学生人均经费一直全国倒数第一，中学居倒数第二。

1.6 人口规模与分布

河南是一个人口大省，1997年全省人口为9243万人，位居全国第一。人口密度大，分布不平衡，同级行政区人口数量相差悬殊，西部稀疏，东部稠密，城镇人口比重较低。在52个民旅中，少数民族人口增长较快，比重逐渐提高。

1.7 郑州市地理区位与城市性质

郑州市位于河南省中北部，京广、陇海两大铁路干线交会于此。郑州是全国重要的铁路交通枢纽之一，郑州铁路编组站担负着京广、陇海铁路干线列车货物的集散任务，是亚洲最大的编组站。同时郑州也是全国的公路交通枢纽之一，是中原地区公路网的中心。连霍高速公路与京珠高速公路，107国道与310国道交会于郑州，呈双十字结构。郑州飞机场是中原地区的重要航空港，航空运输较为发达。

郑州是河南省省会；陇兰经济带的中心城市；是全国重要的交通、通信枢纽；内陆口岸和著名商都；是一座具有悠久历史的现代化城市。在2000年全市总人口为650万人左右，城市总人口为320万人。行政辖区总面积为7446.2km^2，其中市区面积1010.3km^2。辖区内有卫星城7座，分别为巩义、荥阳、新密、新郑、登封、中牟、上街。市区分为金水、管城、二七、邙山、中原5个区。

郑州市人口统计		
区域	常住人口	户籍人口
金水区	87.9万人	64.4万人
中原区	57.8万人	49.1万人
二七区	55.8万人	44.2万人
管城区	34.9万人	28.3万人
上街区	7.7万人	6.9万人
邙山区	15.0万人	13.6万人
中牟县	67.3万人	67.0万人
巩义市	77.7万人	78.8万人
荥阳市	62.0万人	64.8万人
新密市	77.9万人	80.6万人
新郑市	60.9万人	61.7万人
登封市	60.9万人	61.3万人

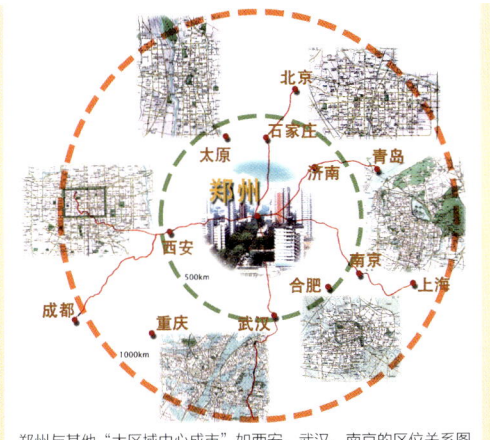

郑州与其他"大区域中心成市"如西安、武汉、南京的区位关系图

在这个7446km^{2}的区域里，除郑州市外，全市非农人口超10万的中等城市仅巩义一个，5～10万的小城市有新密市、新郑市、中牟县、登封市。

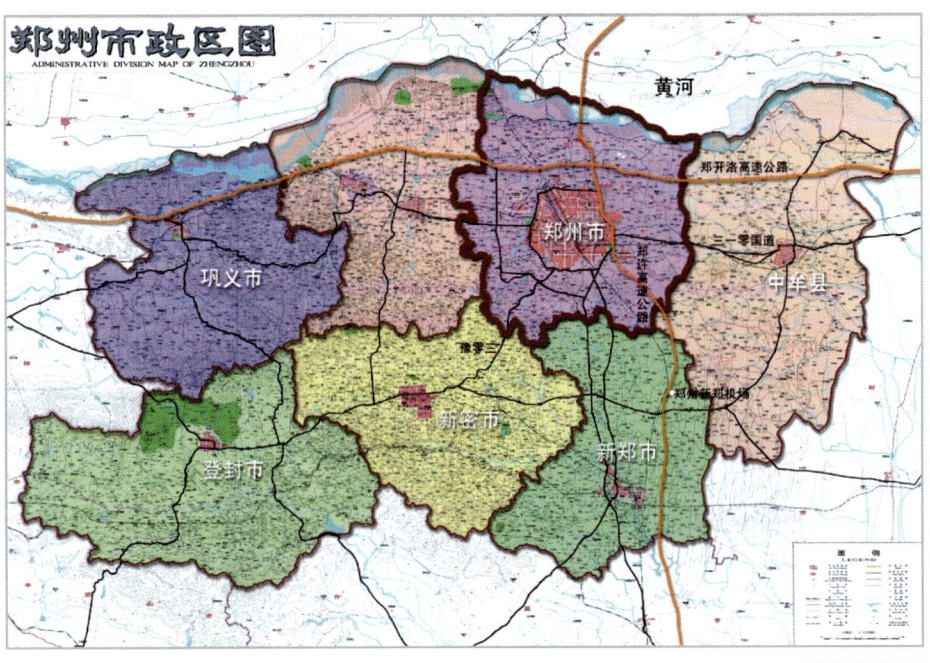

郑州市政区关系图

郑州市建成区与郑东新区的区位关系分析图

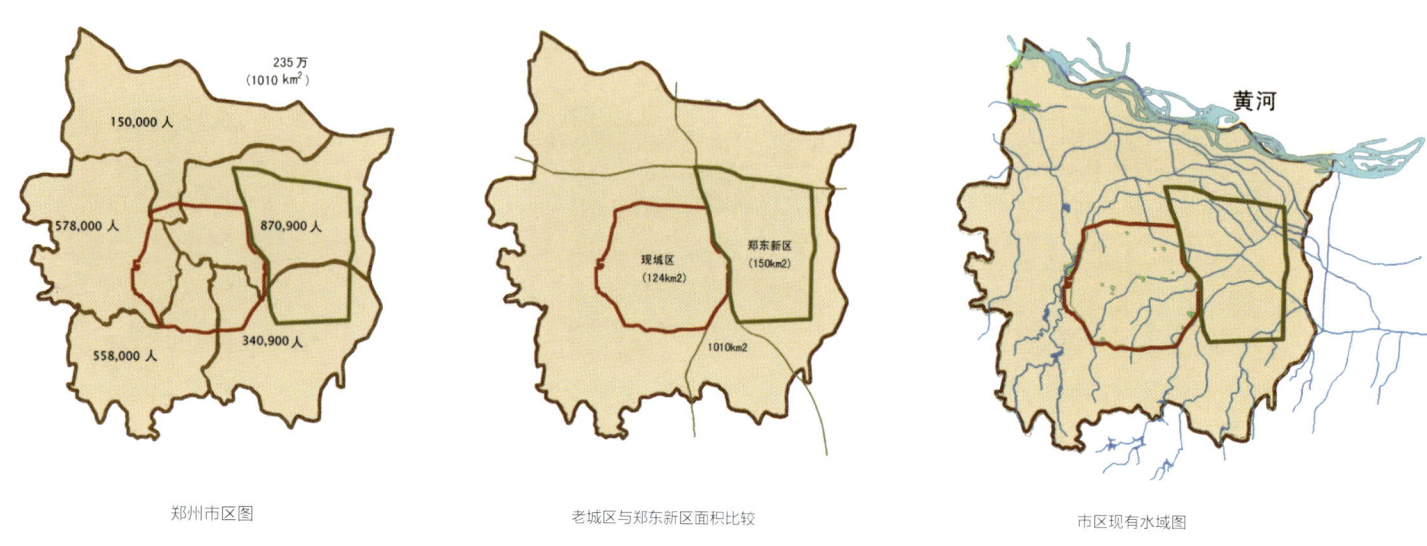

郑州市区图　　　　　老城区与郑东新区面积比较　　　　　市区现有水域图

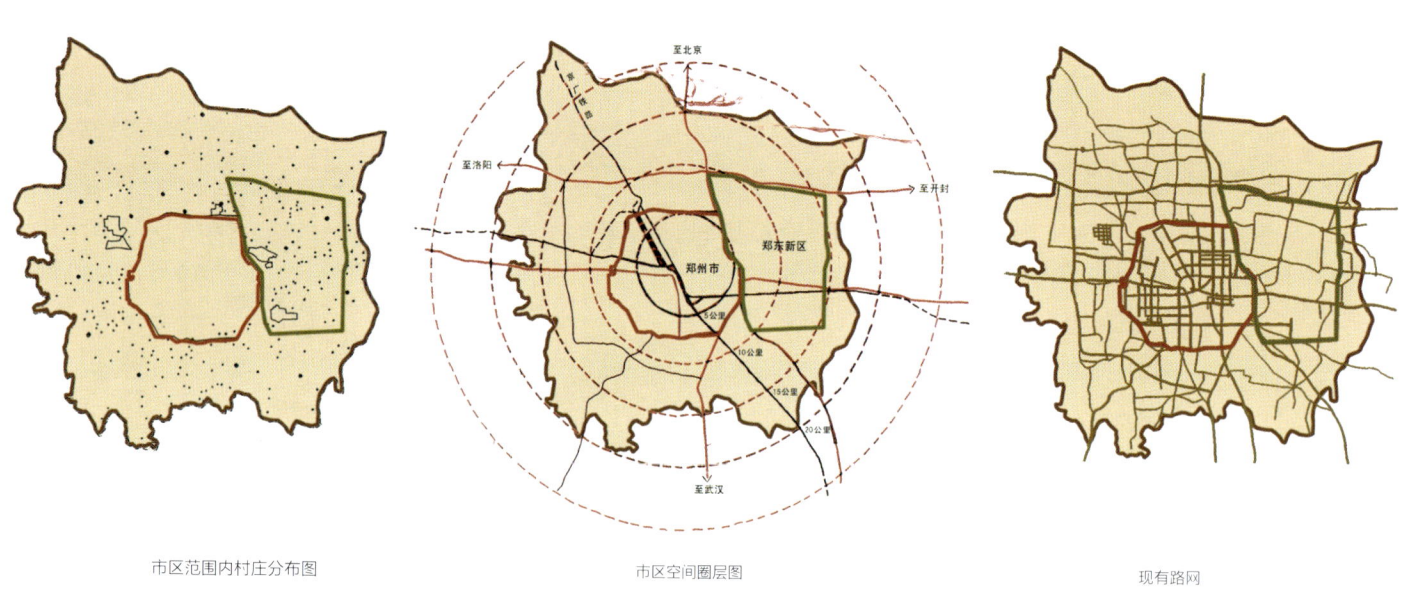

市区范围内村庄分布图　　　　　市区空间圈层图　　　　　现有路网

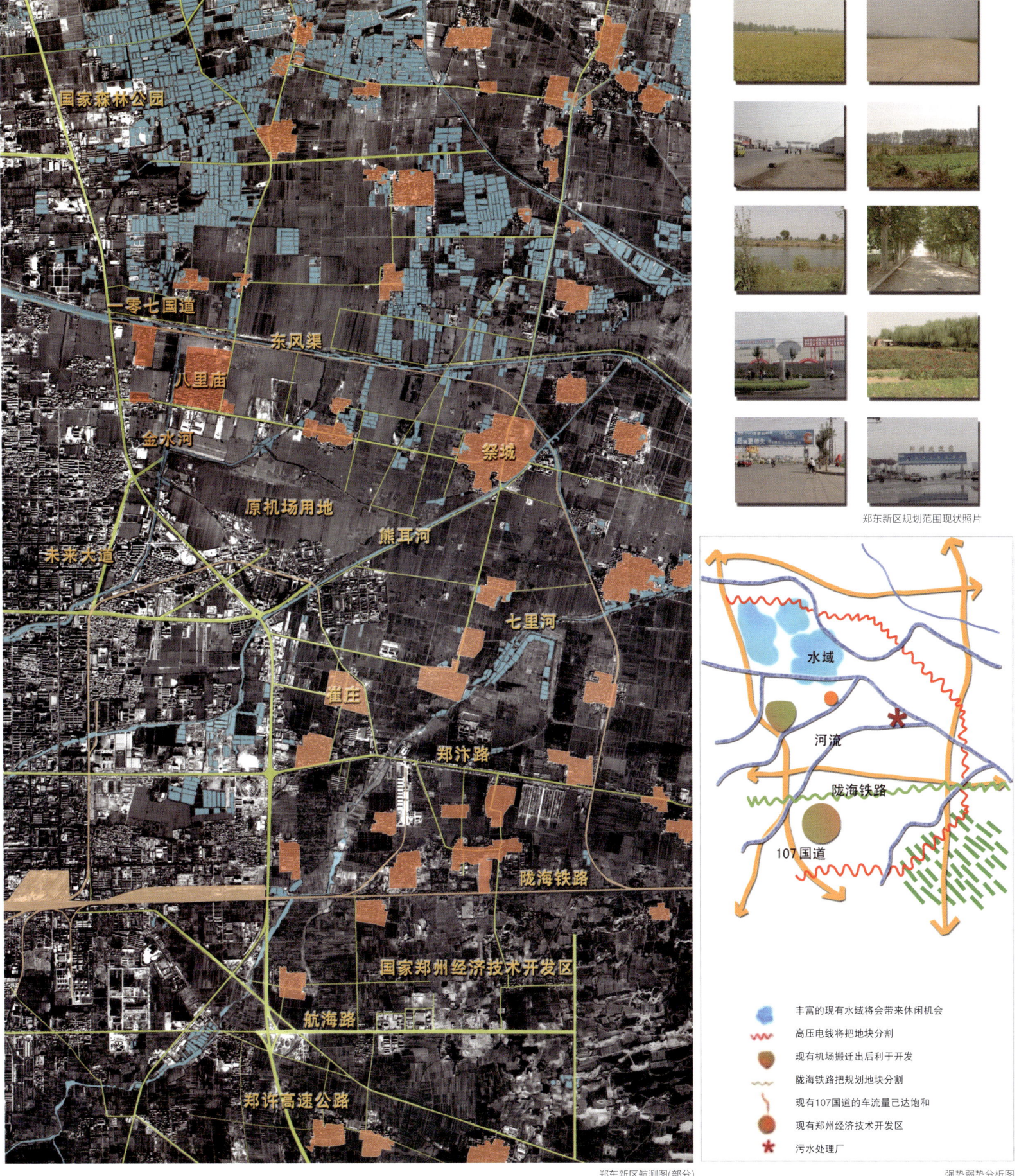

郑东新区航测图(部分)　　　　　　强势弱势分析图

2 规划目标解读

成为中原地区具有21世纪模式的现代化都市
成为具有生机和活力并具有持续性发展的城市
具有鲜明形象与特色的城市
加强和巩固城市的各项功能,以更好地扮演省会
及省内政治,经济文化及交通中心的重要角色

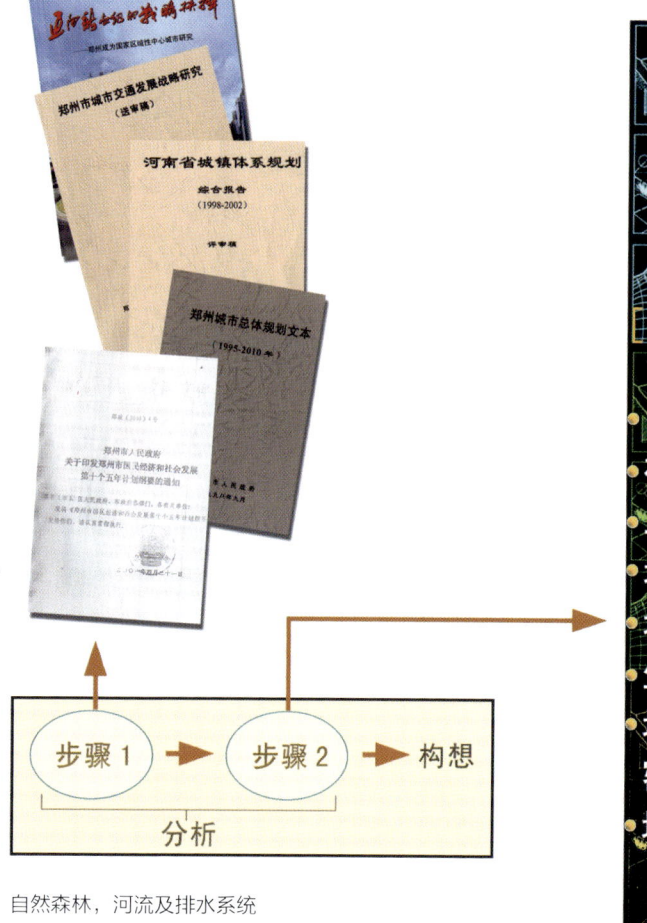

尊重现有的地形和地貌,例如现有的鱼塘,村庄,自然森林,河流及排水系统
严谨地评估现有城市的各项功能,使得新城区能得到综合性地规划与发展
现有城市结构存在缺陷,不足为未来城市的扩展提供充足的空间,难以成为本区域的中心城市

北京CBD图

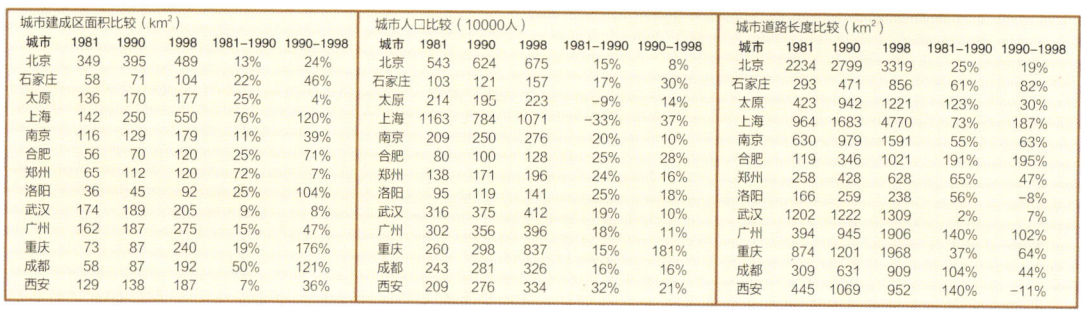
城市面貌、人口密度比较

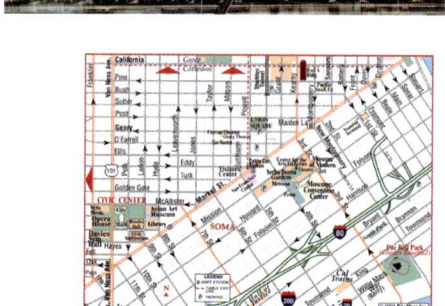

旧金山CBD图

墨尔本CBD图

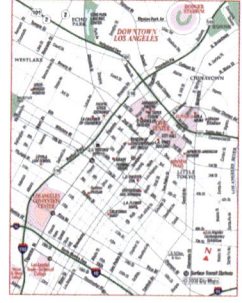
洛杉矶CBD图

图注:北京、旧金山、墨尔本、洛杉矶等世界各大城市之商业中心均以"棋盘式"的道路网形式构成。除此之外,在CBD的周边均有良好的高等级干道来辅导交通的流量。

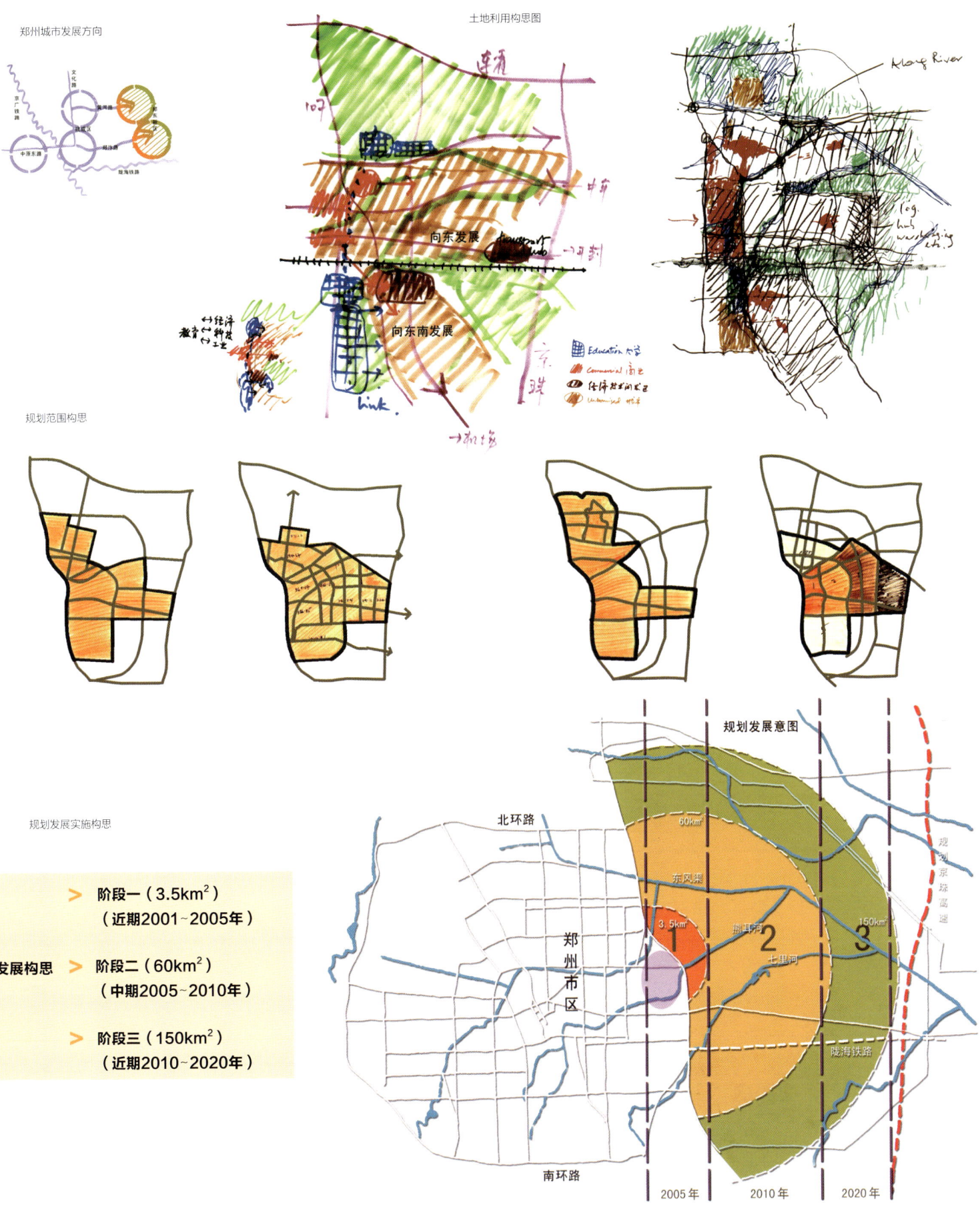

郑州城市发展方向

土地利用构思图

规划范围构思

规划发展实施构思

发展构思
> 阶段一（3.5km²）
  （近期2001~2005年）
> 阶段二（60km²）
  （中期2005~2010年）
> 阶段三（150km²）
  （近期2010~2020年）

规划发展意图

郑东新区土地利用规划图

3 郑东新区规划理念

3.1 综合的发展理念

郑东新区概念性总体规划的设计原则是"综合的发展理念"即城市的物质形态、经济和社会一体发展。"综合的发展理念"主张城市开发、城市更新、城市动迁、旧城市保护等有机结合，有利于城市的持续性发展。

3.2 绿色的花园城市理念

在土地使用规划中，尽可能加大绿地面积，且绿地的规划与各项设施的发展有机结合，尤其是城市公共设施，如文化、艺术中心等将处大片的绿地之中。这些绿地、水系将相互联系，形成一个连续有机的体系，宛如落入郑州市的"翡翠宝石项链绿化带"。绿地规划不仅有利于保护整个城市的生态系统，也有利于提高郑州市民生活及工作环境的品质。

3.3 地段土地使用的一体化理念

除土地功能综合使用外，地铁站的建设将与其相临的开发项目紧密结合，如一些大型发展项目可能就在地铁站上，或是与之直接相连，使公众便于到达。这种土地使用与基础设施的立体结合将会极大地提高土地的使用效率。尤其是在地铁或轨道站点附近600m半径内的黄金地段建筑密度更大，使土地效益得到更佳发挥。

3.4 交通和货运转换中心

郑州市是中国的陆路交通枢纽。为了充分发挥其地处中原的区位优势和发达的铁路设施，郑州应该发展成为中国的物资集散中心。为此，我们规划了150hm²的土地用于发展一个综合性的转运中心。通过一体化的交通服务枢纽的发展，郑州将成为中国中部物资集散中心，从而进一步充分利用其地理区位的优势。

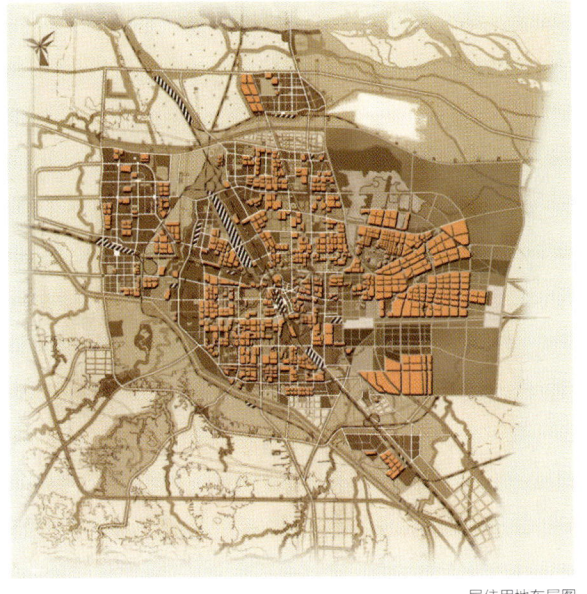

居住用地布局图

绿地、湖泊布置图

道路网络布局图

远期开发

工业、商务及文化设施布局

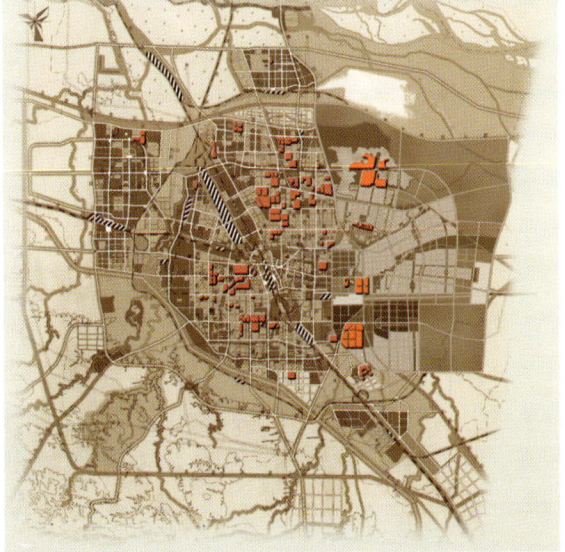

科研设施布置图

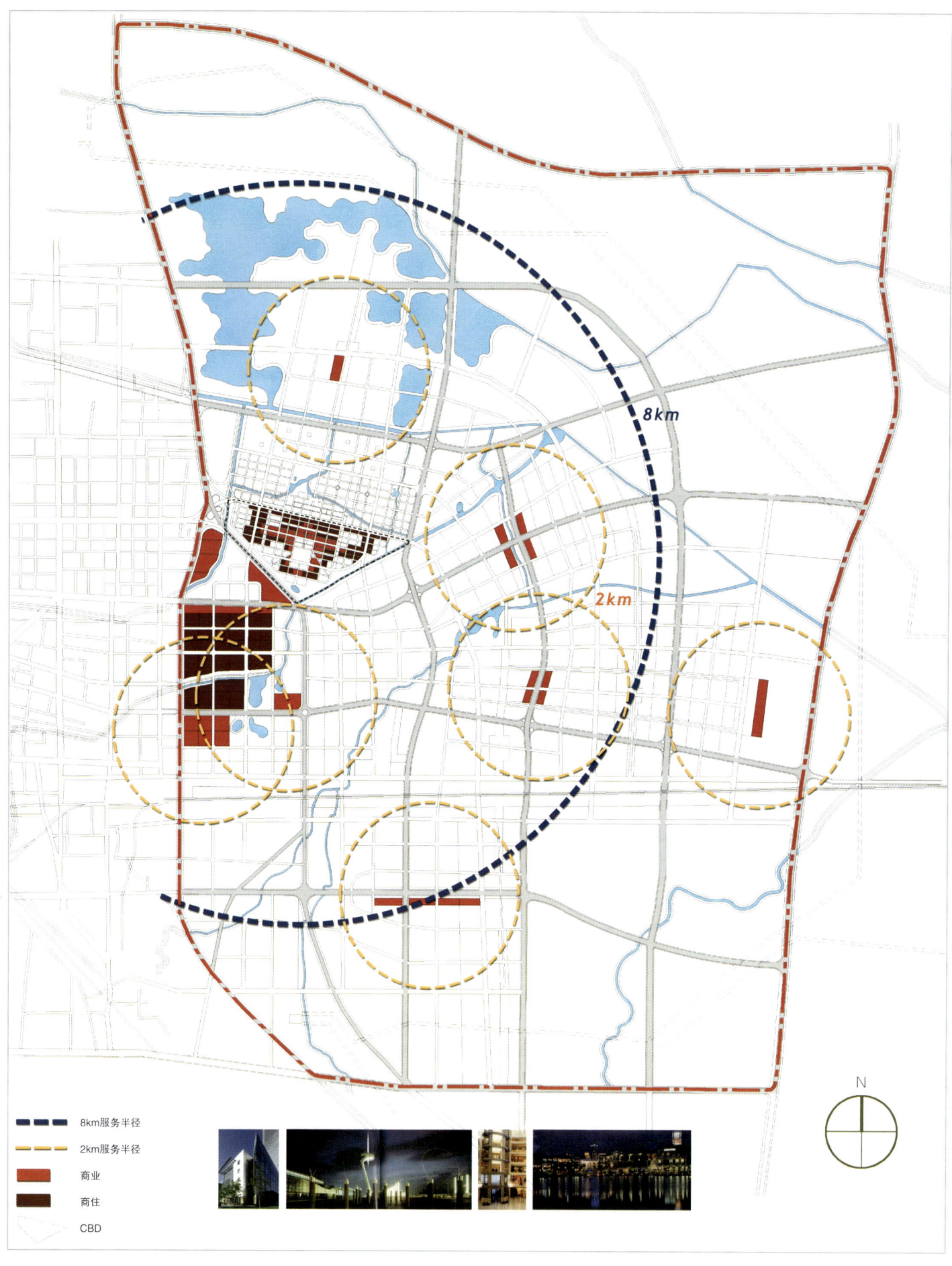

4 规划内容

4.1 郑州东区交通组织规划的总体目标

着眼城市长远的发展，制定交通发展的总体框架，创造一个人流及物流均便捷有效的交通网络，综合考虑各类交通设施和城市基础设施，验证出最有效又可行的交通网络系统，建成良好的公交系统，使其成为私人轿车之外的最好选择，确保所有高密度发展的地区都有公共交通可通达。

4.1.1 短期目标

（1）提高公共交通的设施条件和服务质量。

（2）通过交通管理手段缓解现有道路的交通阻塞状况。

（3）着手改善通往新发展区的关键道路及出入口。

（4）鼓励更广泛地利用公共交通。

4.1.2 长期目标

（1）推进郑州作为一个区域性交通及物资集散的综合性枢纽。

（2）新建项目的规划和布置，尤其是那些能够创造大量就业机会的项目发展，应考虑公共交通的通达性，尤其是轨道交通的可达性。

（3）沿公共交通节点形成主要发展通道。

（4）通过采用适宜的轨道交通系统和合理规划布置站点，使公共交通更便捷舒适。

（5）鼓励物资中转服务的项目，建议在机场附近建一个物流中转中心。

（6）建立一个区域性的后勤物资集散中心，作为货运中转中心的补充，以增强郑州在华中地区的战略地位。

（7）在临近转运中心规划一个农业科研的展览中心，从而推进农产品的研究发展。

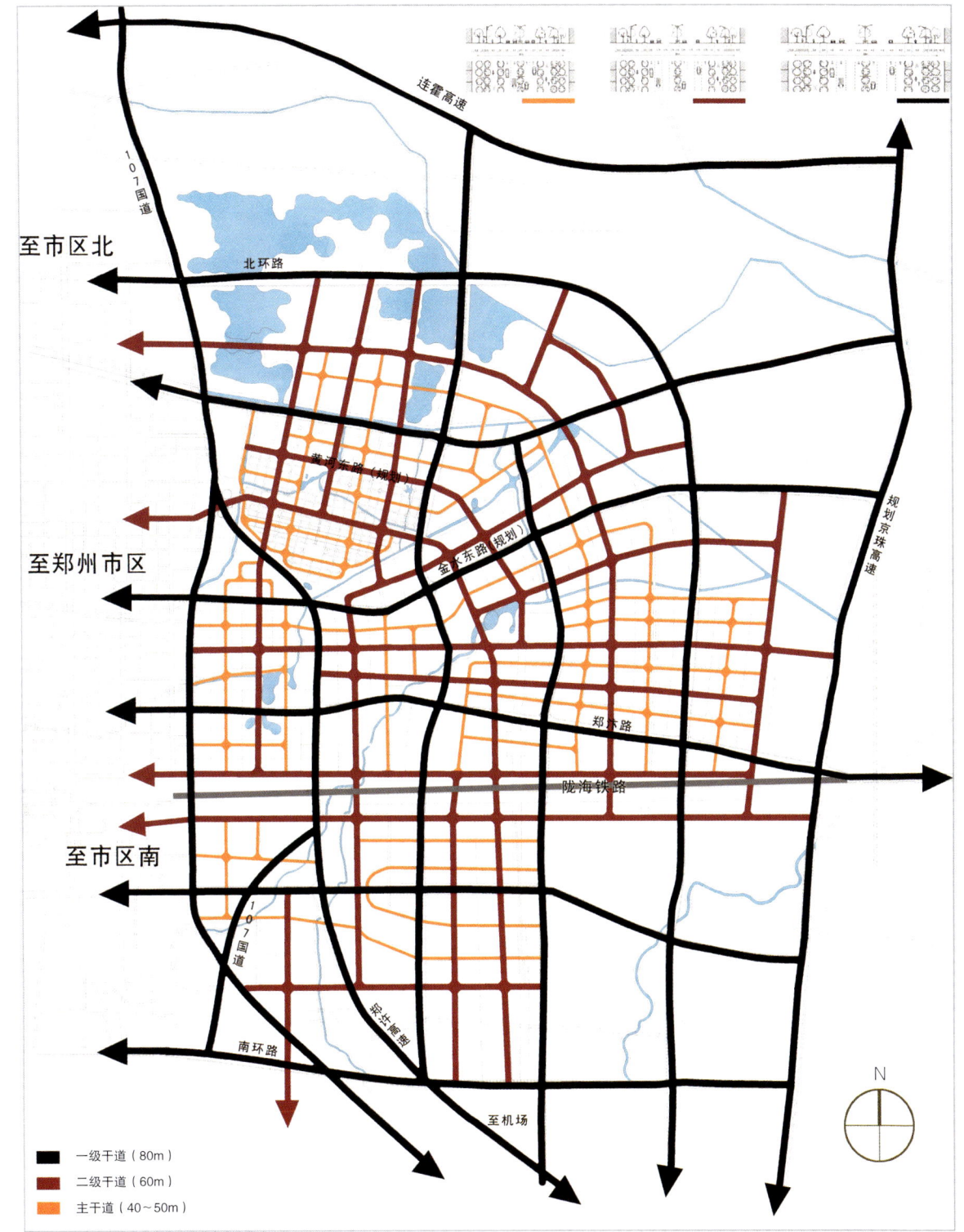

新区道路等级规划图

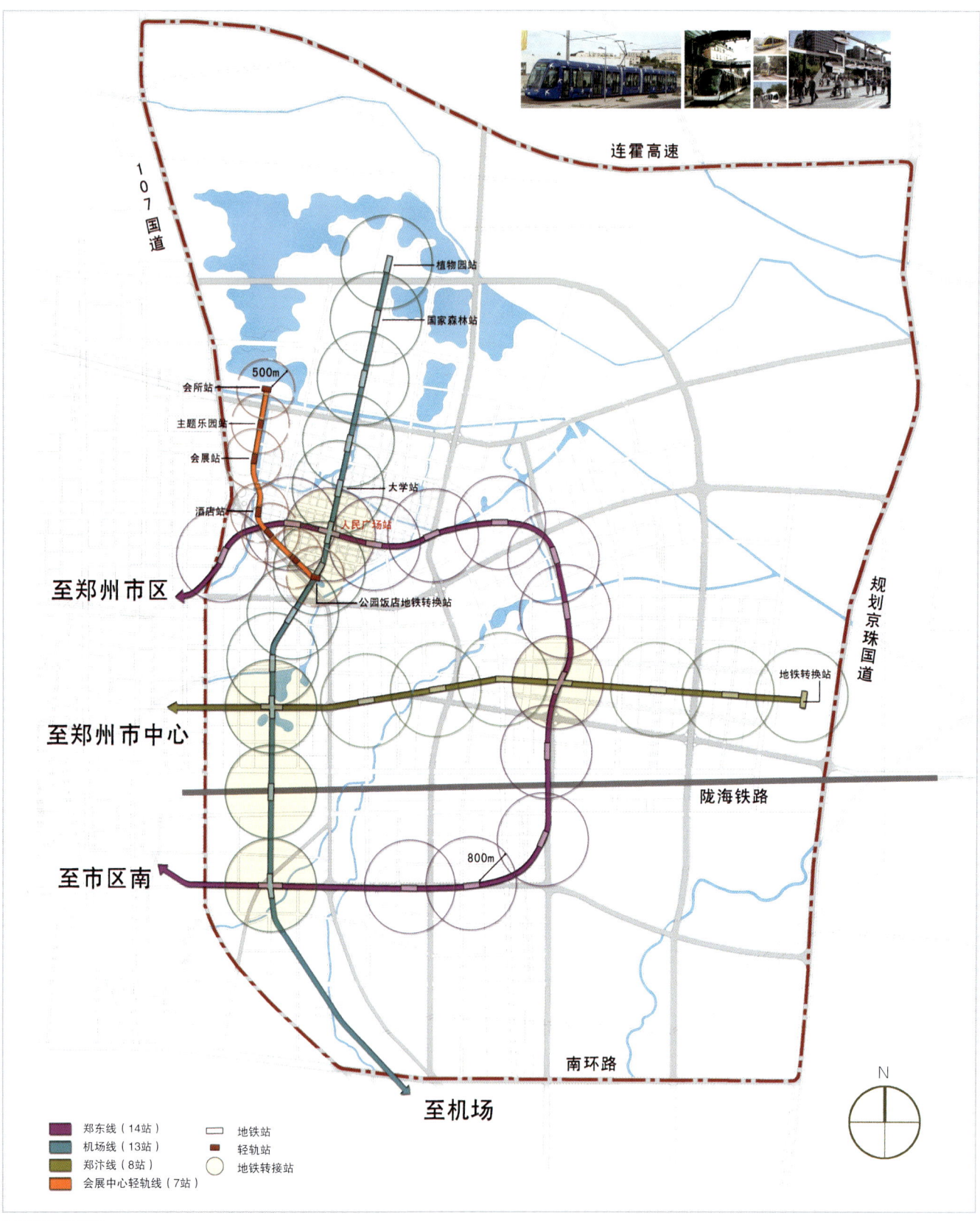

轨道交通系统分析图

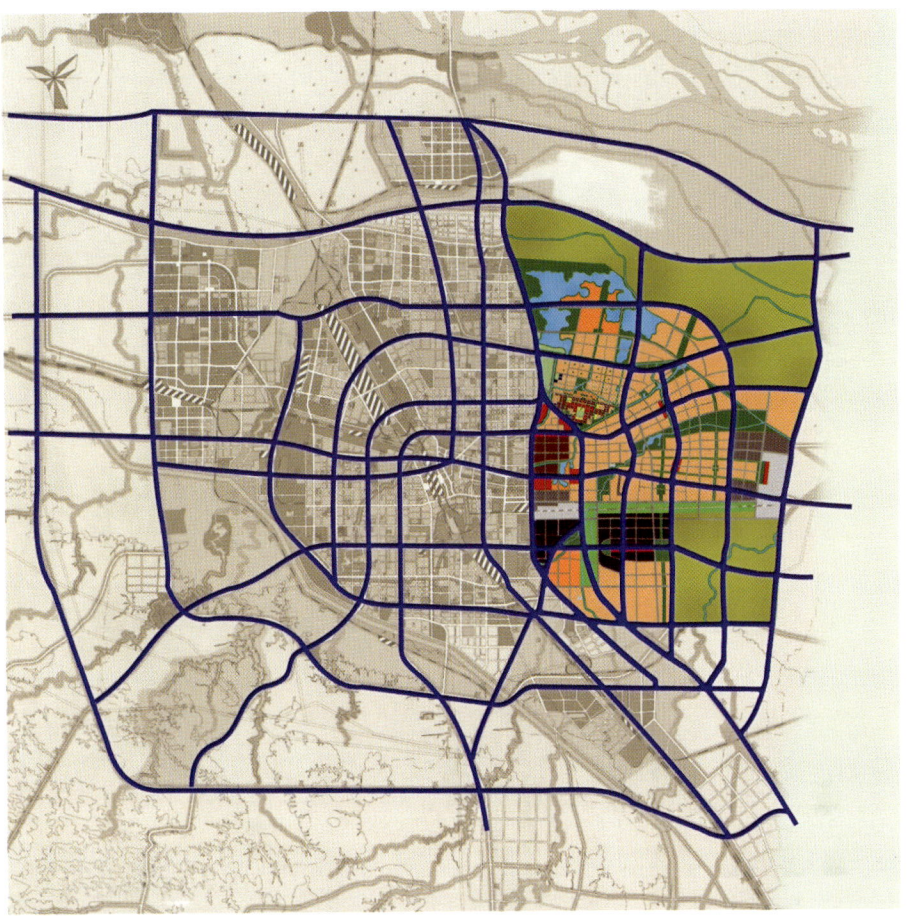

新区与老城道路系统整合图

新区与老城轨道交通联系规划图

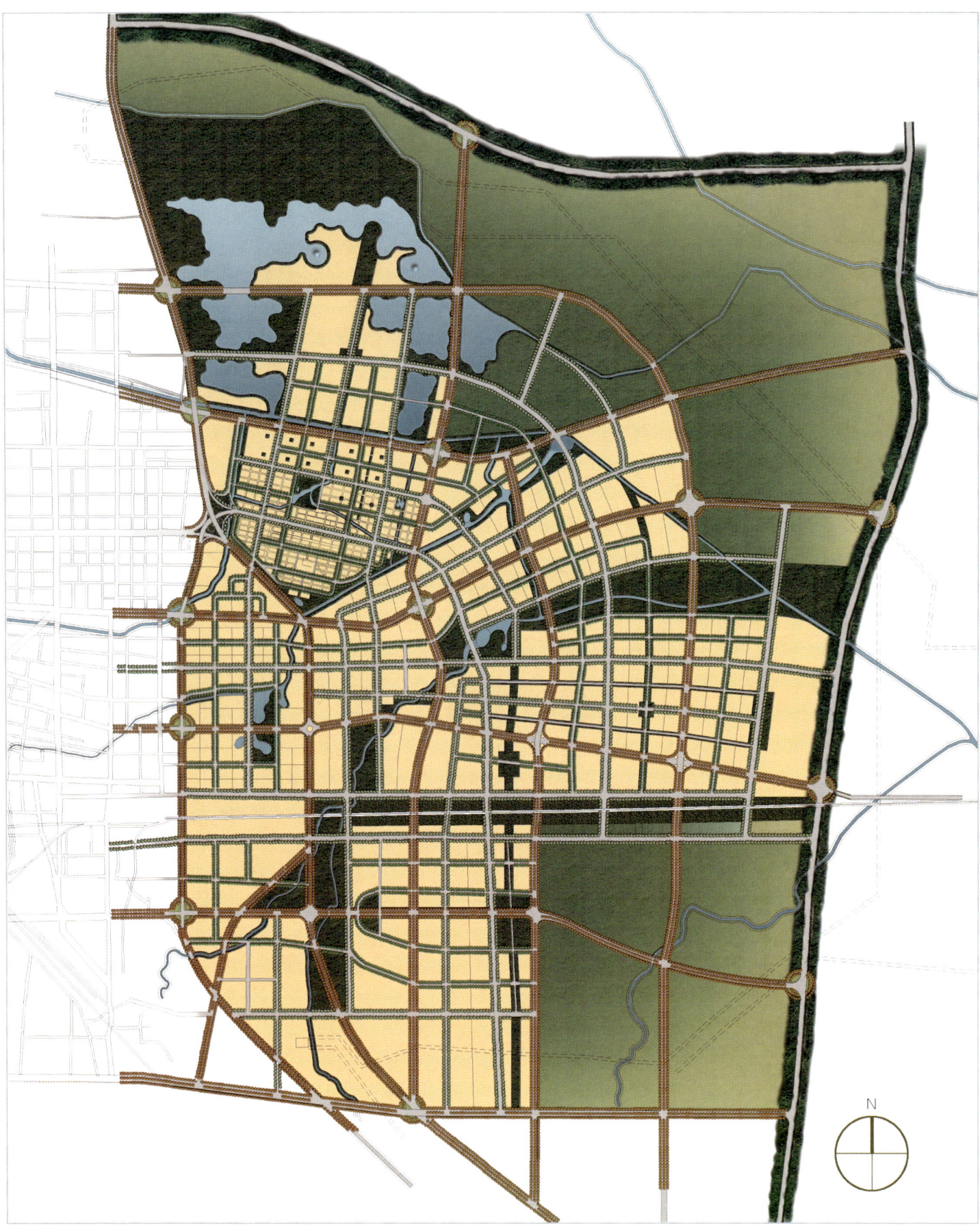

景观规划图

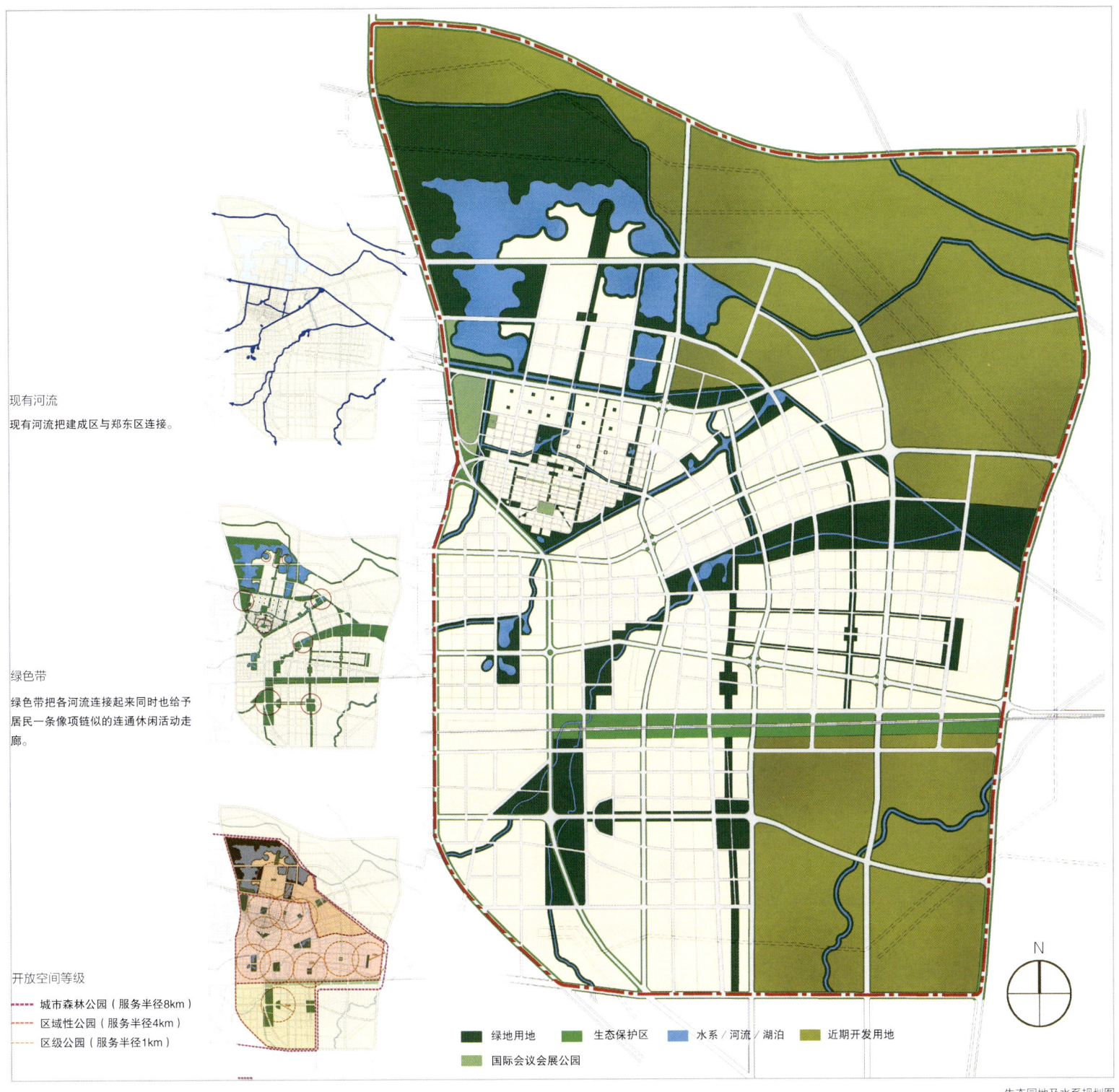

现有河流

现有河流把建成区与郑东区连接。

绿色带

绿色带把各河流连接起来同时也给予居民一条像项链似的连通休闲活动走廊。

开放空间等级

- - - - 城市森林公园（服务半径8km）
- - - - 区域性公园（服务半径4km）
- - - - 区级公园（服务半径1km）

■ 绿地用地　■ 生态保护区　■ 水系/河流/湖泊　■ 近期开发用地
■ 国际会议会展公园

生态园地及水系规划图

4.2 城市生态绿化环境规划

4.2.1 水域系统和绿色通道有机结合，既为市民提供休闲娱乐的场所，又有利于整个区域的生态环境的保护。从现状图中，我们发现本区域内有六条河流和一条排洪系统。一个整体发展的城市开放空间的规划将使这些水域有机联系而形成一条长达40km的绿色水域走廊。

4.2.2 统一有序的城市开放空间系统，郑东新区的公共开放空间由公园、林荫大道、滨水大道及步行街等组成，通过一条连续的绿色长廊形成一个有机整体。这些遍布全市的尺度不同的绿色公共空间构成城市的绿肺；单个而言，每个开放空间又有其各自的特色，为郑东新区内不同的使用者提供不同的休闲娱乐设施，体现21世纪新型城市的特点。

4.2.3 郑东新区将创建一系列尺度不同、特色各异的公共开放空间，以满足不同需求。如大至25hm²的区域性公园，小到1hm²大的街区公园。大型区域性公园临近中央商业区，成为城市的绿肺。从整个城市来看，每1km²就有25hm²的绿地面积；从街区范围就看，每600m的步行距离以内就有公共绿地。

4.2.4 生态设计的主要理念是针对现有区域的自然景观特征和建成区形态进行感性设计，使水体、国家自然森林保护区、湖滨沼泽地等成为众多动植物生长繁衍的地方，从而保护生态环境，并形成富有吸引力的绿色长廊。整个区域中大面积的公园、绿地和开放空间将有助于提高空气品质，同时可使主要的建筑物获得尽可能多的阳光日照，有利于节约能源。

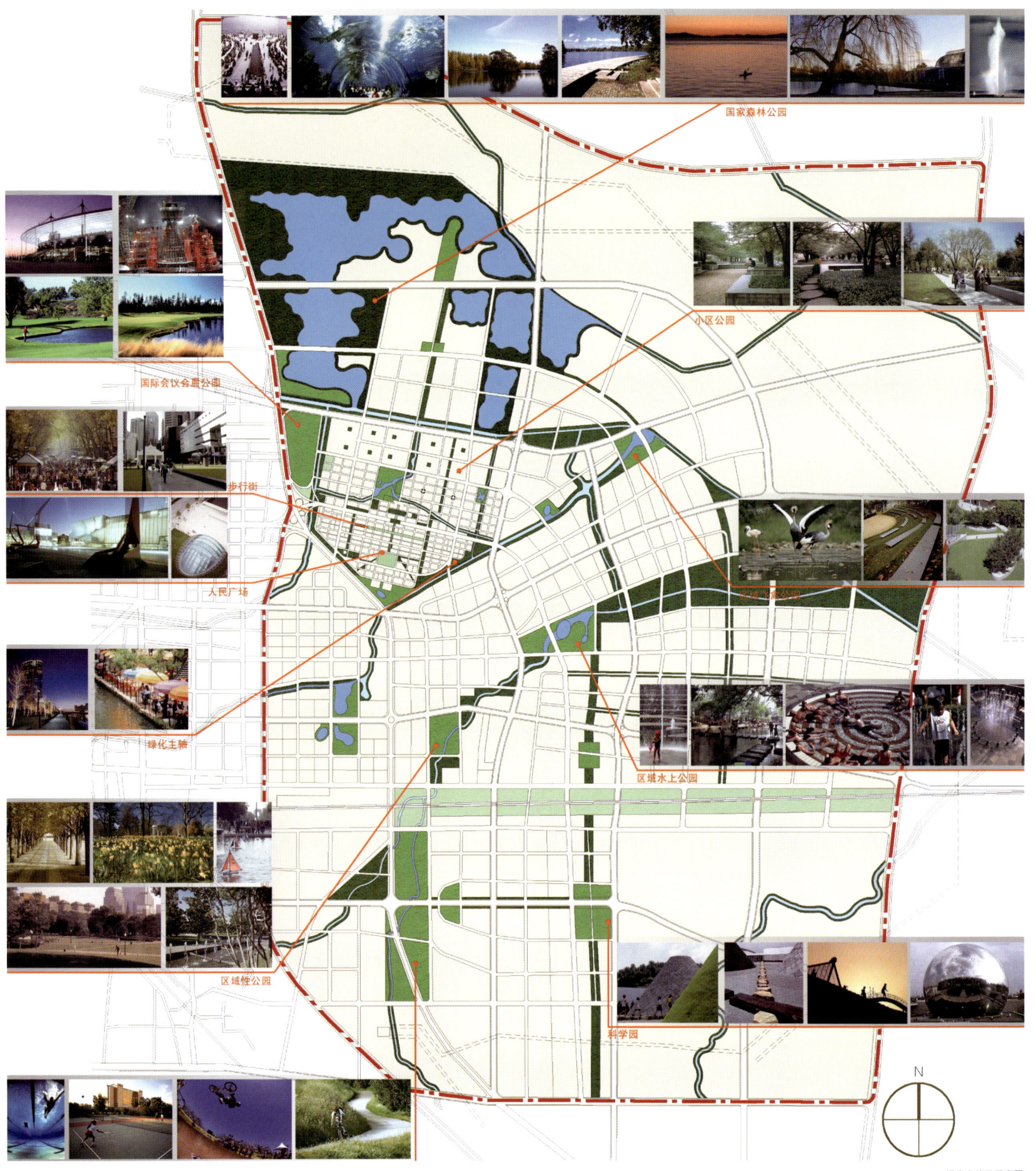

绿化主体及示意图

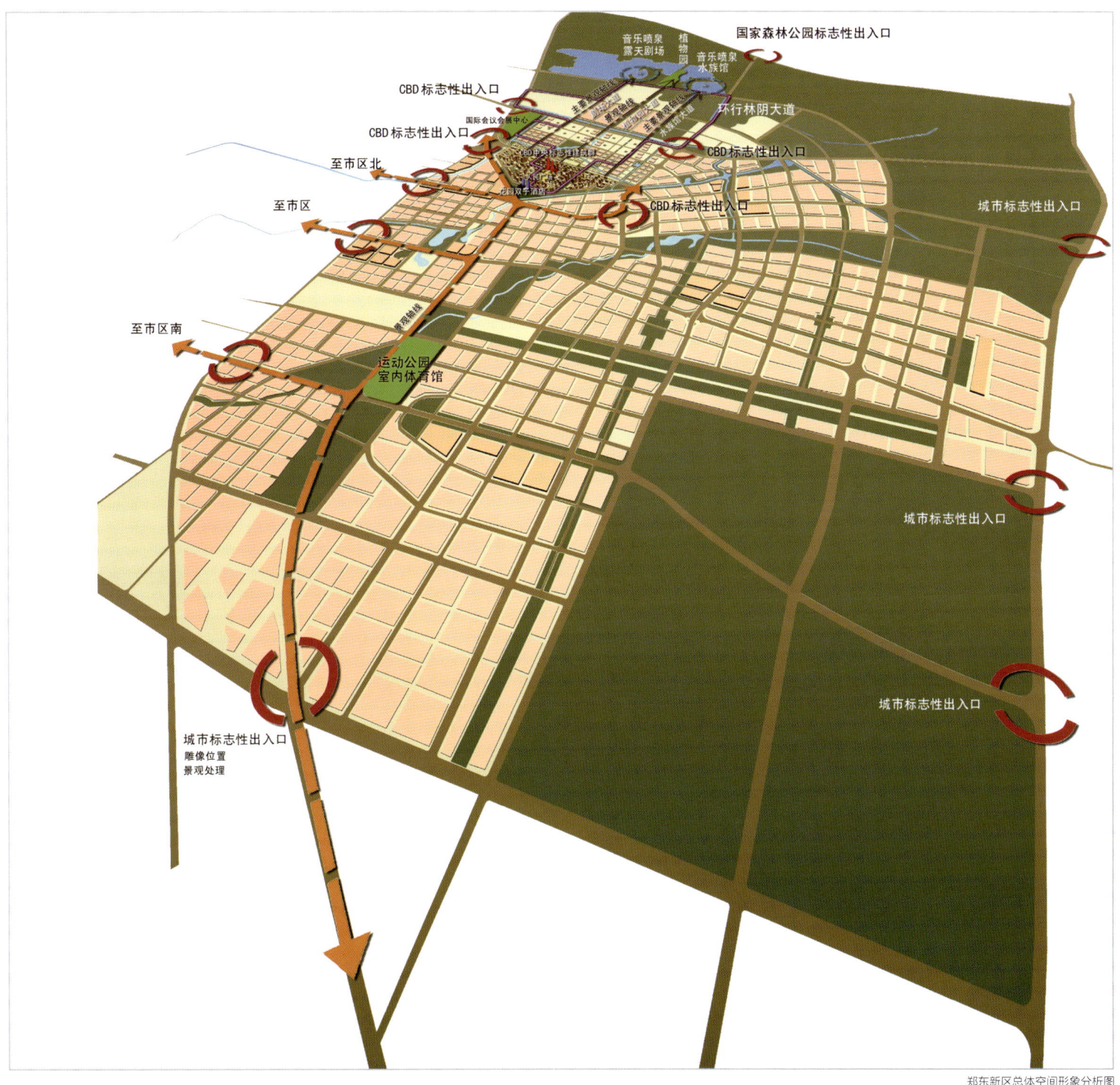

郑东新区总体空间形象分析图

4.3 城市特色塑造

4.3.1 高层建筑将主要集中在中央商务区地带，规划将严格限制建筑物高度，以创立和保护城市的天际线。除中央商务区外，100m以上的超高层建筑将受到严格控制，只允许在特定的区域中心建造。而我们认为新的中央商务区的空间组织应结合现有金水路的形态体量，有助于城市的和谐发展。

4.3.2 城市空间组织塑造的重点是：营造流畅连绵而又具变化的城市开敞空间。例如临河亲水地带以低密度发展为主，使滨河景观尽可能延伸渗入都市中。

4.3.3 社区中心及服务设施和其他休闲服务设施，合理布置在市民步行可达的范围内。不同的社区应体现不同的特色。

4.3.4 城市结构脉络（清晰的主轴线和尺度适宜的街区）组织，城市便捷通达的交通网络不仅满足人们在区内及出本区域的通达性，也有助于城市整体架构的形成。清晰的城市轴线和明朗的街区划分将增加人们对城市的认知感和方位感。

城市特色塑造议题包括以下课题：

(1) 改进城市作为商业和经济中心的角色；

(2) 改进城市的空间结构；

(3) 形成整体的交通系统；

(4) 改进城市的生态；

(5) 形成绿色空间系统。

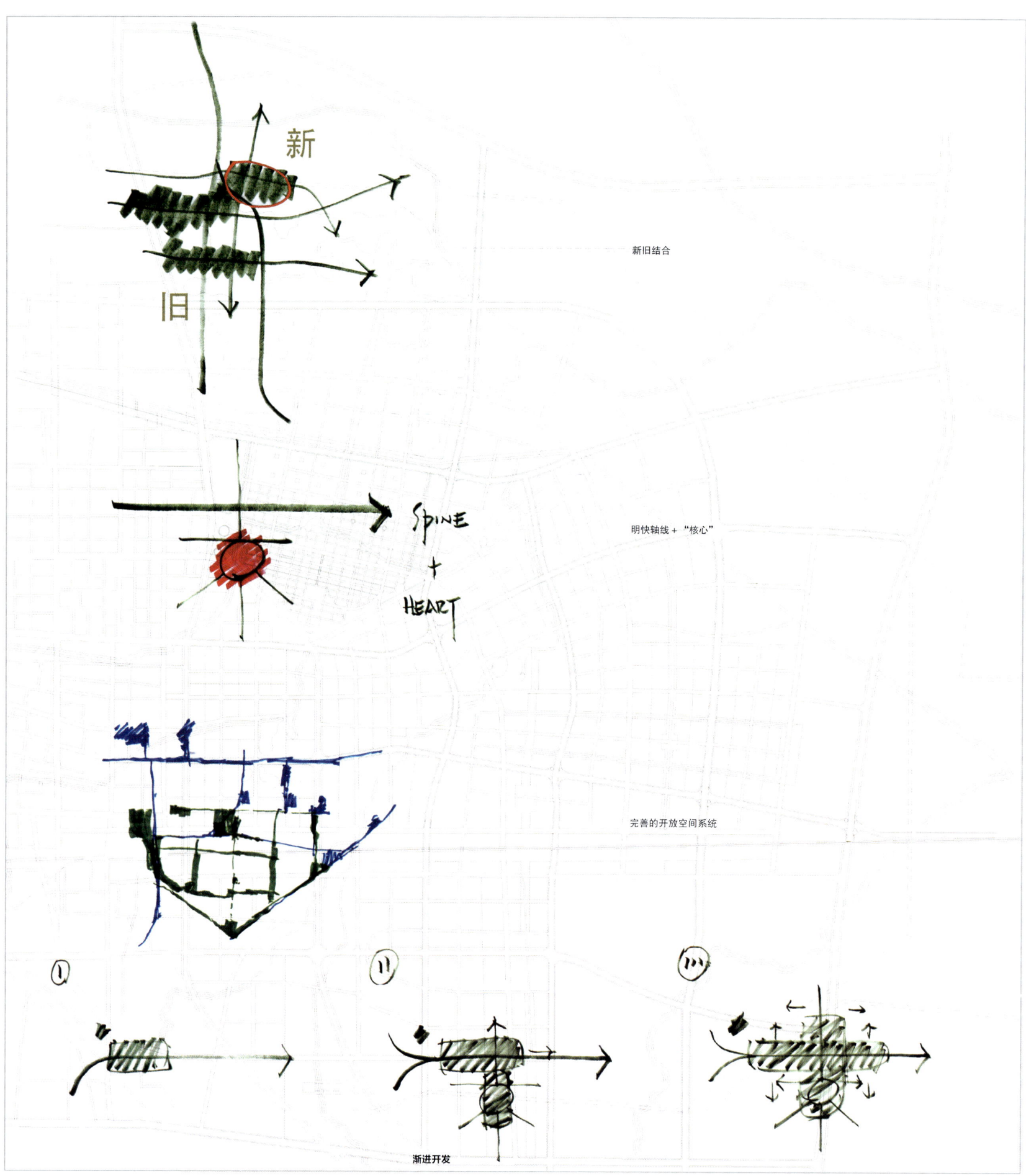

郑东新区总体空间形象分析图

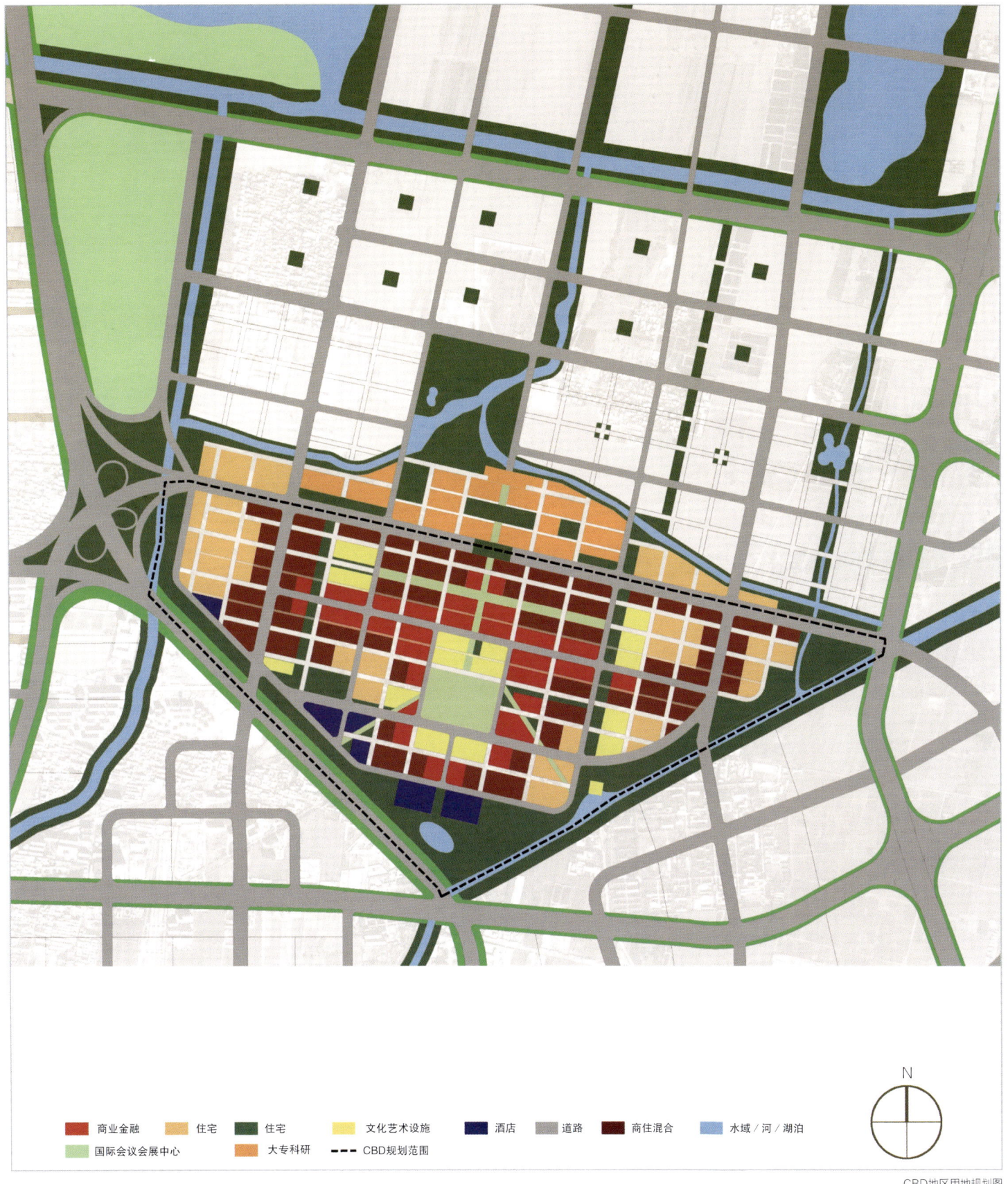

CBD地区用地规划图

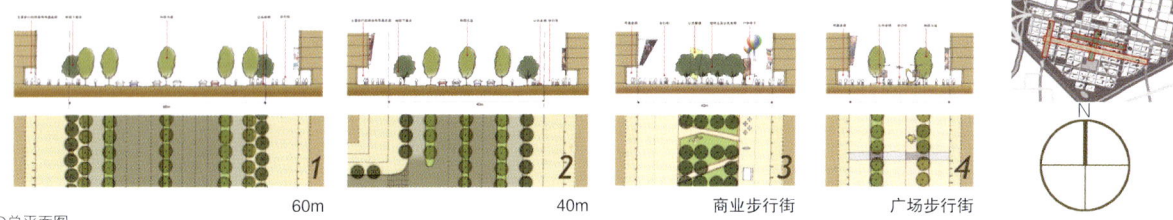

CBD总平面图

4.4 CBD发展战略构想及规划理念

应充分考虑新中央商务区与现有商业中心的联系，地理方位的接近是一个因素，便利的交通更为重要。不仅能使现有城市商业中心延续，也是保证新的商业中心富有生机而原有的商业中心保护活力的关键。因此，新中央商务区的选址至关重要。它的位置沿东西轴向东扩展，是由整个地区城市动态发展的大趋势决定的。

4.4.1 城市紧凑型发展的概念

土地是一种宝贵的资源，因而在城市和规划发展中，有效使用土地非常重要。中央商务区应该是一个具有高效路网系统密集发展且通行便利的核心地带。较高的开发密度，可缩短出行距离、节约能源和保护自然资源。

4.4.2 中央商务区的规划理念

中央商务区的骨架是由一个东西走向的中心商业发展带和沿南北轴线的城市行政功能区构成的。商业发展带由一条高架的步行平台串联起来（机动车道在其下面），从而为市民提供一个没有机动车辆的环境，类似于上海的南京东路和新加坡的莱佛士坊的结合。中央商务区的规划组织是带状公园和商业步行街的有机结合。坐落在公园中的一个文化中心成为这条带状发展的终止符。沿南北轴线是城市的行政功能中心，将建一个大型的市民广场。多条林荫大道呈辐射状通往周边的居住区。

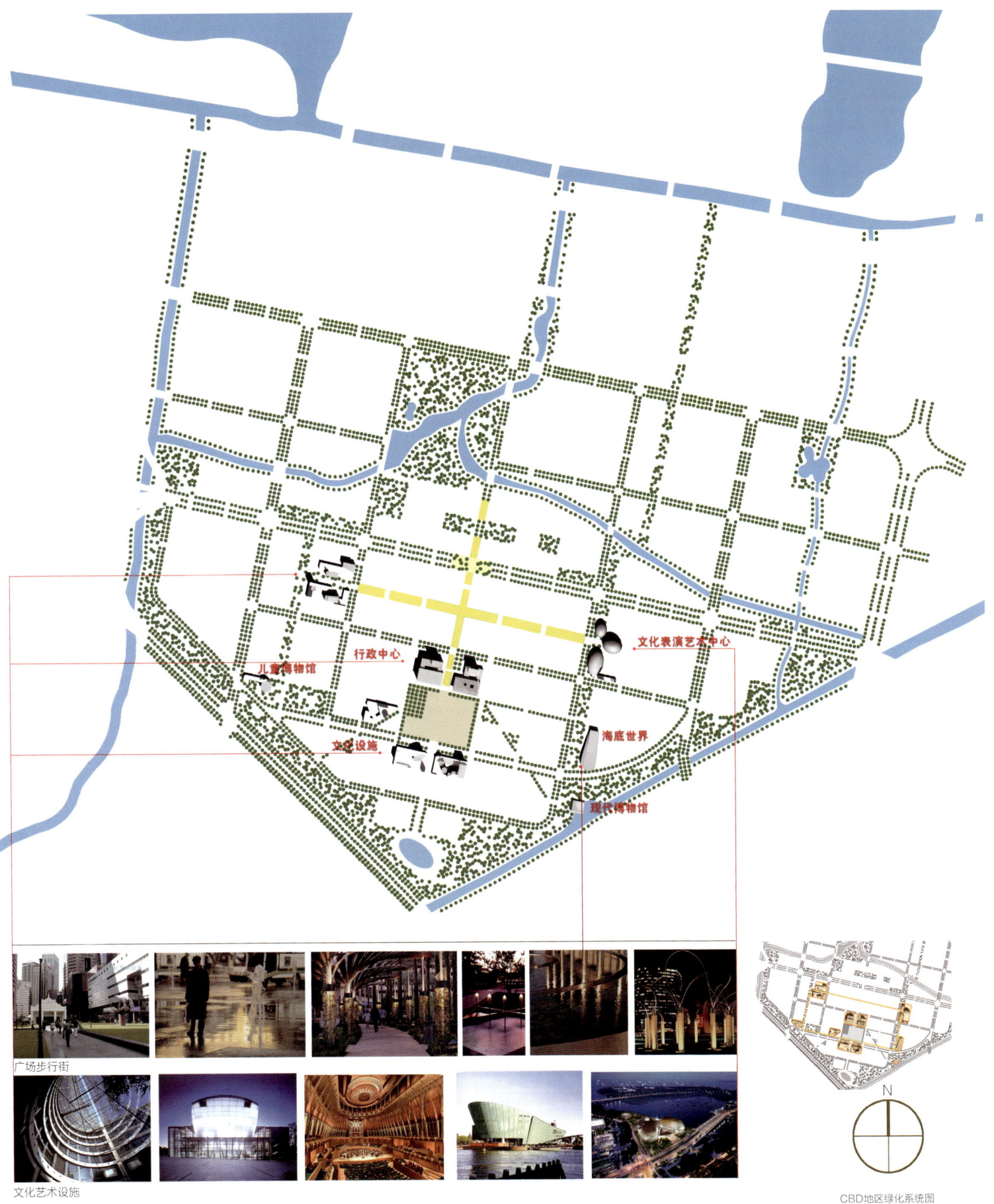

广场步行街

文化艺术设施

CBD地区绿化系统图

CBD地区道路及轨道交通规划图

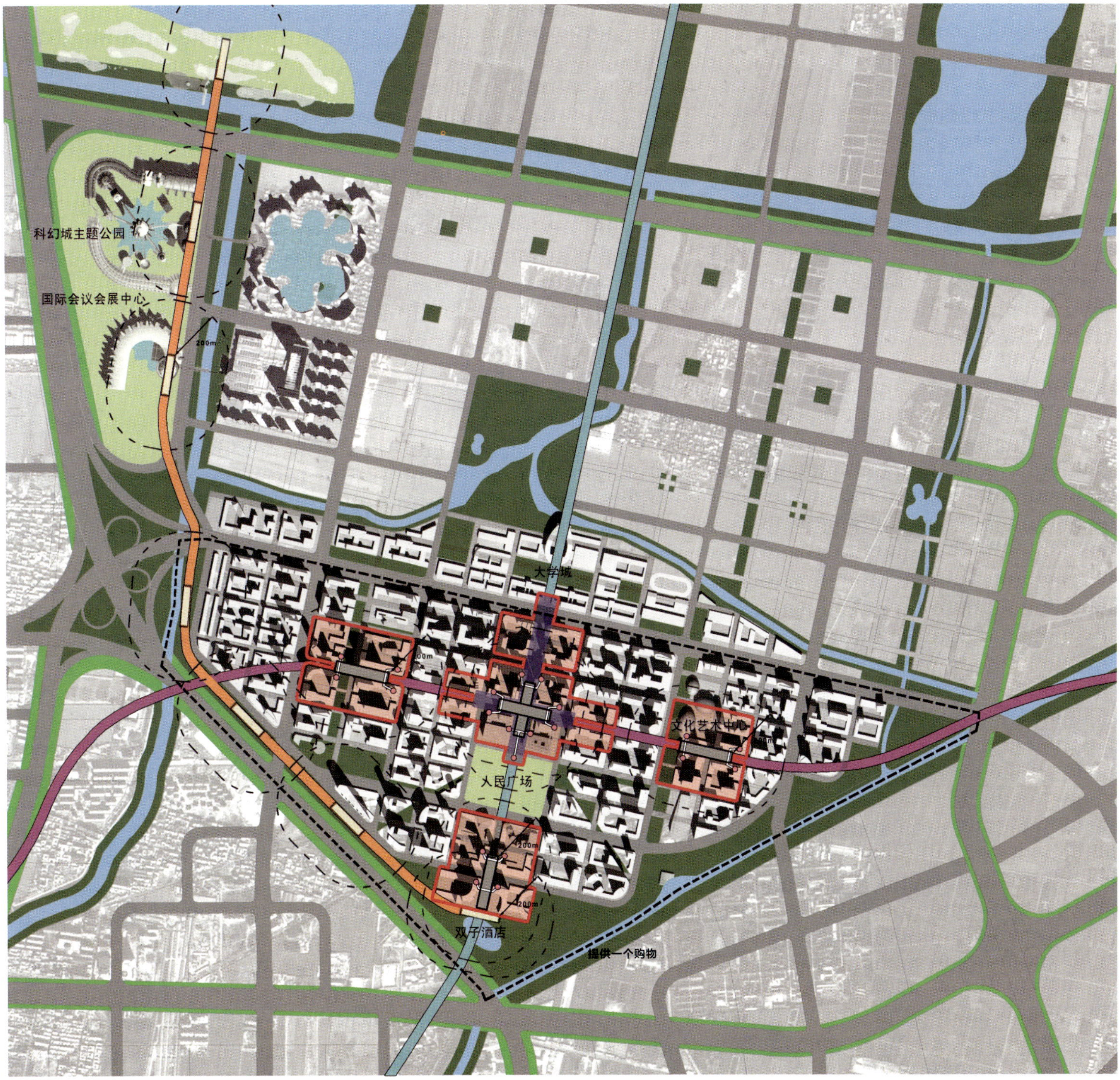

地下步行广场将把地铁站、公共广场及主要建筑直接连接，地下广场将会有阳光渗入，地下广场两旁将会有购物场所、咖啡厅，这将会是一个购物的好去处。

CBD地区地下步行系统规划图

郑东新区
总体规划篇 | 59

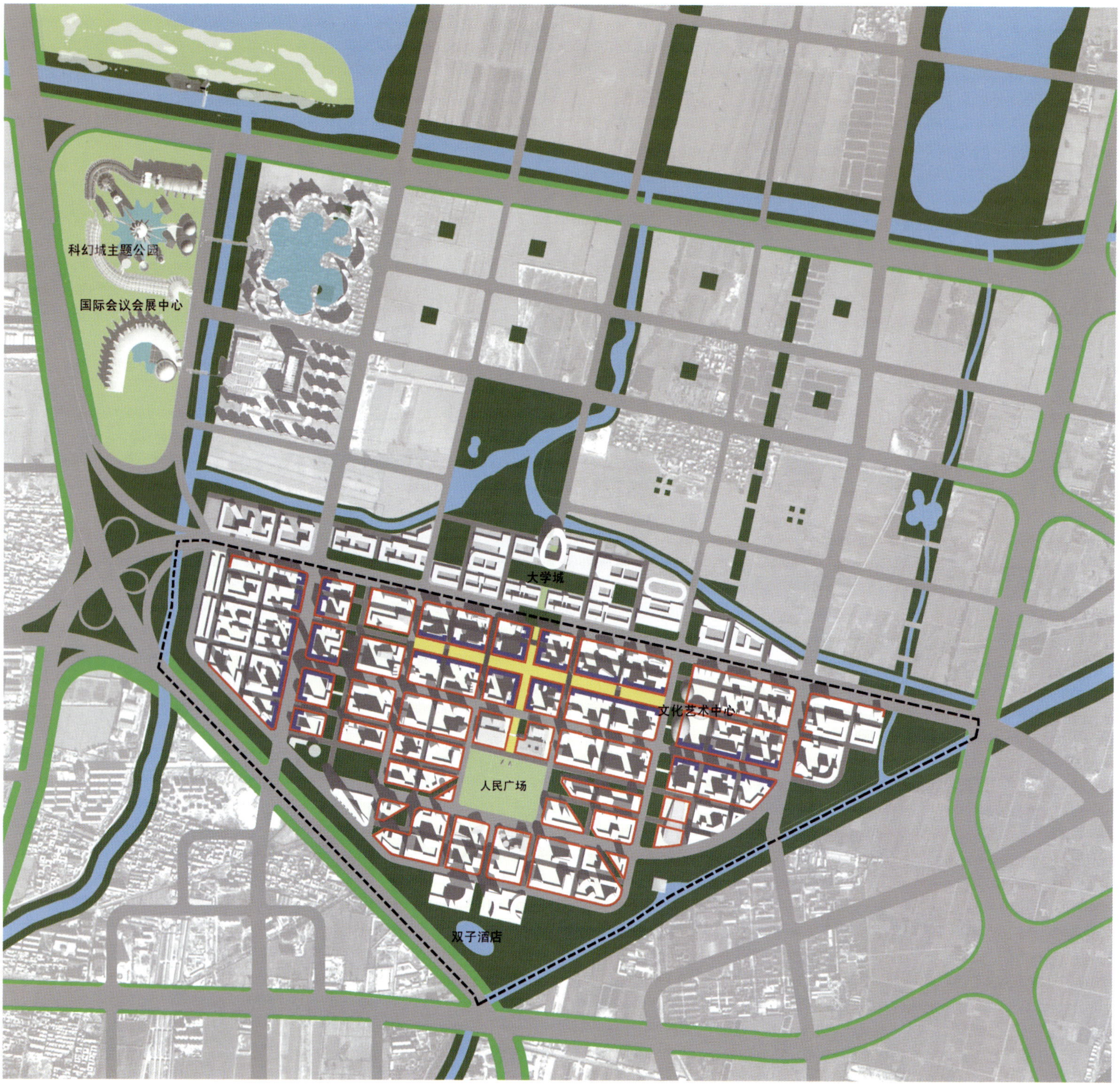

| 步行街 | 连接有盖走廊 | 主要商业街（零售、购物） |

CBD地区地面层步行系统规划图

科幻城主题公园
国际会议会展中心
通往现城管线
大学城
文化艺术中心
人民广场
双子酒店

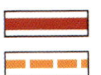

― 主管线（地下综合管线将会在主干道的红线内）
┅ 次管线（CBD将会有综合地下管线的布置）

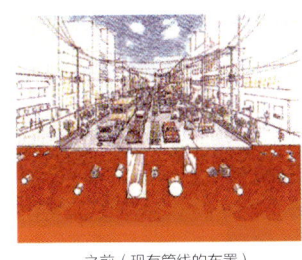

之前（现有管线的布置）

之后（地下综合管线）

CBD地区管线系统图

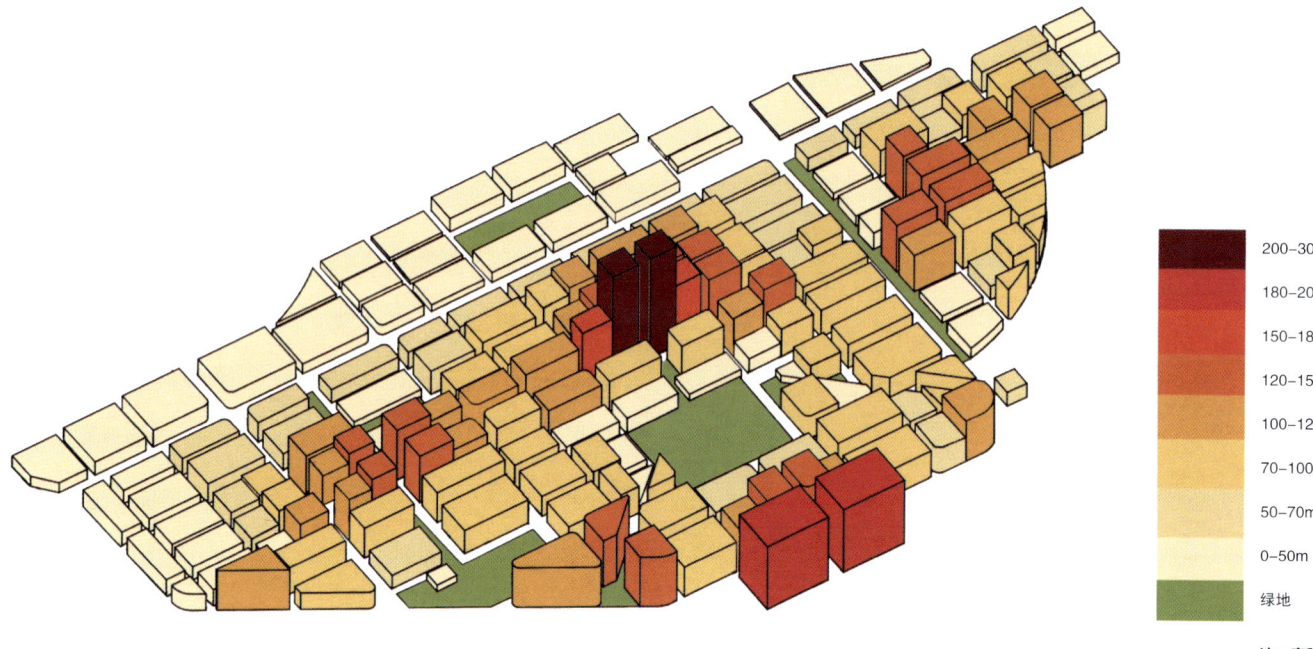

CBD地区开发强度图

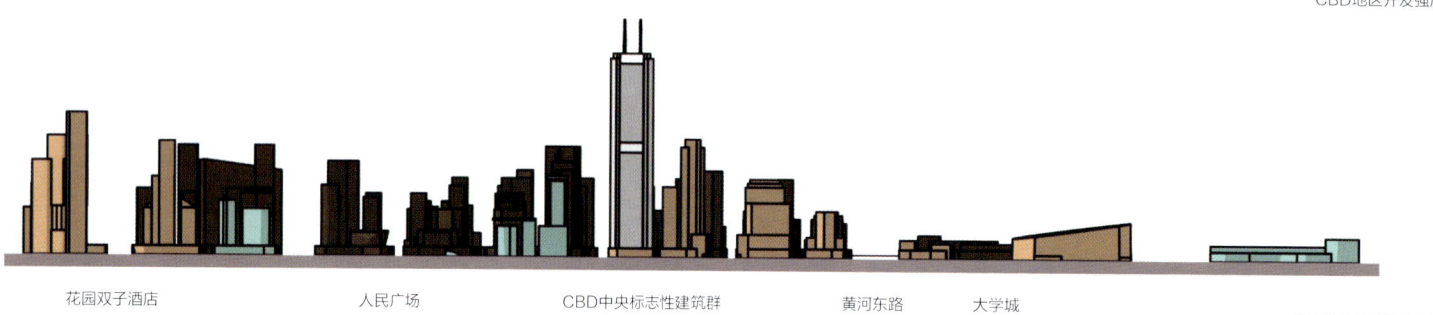

花园双子酒店　　人民广场　　CBD中央标志性建筑群　　黄河东路　大学城

CBD地区天际线轮廓1

人民广场
CBD中央标志性建筑群

CBD地区天际线轮廓2

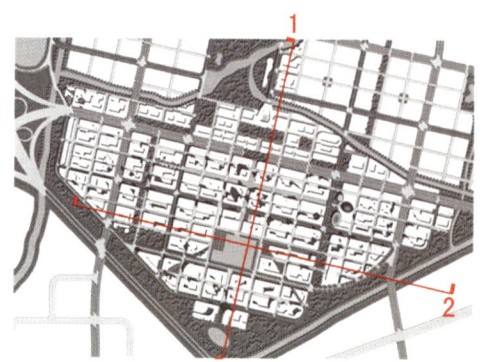

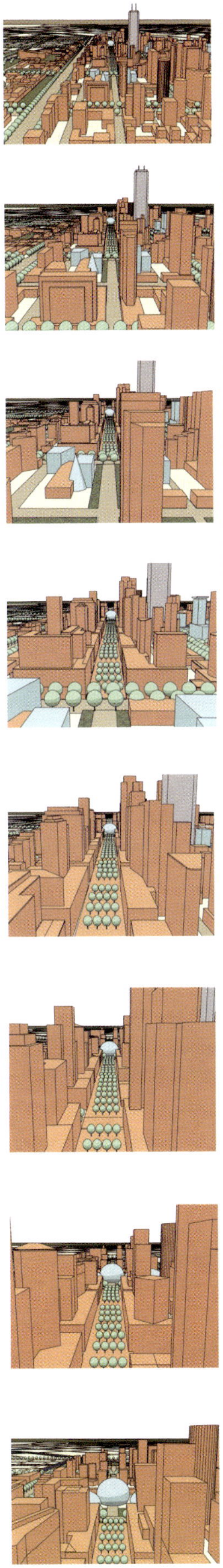

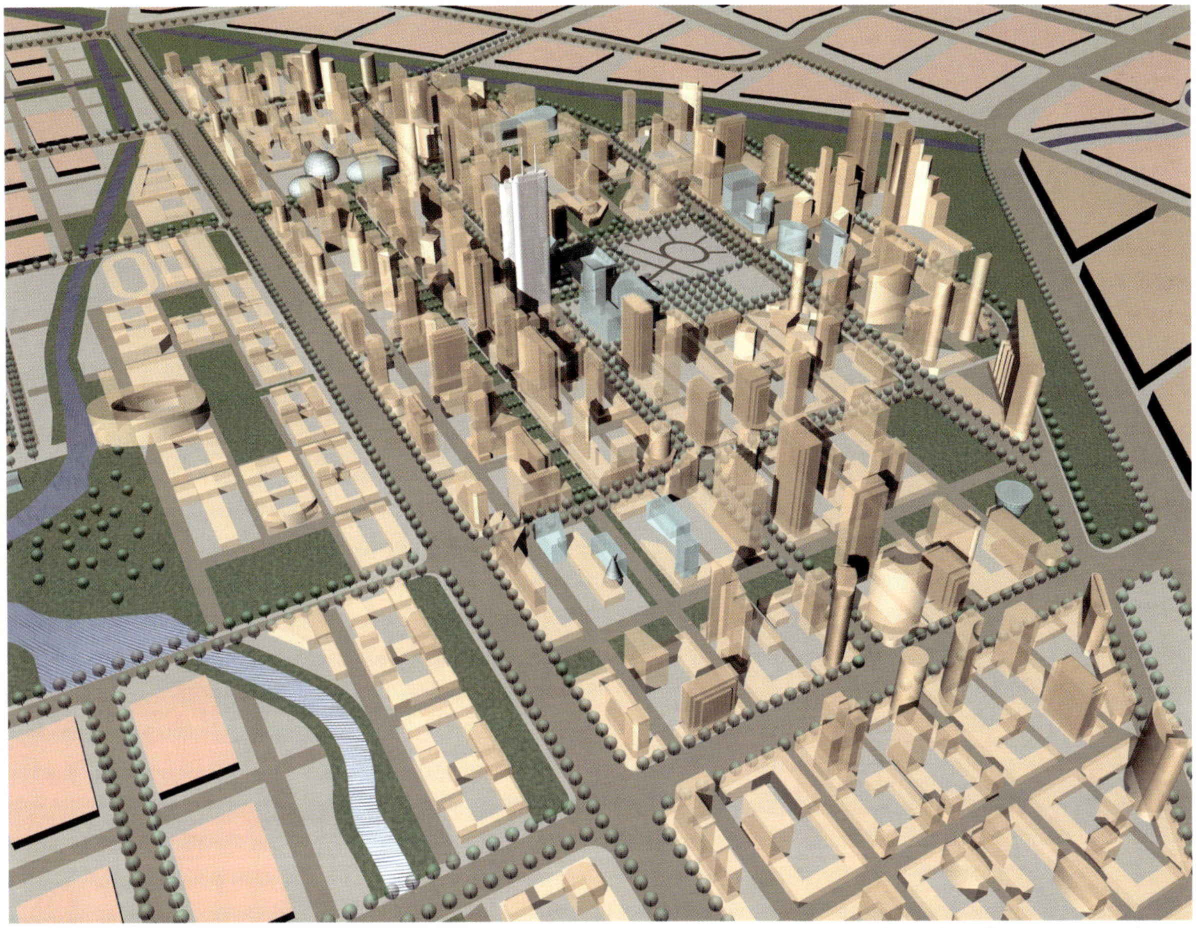

CBD地区模型图I

CBD地区模型图II

法国夏氏城市设计与建筑设计事务所方案
Schemes from Arte Charpentier, France

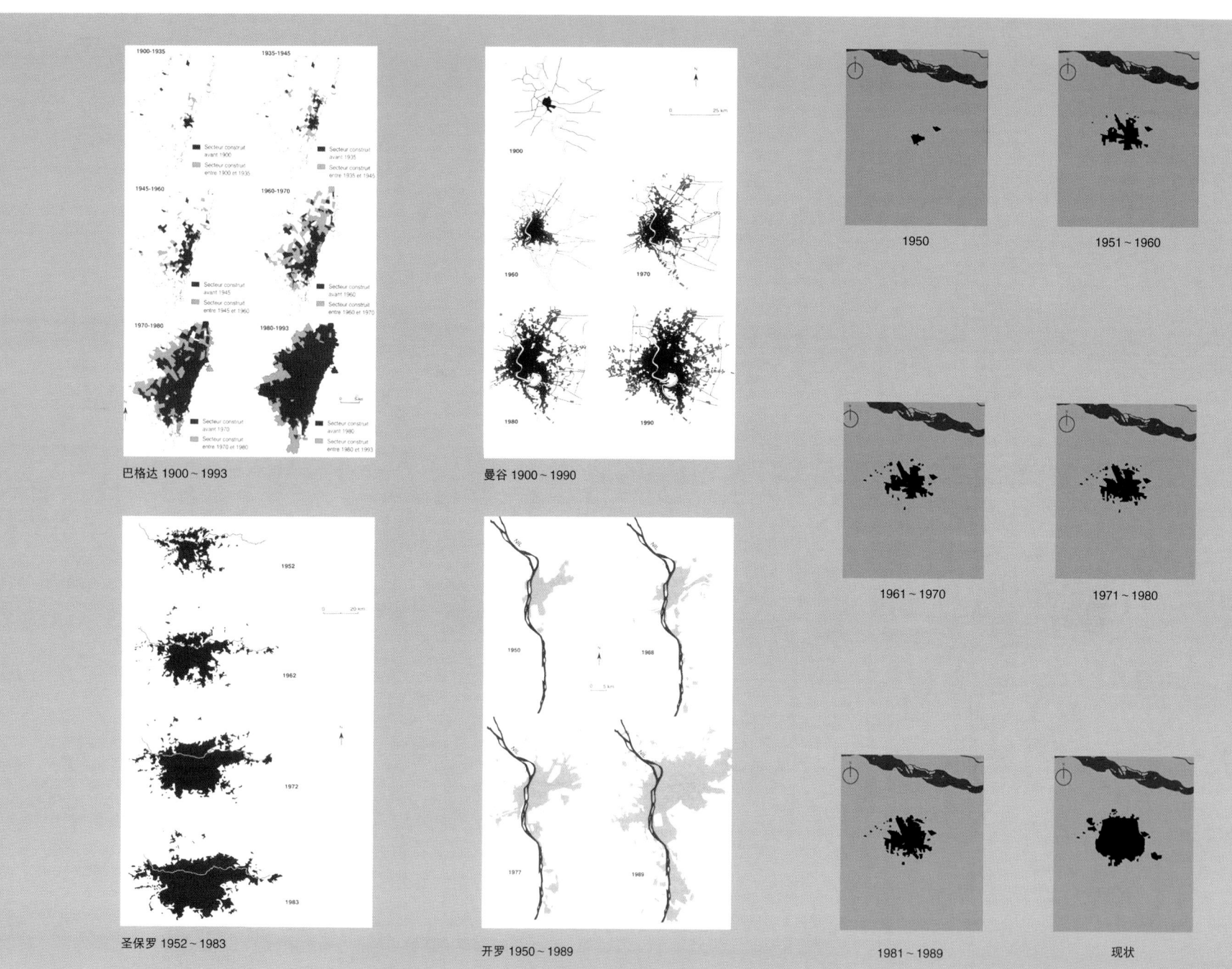

郑州城市扩展与其他都市比较图

1 前期分析

1.1 自然地形分析

郑州的地形和地理位置具有很多优势，它北临黄河，西南倚靠嵩山，东边则为广阔的黄淮平原，为城市的发展创造了有利的条件。

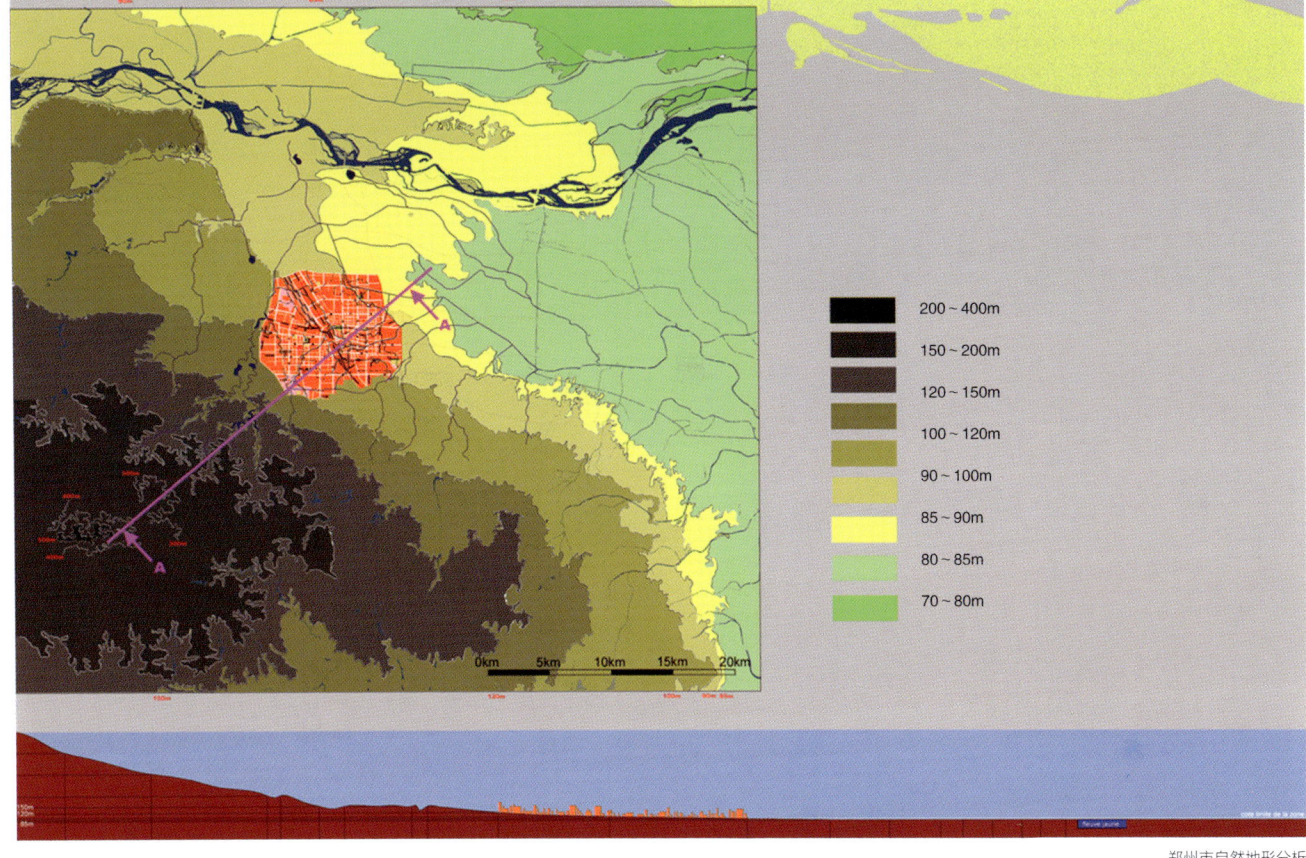

郑州市自然地形分析

1.2 城市用地发展分析

郑州市人口大幅度的增长造成了城市爆炸性的扩展：

郑州的城市大规模的扩展主要体现于两个阶段：建国初期从1950到1960为第一阶段，第二阶段从1989经济开放开始到现在。

在第一阶段期中，城市扩建主要是沿交通干线呈分散状而发展的。在此之后，它倾向以填补城市空间空隙为原则。因此产生了圆环式的城市形态，给如今新区设计提出几条思路：或者采用1995规划设计里的辐射状的城市扩展，或者选择在城外重新开创一些城市附属中心区域。

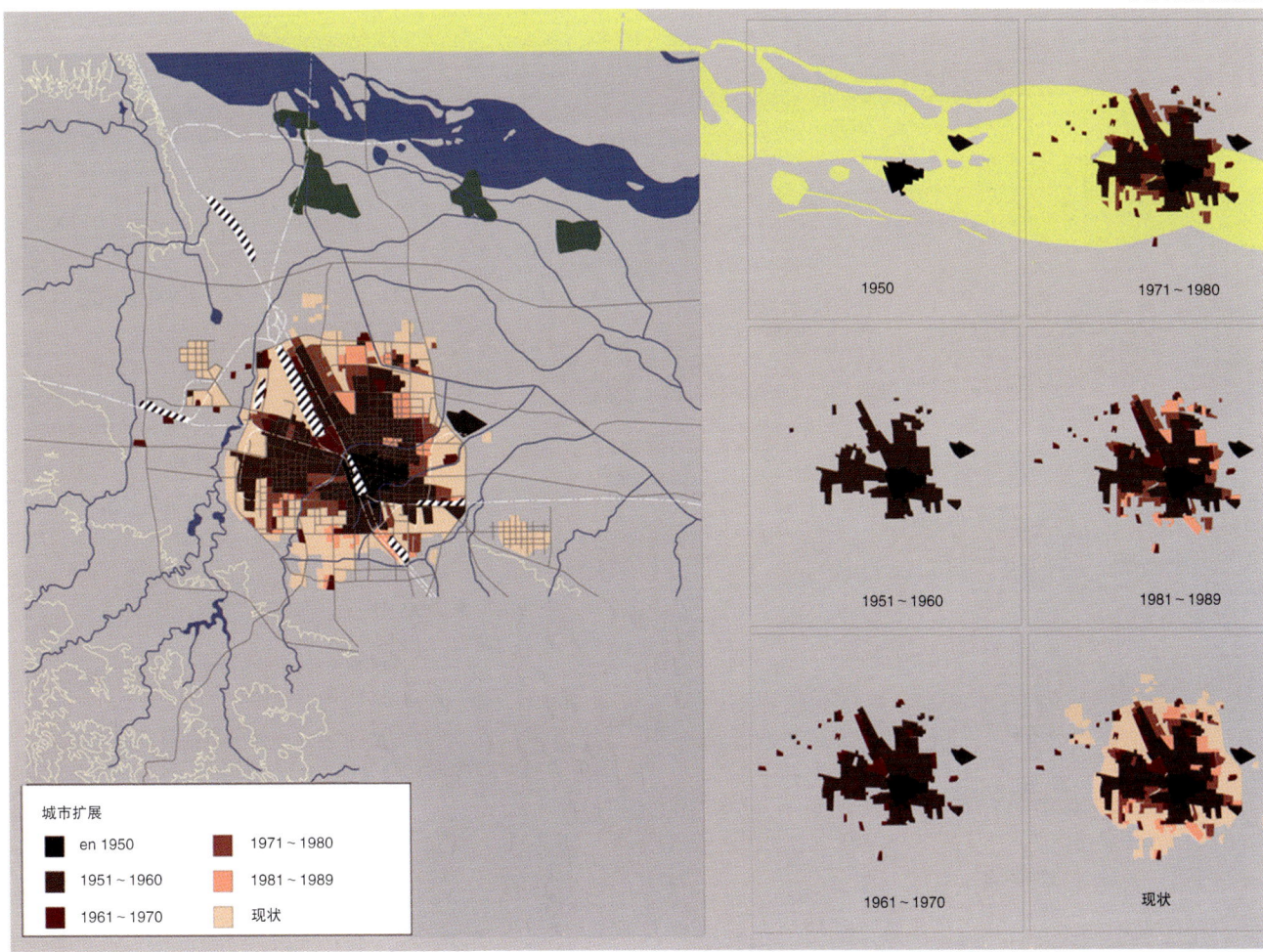

郑州市自1950年至今之城市扩展

市域公路与铁路系统

1.3 现状交通条件分析

郑州以及其计划扩建新区拥有十分便捷的公路与铁路交通网络。郑东新区北侧及东侧各有一条高速公路经过其边缘,一条铁路由西向东穿越基地,同时南北向与东西向各有一条主要公路干道与外部相连。

南北向的高速公路使得新区与位于城市南方的机场取得很好的交通联系。而穿越新区的东西向铁路及城市主要公路,使郑东新区与目前的郑州市中心以及都市外围的卫星城市构成良好的交通网络。

这个与外界沟通良好的地理位置,形成了新区在都市发展中的有利条件。

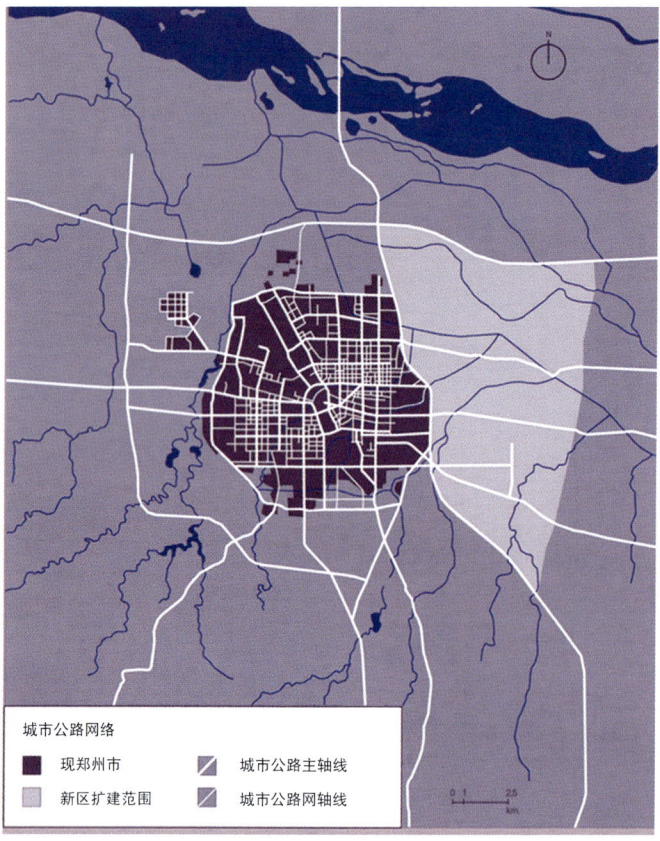

市区道路系统

1.3.1 公路网络

郑州的公路网络是由市区内规则的方格网与城市外两条环城公路组成的,其中市内公路网的主轴的方向为南北和东西方向。

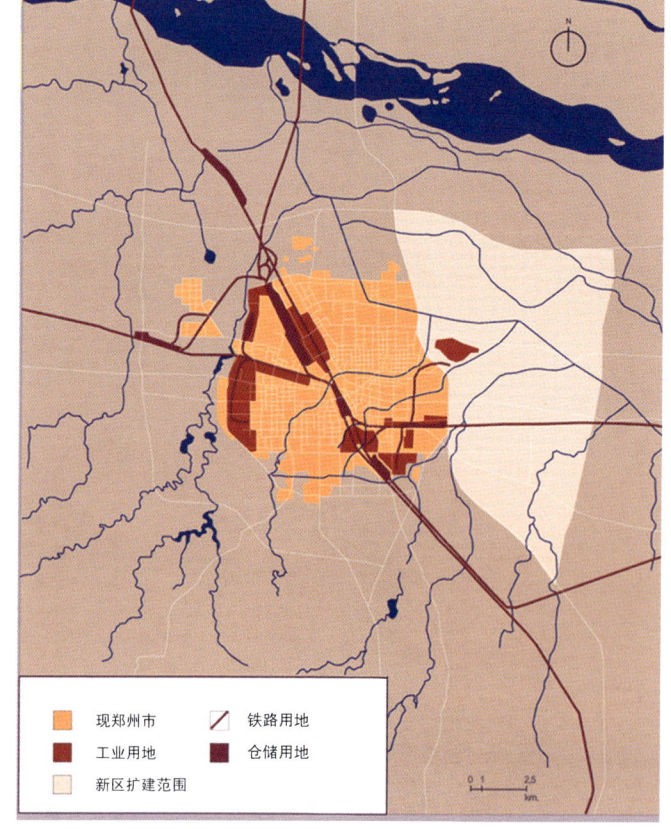

市区铁路系统

1.3.2 铁路网络

郑州铁路网络为十字交叉形,在市中心横贯而过,将城市切割成不同大小的几块区域,因而造成市内区域不易沟通的现象。

2. 设计构思程序

2.1 城市线型发展

郑州的城市空间随着金水河流入东风渠的方向一步步发展,由西南至东北,城区分别为:

市区行政设施中心;

郑州市的历史中心,商代古城遗址;

省级行政设施中心;

旧机场,新CBD用地。

从这样的角度观察,郑州城市的发展轴正好处于扩建新区的入口中心。

由以上因素,将来CBD的定位占有以下优势:

——它将成为新区的一个重要入口;

——它也是新区与现有城区的交接点;

——CBD的位置使它与各条重要公路之间建立起醒目的视线关联,成为郑州新形象的象征。

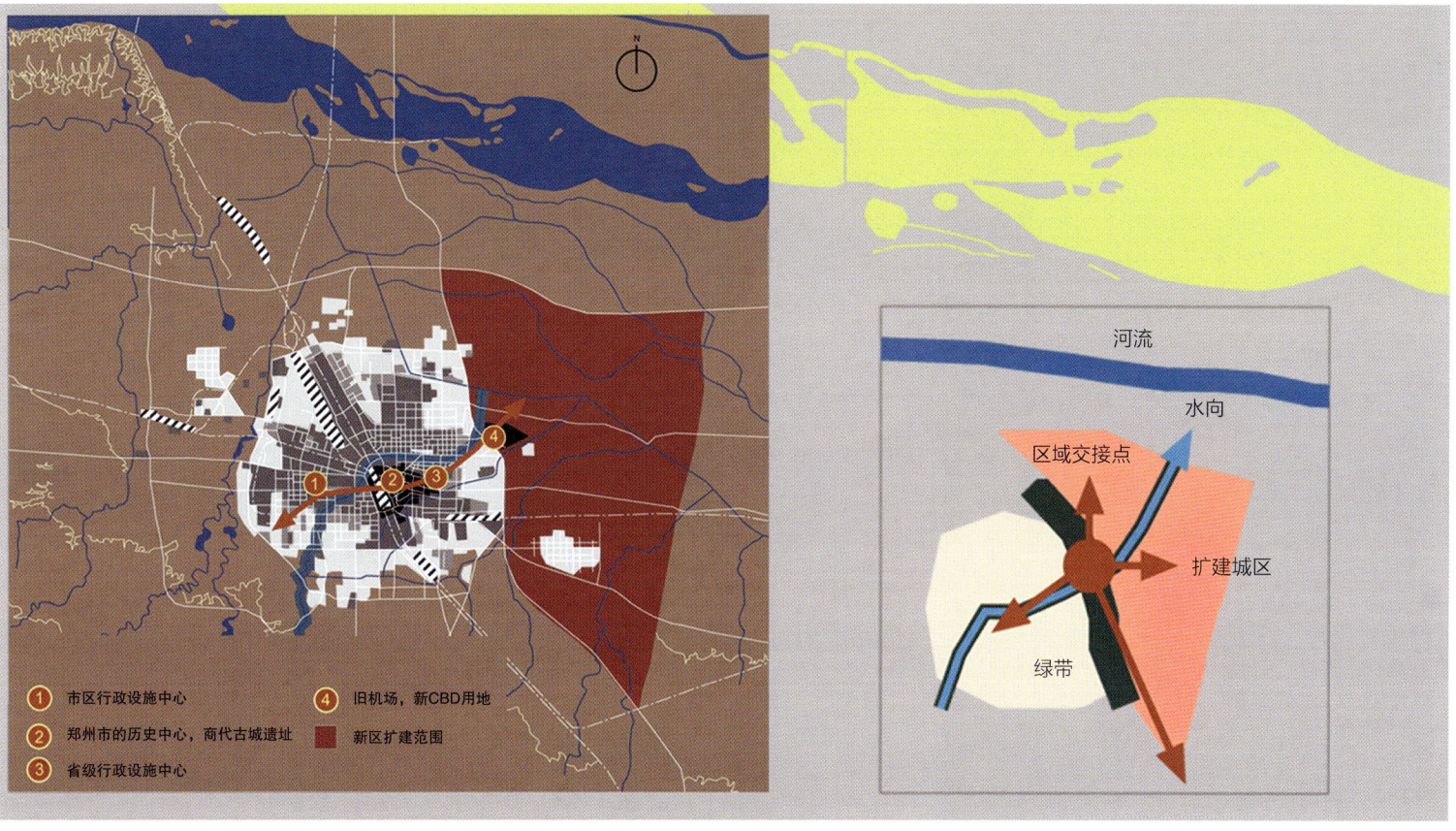

城市发展与新区扩建之关联图

2.2 1995年总体规划简述

1995年总体规划原则为分散多组团式的发展,由此我们可以观察到下面几个发展趋势:

城市副中心将会大量增加,为城市交通带来重大影响;

新机场的建设会造成城市发展轴从此背对黄河朝西南方向延伸。

这种城市扩建模式的结果是庞大的辐射状发展的交通网络,并造成一系列沿线发展的郊区地带,缺乏完整的城市结构体系。

2.3 郑东新区设计思路

郑东新区规划范围西起107国道,东至拟建京珠高速公路,南至新机场高速路,总面积约150km^2。这样大规模的新区扩建与1995城市规划中分散组团发展模式有一定的差距:首先是该新区与郑州现有城区之间的比例关系,再者是扩建高速公路和新机场对城市发展产生的影响。

这些因素将促使城市朝东发展,并在此基础上设想一套既灵活又规则的城市发展结构骨架。

对1995年总体规划的研究图

郑州新区的规划范围与巴黎市的市区规模接近，但它们的城市绿化布局却有很大的差异：巴黎的绿化布局是由东西两大绿肺——布伦坭森林大公园、万圣森林公园——与一个离城市中心较远的环城森林绿带所组成。

我们在郑东新区绿化设计的意图是：在新区扩建基地内的北部，规划一个同时提供给旧区和新区使用的大型绿肺。

郑州是一个平坦而布局分散的城市，它有众多的自由空地，因此城市绿化空间在整个也城市中的占地比例并不大，同时十分零散。

城市绿化环境与新区生态景观规划图

我们在新区规划中的主要发展区域与现有的交通网络之间有着合理、紧密的关系。东西向的铁路及主要公路正好穿越新市区重要轴线"世纪大道"的中心段落，而位于基地北边东风渠旁的一条铁路路线的延伸，正与将成为新区行政与商业中心的世纪大道重叠，此铁路可在未来规划为轻轨公共交通运输道。此一公共交通路线连结了展览中心、CBD、新区行政和商业中心，以及经济技术开发区。同时，展览中心、CBD以及经济技术开发区也借由南北向的公路主要干线（107国道）而得以直接互相连通，而未来往南延伸的高速公路，更将便利这些特别区域与机场的联系。

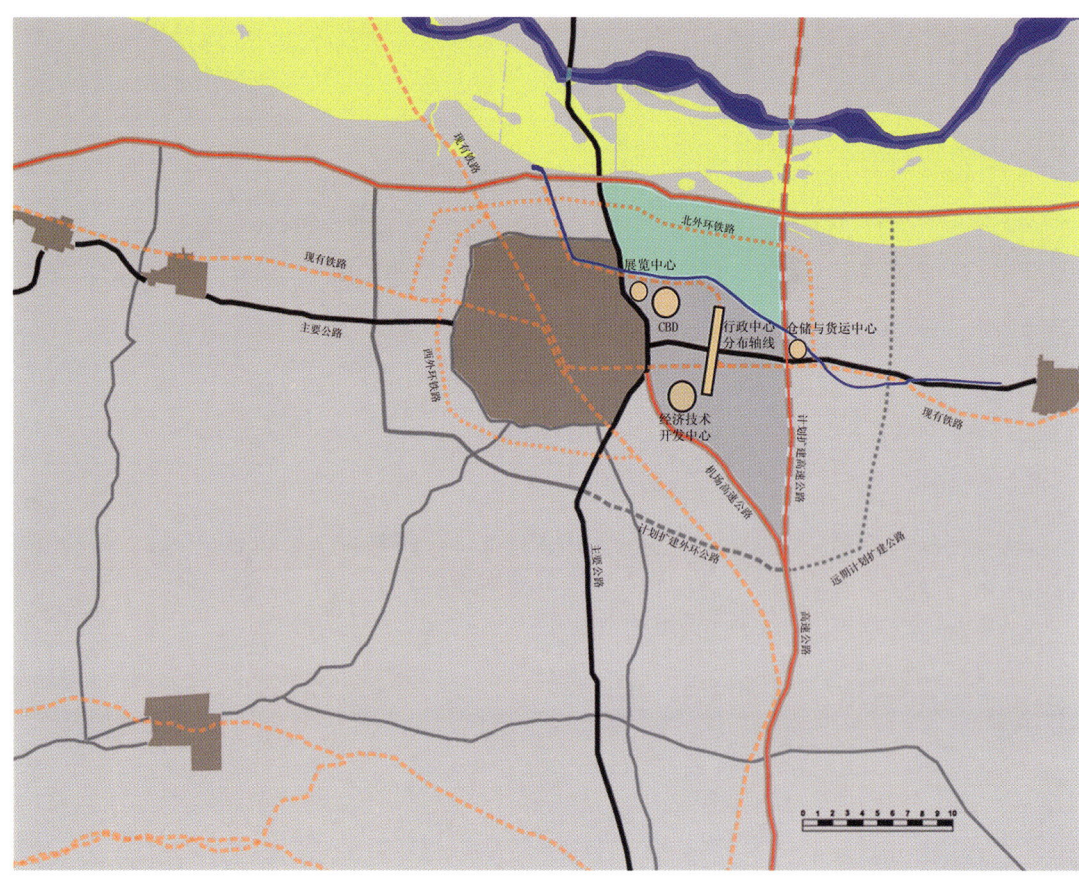

市域层次交通网络组织图

公共交通专用道系统利用现有铁路交通网络图

交通网络组织图

2.3.1 铁路交通网络的利用

郑州铁路交通用地在城市中占着一个很重要的比例，由此我们可以提出以下建议：搬迁一部分现有的铁路设施，改建成专用道系统公共交通设施(如：有轨电车、磁轨、磁悬浮快车或备有专用车道的公共汽车等)，这些设施将向新区发展延伸。

2.3.2 公路交通的扩展

如同中国大部分城市一样，郑州市拥有一套规则布局的方格状路网。在总体规划的指导下新建成的环城公路，使得公路系统呈辐射状向外扩展。郑东新区的基地现状和它与现有城市的关系，使之需要一套既灵活又规则的结构体系，保证城市发展的延续性。

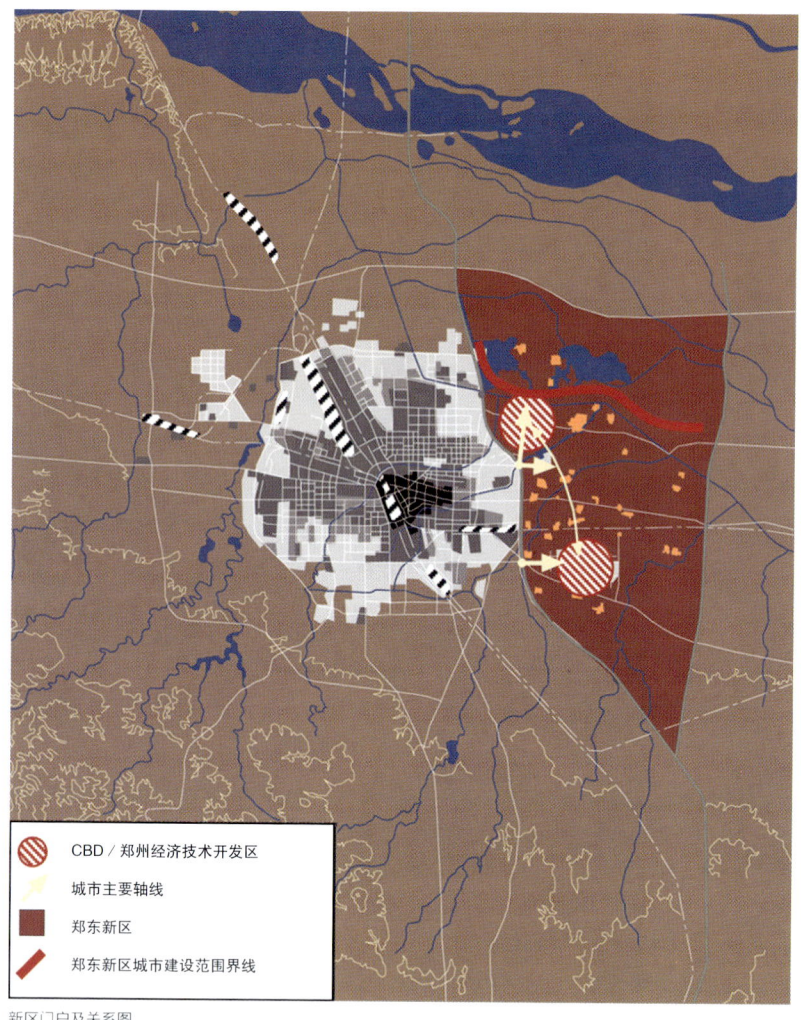

新区门户及关系图

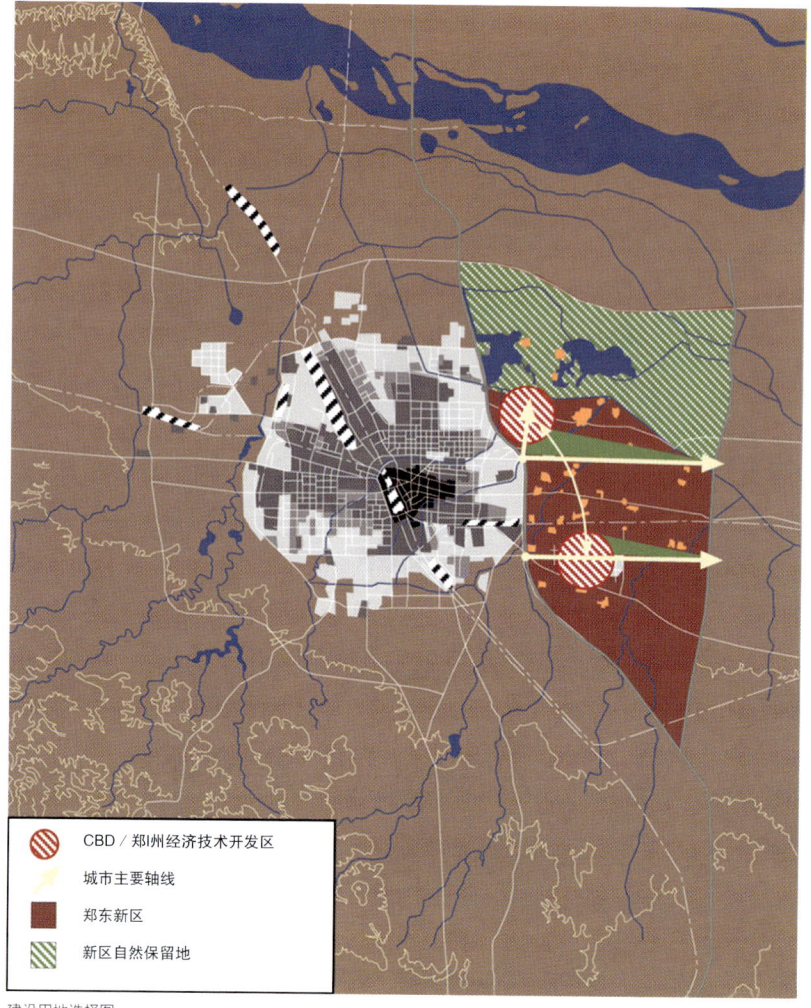

建设用地选择图

2.3.3 扩建规划原则简述

（1）新区建设的两个主要入口点分别位于CBD和与郑州经济技术开发区；

新郑州CBD将以旧机场为基地；

连接新CBD和与郑州经济技术开发区；

我们以东风渠为郑东新区规划范围的边界线，这样的设计可以为将来提供发展保留地。

（2）东风渠以北的建设用地保留，造成城市呈线型的向东发展，这样的设计思路与郑州市原来城市发展的逻辑相符合。但在新区东边建造京珠高速公路，将会缩小新区向东发展的可能性，所以设计一条由西向东发展的城市轴线是不合理的。

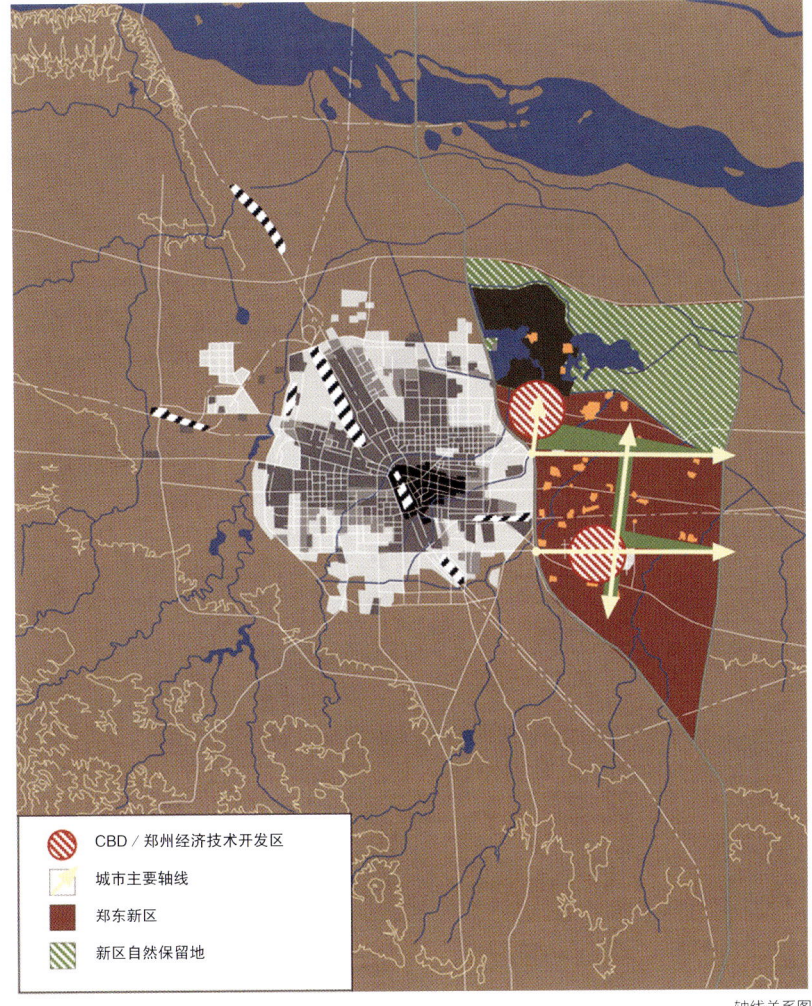

轴线关系图

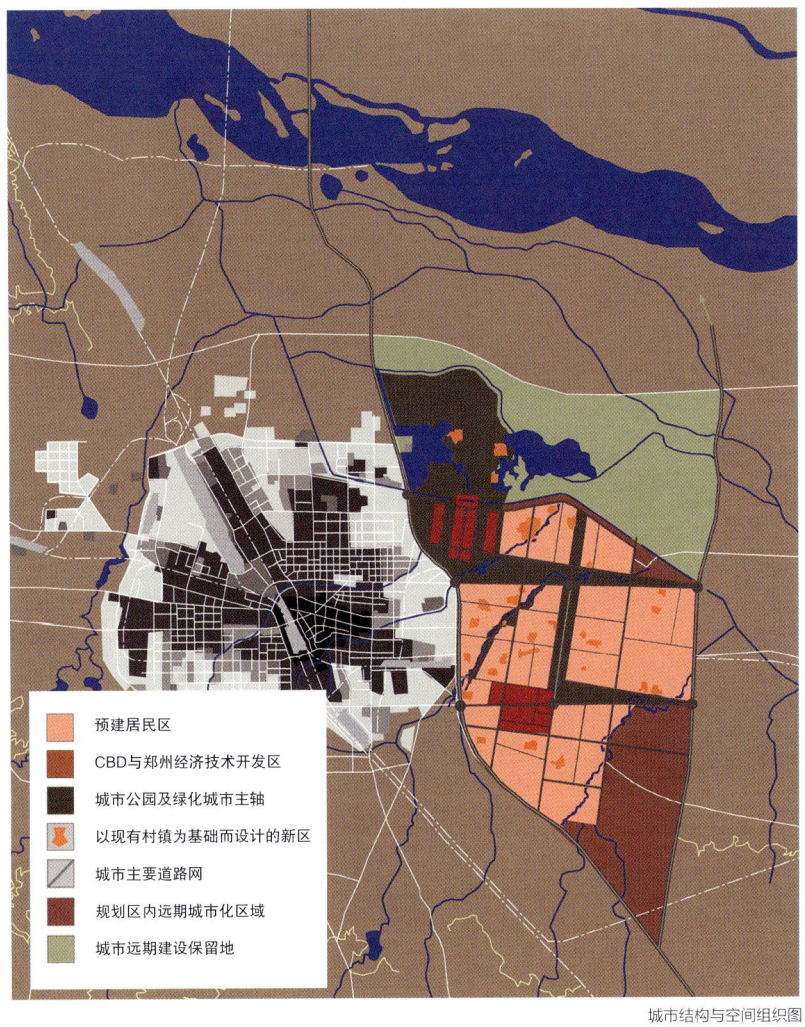

城市结构与空间组织图

(3) 根据以上因素，穿过规划区中心设计的南北方向主轴线"世纪大道"，将对未来城市发展起到很大的促进作用：

此轴线往北可向预定的自然生态公园展开一个景观视野；往南发展则与新机场区衔接；

它将新区两个东西向的大型公园连接起来；

它为CBD区与经济技术开发区提供了便利的交通。

2.3.4 城市空间组织

在郑州原机场旧址建设CBD

在位于东风渠北部预留的城市建设用地里，设计一个包括众多沉淀水塘的大型公园，便于对市废水、雨水进行自然的处理。

新区规划网络的形成以现存城市网络为依据进行设计，并沿着现有农田土地分割的肌理呈西南朝东北走向的布局。

依据并延续现有城市交通主轴设计新区交通网络

原有村镇和已初步城市化的地区将作为扩建新区商业服务、社会网络及便民服务设施形成的基础。

加强CBD地区与现郑州经济技术开放区的联系。

新区规划范围内的朝南北方向的主轴线将成为使新区CBD地区与郑州经济技术开放区之间平衡的脊梁。

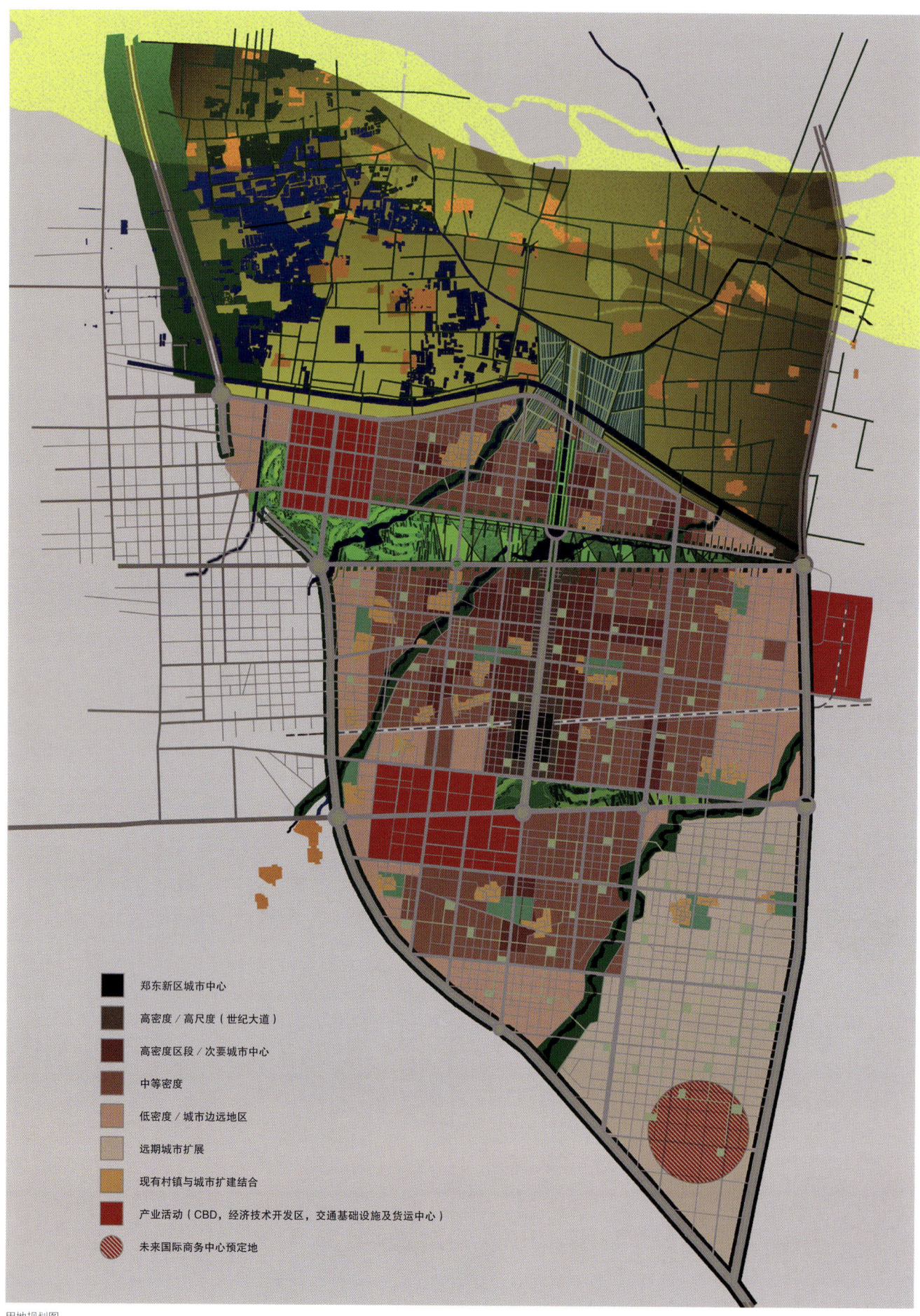

用地规划图

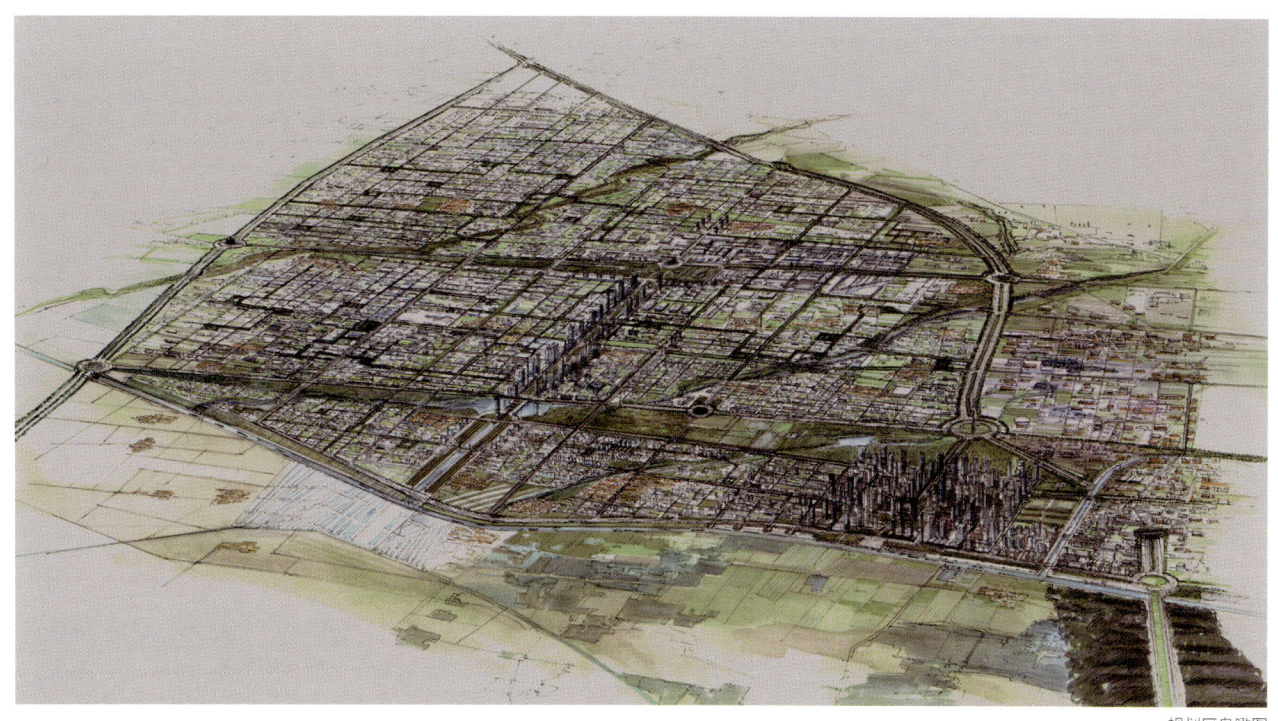

规划区鸟瞰图

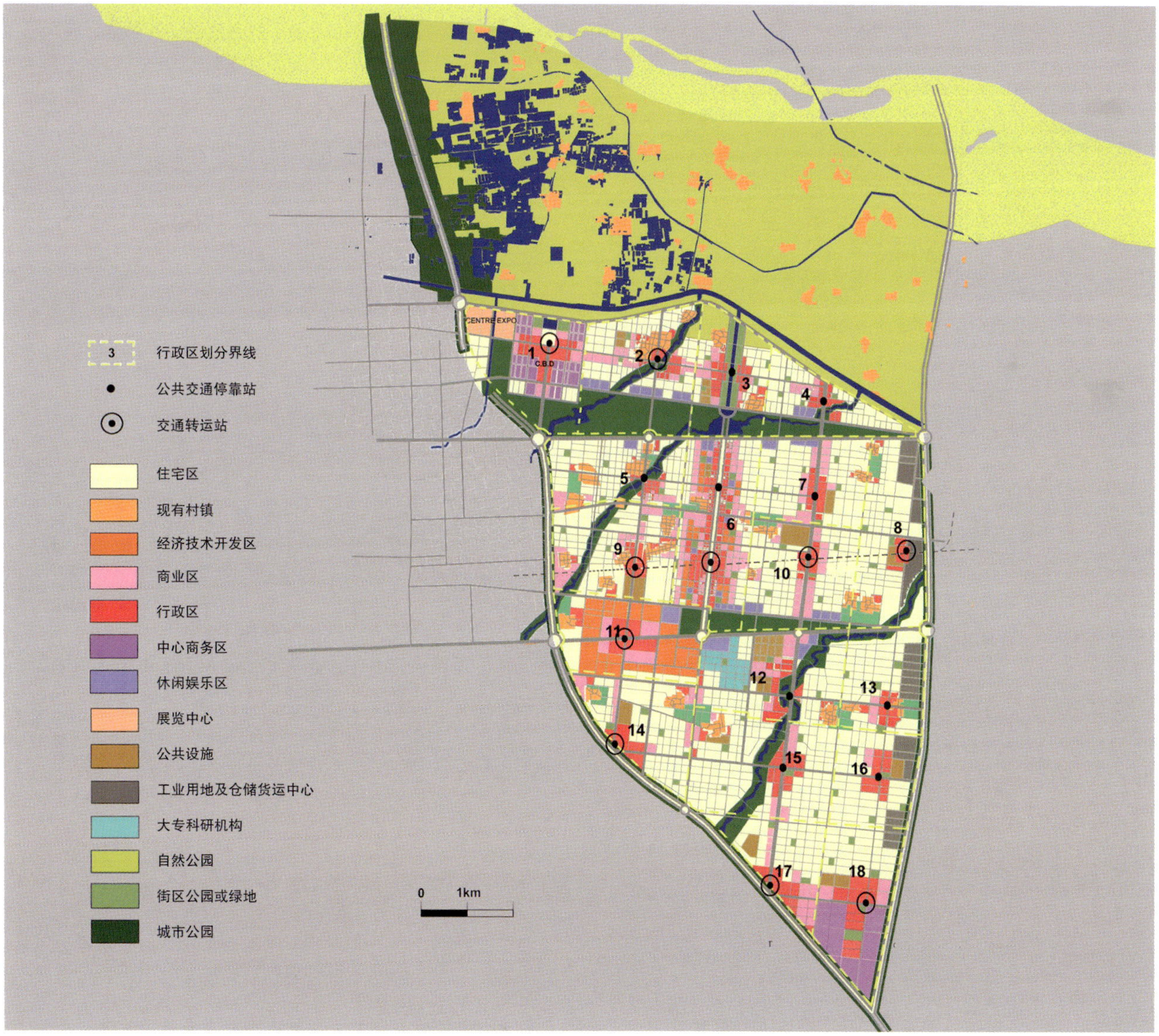

3
行政区划分界线
公共交通停靠站
交通转运站
住宅区
现有村镇
经济技术开发区
商业区
行政区
中心商务区
休闲娱乐区
展览中心
公共设施
工业用地及仓储货运中心
大专科研机构
自然公园
街区公园或绿地
城市公园
0
1km
CENTRE EXPO
C.B.D
1
2
3
4
5
6
7
8
9
10
11
12
13
14
15
16
17
18

用地平衡图

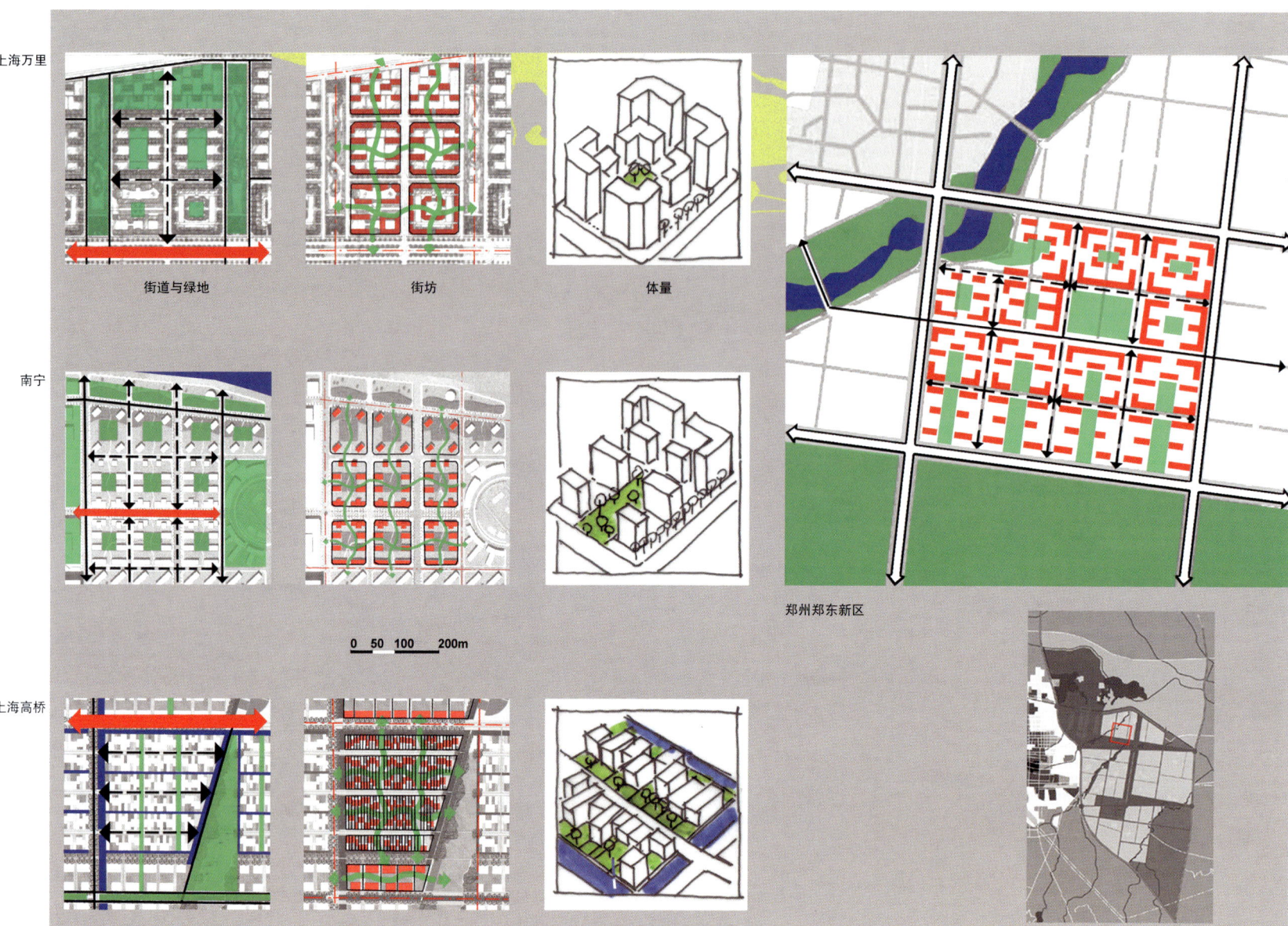

街区设计模式分析图

　　住宅区街坊是城市最基本的空间组成单位，并最能代表城市的一般性风貌。透过设计的巧思，以街道、建筑物体量和绿化空间三者之间的多样组合关系，可塑造出多种不同私密性质的半开放空间以及不同特色的居住环境与城市景观。

　　透过高桥、南宁及万里的案例与经验，我们得以看到在一个边宽一百多米的街坊内，如何利用不同的体量围合效果，来创造多种等级的街坊内外空间关系，并让居民的生活空间因此更为丰富。

2.3.5 道路等级

在现有条件与规划效果的结合下，郑州市的扩展新区将拥有十分良好的道路交通网络，我们可大致将它的道路系统分为以下五个等级：

(1) 连外快速道路

位于扩建新区北边与东边各有一条东西向与南北向的高速公路，是郑州市的主要连外道路。而介于新区域现有道路之间的107国道呈西北——东南方向与东边拟建的京珠高速公路区南端相交，将规划扩建新区呈倒三角形围绕起来。107国道不仅成为新、旧城市区域之间的联系，也将由其向南延伸部分的高速公路与机场连接。

(2) 城市结构性轴线道路

从现有城市往东延伸的两条主要道路以及特别为新区规划的一条南北向轴线，勾画出新区的主要交通结构。

(3) 新区主要道路

一条界定大街区范围的城市干道呈网状交错，确保了新区内的主要交通运行。

(4) 新区次要道路

往城市肌理更深一层渗透的次要道路，确保了街区之间的沟通与连接。

(5) 街区道路

街区内的服务道路，同时界定了街坊的尺度与环境特质。

道路系统组织图

3 规划内容

3.1 交通规则

3.1.1 公路、铁路网络现状分析

郑州以及计划扩建新区拥有十分便捷的公路与铁路网络，郑东新区目前有两条高速公路经过其边缘，一条铁路由西向东穿越其基地，同时有两条分别为南北向与东西向的主要公路干线可以对外联系。

其中南北向的高速公路使得新区可以与位于城市南方的机场取得很好的交通联系。而通过东西向穿越新区基地的铁路及一条城市主要公路干线，郑东新区与目前的郑州城市中心以及外围的卫星城市都可维系良好的交通关系，形成了新区在都市发展中的有利条件。

3.1.2 交通网络组织总原则

我们在新区中规划的主要发展区域与交通网络有着合理、紧密的关系。东西向的铁路及公路主要干线正好穿越新市区主要轴线，正可以与将成为新区行政与商业中心的世纪大道结合。此铁路可在未来规划为轻轨公共交通运输道，此一公共交通路线连接了展览中心、CBD、新区行政和商业中心，以及经济技术开发区。

同时，展览中心、CBD及经济技术开发区也借由南北向的公路主要干线（107国道）而得以直接互相连接。而未来往南延伸的高速公路，更将便利这些特别区域与机场的联系。

3.1.3 交通组织建议

通过与郑州市发展情况相似的大都市的比较，我们建议郑州市新区采用以下比较适宜的交通模式：多层次、多等级的大众运输交通系统。

(1) 一条快速专线

在CBD与机场之间建立一条快速专线，并与市区中的引航线路做重点连接。

(2) 五条主要干线

两条联系整体大都会区域的环状线路；

两条直接与旧市区连接的线路；

一条位于新区东边南北向路线；

这五条主要干线在彼此相交的节点上以转线车站互相连通。

这些位于既有或计划中的城市主干道上及位于铁路廊道上（如二号线）的大众运输路线皆在地面上设有交通专用道，其行驶通过的道路皆十分宽阔，足以提供在未来将这些路线逐渐地下化或抬高为高架形式的可能性。

(3) 公车路线

上述之主要干线将伴随着以下几种类型的公车路线系统，以完善大众运输网络：

从主要干线的交叉节点出发，建立一系列放射状公车路线，连接密度较高的街区中心。

由于主要干线的车站间距较大，一般为1～1.5km，因此伴随主要干线，设置车站间距较小的公车路线，约为200m，以提供乘客更多上下站的选择。

在上述两种围绕这主要大众运输干线而设置的公车网络所不及之处，建立其他补充性公车路线。

一些特别的线路直达如大学区、就业集中地带等待定功能区。

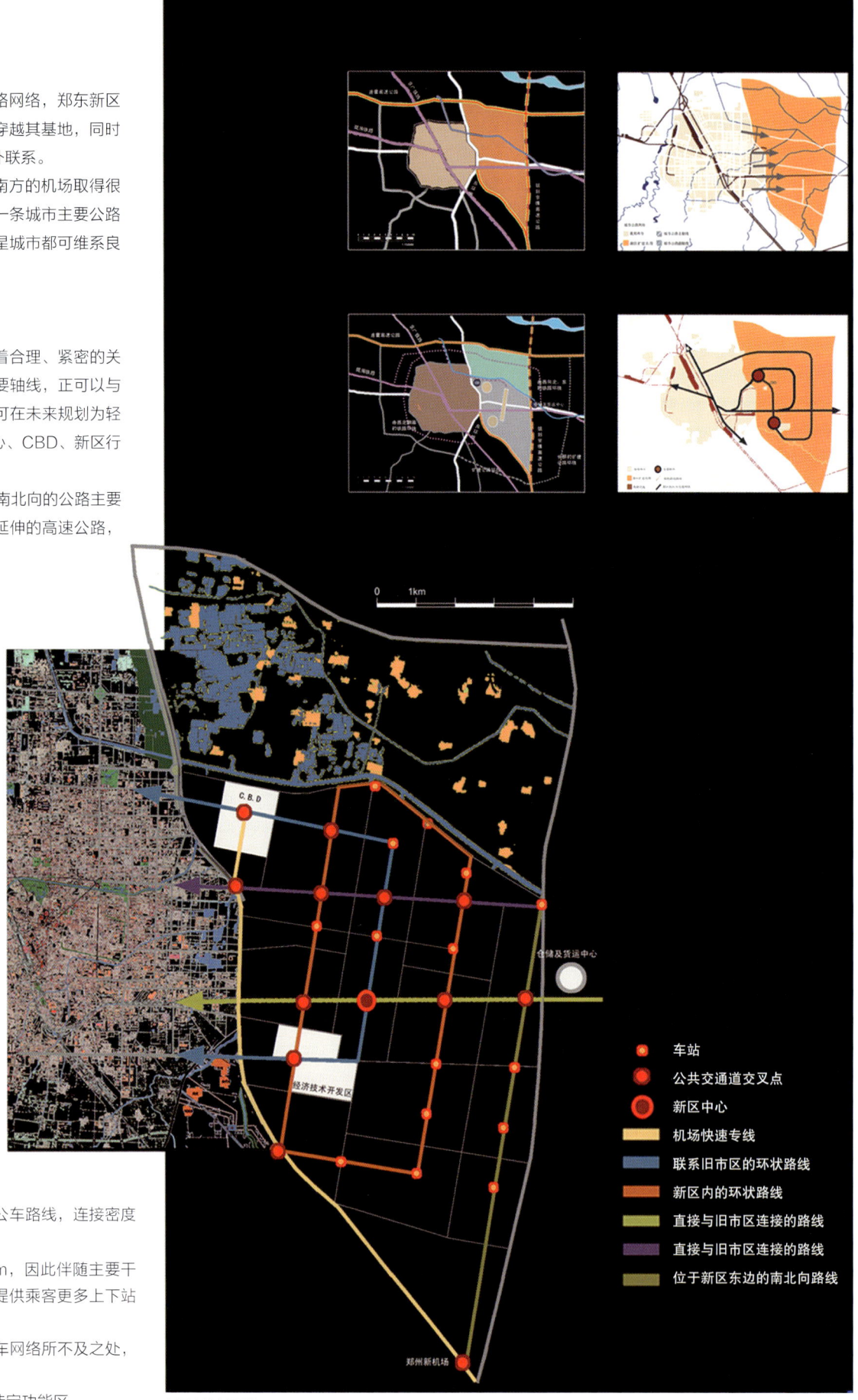

新区公共交通系统

3.2 景观规则

3.2.1 景观设计原则

景观设计主要从两方面入手：

基地本身略有起伏，尽管不算明显但起着决定作用，基地北面的河渠以北是沿黄河岸边展开的大面积湿润的地带。这片土地非常有特色，它既是农业用地也是丰富的景观元素，只需将其略加整治便是良好的生态景观环境。这样一来，新的城市扩展地区便拥有了一块可贵的城市绿肺。

这片绿色保留区有着双重意义：

（1）农业用地经过适当的整治和处理，成为郑州居民节假日休闲散步的场所，同时也是一座天然的农作物和生态保护的课堂。

（2）利用河边的湿润的地带净化和处理流向市区的水质，成为可持续发展的组成部分。

另外，郑东新区内设置一套尺度易人的小型公园和广场系统，并成为与主要绿色轴线联系点（世纪大道，林荫道，绿色走廊）：

（1）大型休闲公园，适于文化或体育活动。

（2）利用现有村庄设置小型别具特色的公园。

（3）街坊内外的公共生活空间，如市场，家庭花园，节日广场等。

整个规划设计具有绿色和蓝色交织的特色，主要体现在：整治和发展水系，交织布置丰富的绿化空间。

在郑州市扩展的同时，为城市与未来的新区考虑在中区建设一个大型的自然风景保留区。由于此地带现拥有众多的水域，可以据此设计一些沉淀水塘，为天然的水处理提供条件。同时，对一些农业生产的保留会给沉淀水塘的运行带来方便。

生态环境与城市景观图1
生态环境与城市景观图2

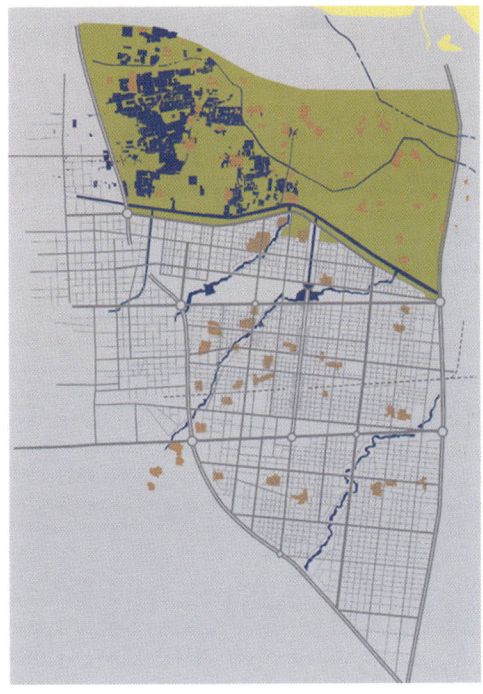

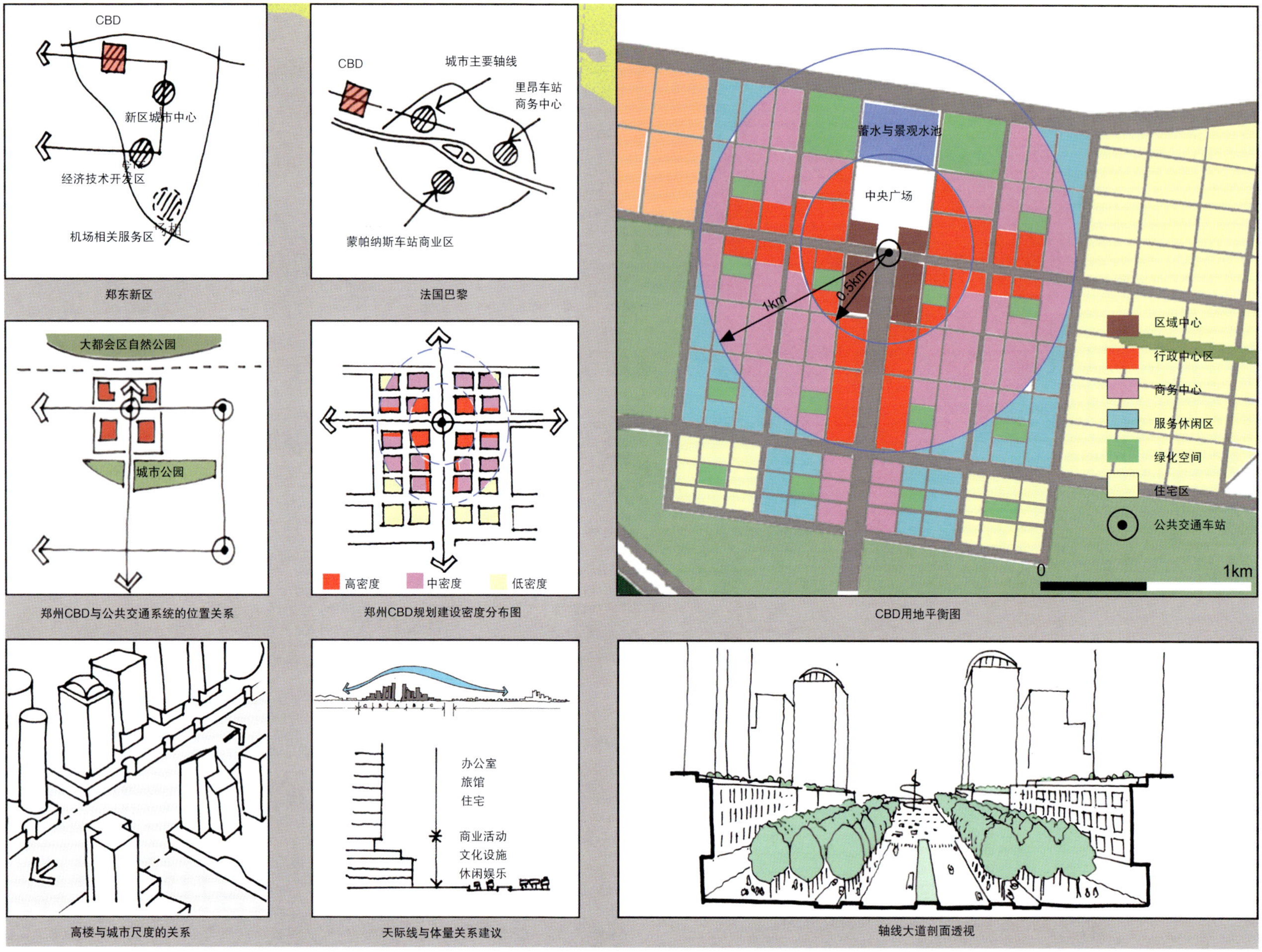

CBD
新区城市中心
经济技术开发区
机场相关服务区
郑东新区
CBD
城市主要轴线
里昂车站
商务中心
蒙帕纳斯车站商业区
法国巴黎
区域中心
行政中心区
商务中心
服务休闲区
绿化空间
住宅区
公共交通车站
蓄水与景观水池
中央广场
1km
0.5km
0
1km
大都会区自然公园
城市公园
郑州CBD与公共交通系统的位置关系
高密度
中密度
低密度
郑州CBD规划建设密度分布图
CBD用地平衡图
高楼与城市尺度的关系
办公室
旅馆
住宅
商业活动
文化设施
休闲娱乐
天际线与体量关系建议
轴线大道剖面透视

CBD：总体构思图

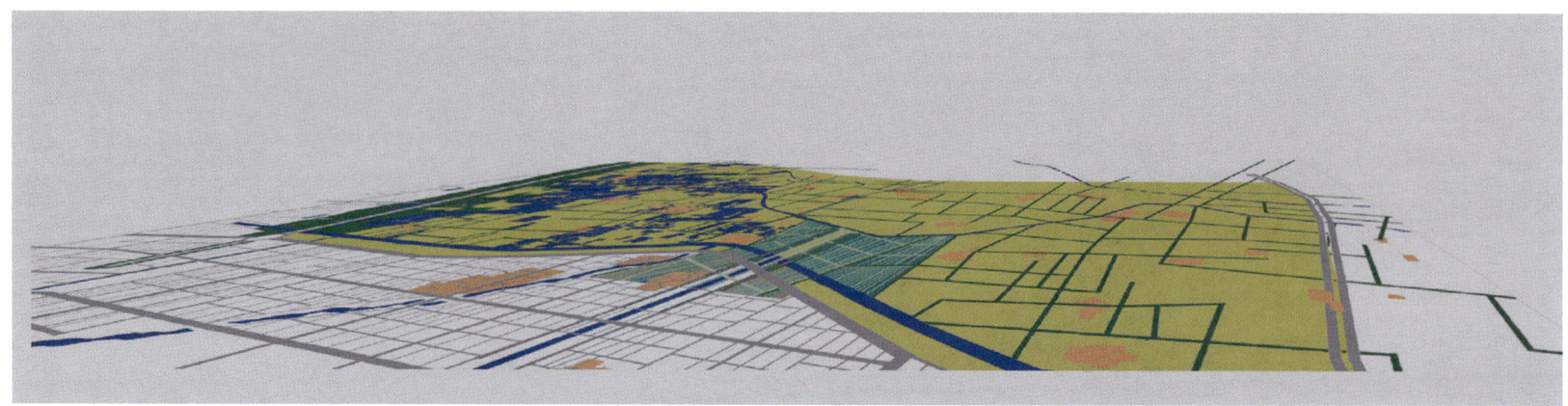

自然保留区入口鸟瞰图

3.2.2 现有的自然环境经过适当的整治和处理将具有重要的景观意义

(1) 沿农田和鱼塘的分割线种植规则排列的树林。

(2) 世纪大道引导至自然保留区的主要入口，具体处理成一个大型的水上公园。有规则分布的步行的堤岸形成丰富的构图。在居住区边缘则设置主题花园，由一系列细小的渠道灌溉。在自然保留区则利用河边湿润地带净化和处理流向市区的水质，使之既成为郑州居民节假日休闲散步的场所，同时也是一座天然的农作物和生态保护的课堂。

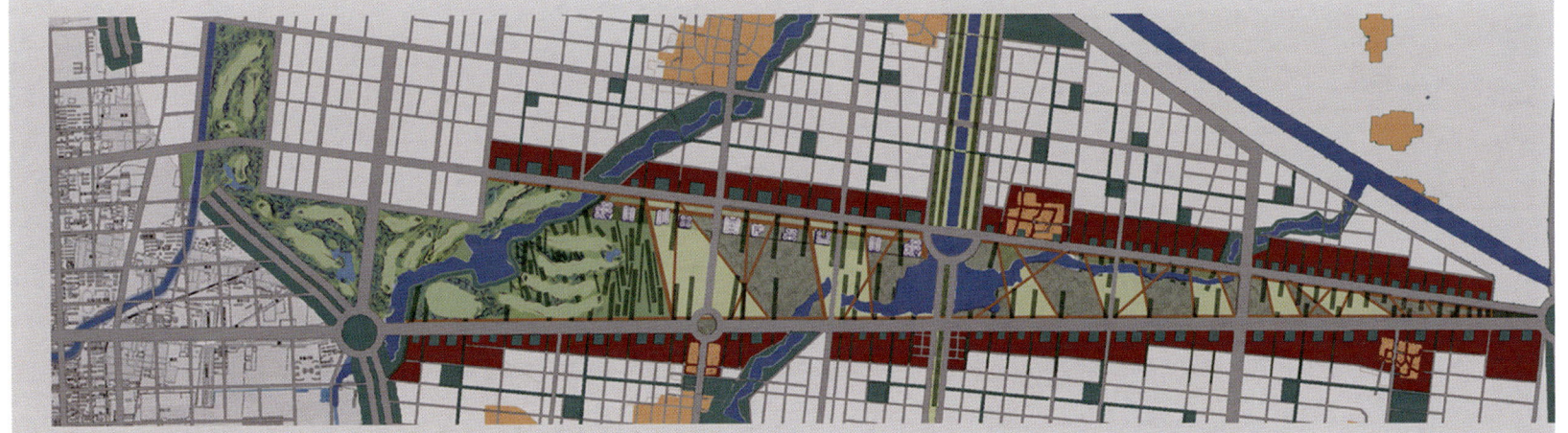

北部大型公园平面

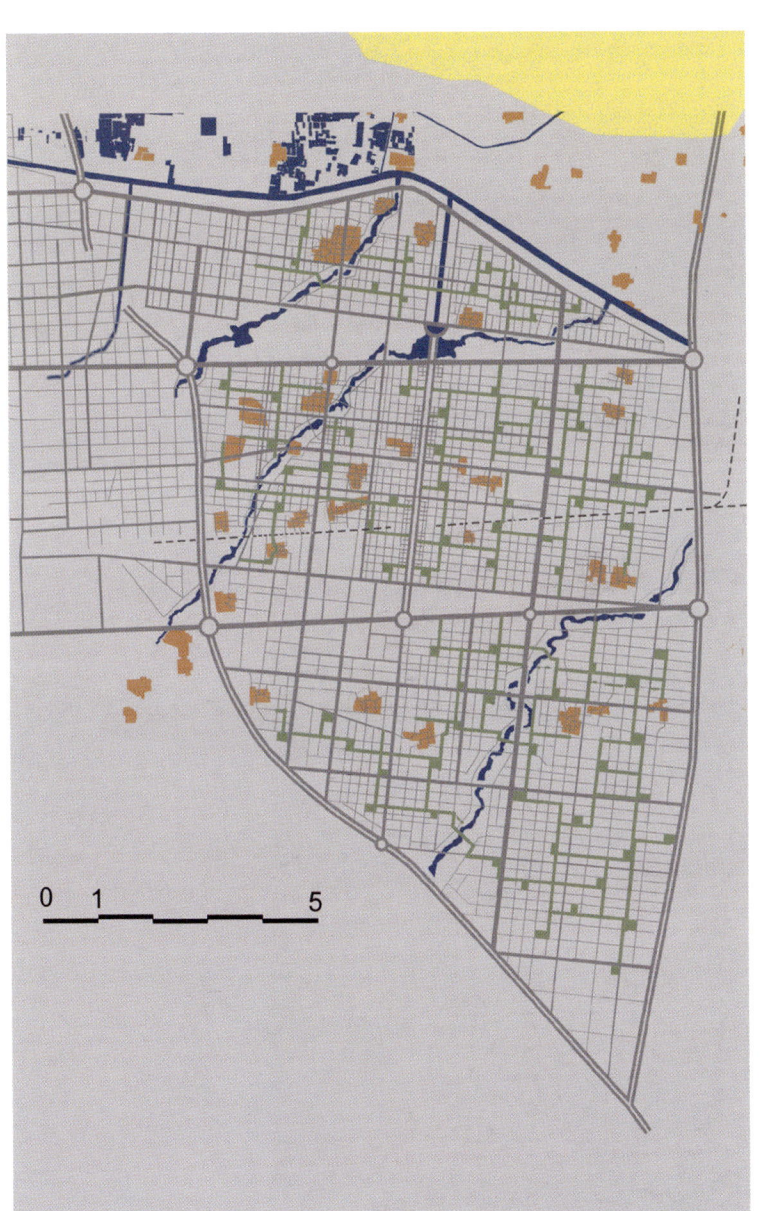

广场与街区绿化系统图

新区街区绿化的空间布局

在各街区内部设置花园广场系统：露天市场、小花园、小广场……与新区的大型森林公园的设计相结合，使新区整体绿化空间趋于完整。这些街区小花园的布局与功能设计将根据各区域环境所特有的需要来确定。

以现存村镇为发展基础而形成的新区街区绿化的空间布局，使原有城市规划骨架与新区城市网络相融合，各村镇及其绿化空间的组合，形成了新区空间布局原则的独特模式。

景观设计的5种尺度分析

尺度1：都市的绿色保护区

郑州的绿肺
利用河边的湿润地带净化和处理流向市区的水质
从可持续发展的角度出发，适当保留农业生产活动
农业用地经过整治和处理，成为郑州居民节假日休闲散步的场所

尺度2：围绕两个大型都市公园所形成性质各异的活动圈

CBD区的高尔夫球场、文化广场及散步空间
南部公园内组织有大型公共体育设施

尺度3：街区间的公园体系

设于现有村庄之间
每个公园有各自的特色

尺度4：一系列广场和小公园

每个街坊和邻近的小公园
每个街坊和邻近的市场、广场等
每个绿化空间之间的联系

尺度5：街坊内部花园

骨架轴线两侧的绿化、世纪大道、林荫道、绿色走廊等
与轴线绿化相衔接的绿化处理

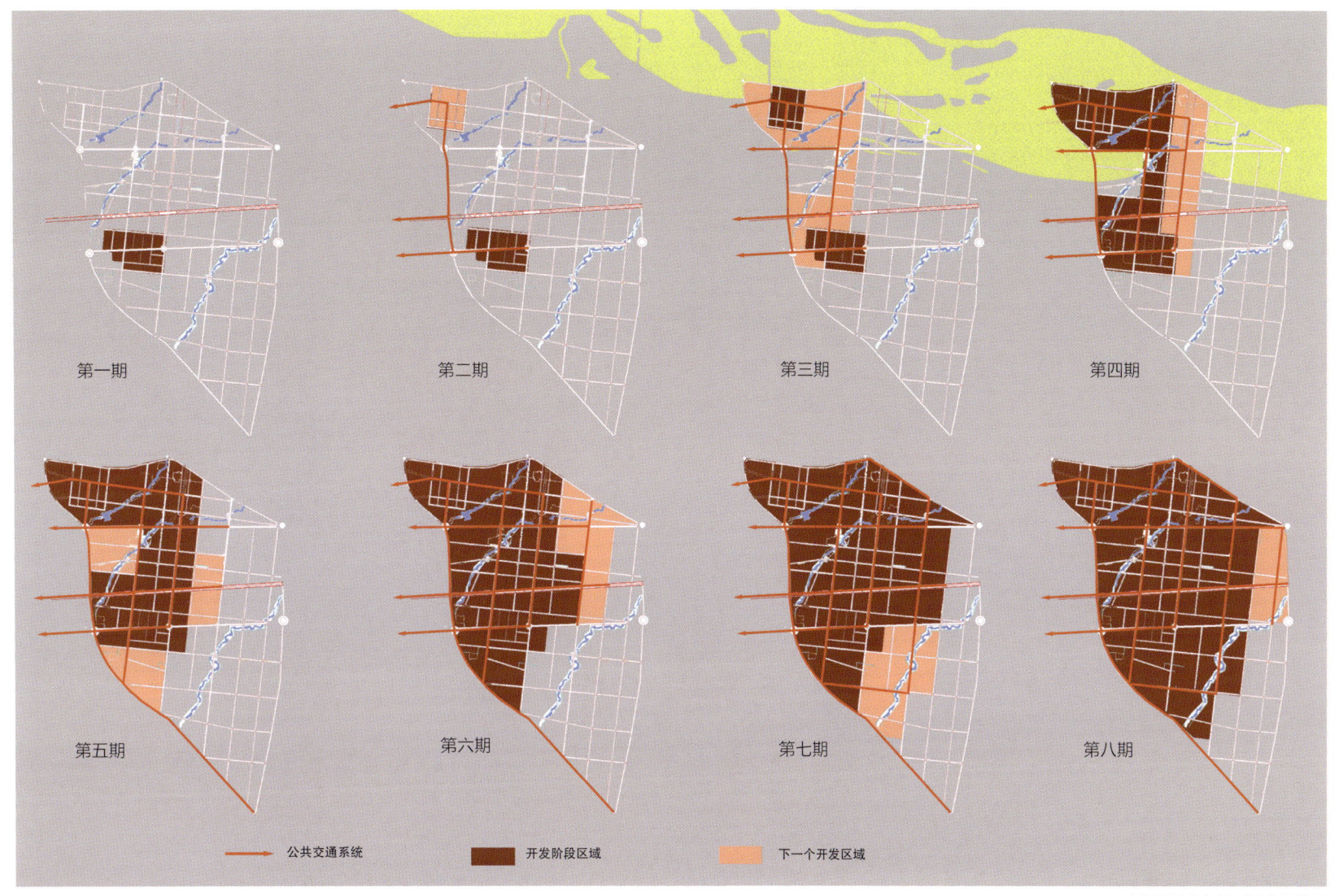

交通系统与郑东新区扩展实施分期图

澳大利亚COX集团方案
Schemes from COX Group, Australia

1 前期分析

1.1 新区的城市背景及城市比较

1.1.1 先例分析

郑州与多数世界上城市一样已经发展了数千年，经过了发展扩展，划分为几部分，形成一种特殊的城市格局。新城区的规模与悉尼或巴黎近郊相当，住宅区可容纳人口250万。

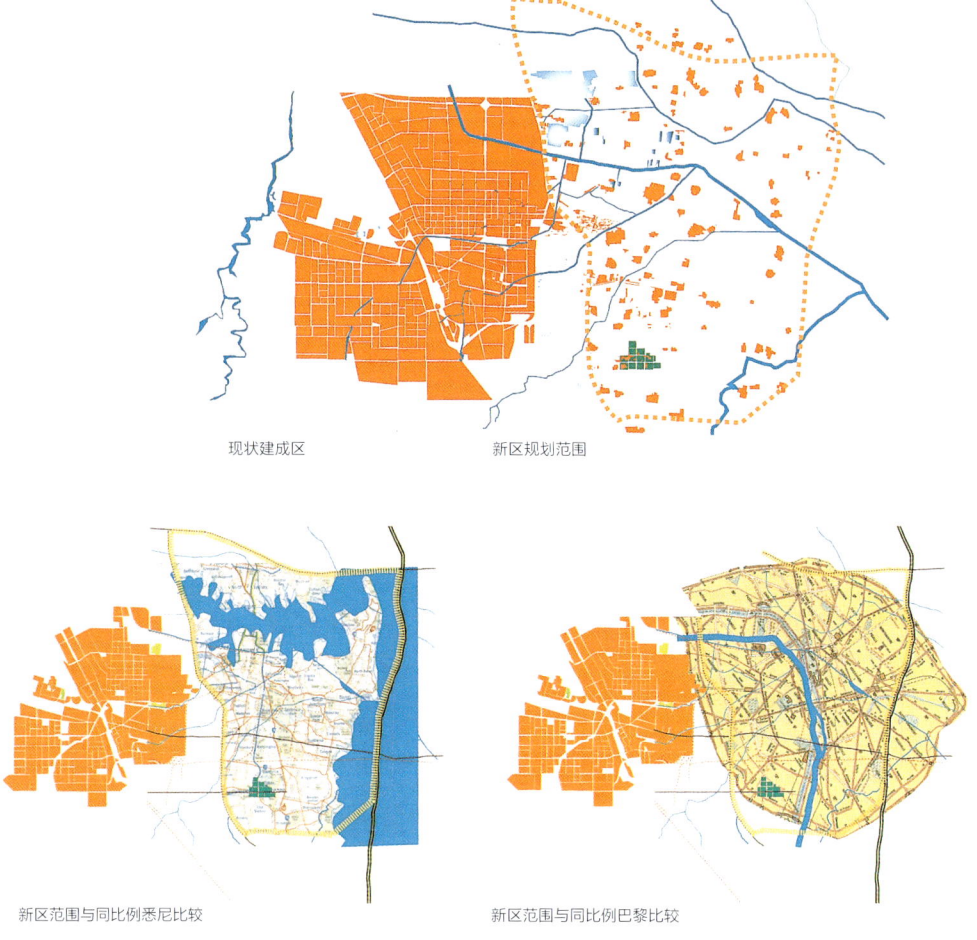

现状建成区　　新区规划范围

新区范围与同比例悉尼比较　　新区范围与同比例巴黎比较

1.1.2 新区的城市设计借鉴研究

堪培拉与华盛顿规划结构对郑州新区规划具有一定的借鉴性，它们都是在大片绿地上建造起来的，它们都经过精心的规划设计，采用对称式布局形式。

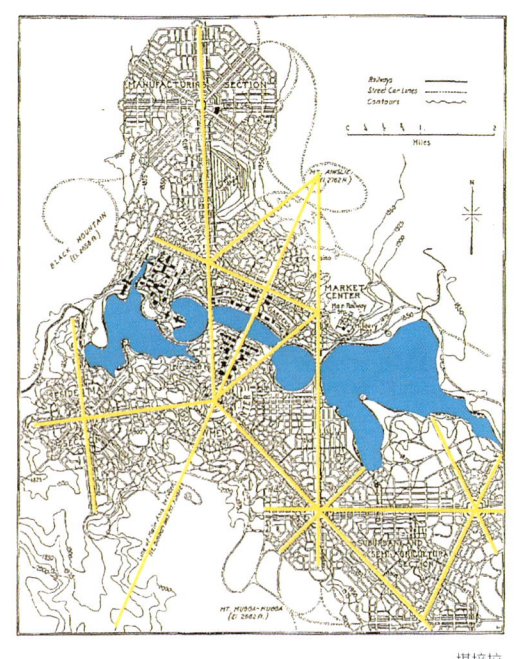

堪培拉

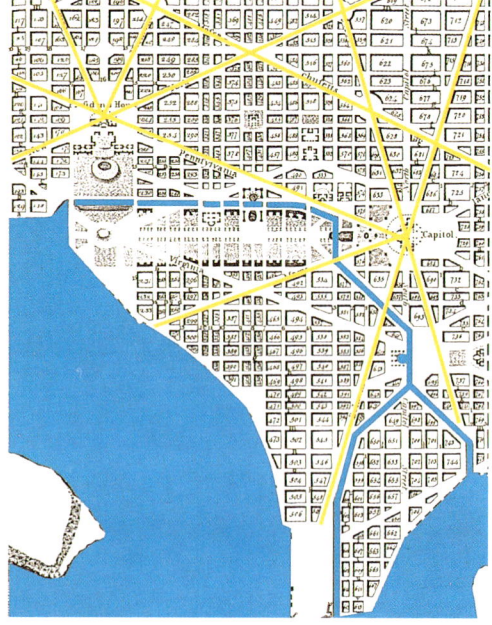

华盛顿

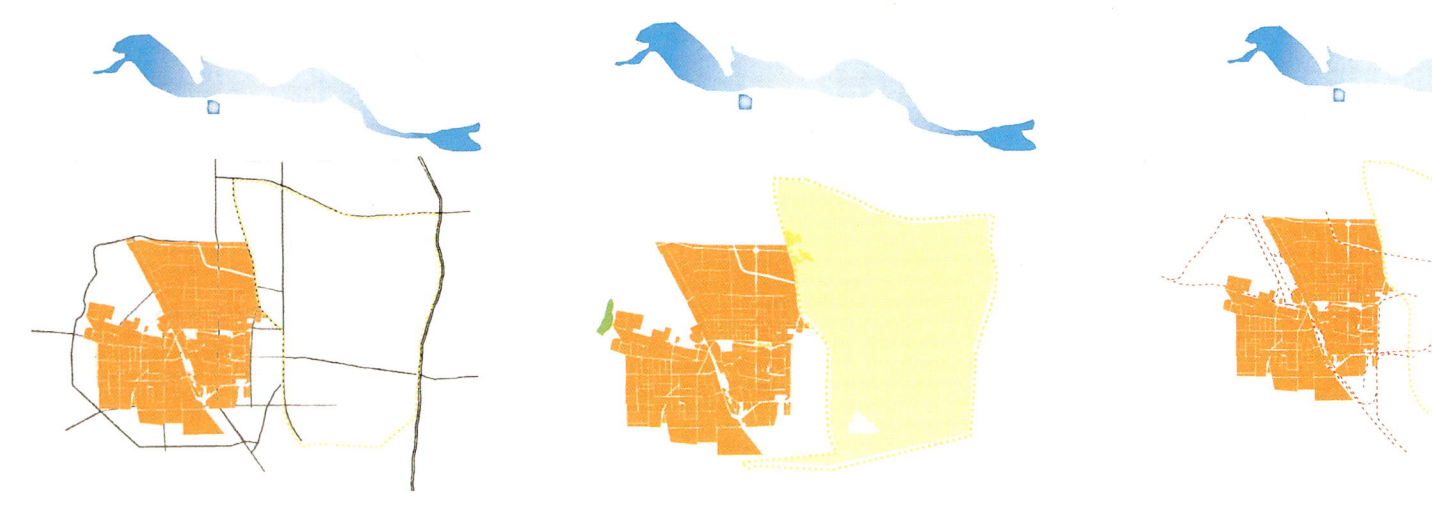

现状城市结构图

2 规划思路

2.1 现有城市结构

现有的郑州市区周围以2km为范围，被农业用地和大量的乡村住宅所包围。河流中部穿过城市，汇入北部的黄河。城市采用松散的网格系统，网格大概是2km。

城市最主要的组成部分是亚洲最大的铁路货运编组站，位于城市的西北角，铁路货运编组站位于城市东西—南北网格的角落，影响了临近道路系统的方向。

铁路系统从铁路货运编组站向城市的各个方向辐射，城市共有5个火车站。

主要的工业区域环绕着铁路货运编组站的开放空间布置，公园分布于整个城市，主要的城市林区位于目前城市的东北角外部。

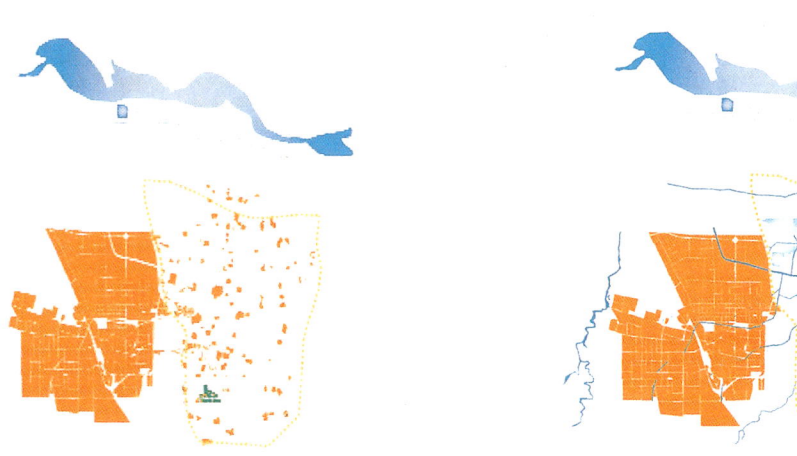

规划结构与现状城市结构关系图

2.2 现有结构与规划结构的结合

如果未来的郑州是一个单独的城市，那么拟建中的城市和目前存在的城市应成为一体化。

这就要求道路和铁路要能通往新的地区，道路网格将会一直向东延伸，且强调主干线。京珠公路朝向新城市的东部，是结合现存城市和拟建城市的关键轴线，四条主要的公路将东西网格紧密地联系在一起。

现有铁路的南段把城市的两个部分连接在了一起。拟建的轻轨铁路可能为地下结构。这个道路系统通过拟建的中心轴线将东西连接在了一起。同时，南北向的开敞空间走廊将新的城市和原有城市分开，这个开敞空间将会是开放空间系统的主要组成部分，从而定义了新旧城市的分界线。

2.3 规划思路选择

建造城市的一个全新部分，主要有两种选择：

(1) 扩展一个与旧城形式、特点相类似的区域；

(2) 重新建设一个新城区，从21世纪面临的主要课题——可持续发展的城市入手，提供必要的设施和环境及就业机会等。

第二种选择更值得推荐，本次提交的方案正是这种思想的体现。旧城与新城相互依赖，在功能上被看作整体。

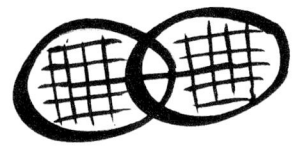  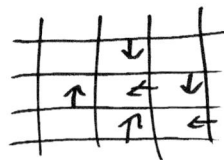

1. 新建城市和原有城市相连并在功能上成为一个整体。
2. 新建城市必须符合21世纪城市设计的标准，特别是关注可持续性，并且高效运作和适宜居住。
3. 在每个发展阶段，城市都要能够高效地运行。
4. 注意发展公共交通。考虑到上班所需路程，则要保证所有的住户能够步行到达车站。
5. 随着私人汽车拥有量的发展，要建立高效的道路系统。
6. 所有的居民都可以享受公共开放空间。从儿童活动场所到主要的地方公园，在规划设计中都应得到体现。
7. 提供大量的多种形式的住宅。

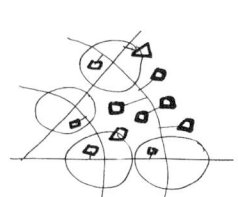 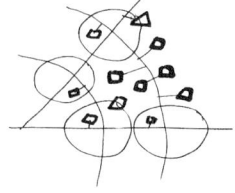 

8. 要建立区分于单一城市中心的复合型城市中心。这将能够使人们更加快捷轻松地到达各种城市设施。
9. 建立一个独特的文化综合体。无论从现在城市还是新建的城市都能够轻松到达这个场所。
10. 就业区的发展要和居住区域同步考虑。
11. 学生要能够快捷轻松地到达大学和学院。
12. 至少要有一个大学或学院与高科技园区相联系。
13. 要有一个医院和大学以及高科技园区相联系，进行生化研究。
14. 健身设施要遍布整个城市。
15. 建造清晰的多层次的居住区域，使人们要能够更便捷地到达学校，商店和娱乐设施。
16. 当现存的乡村位于居住区开放空间内部时，应保证其与居住区域结合在一起，并被继续扩展。
17. 拟建一个充分一体化的交通系统，将所有交通方式天衣无缝的结合在一起。
18. 提供良好的自行车交通网络，鼓励自行车的使用。
19. 应尽可能的保留所有的历史建筑以及文化遗产。
20. 鼓励水路系统，使之成为绿色景观通道的焦点。

2.4 规划原则

方案评价原则包括如下9个方面：

(1) 城市两部分间的连接；

(2) 一个多用途的城市中心；

(3) 线形"Y"形平面；

(4) 就业区；

(5) 居住区；

(6) 充足,易达的室外空间；

(7) 区域中心；

(8) 高科技园区；

(9) 城市效能。

 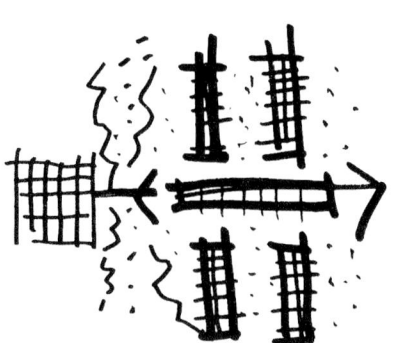

城市发展模式比较概念图

2.5 方案选择

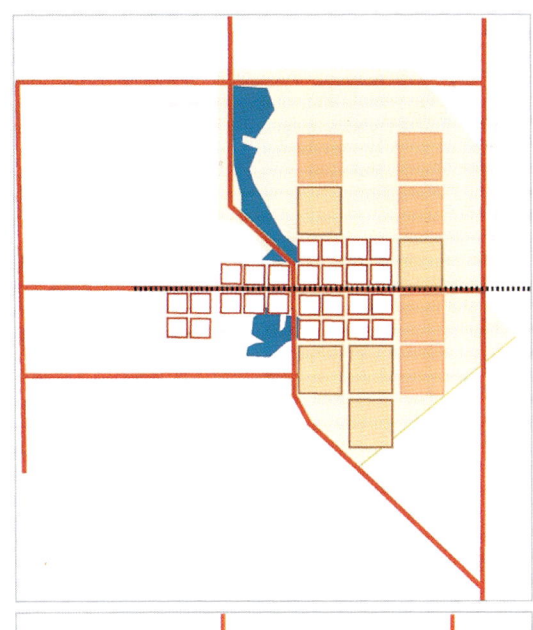

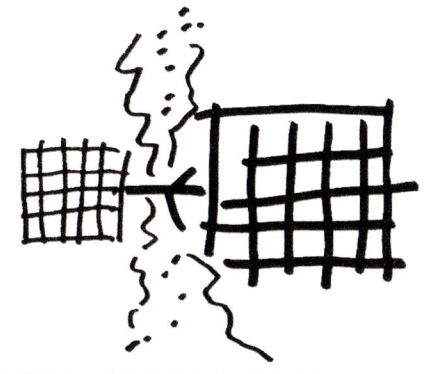

　　方案1是由南北走向的绿化走廊将现有市中心分离，由一条东西走向形成的中心轴线与现有的西面的市中心相连，轴线的东西两侧是高密度的居住区，中轴线向南北方伸出两翼构成了就业区，就业区之间由绿化走廊空间分割。这些绿化走廊空间将给现有的村庄以足够的发展空间，另外还有一个小区与经济开发园区的南面连接。

　　城市、小区和各中心的轴线都由城市铁路网和沿区域外围的主要道路相连接，高密度的居住区和就业区都设在沿铁路两侧。

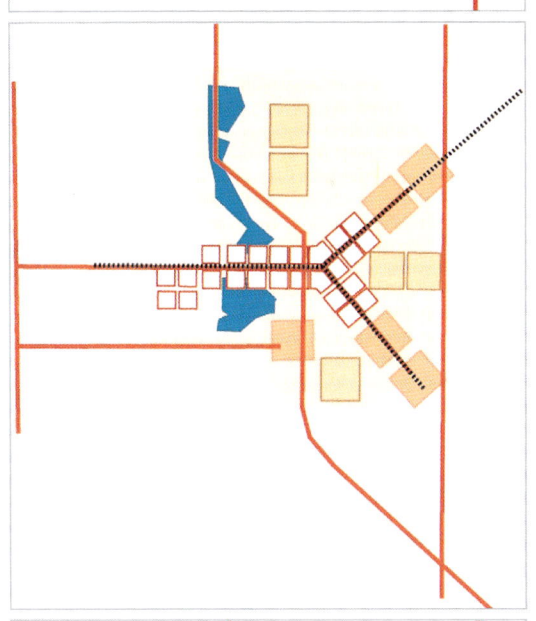

　　方案2是方案1的一种变形，与西面现有市中心相连接的中轴线分支出两条就业走廊，高密度的居住区布置于中心区两侧，构成Y形，在Y形两支侧是一系列小区中心，它们由城市铁路系统与市中心相连，这两支就业区走廊也由铁路系统互相连接，方案2可比喻成椰树上的手指状的树叶，烘托着中心。

　　高密度的居住区和就业区都设在沿铁路两侧。

　　手指状的就业区由绿化走廊空间分隔，这将给现有的村庄以足够的发展空间。

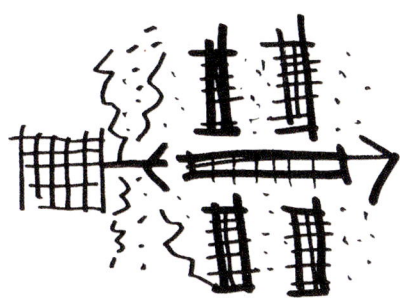

　　方案3在城市新区设计了一个独立的城市中心，此方案将新的城市中心与旧有中心分割开来，使之各自服务于不同的城市部分。

　　两个就业区将被直接安置在城市中心的南北两侧，以便促进商业、行政管理及经济产业部门间的联系，城镇基本分布在南北就业区的东面。因此，城镇交通网络应从市中心呈放射状分布。

3 设计目标

3.1 居住区域

建议将新城分为多个城镇，每部分都将容纳300,000～500,000人以形成足够的规模来支持各个城镇中心的发展，每个城镇应该设置自身的交流，娱乐，教育以及商业设施，同时也拥有自己的中心地区，城镇中心之间也是相连的，这样不管是城镇与城镇还是城镇与市中心，人们都可以穿梭往来。

3.2 城市中心

新城的设计重点是城市中心，该城市中心将与原有城市和新城在交通上紧密连接。

3.3 就业区域

在和现有城市火车站相连的部分设主要加工厂区，因为这一地区和全国的货物运输系统有着非常便利的联系。

加强其他主要就业区建设，坐落在新城的西南部分，作为经济技术区，主要用于高科技产品研究和生产。为了促进管理、金融，研究以及高科技产品生产之间的互换交流，这个地区和城市中心之间的连接是非常重要的。

位于新城北部地区将成为第三产业就业区，它缩短了城北居民上下班路程及所需时间。

每个区域中心，城镇中心和社区中心都将是就业的重点区域。

3.4 水路系统

横穿新城和主要区域的水路影响着整个发展的形态。

社区中心示意图

街道空间示意图

4 规划方案

考虑到将郑州东西部地区连接在一起以确保其在未来发展中成为一个整体,连接设计采用了东西轴向路桥的形式,路桥主要包括一条主路及公共交通联系,公共交通联系涉及一系列专为行人和骑车人设计的林荫道,它们将跨越一片南北向开敞空间,其间包括一个娱乐休闲用湖泊。

路桥将成为城市主要文化娱乐设施,诸如音乐厅、博物馆、画廊、展示及会议厅等的集中地。它与旧区中心连接,向东延伸成为通往新区中心的中心走廊,随着郑州人口的增长,中心走廊将向东不断沿展。中心走廊将被分割成东北和东南方向两部分,并在东部围合成一个主要的公园。这两部分涵盖了两个狭长住宅区,并分别向东北和东南延伸。走廊的中心地带为高密度区。

中心"Y"形狭长地带包括了城市最密集的商业及服务机构,在边缘地区是高密度住宅包括新旧城的住宅区。

中心"Y"形狭长地带的边缘由绿色走廊限定,此绿色走廊包括初级道路系统,社区及娱乐设施。

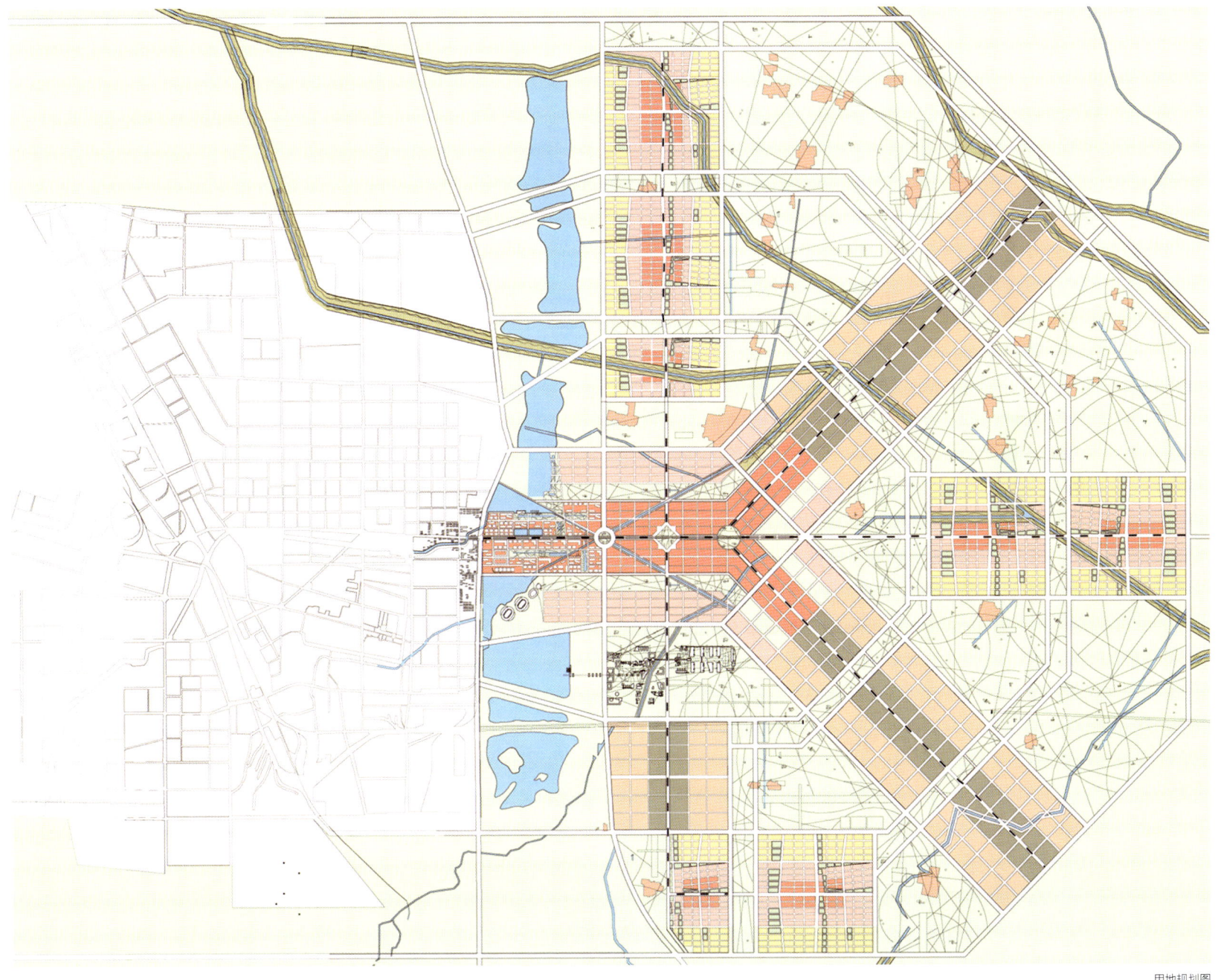

用地规划图

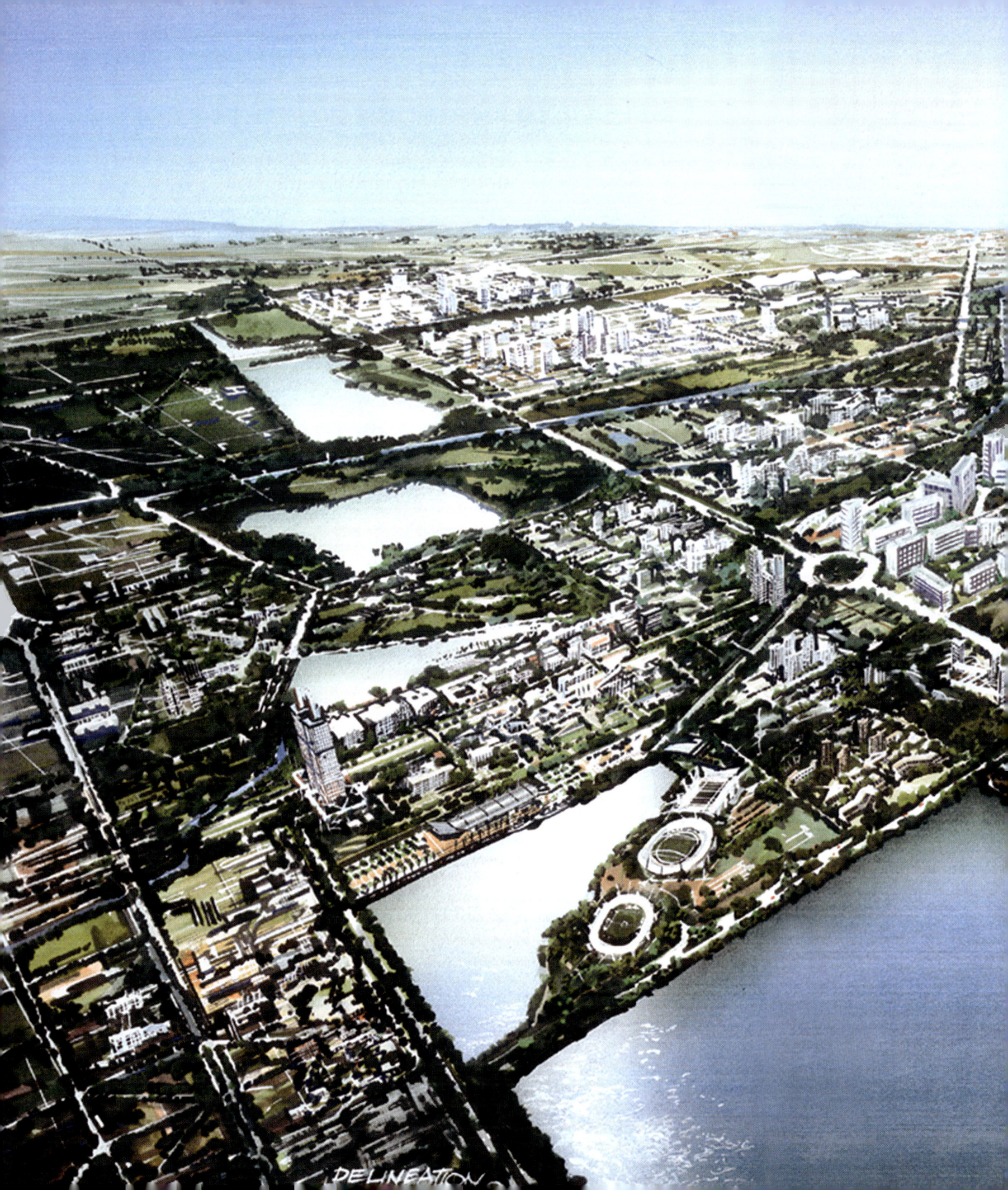

总体鸟瞰图

4.1 公共交通组织

公共交通在中轴线上将由一系列地下城市铁路构成，会有100万就业人口通过它解决出行问题。

高速城市铁路将设于地下，每2km一站，在人口最密集区每0.8km一站。这一完整的系统使城市铁路和公共汽车（或轻轨）之间不是相互竞争，而是相互支持以达到在放射形道路上尽量避免堵塞。

这一完整的公共交通系统将把新旧城紧密结合起来，同时也使各个城镇形成完整一体。

交通主干线以每2km为距离设计，使得无论在高峰还是平时，车辆均可顺畅进出市区。

同时，公共交通系统和道路网络也是决定城市形状和结构的基本元素。

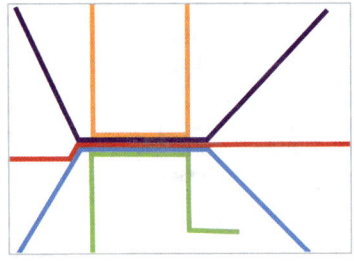

公共交通规划图

4.2 郑东新区道路系统

郑东新区道路系统与老城区现有道路实现衔接和一体化。

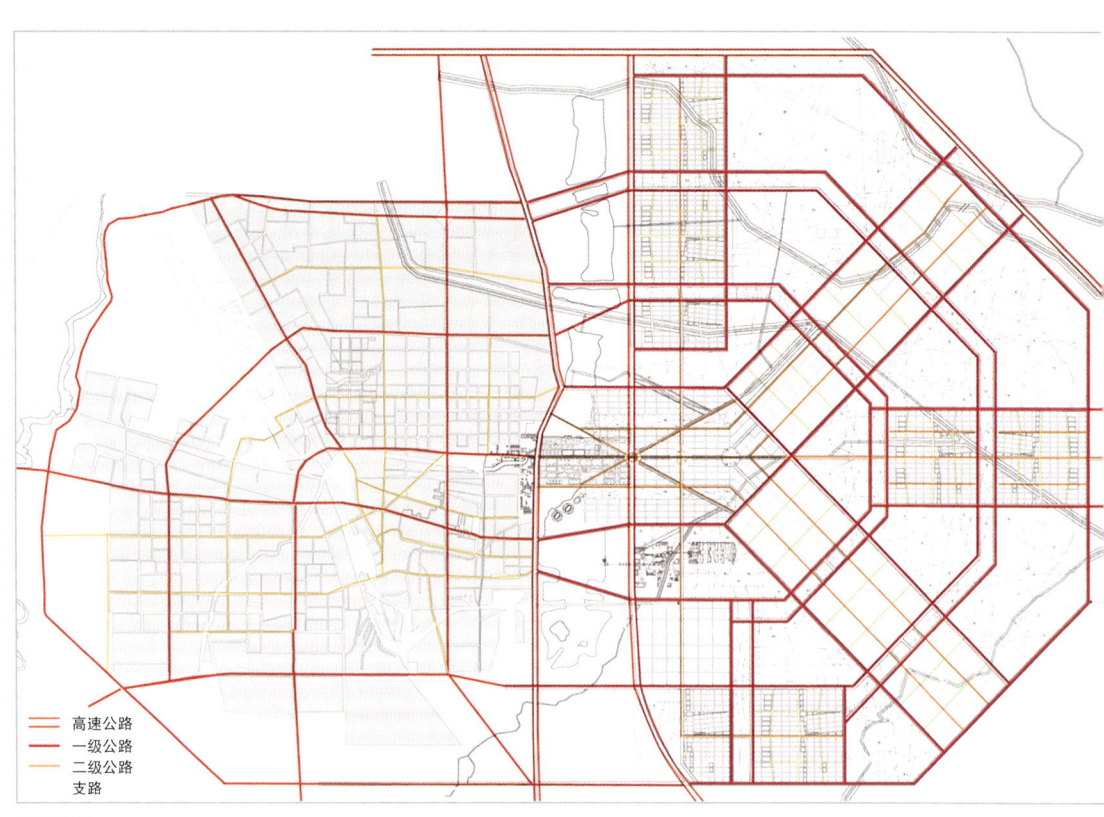

道路系统图

4.3 郑东新区的绿化系统研究

郑东新区的绿化系统以环状与轴带相结合的形式，形成均好性与适度集中相结合。

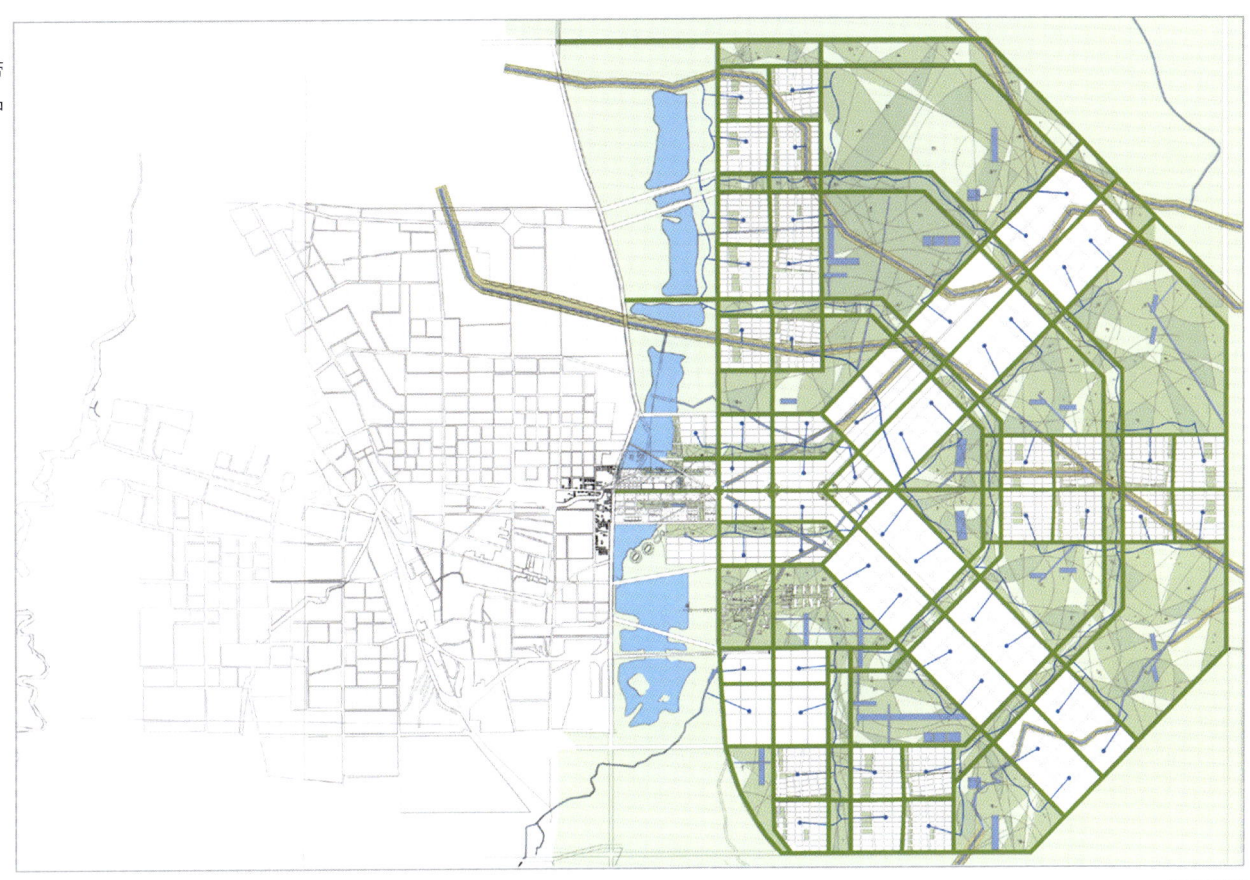

绿化系统图

4.4 郑东新区的村庄居民点布局

郑东新区内村庄居民点划分为融入发展区和保留在开敞空间两种类型。

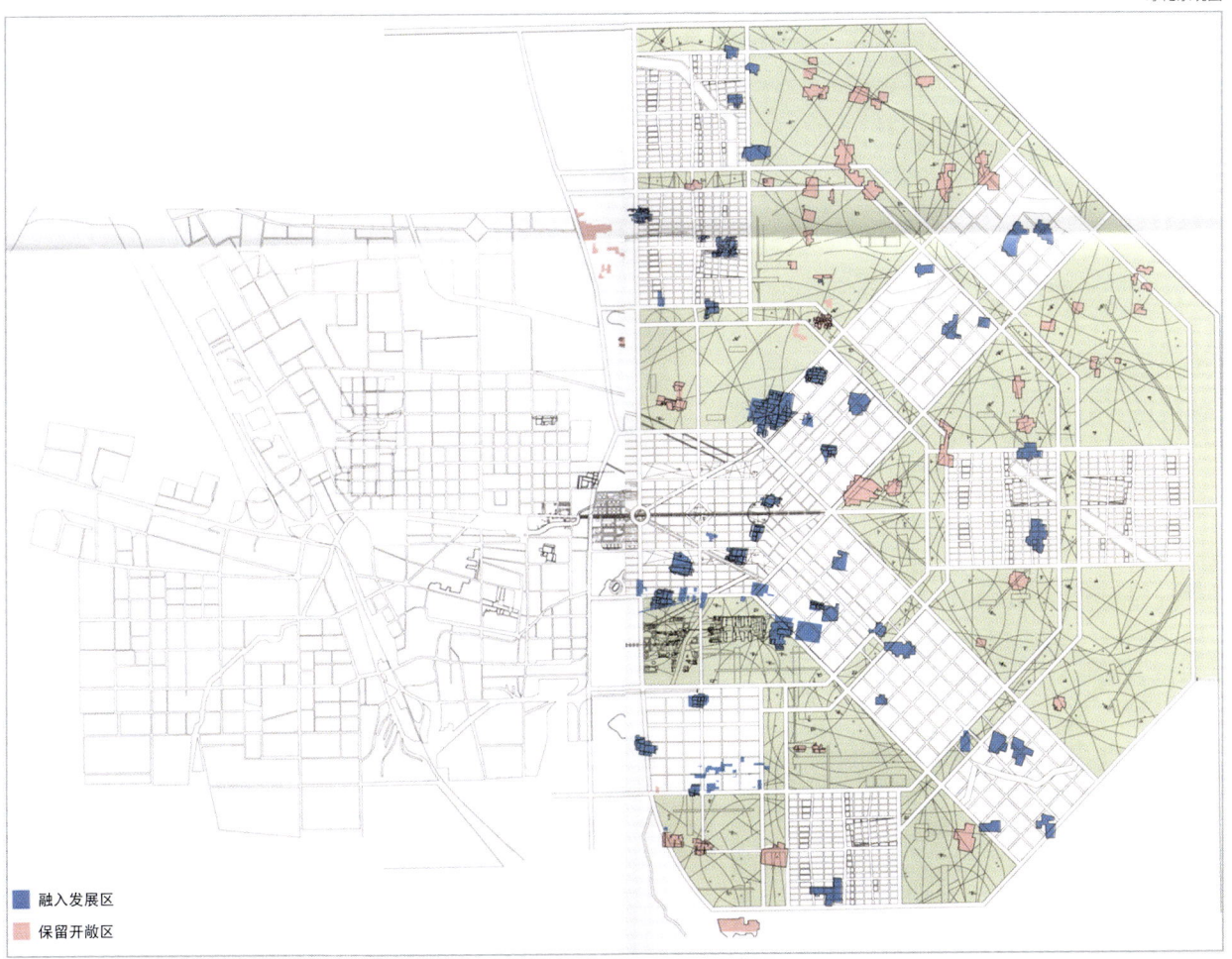

村庄居民点类型及分布图

4.5 郑东新区发展阶段划分

新城的发展将分为不同阶段，以"S"形曲线的发展形式体现出来，即缓慢起步，中间阶段高速增长，至末期再次减速为缓慢增长；

通过计算，有计划地控制土地数量及建筑密度，以使按合理发展变化趋势，最终达到规划目标。

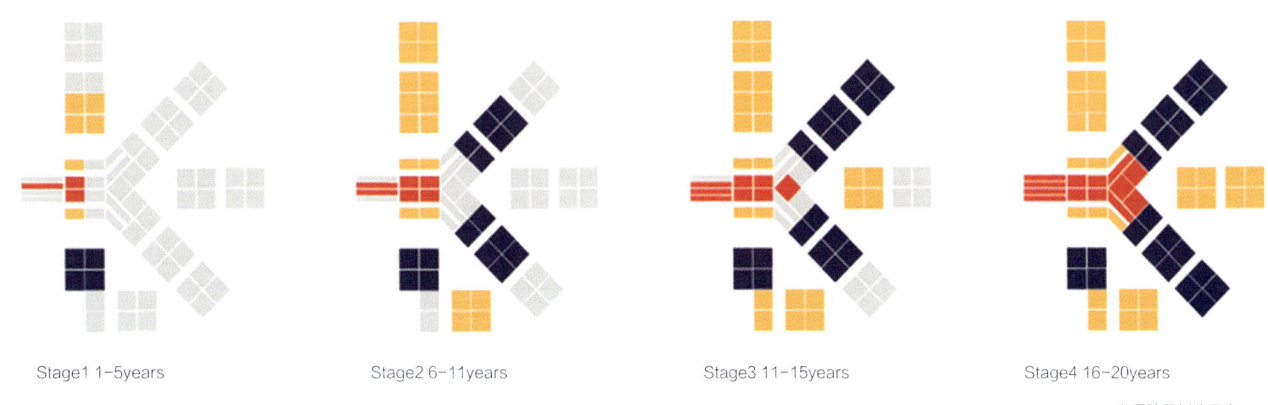

发展阶段划分示意

4.6 规划分区

典型城镇包括多种层次，每种层次包括城镇、行政区、街区、居住小区等层次。

规划分区	人口	社区设施	商业设施
市中心	3,000,000	大学 主要文化设施	国际/国内城市 办公/特别是商业
城镇	400,000	主要科技学院 地方文化设施 地方商业	城市和城镇办公
行政区	100,000	科技学院分院 次要文化设施	地方办公 地区商业
街区	20,000	高中 运动场	小型商业中心
居住小区	10,000	小学 公园	地方商业
组团	5000	幼儿园	街心公园

4.7 郑东新区密度分区

城市密度从相对低密度低层建筑到高密度的高层建筑，每种密度都创造了独特的适合自己的环境。

按照一般原则，高层建筑的位置要保证视线，朝向及通风。高层建筑被繁茂的花园环绕。

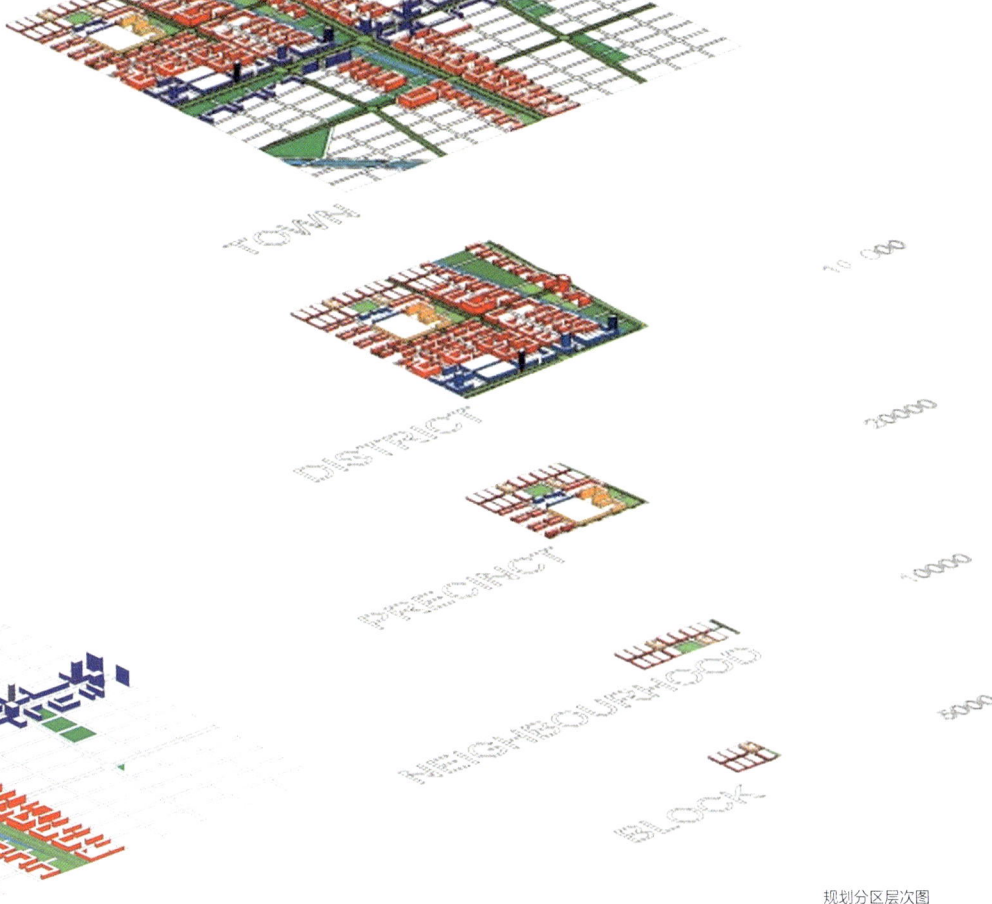

规划分区层次图

郑东新区密度分区

城市中心示意图

中心区空间形态图

社区公园

高层花园

多用途乡村广场及社区

多用类型的步行城市空间

室内步行街

街道空间

居住典型区域

城市街道剖面图1

城市街道剖面图2

城市天际线

中国城市规划设计研究院方案
Schemes from China Academy of Urban Planning and Design

1 前期分析

现状城市商业中心位于城市几何中心，省、市行政办公中心分别位于东西部，专业批发市场沿城市环路周边布置，商务办公设施分散。

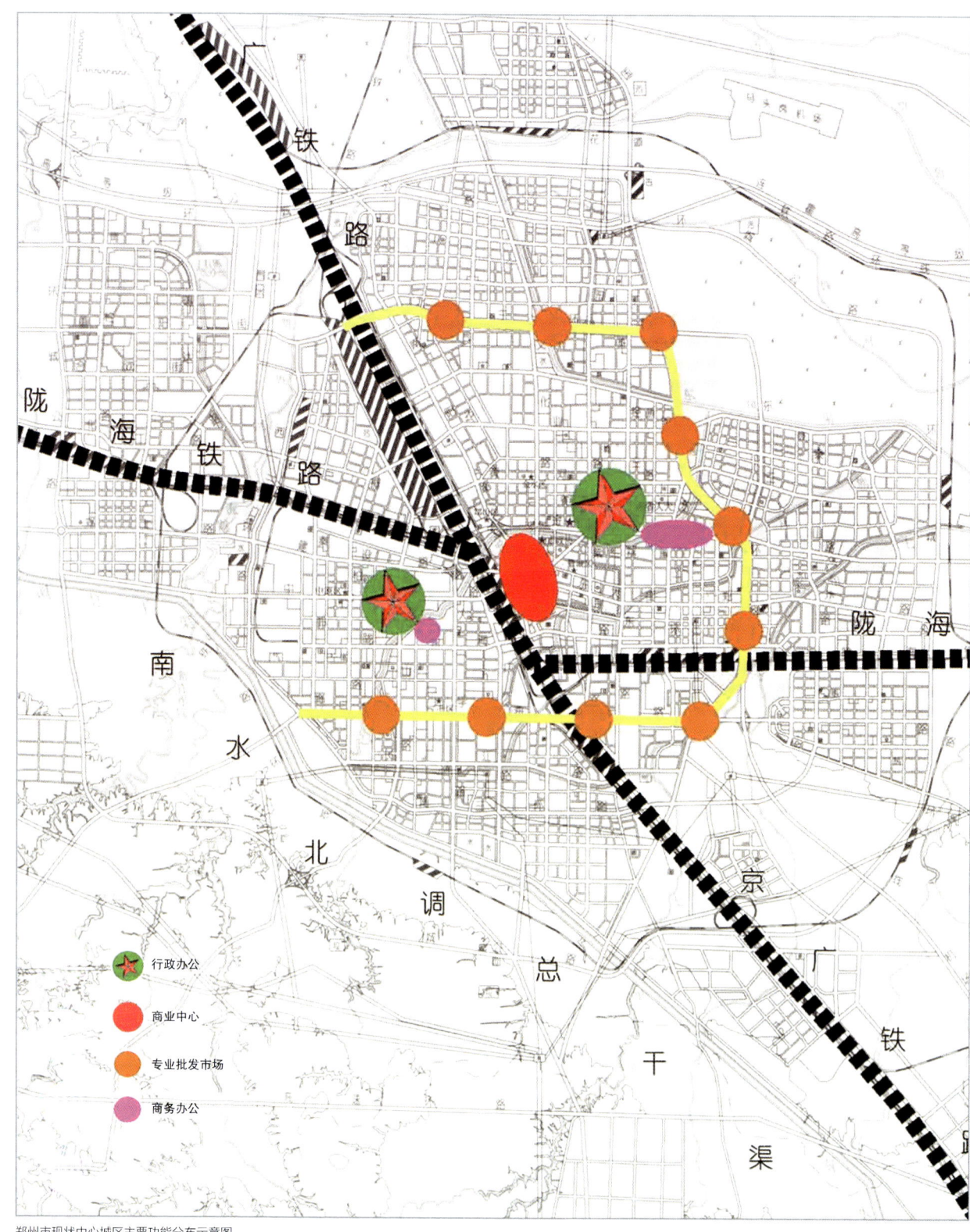

郑州市现状中心城区主要功能分布示意图

1.1 现状城市功能分析

现状城市中心区在结构和功能上较为分散；

现状城市中心区的中央商务区特征不明显。

1.2 关于中央商务区在城市中的选址

中央商务区发展的空间集聚要求；

考虑郑东新区的区位条件、用地条件、交通条件、环境条件、地质条件、土地增值潜力等方面的优势。

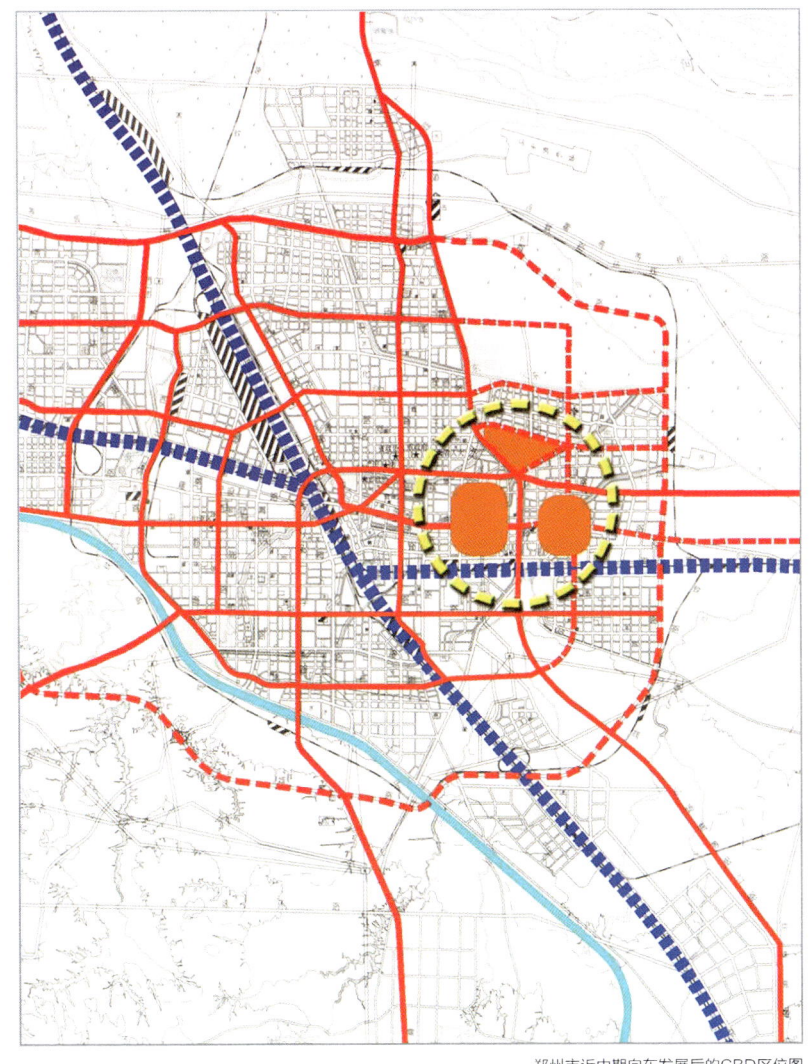

郑州市近中期向东发展后的CBD区位图

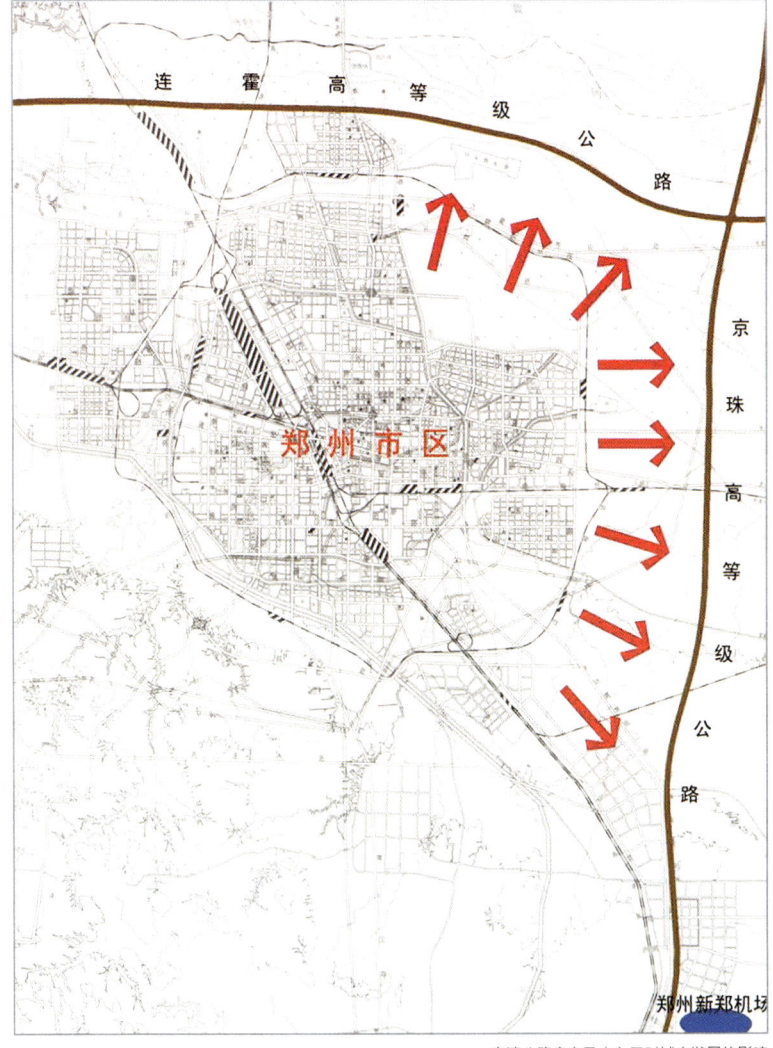

高速公路走向及出入口对城市发展的影响

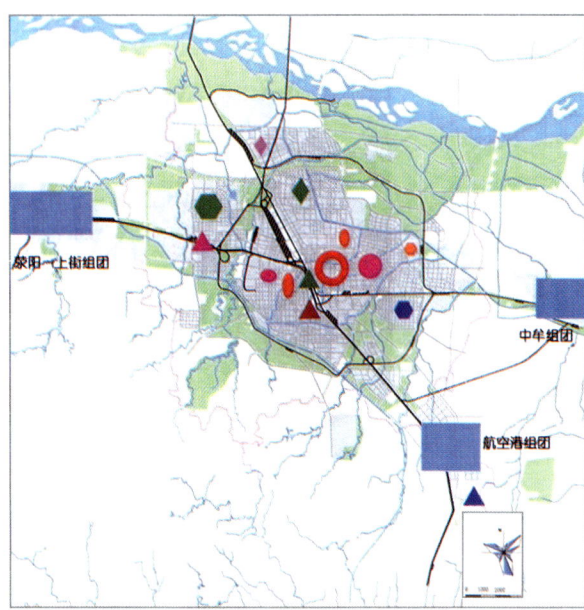

近中期郑州市中心城区的主要功能分区和布局结构的演变过程

2 规划思想

2.1 规划编制的指导思想

2.1.1 加强中心城市的服务功能

在不牺牲工业发展机会的同时,通过城市用地结构的调整适当向商业贸易、流通、居住、环境和教育等产业倾斜,增加新兴产业在用地上的比例,建设集约发展的各种功能组团。

2.1.2 以郑东新区为城市发展的主要方向

明确城市的发展方向,充分利用目前已建好的城市基础设施(铁路、环城路、调整公路),并同现有的经济发展态势相一致。

2.1.3 壮大中心城市

建设"大郑州",重点城区也要相应加大规模。

2.2 郑东新区的规划目标

(1) 便捷高效的综合交通系统;
(2) 符合生态城市形象的空间环境;
(3) 优美的城市形象和具有中原特色的城市景观;
(4) 现代化的市政基础设施系统;
(5) 舒适的城市生活居住环境;
(6) 中心区不论在市场网络、商贸、金融、科教文卫以及信息传播等方面均具有较强的服务功能;
(7) 城市精神文明水平有较大的提高。

2.3 规划框架

根据城市现状和未来的发展需求,在充分考虑区内河流、铁路、公路等因素影响的情况下,规划将该区用地分成几大功能组团,即工业区、商业和商务中心区、物流服务区、公园和休闲度假区、高质量的生活居住社区,各功能组团间以城市干道相连并辅以便捷的公共交通网络。

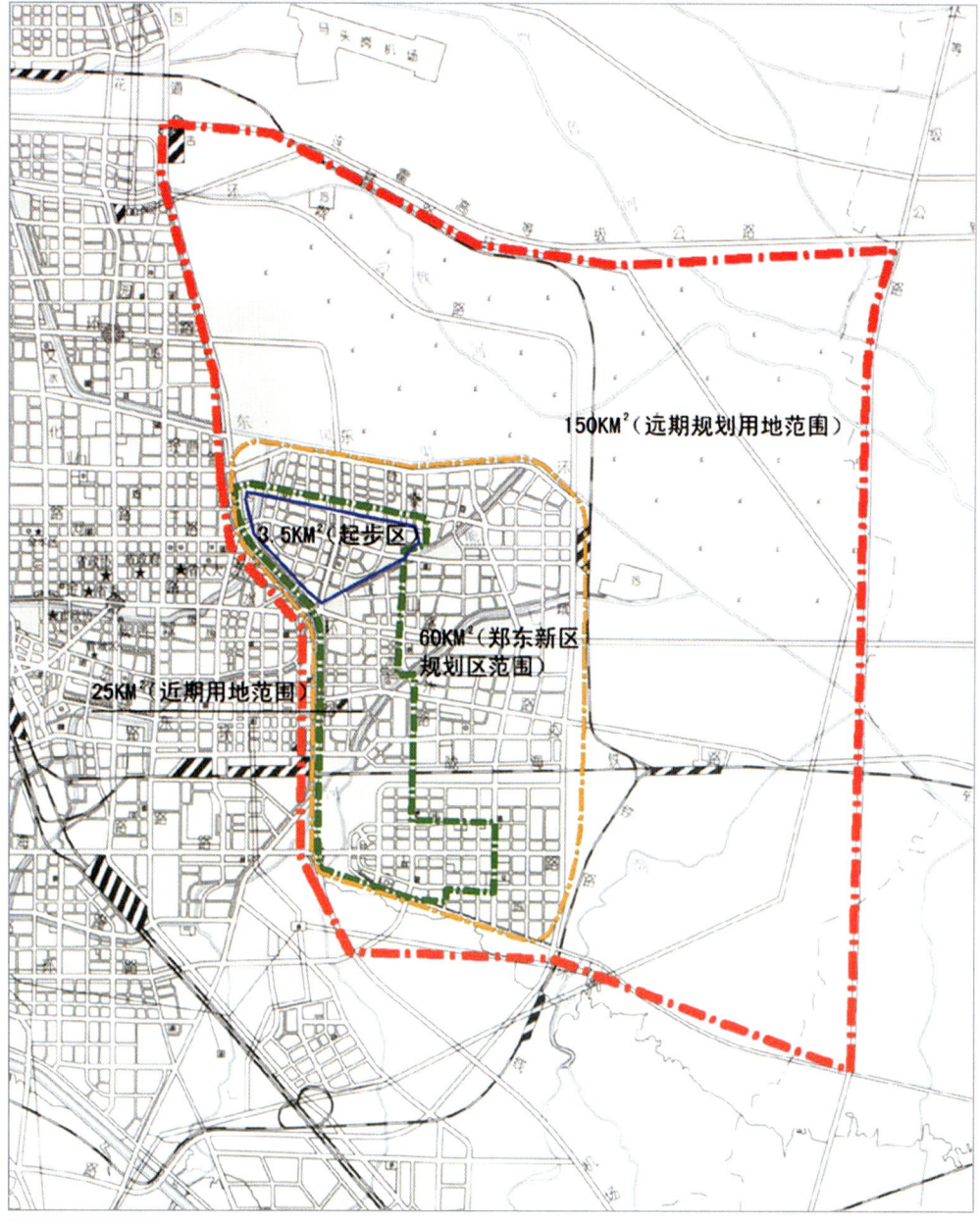

规划区范围的四种界定

郑州市郑东新区功能结构分析示意图(方案一)

2.4 郑东新区的发展规模

根据加快城市化进程的安排，在未来10年中郑州市的城市人口容量将比原总体规划确定的人口规模增加70万人，而这70万人根据各个组团的发展潜力分析，将有约一半的人需安排在郑东新区。

从综合分析来看，郑州市向东发展的空间较大，且区位、交通条件最好（三面靠近高速公路）。因此规划将郑东新区的入口规模由原总体规划确定的28万人增加到60万人，用地规模由原总体规划确定的24km²增加到60km²。

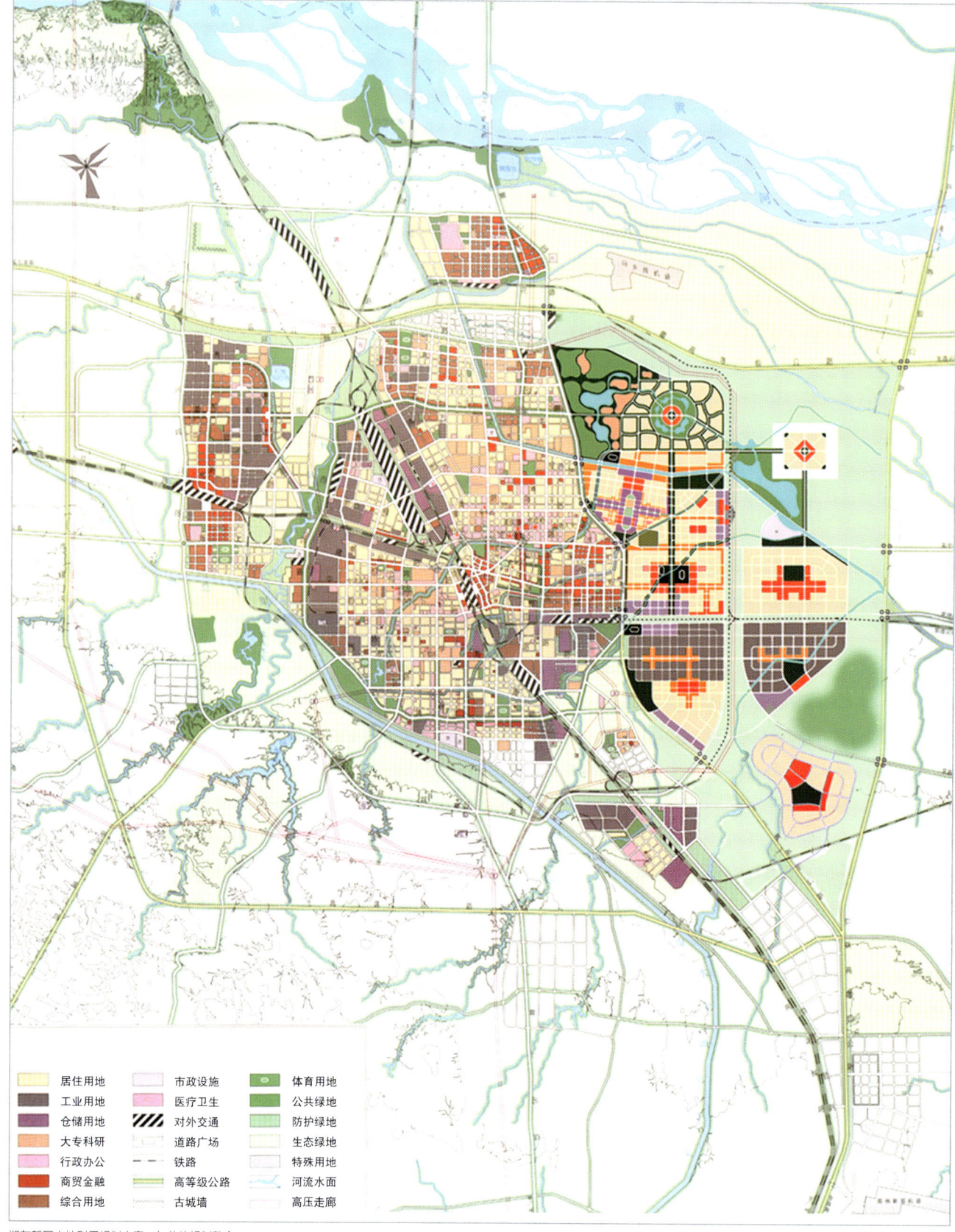

郑东新区土地利用规划方案一与总体规划整合

3 规划方案一

3.1 分期发展

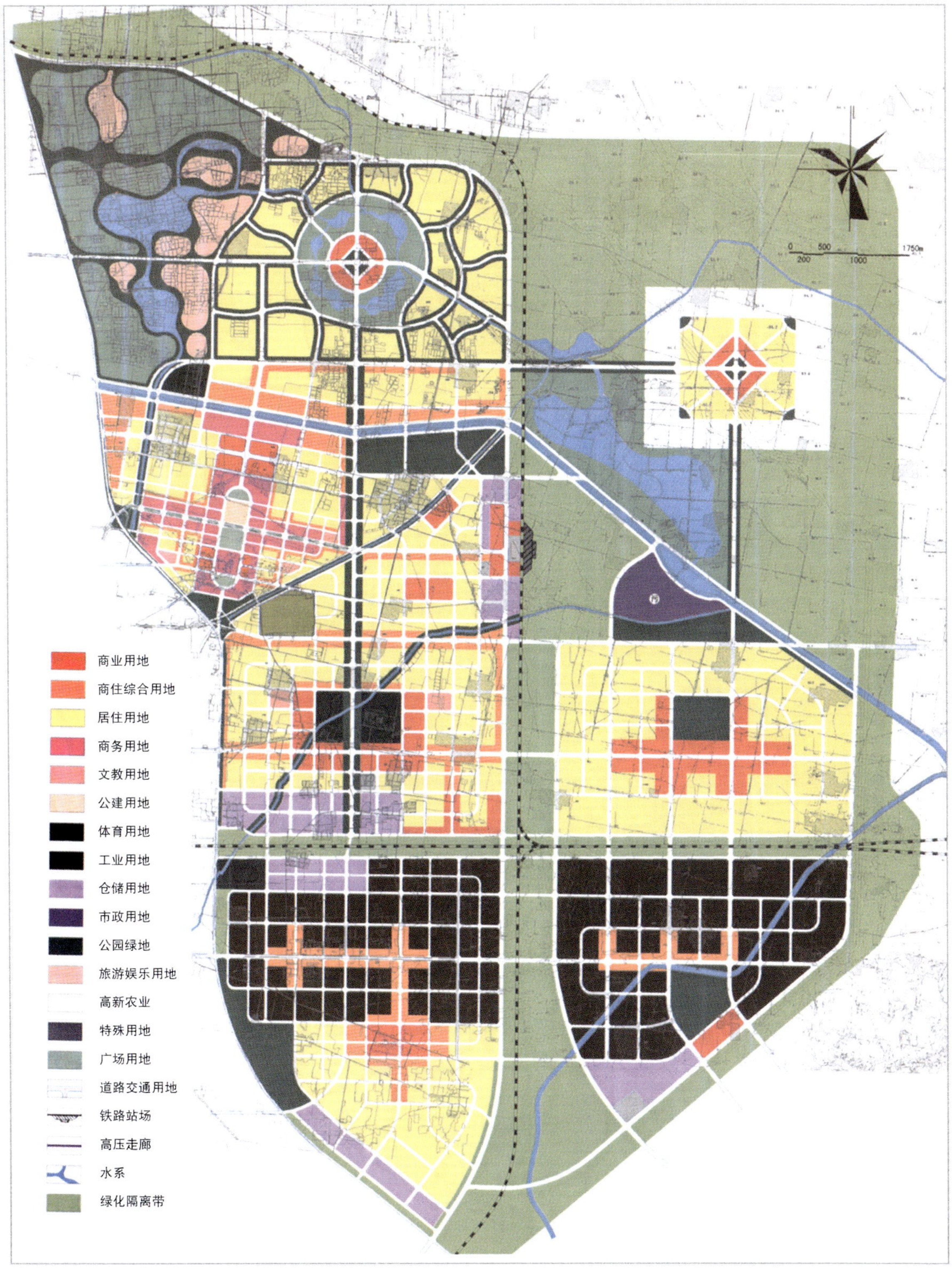

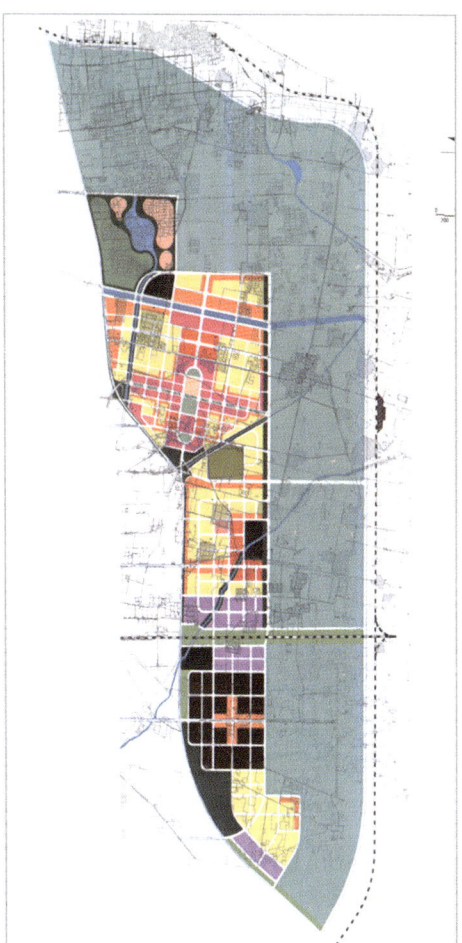

郑东新区用地规划图方案一（第一期）

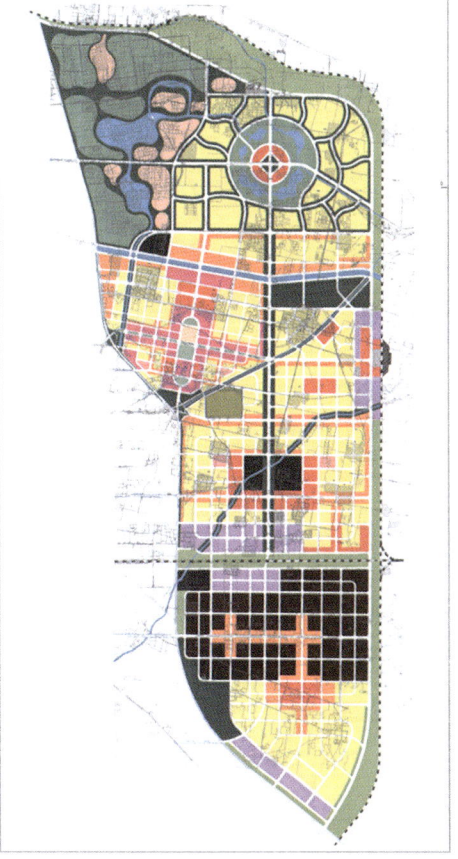

郑东新区用地规划图方案一（第二期）

郑东新区用地规划图方案一（第三期）

郑州市郑东新区火车东站片区鸟瞰(方案一)

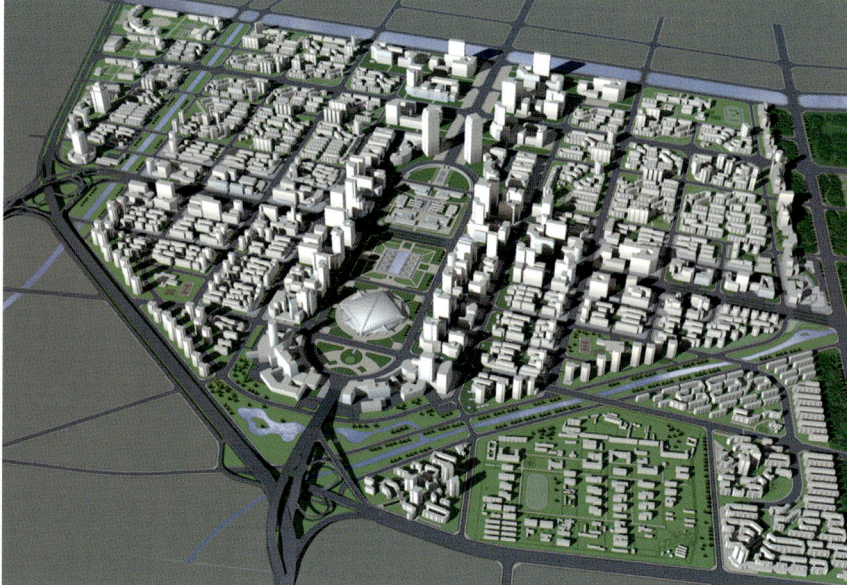
郑州市郑东新区机场片鸟瞰(方案一)

郑州市郑东新区总体鸟瞰图(方案一)

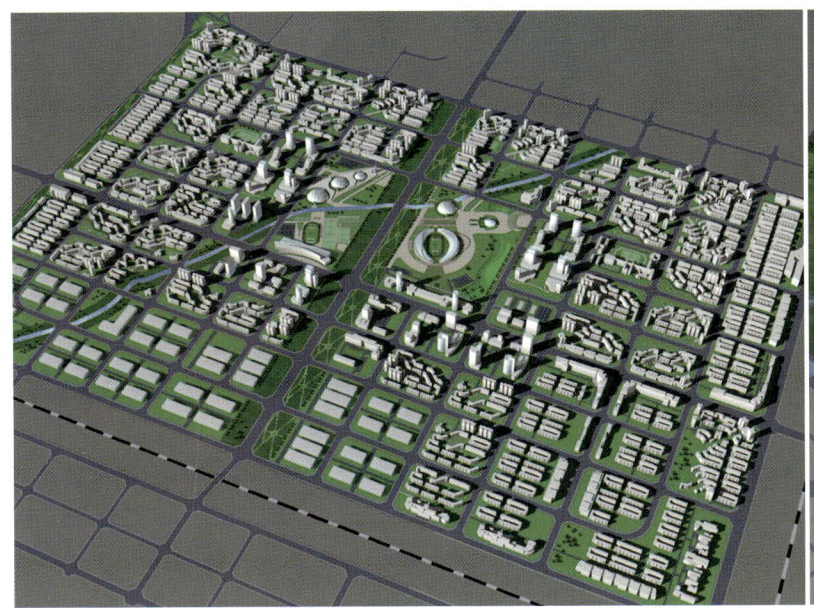
郑州市郑东新区体育中心片区图(方案一)

郑州市郑东新区北部片区图(方案一)

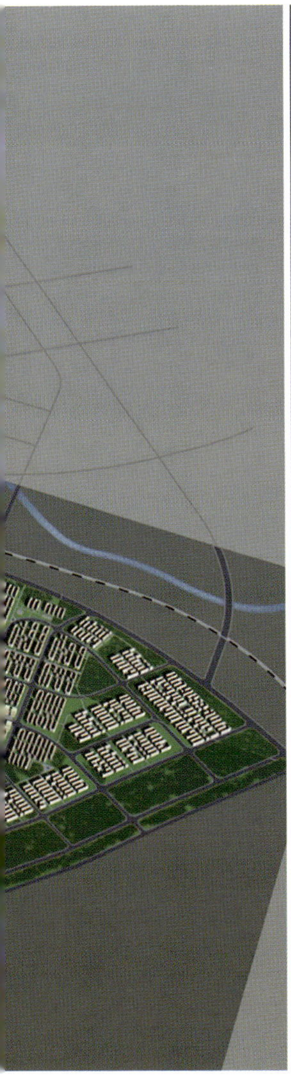

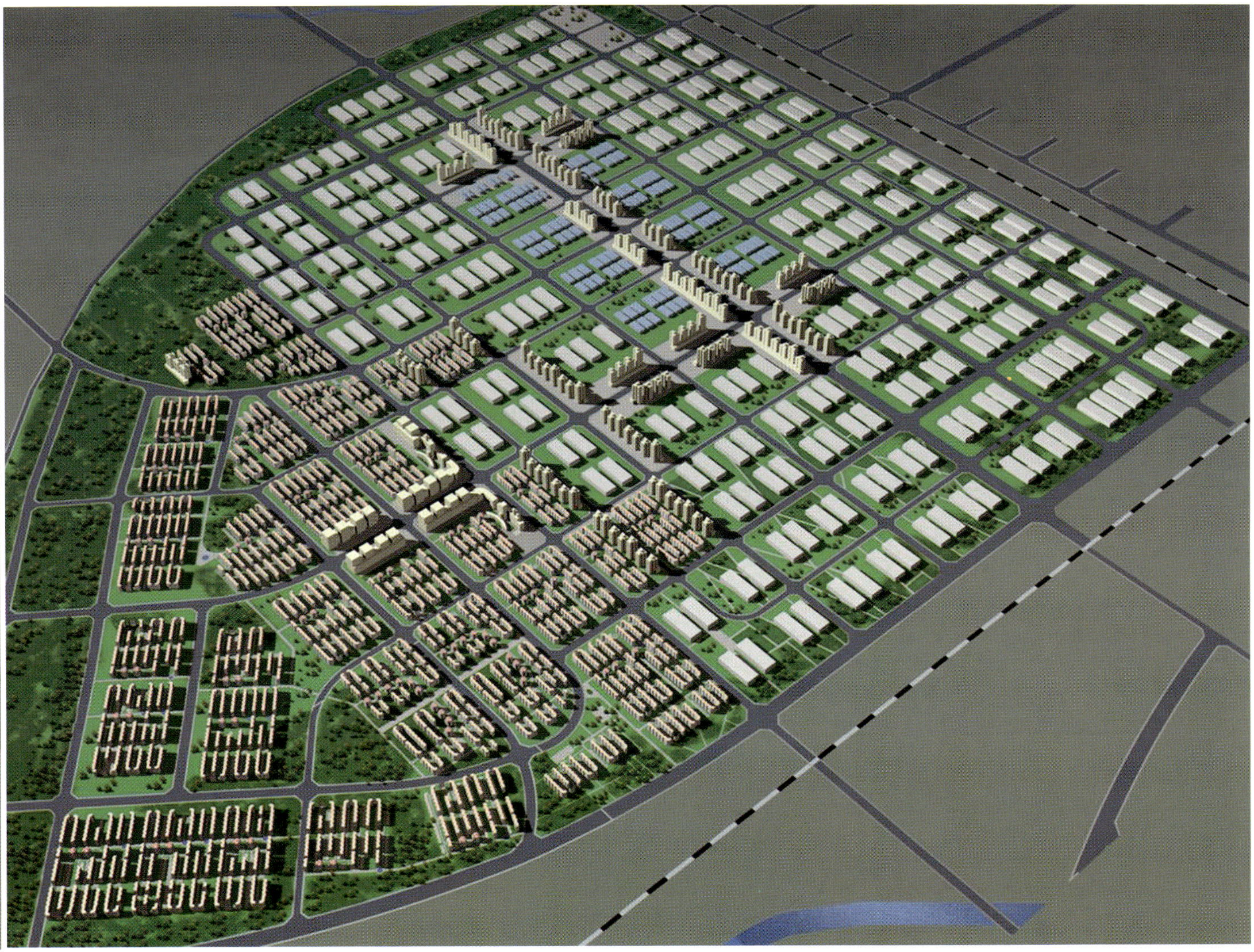

郑州市郑东新区经济技术开发区鸟瞰(方案一)

3.2 城市景观与绿地系统

3.2.1 绿化体系

点：分散布置于规划区范围内的各个小游园、街头绿地、单位专用绿地等，服务范围和对象有一定的针对性，是绿化体系中具有普遍意义的"点缀"；

线：在郑东新区规划中，线形绿化主要是行道树、防护林带和河湖水系的沿岸绿化等。其中河湖沿线绿化是新区绿化体系中重要的构成部分；

面：主要的指面积较大的城市公园、广场等公共绿地。

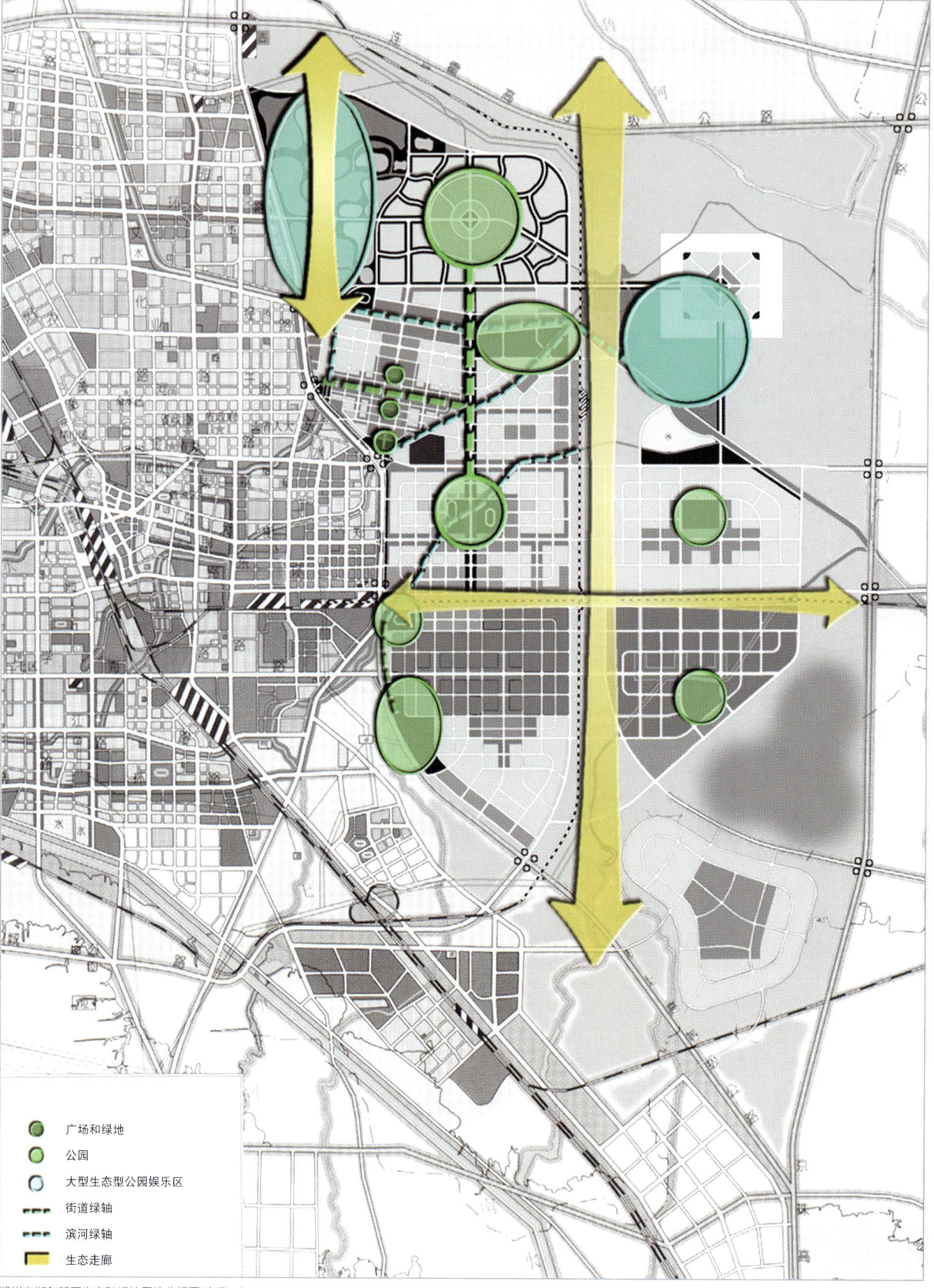

郑州市郑东新区生态和绿地系统分析图(方案一)

3.3 道路系统和交通组织

根据规划区地形和区位特点，郑东新区的道路规划遵循以下原则：

道路规划和路网调整以总体规划为基础，满足新区分片组团式发展的需要，并处理好与107国道、环城公路、京珠高速公路等市郊、市际、市区的交通衔接。

道路系统要满足客货车流和人流的安全与畅通，并根据用地布局和功能分区，明确划分交通性和生活性道路，强化快速路、主干路、次干路、支路网络分级，确立层次分明的道路网络体系。

在道路网规划中，要贯彻道路规划系统性和适当超前的要求，为城市下一规划阶段的发展创造条件。

对各级道路实行分级控制，以适应市场经济条件下城市建设的需要。即严格按总体规划控制主干路和次干路，在分区规划和控规阶段进一步确定支路，在保证道路网密度和面积率的情况下，提供适当调整的弹性。

各类建设必须按规范配建停车场，并结合公共停车场合理组织静态交通，形成点面结合服务半径在300m以内的静态交通网络。

大力发展公共交通，力争在不远的将来，形成以快速轨道为骨干，公共交通为主导的现代居民出行模式。

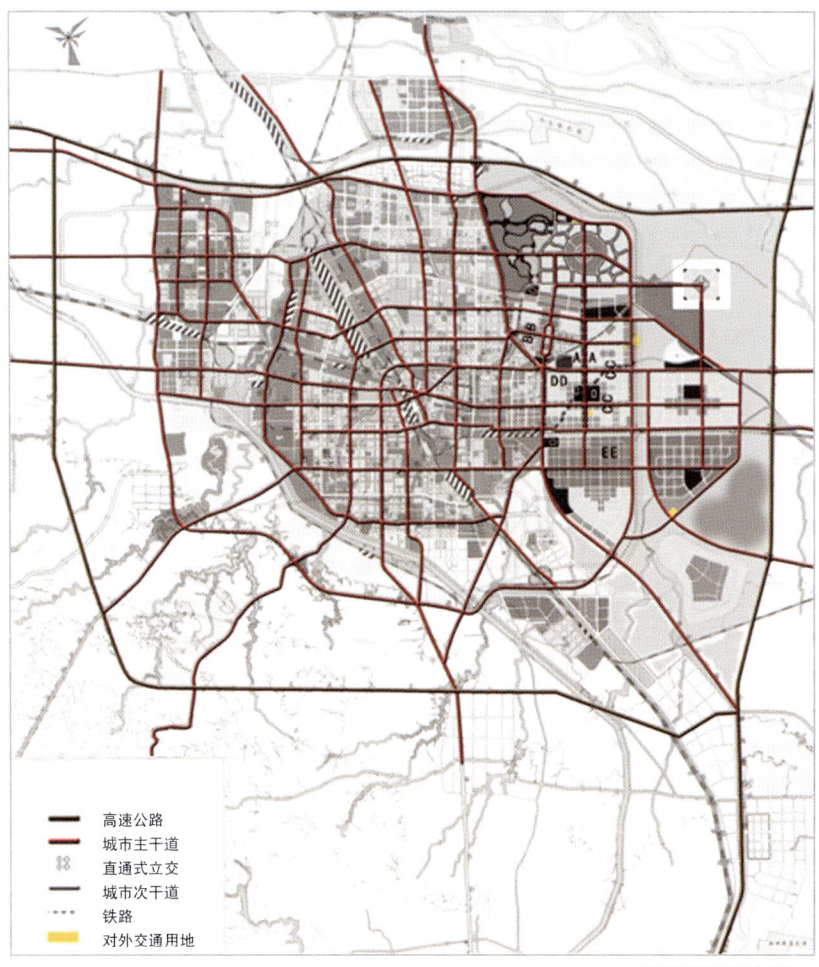

道路系统规划图（方案一）

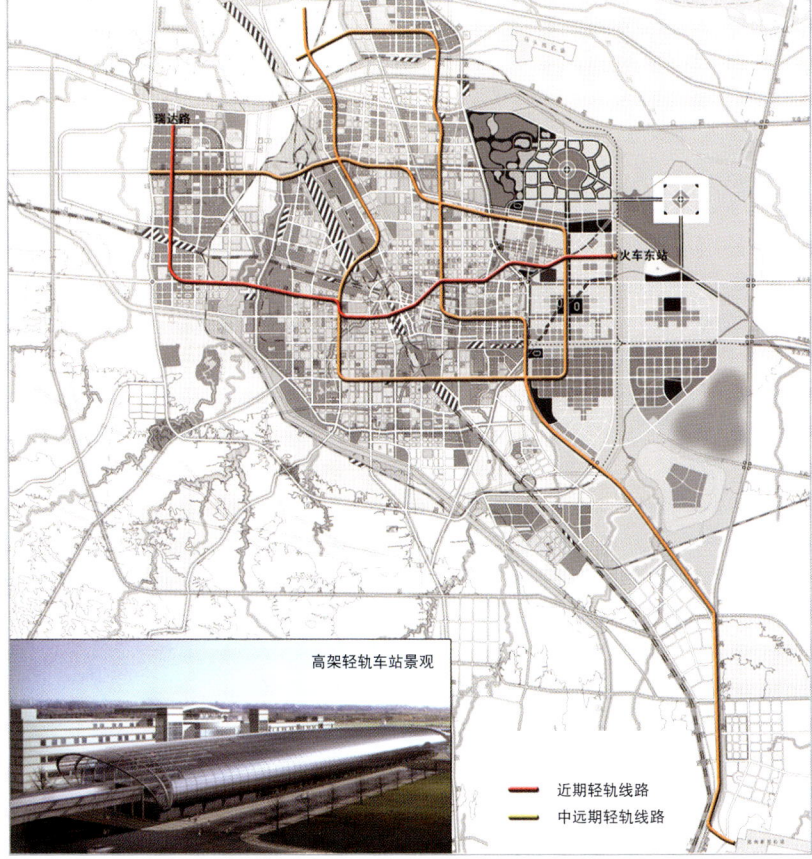

轨道交通规划示意图

4 规划方案二

4.1 规划结构及用地布局规划

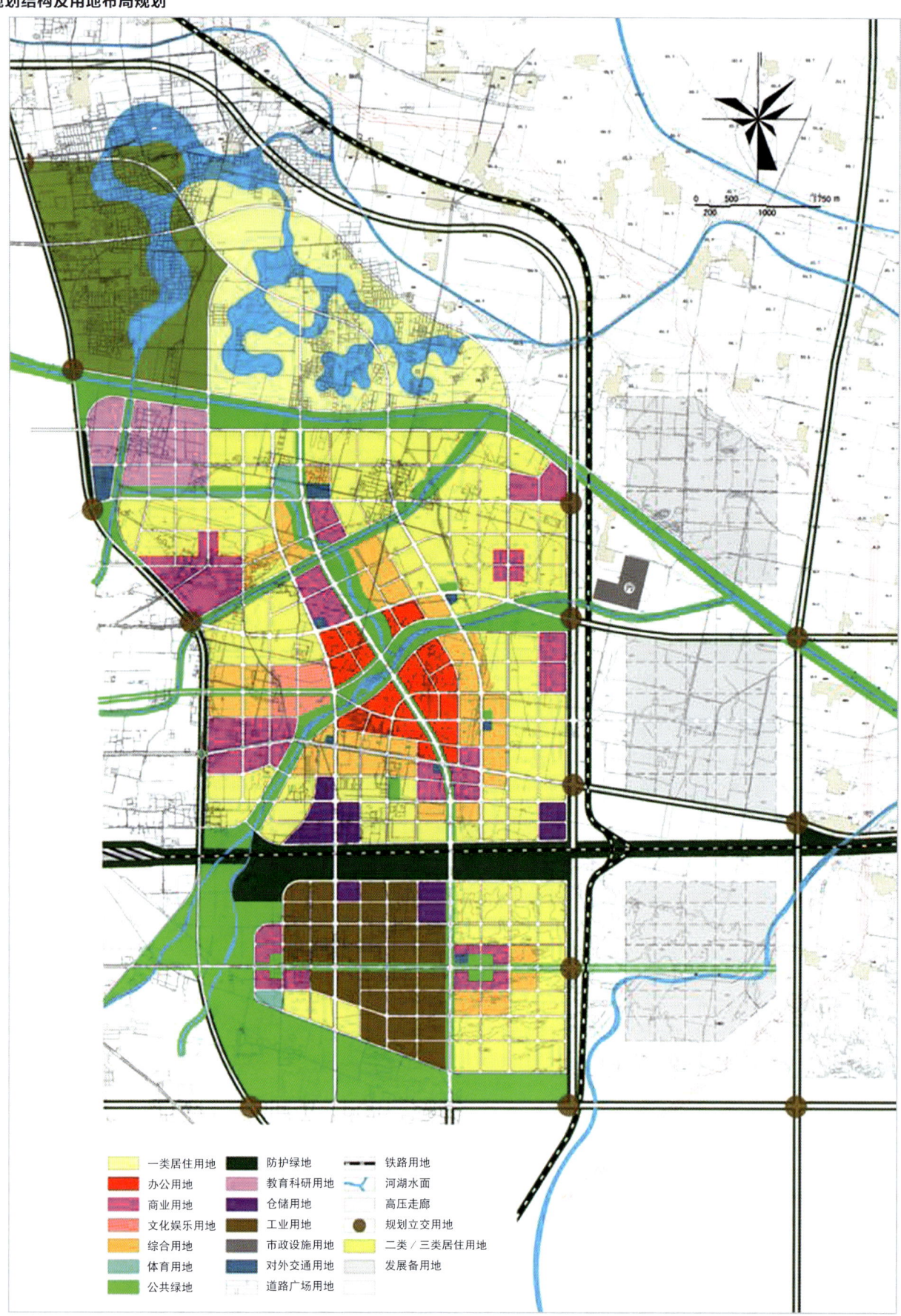

郑州市郑东新区土地利用规划(方案二)

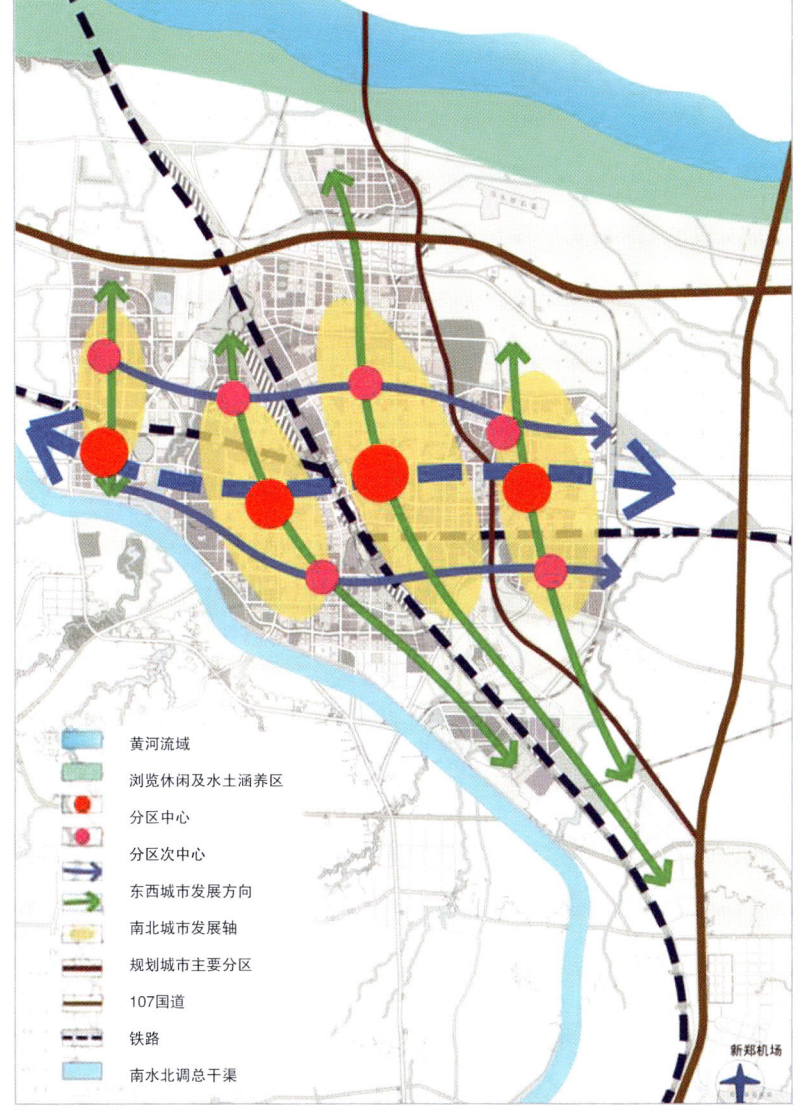

郑州市空间发展模式分析图

郑州市郑东新区功能结构分析图(方案二)

4.2 道路交通规划结构

郑东新区内的道路骨架是"四横四纵"的主要道路，并与机场和铁路车站有较好的联系。在主要交叉口处均设有换乘站点。特别是中心区的CBD处，是轨道交通站点与连接各个方向的公交线路在此的汇聚区，形成立体换乘枢纽。

在主要站点建立与外围片区衔接良好的换乘中心，以分散各区的交通压力。沿CBD外围环路上设置了与城市干道和高速公路相连的换乘枢纽，区域与环线相交均为立交（机场片与郑汴路与环城路处）。

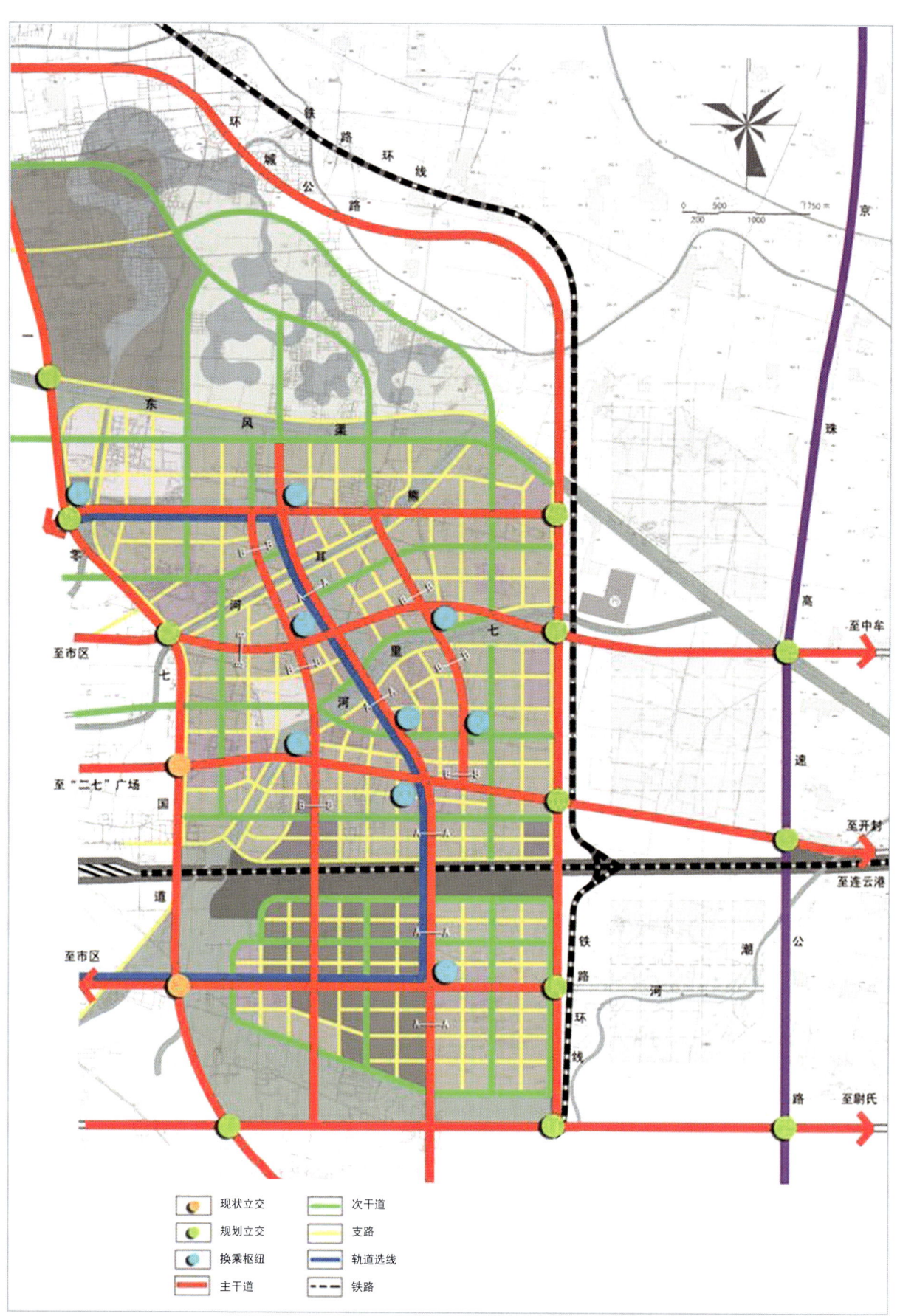

郑州市郑东新区道路交通规划图(方案二)

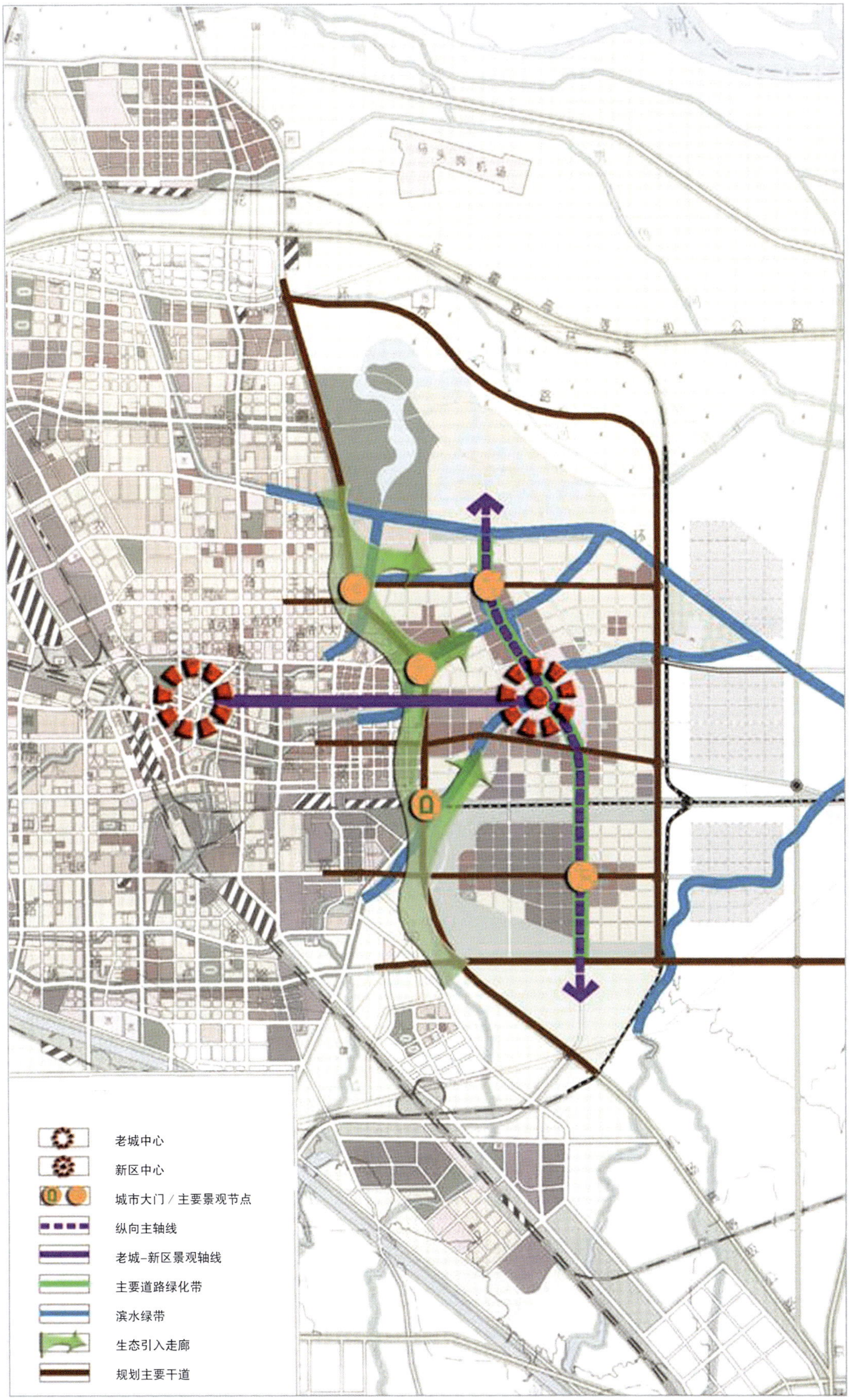

4.3 水系绿化

滨水地区的水系绿化要加强，要强化从"二七区"延伸过来的绿轴（始于商城），区内西部为文化娱乐用地，中心的大块绿地则为"绿心"，熊耳河及七里河均作为"绿轴"。

4.4 景观节点

从机场方向出来的107国道上有3个节点，地铁线也有一条绿轴，从铁路方向出来均有绿化。

森林公园是一休闲娱乐的好去处，也是许多人理想的居住地，故可以利用现状水系规划为环境质量高，条件好的高档住宅区。

东部小组团和开发区以东组团可根据需要规划为独立的居住组团。

郑州市郑东新区绿化景观规划图（方案二）

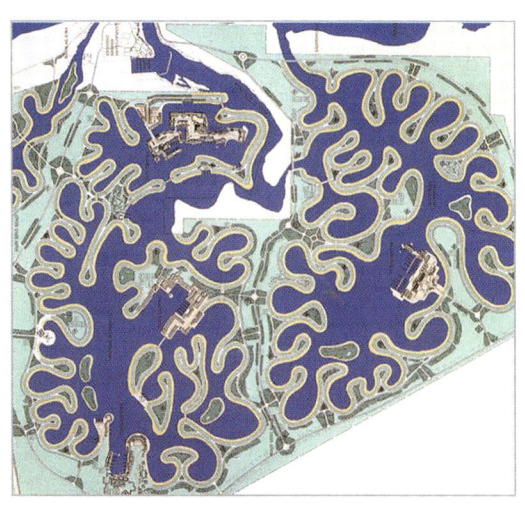

4.5 郑东新区生态系统分析

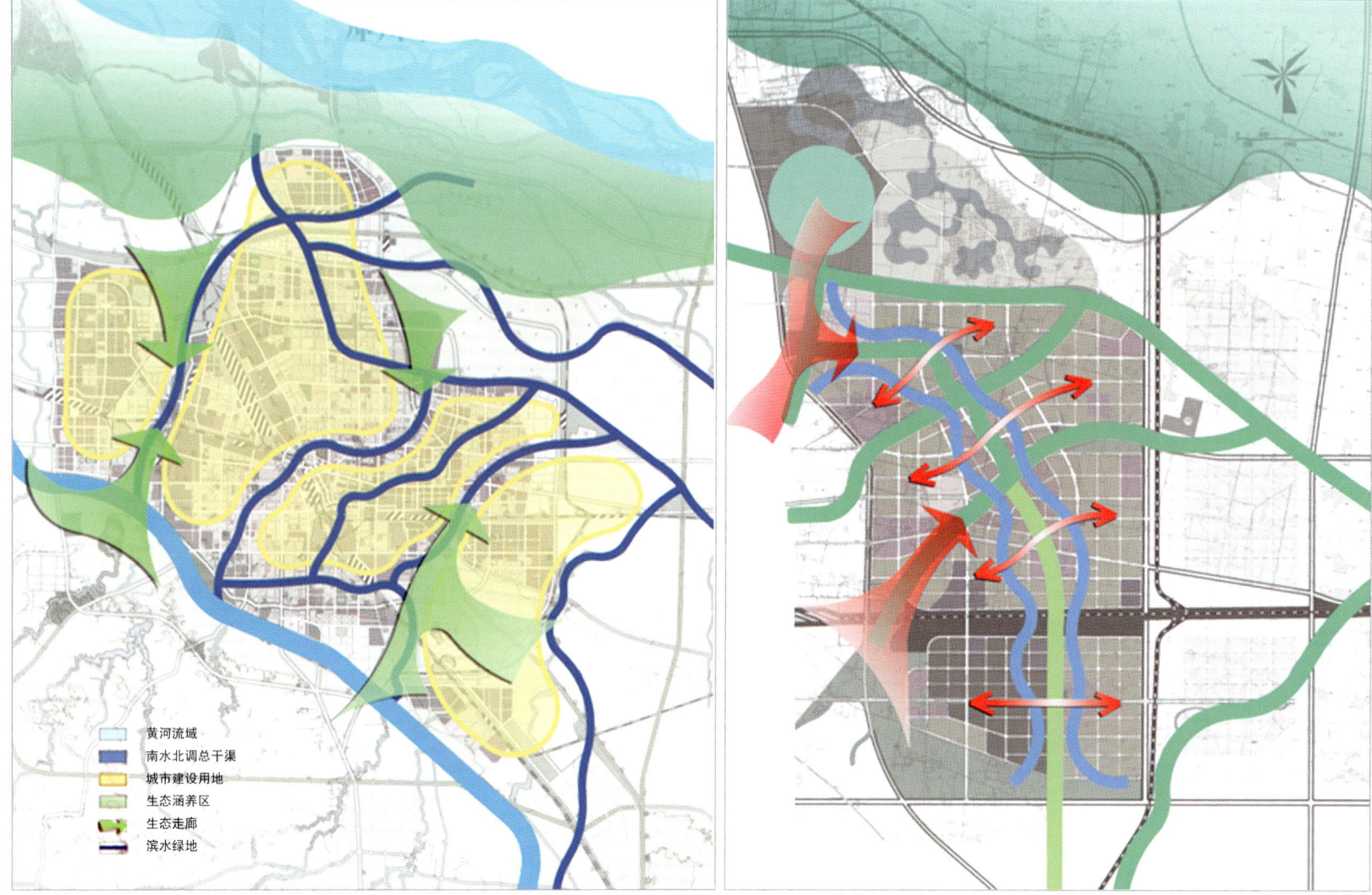

郑州市生态系统现状分析图

郑州市郑东新区生态系统分析图(方案二)

4.6 分期实施

近期分两个阶段。机场片在政府的重视下会迅速启动基础设施的开发；郑汴路也在逐渐形成商贸（郑汴路口立交已完成），故这两个发展轴在近期可基本形成。

中期随着金水河、熊耳河、七里河的治理非常重要，郑州目前在城市建设中还不重视水系作为景观的作用。而此地为三条水系连接交汇处，强调滨水区开发的好处是：

（1）提升土地价值；

（2）使水系联网成环；

（3）道路沿水系走向连接可以顺应地势，加上地铁一号线的建设，使中部的区位价值逐渐显现，规划这一地区为城市的CBD区，以期带动郑东新区的更快发展。

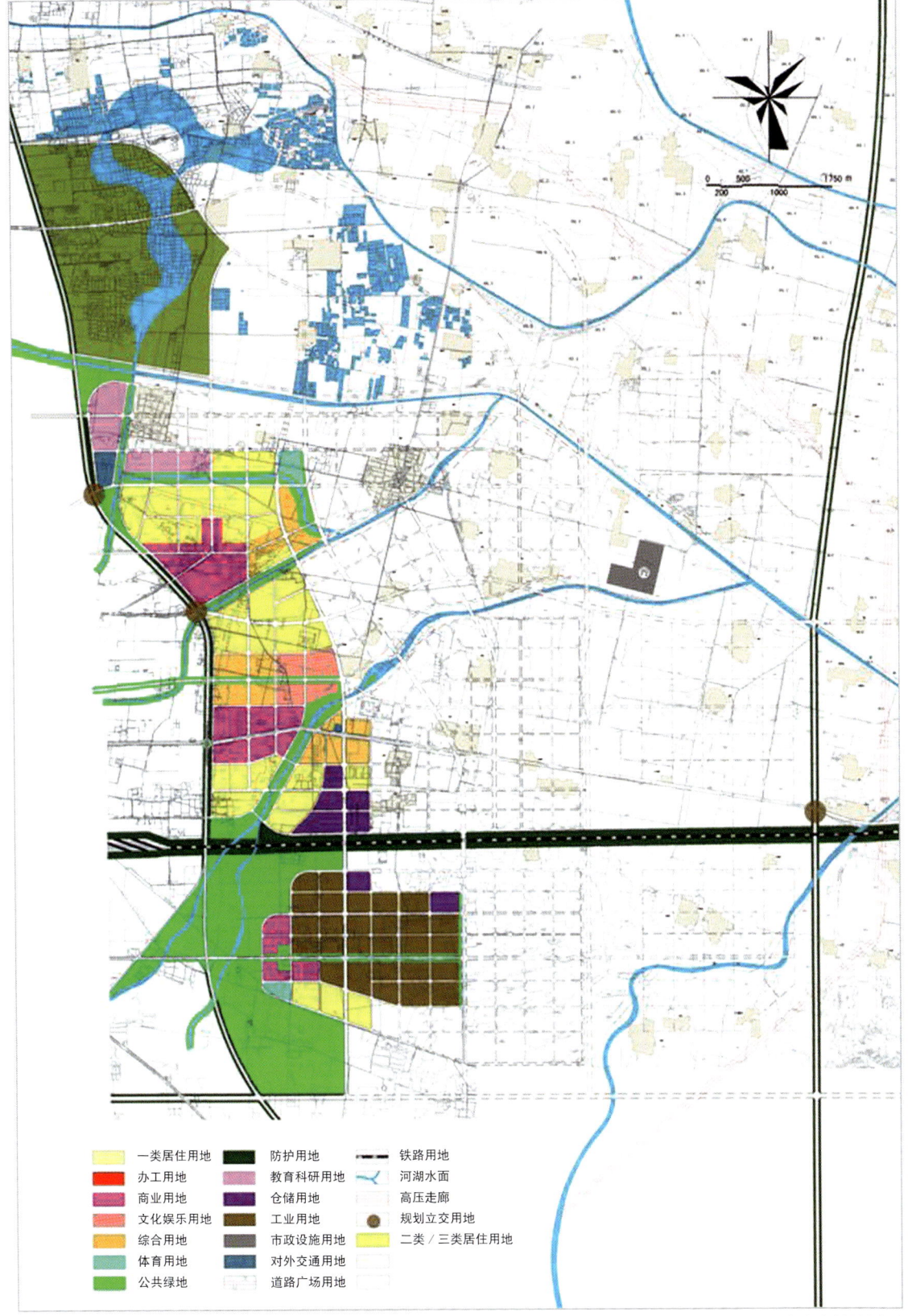

郑州市郑东新区近期土地利用规划图(方案二)

郑东新区近期启动发展分析图(方案二)

郑东新区中期启动发展分析图(方案二)

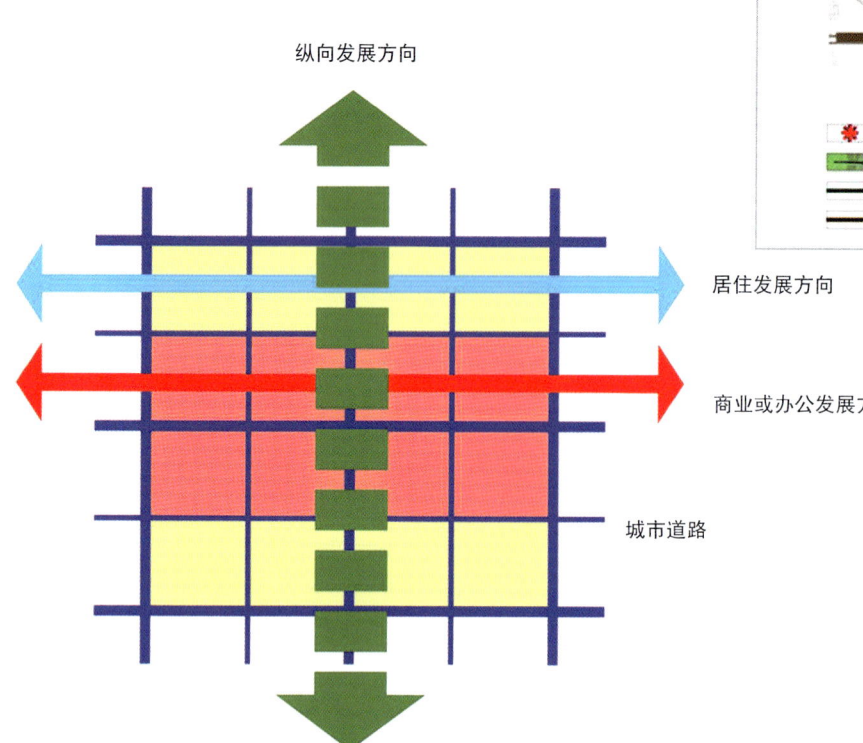

郑东新区远期启动发展分析图(方案二)

郑东新区中心区平面图(方案二)——"双龙戏水"

郑东新区中心区透视图1(方案二)

4.7 空间形态示意

郑东新区中心区透视图2(方案二)

郑东新区中心区透视图3(方案二)

美国SASAKI公司方案
Schemes from SASAKI Corporation, The United States

1 前期概况

1.1 规划目标

郑州最近的总体规划确定了一系列的重要议题和规划新区过程中的重要因素。规划小组将这些议题确定为：

改进城市作为商业和经济中心的角色；
改进城市的空间结构；
形成整体的交通系统；
改进城市的生态；
形成绿色空间系统。

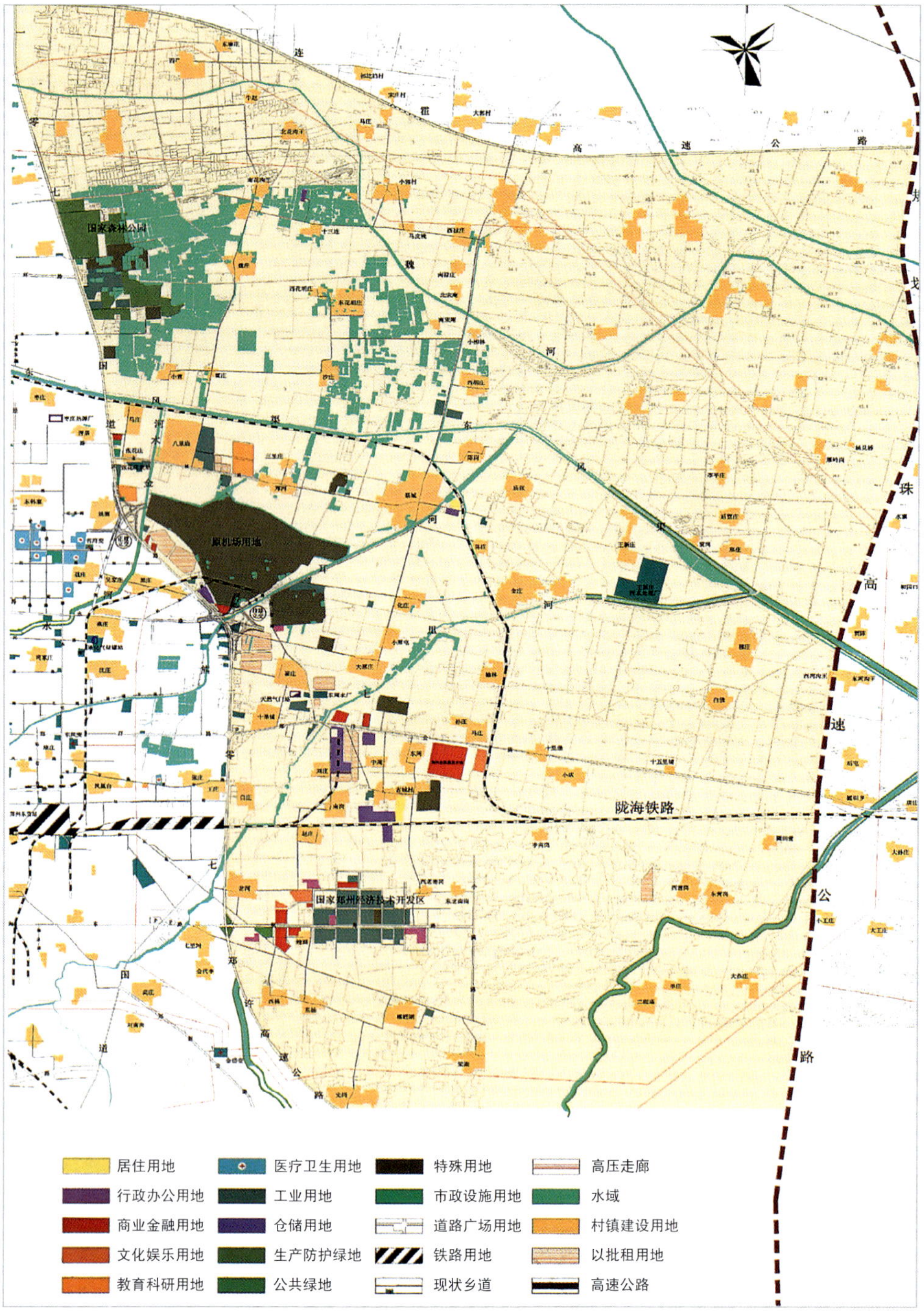

郑东新区的现状土地使用面积（hm²）

居住用地	11
管理和办公	10
商业和金融	48
文化和娱乐	11
教育和科研	1
医疗和卫生	30
工业	131
仓储	38
特殊（军事用地）	348
村镇（军事用地）	1521
城市用地（国家经济技术开发区和机场）	667
城市建成面积总计	2150
水面	112
新区中剩余用地	12950
总计	15000

环状用地

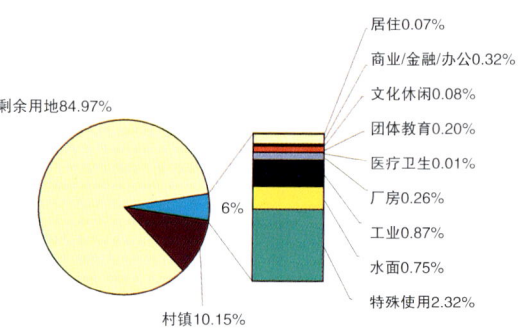

环状土地使用结构图

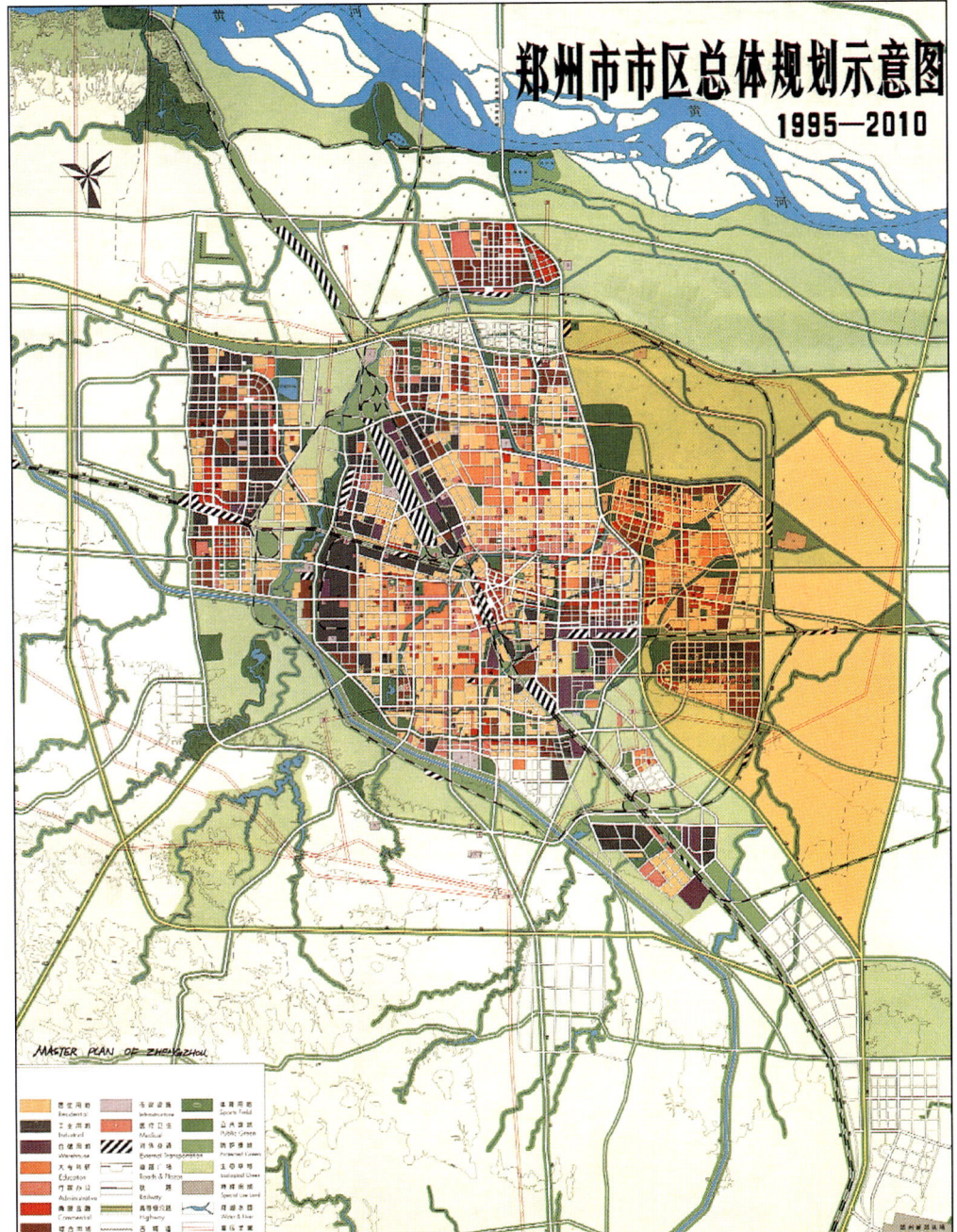

中国文明的起源——黄河

商城的城墙

总体规划建议土地使用（1995~2010）

1.2 上位规划及历史分析

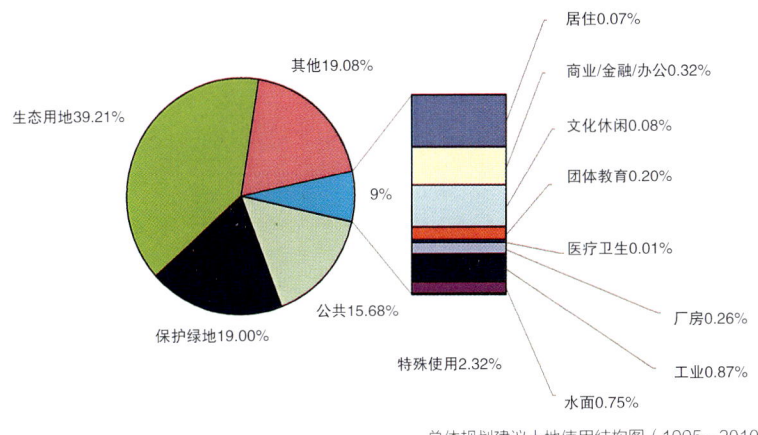

总体规划建议土地使用结构图（1995~2010）

1.3 城市结构性要素相关分析

　　1.3.1 老城区

　　1.3.2 运河及溪流

　　1.3.3 铁路结构

　　1.3.4 城市道路网络

　　1.3.5 高速路构架

　　1.3.6 市区边界及郊区发展

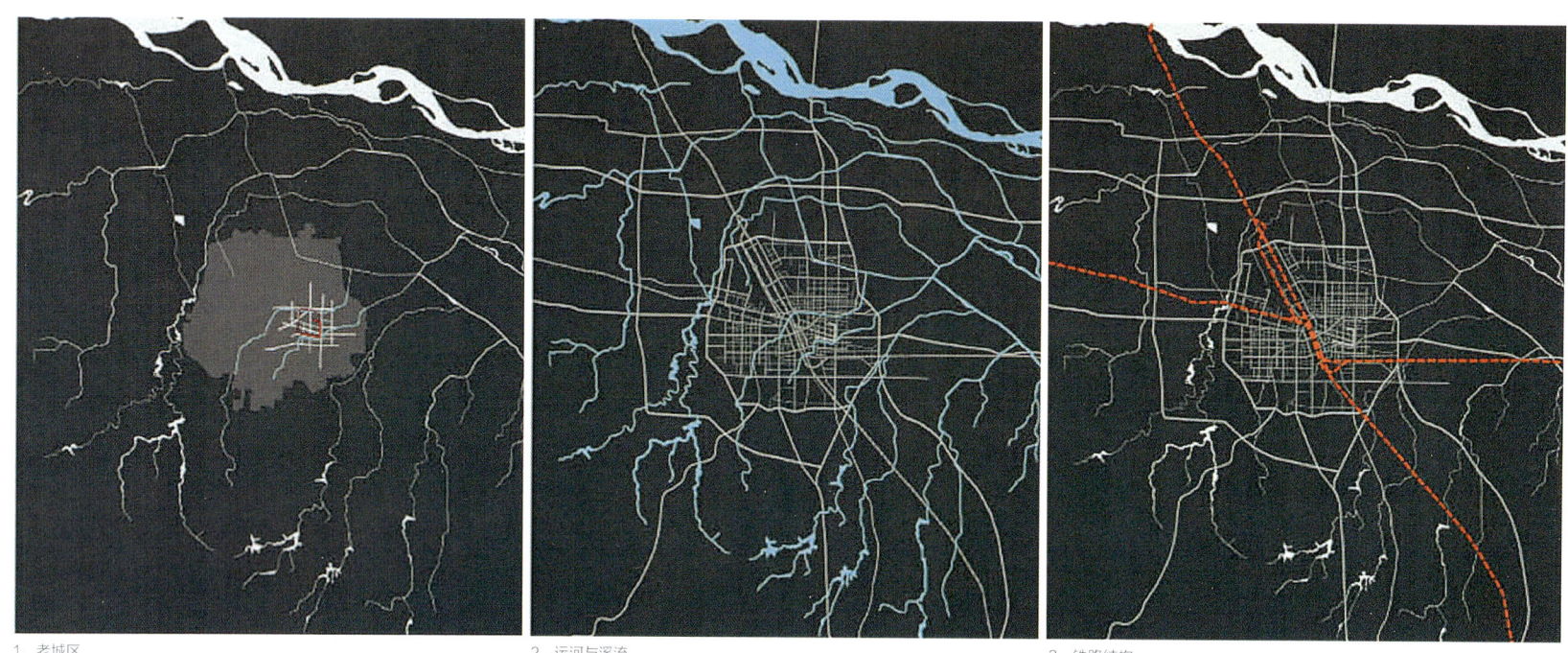

1、老城区　　　　　　　　　　　2、运河与溪流　　　　　　　　　　3、铁路结构

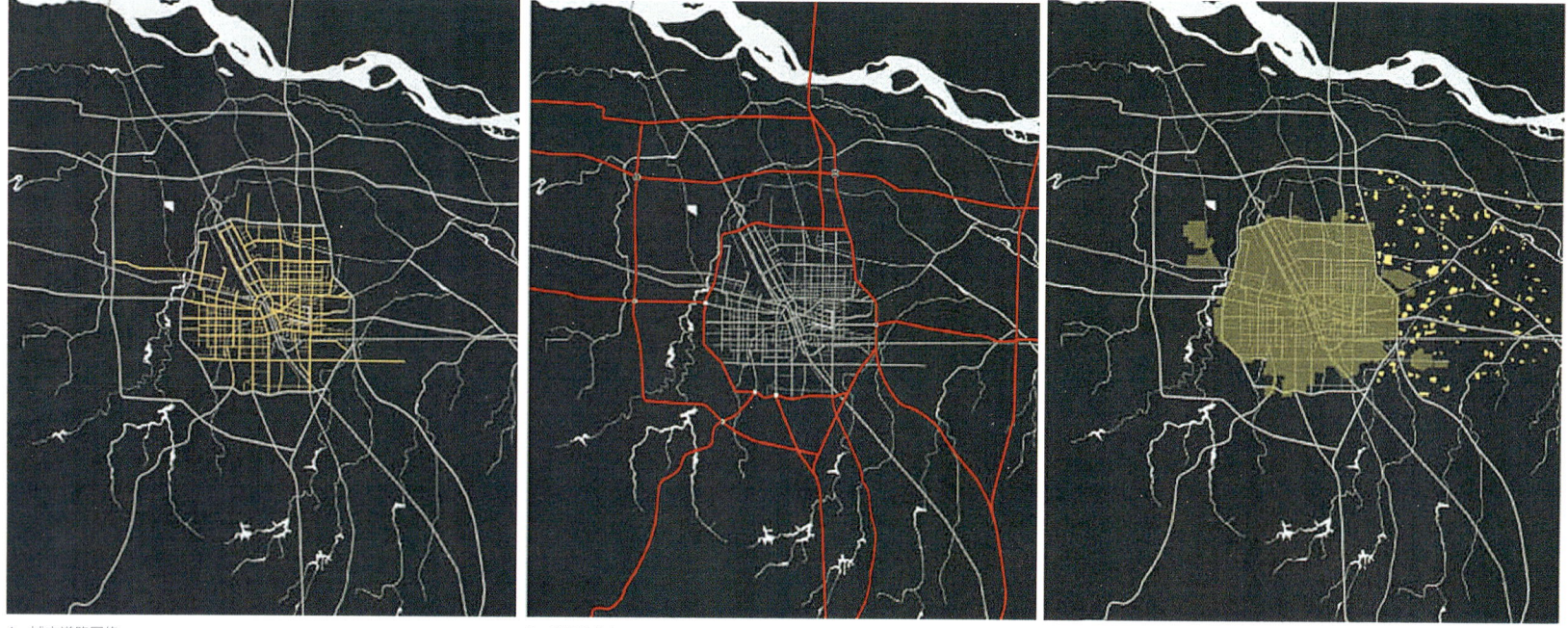

4、城市道路网络　　　　　　　　5、高速路构架　　　　　　　　　　6、市区边界与郊区发展

1.4 规划原则：

由六个方面组成。它们是城市组织，城市规模和密度，交通规划，交通规划，自然资源和开敞空间，能源保护和利用及历史资源保护。

1.4.1 建立总体规划框架
(1) 保护重要的自然资源
(2) 新的交通网络形式
(3) 新的CBD的位置和形式
(4) 新区和现有城区的关系

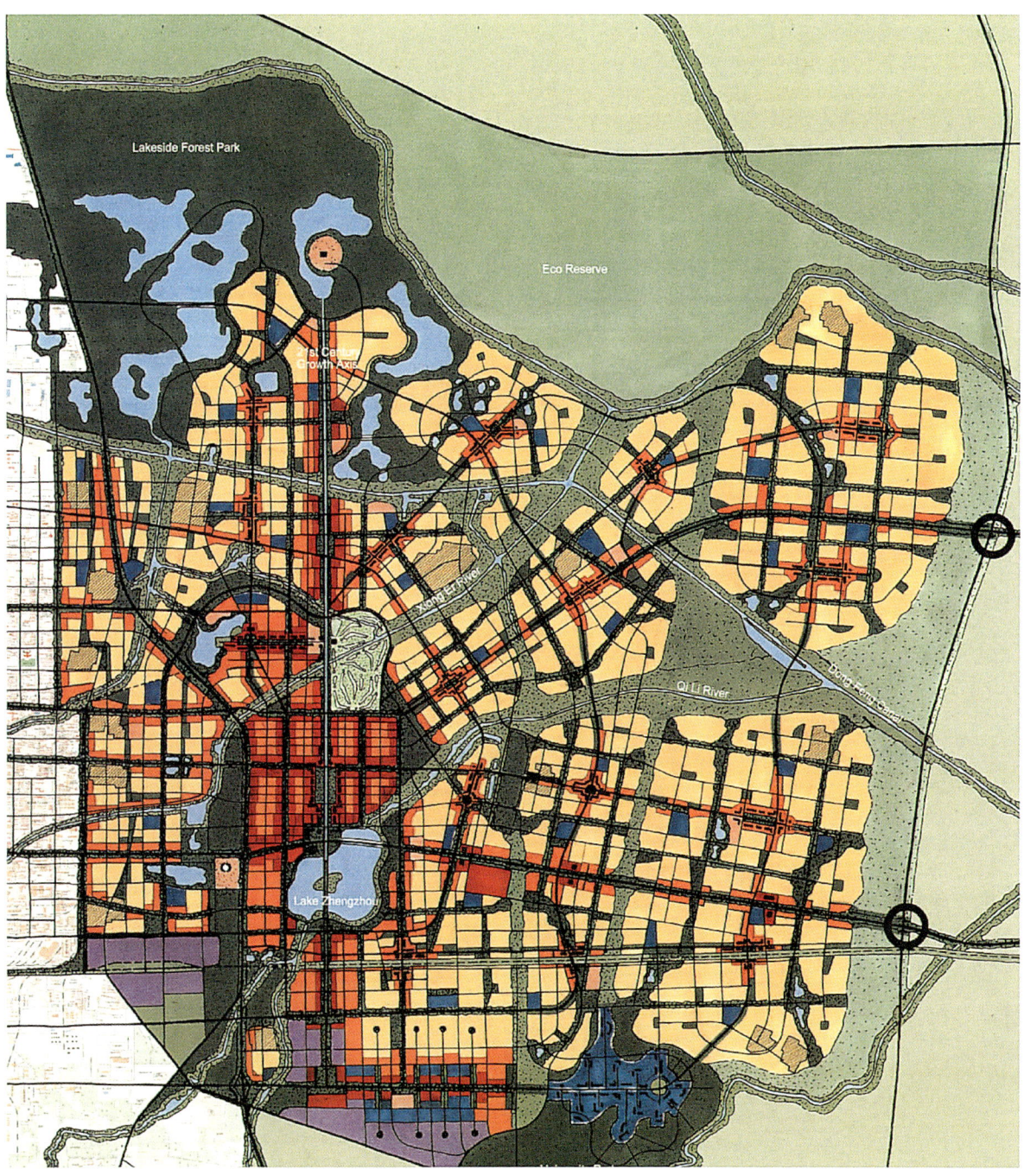

用地规划布局图

1.5 概念性城市形式

通过对第二手资料研究和对总体规划框架的考虑，我们提出了新区的整体形式和组成。主要概念有：

(1) 郑州现有城市和新区的平衡整体发展

(2) 在新区建立开敞空间系统与现有城区联系起来

(3) 发展交通网络以提供高效的客运和货运

总体鸟瞰图

2 规划内容

2.1 交通规则

2.1.1 郑东新区综合交通规划及与老城区交通联系分析

(1) 铁路
(2) 道路
(3) 公共交通
(4) 步行道
(5) 自行车

2.1.2 新的道路系统包括如下特征

规划中京珠高速上的两个入口是从东面来的车辆进入新区的通道。

道路系统将联系新区和现有城市中心并完整城市道路系统。

新的道路将延续城市现有的东西向轴线路。

新的"连接大道"将新区的轴线道路连接起来。

新的社区中心将坐落于规划连接大道和公交线的交叉处。

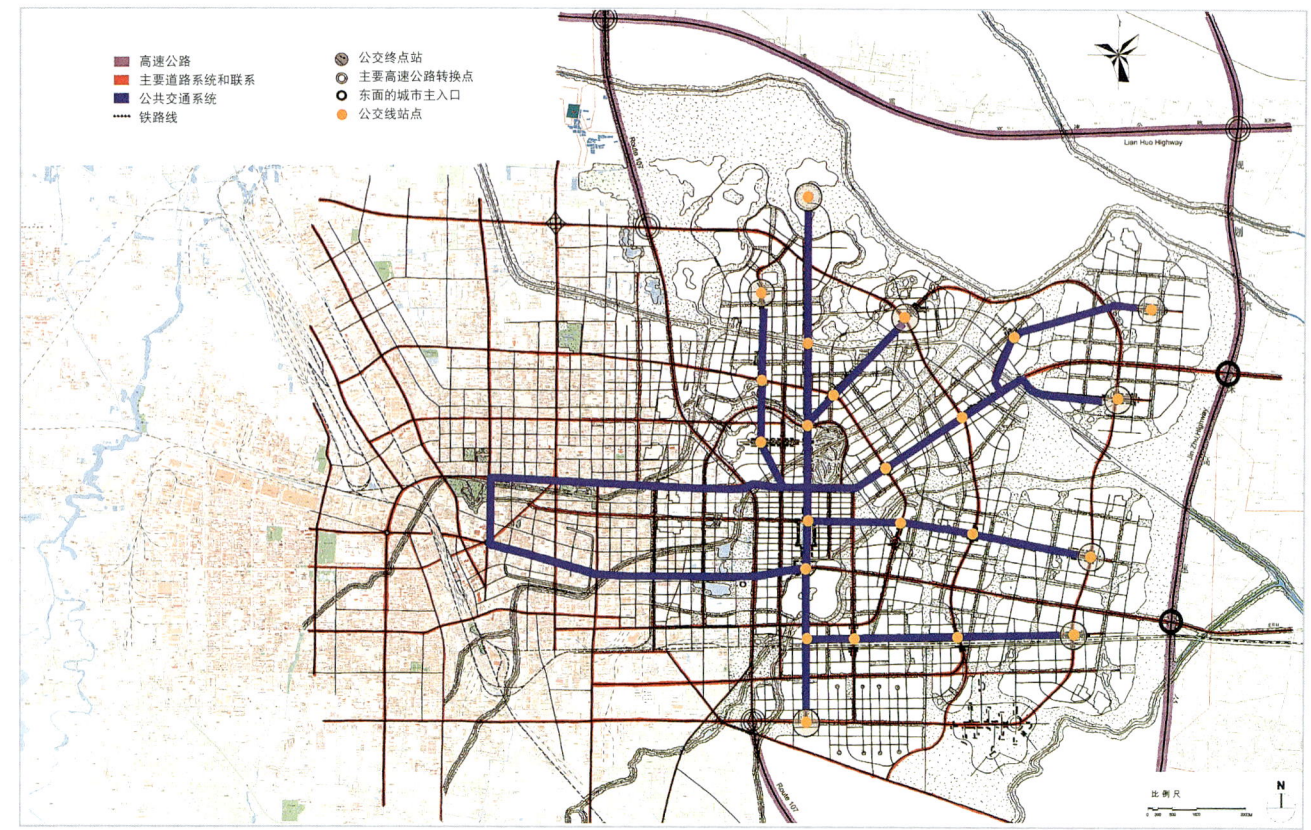

综合交通规划图

2.2 郑东新区绿化景观开放空间规划

开敞空间系统包括：
(1) 绿色走廊
(2) 生态保护
(3) 湖边公园
(4) 郑东湖
(5) CBD "翡翠环"
(6) 高尔夫球场
(7) 社区公园

开敞空间系统规划图

2.3 总体概念——平衡整体发展

郑州城市和郑东新区整体规划的中心概念是新区规划必须同时考虑其与旧城的关系和联系。新的发展计划应与城市发展的整体规划相协调。现有的城市化用地和基础设施应对长期的城市总体形象和功能作出贡献。这种整体平衡发展模式不仅对新区而且对现有城市中心提供了规划的发展。

规划建议由以下几方面组成：规划概念，土地使用，交通，开敞空间和生态环境。

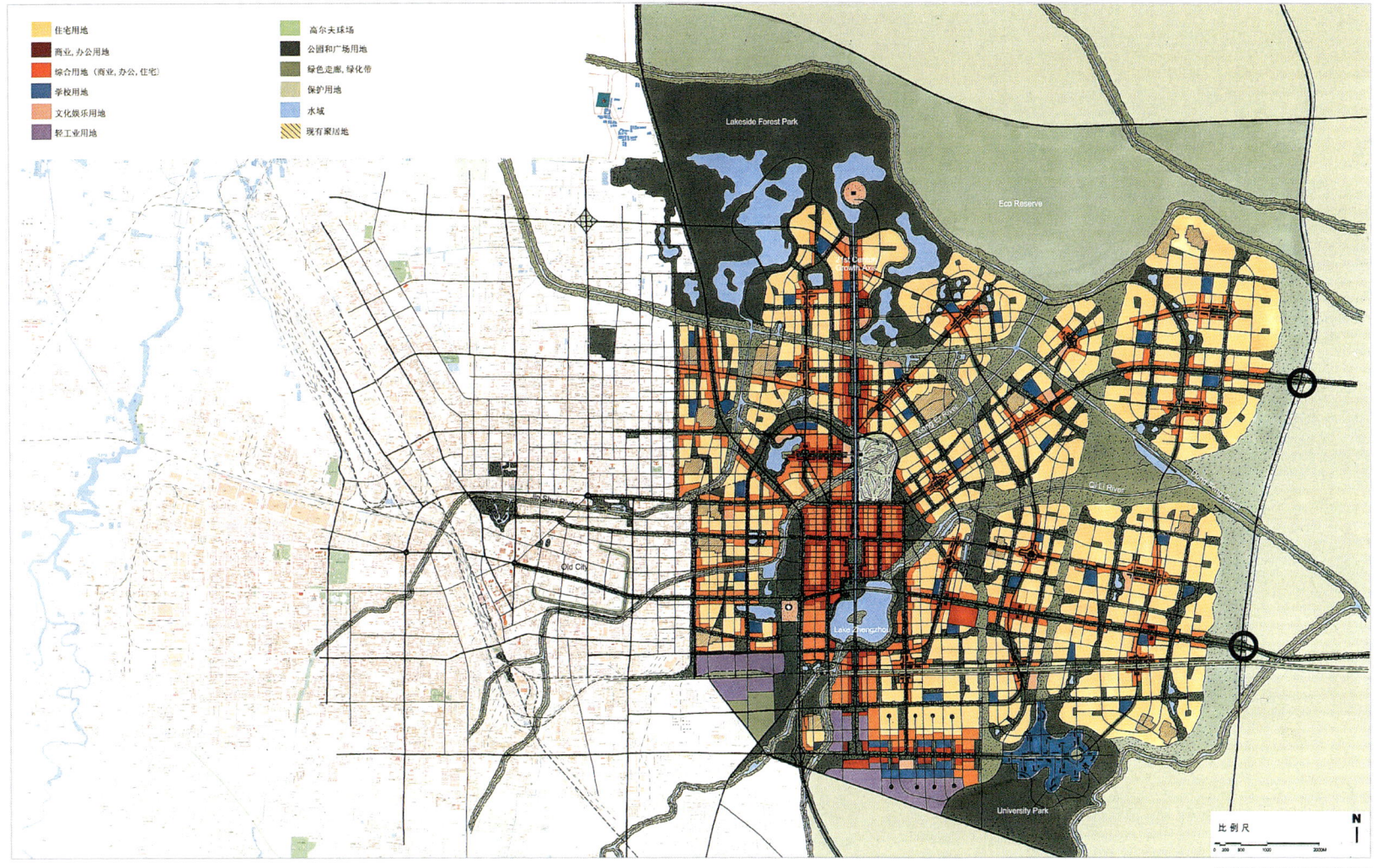

环状城区与新区用地拼合图

2.4 新区的结构和功能

2.4.1 黄河保护区/生态保护

在考虑城市东北部的农业和自然资源的基础之上形成了一个新生态保护区，并为整个城市提供了开敞空间资源。

2.4.2 绿色走廊/开敞空间系统

新区的规划建立了7条绿色走廊来保护现有河边和溪流边的开敞空间，使新区的线性开敞空间系统得到延伸。

2.4.3 交通

贯穿新区的公共交通系统提供了与郑州现有城区的联系。

2.4.4 21世纪发展轴

21世纪发展轴是郑州新区发展的重要框架。其形式是一条将新的CBD分为两部分并连接新区北部的生态保护和南部的郑东湖的运河。

2.4.5 "郑东湖"

一个新的城市湖作为进入新区的CBD大门的特征。

2.4.6 新的CBD

新的CBD是新区的商业和市政功能中心。21世纪发展轴穿过CBD，连接生态保护和郑东湖以及国家经济开发区。

2.4.7 道路系统和入口

新区将与郑州现有的道路系统联系以支持和加强地区交通。规划建议穿过新区的交通设置在边缘以避免穿过城市中心。

2.4.8 社区

新区的结构使在新的开敞空间和交通走廊中建立社区成为可能。每个社区与公交站均在20分钟步行距离之内。

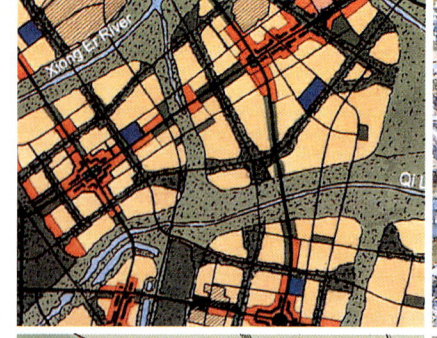

1 黄河保护区/生态保护

2 绿色走廊/开敞空间系统

3 交通

4. 21世纪发展轴

5. "郑东湖"

7. 道路系统和入口
8. 社区
6. 新的CBD

The Master Plan for Zhengdong New District

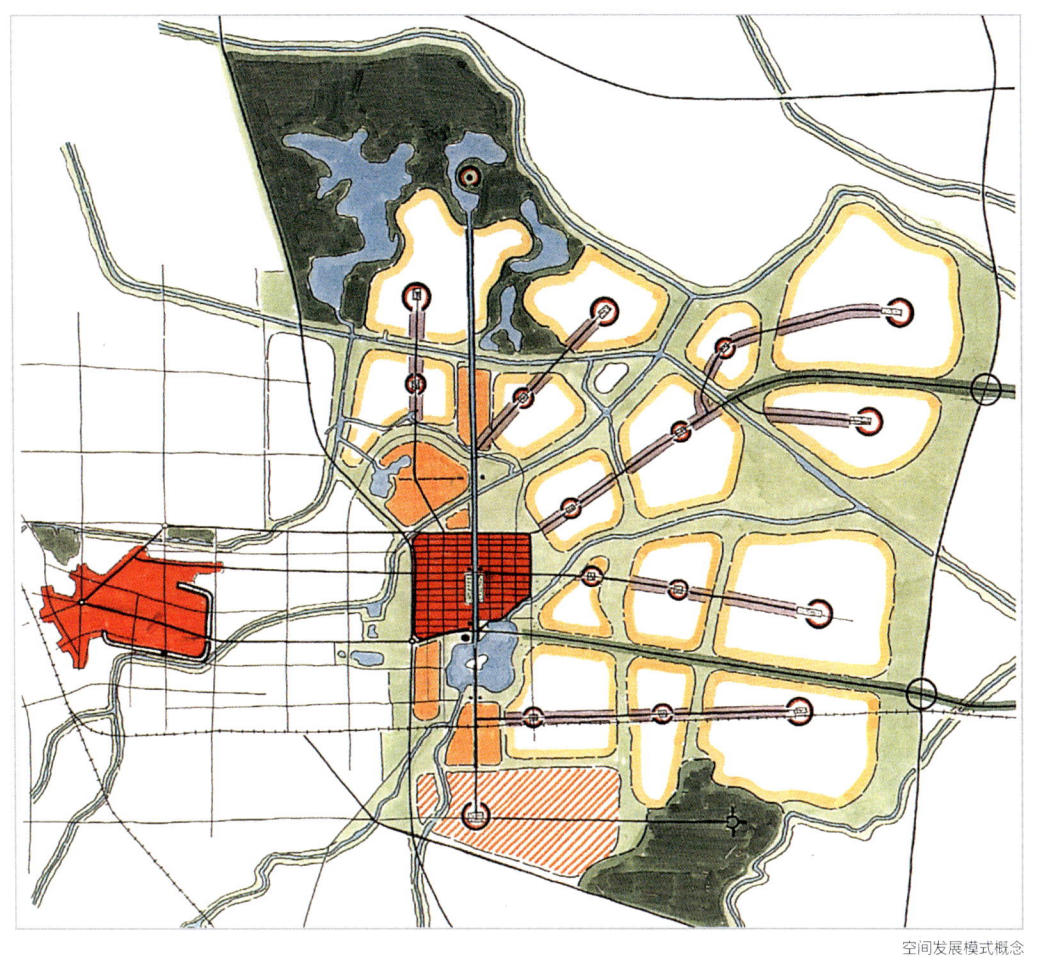

2.5.1 新的CBD：特征是有一个会议中心，并具有市政和商业功能。新CBD的格网道路系统使阶段性，灵活性发展成为可能。在CBD的格网道路系统之中有一系列的城市公园为游客，居民和工作的人提供了开敞空间。在南北向的运河轴线上有一个中央公园，在城市中心形成了一个文化和市民中心。

2.5.2 商业：新的CBD是新区的商业中心。新的贯穿新区的交通系统业支持了商业活动。在老机场的地址上规划了一个新的商业，展览和技术中心，与CBD有紧密的联系。新CBD与现有城区之间将填充发展以使城市发展以一种紧密的方式进行。

空间发展模式概念

2.5 土地使用

郑东新区将会建立一个新的CBD，新的居住和商业区；科研机构；新的公共交通系统；新的开敞空间系统。

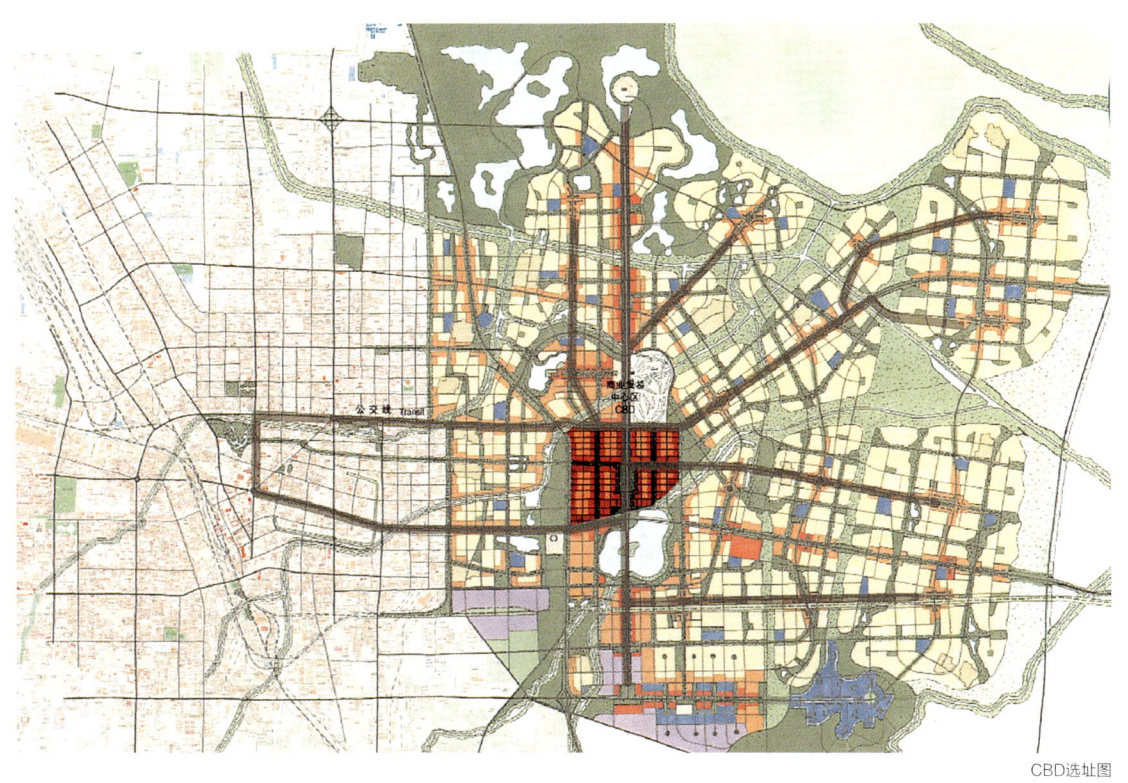

CBD选址图

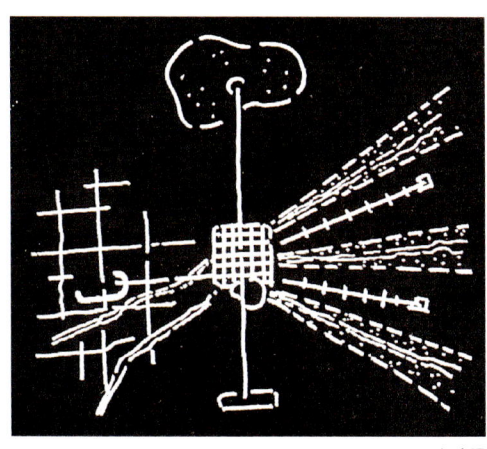

概念图

日本黑川纪章建筑·都市设计事务所方案
Schemes From Kisho Kurokawa Archifect & Associates Japan

1. 对"郑州市城市总体规划"的修正

在"郑州市城市总体规划"（以下简称"总体规划"）中把郑东新区更有效的定位，对"总体规划"进行修正。

1.1 利用被X形铁路分断的特点，重新编制明确的土地布局。

把夹在两条铁路之间向西北延伸的V字形区域确定为西部须水高科技公园城。工业地区沿铁路线性发展，V字形区域的中间部分为缓冲绿地。在两条铁路之间向东南延伸的V字形区域内，把东部圃田组团的南部和东南部小李庄组团的北部结合起来组成新的东南部高科技公园城。在这里也同样，工业地区沿铁路线性发展，V字形区域的中间部分为缓冲绿地。

通过以上布局，把工业用地限定在V字形区域内

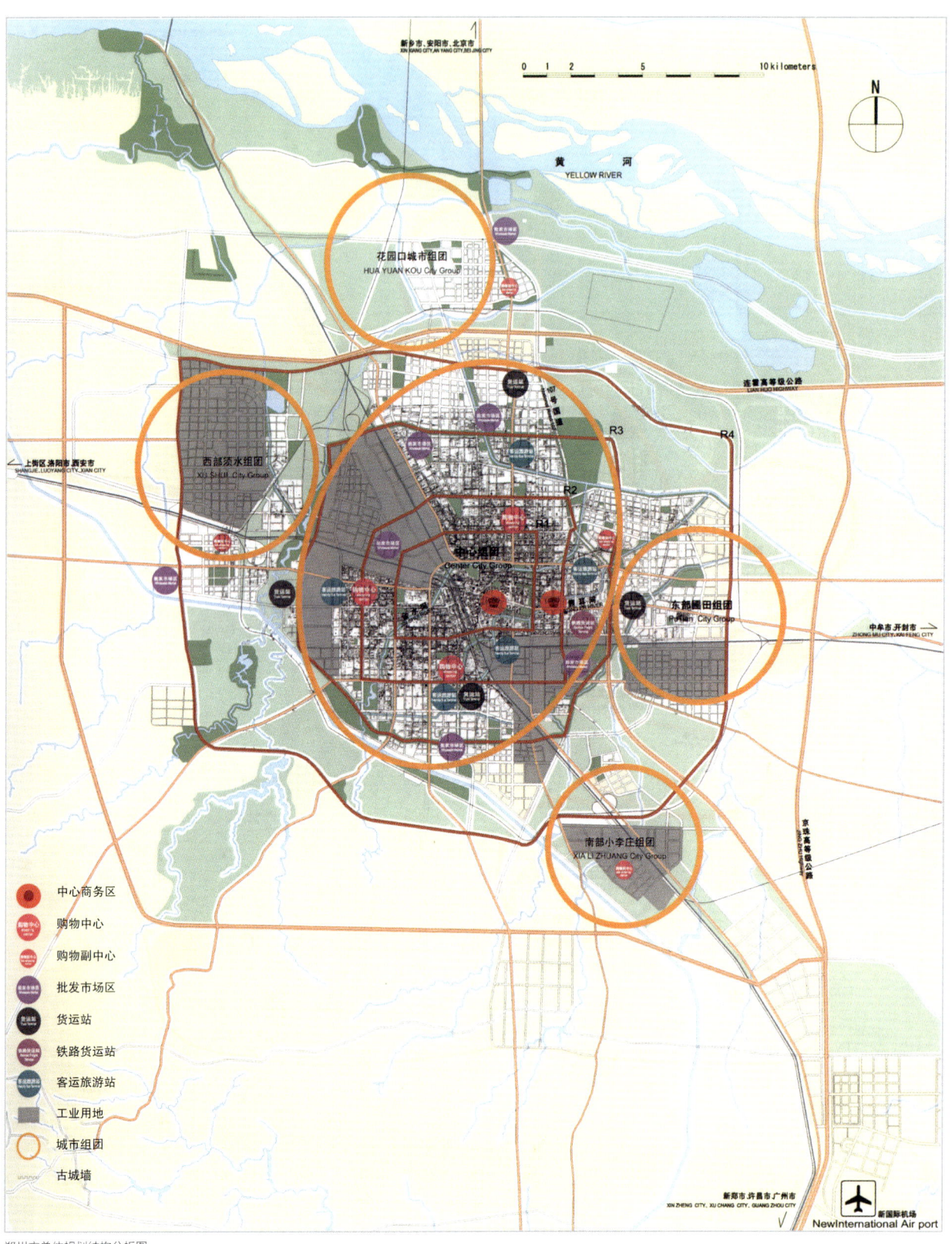

郑州市总体规划结构分析图

的铁路沿线内侧，就能够使V字形区域外侧的城市商业、服务、旅游和居住功能得到有利发展。

1.2 货物的物流中心也沿V字形布置在高科技公园城中，可形成合理的物流网络。

1.3 将来，有必要把航空货物、公路货物和铁路货物相互连接起来形成综合物流系统。

1.4 21世纪的产业之中有遗传基因产业。

IT产业与遗传基因产业相结合的生物电子的时代将到来。我们提议把这种新产业放入高科技公园城中。

1.5 从放射状公路向环形公路发展。

郑州市在历史上是一个中心城市，城市间主要道路呈放射状构成。但是，为防止中心城区的交通阻塞，正如"总体规划"中所规划的那样，有必要通过环形公路来缓解交通的中心城区的压力。

在"总体规划"中规划的四条环形公路。

第二条环形公路连接中心城区的副中心（即购物中心），起着为市民生活提供服务的重要作用。

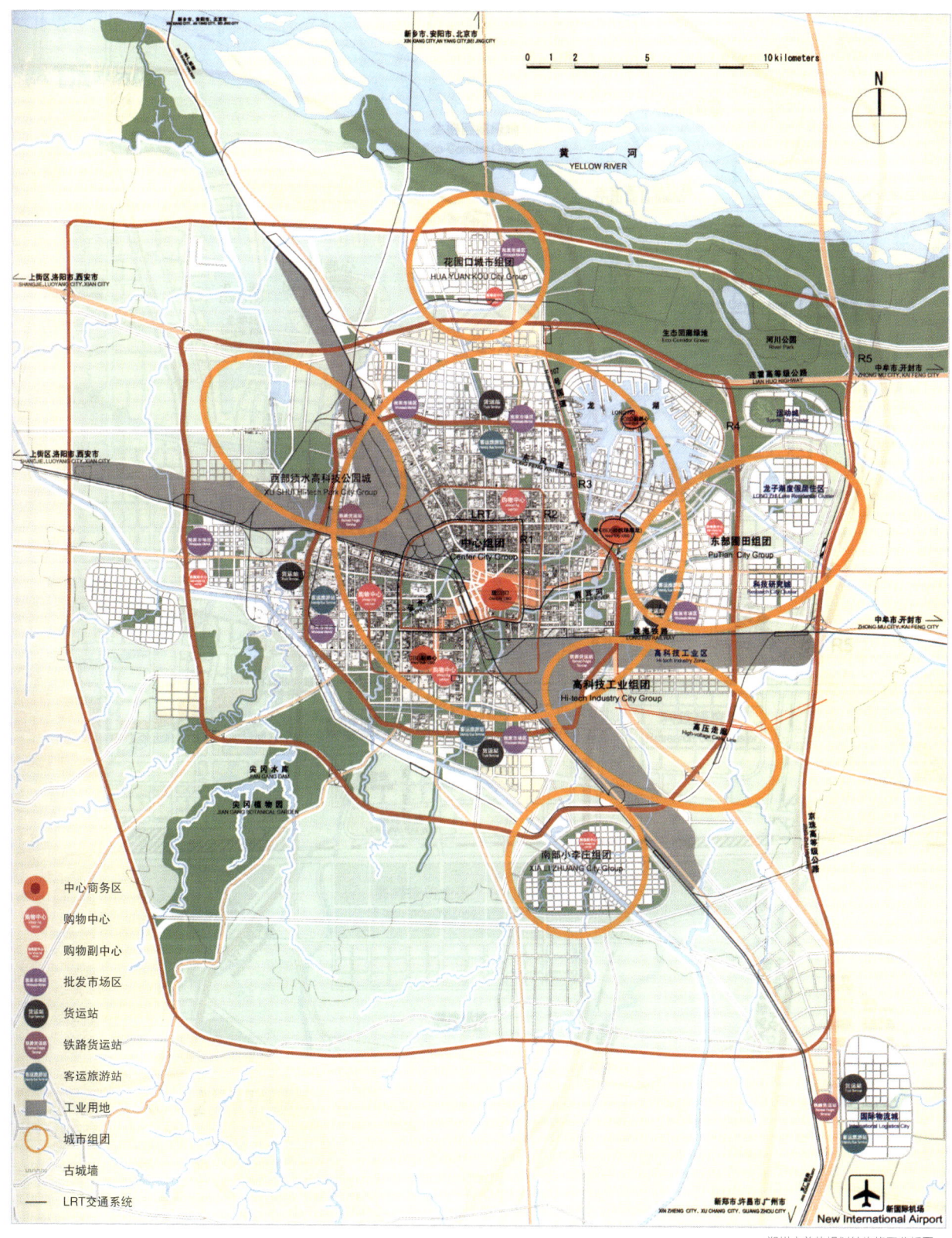

郑州市总体规划结构修正分析图

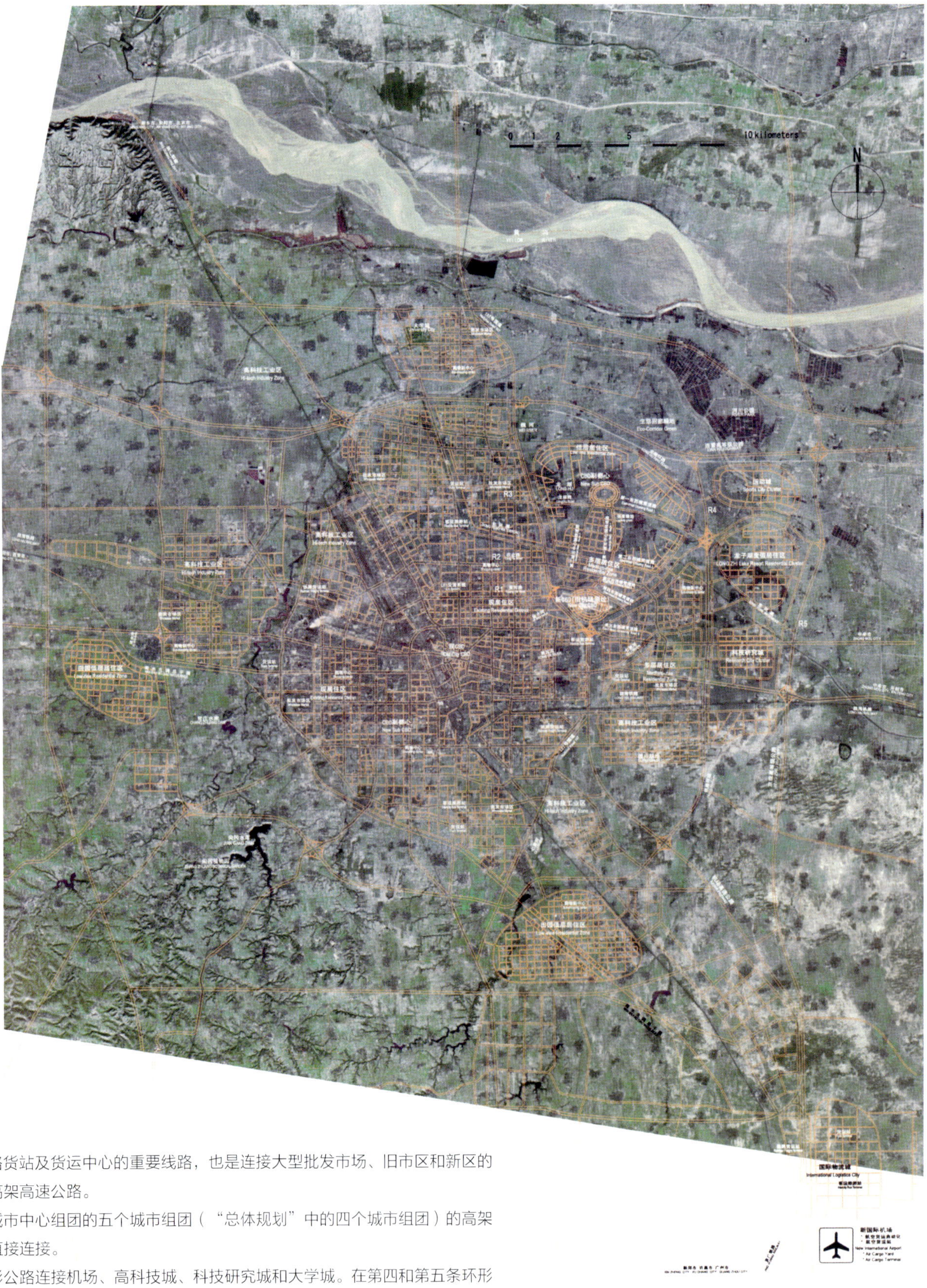

第三条环形公路是连接铁路货站及货运中心的重要线路，也是连接大型批发市场、旧市区和新区的重要线路。因此，将它设计为高架高速公路。

第四条环形公路成为连接城市中心组团的五个城市组团（"总体规划"中的四个城市组团）的高架环形公路，它与连霍高速公路直接连接。

另外，我们建议第五条环形公路连接机场、高科技城、科技研究城和大学城。在第四和第五条环形公路之间是限制城市无秩序发展的绿化带。此绿化带内只规划有限制的低密度城市团块。

1.6 我们建议规划一条商业旅游城市中心轴线。此轴线紧密联系旧市区和新区，并进一步与西侧地区连为一体。

此轴线位于金水河和熊耳河之间，连接旧城区的CBD和郑东新区的CBD。由此，新的城市中心轴线将给被铁路线分断的现城区注入新的生命气息。城市中心轴线呈线状结构，使城市中心未来发展成长

郑州市现状分析图

成为可能。

此城市中心轴线的东北部与黄河公园、体育公园、郑东新区的人工湖——龙湖、两侧的河流和公园相连接；西南部与尖岗植物园的自然风景相连接，形成自然绿化丰富的旅游轴线。

1.7 市总体规划中的四个城市组团中，东部围田组团和东南部小李庄组团均被铁路线横跨。因此，把它重新编成三个城市组团，总共形成五个组团。

1.8 河流公园和地理条件

中原文化的一个特色可以说是河流公园穿过城市。郑州市共有34条河流，其中，金水河和熊耳河非常重要。现在，金水河和熊耳河作为污水排放水路被利用，将来应净化水质改造为河流公园。

2 郑东新区功能定位及发展目标分析研究报告郑东新区总体发展概念规划构思：

2.1 郑东新区总体发展规划的基本思想为共生城市和新陈代谢城市的思想

共生城市

(1) 新区（未来）与现城区（历史）的共生/旧城区与新区共生的城市中心轴线

(2) 自然与城市的共生/通过人工湖、运河、绿化网络与自然共生

(3) 产业（经济）与生活（文化）的共生/由X形的线路使产业和生活分离、共生

(4) 国际性与历史传统的共生/重铸黄河文化与先进技术的共生

(5) 与其他生物种的共生（生态回廊）/人与其他生物的共生

新陈代谢城市

(1) 保持平衡状态下成长的线性城市轴线

(2) 成长中防止交通向中心部集中的环形系统

(3) 可成长代谢的子整体式簇团系统

2.2 城市轴线

把新区的CBD布置在旧机场遗址处，通过线性的商业娱乐城市中心轴线把它与旧城区的CBD连接起来，并把此轴线延伸到人工湖，在此形成以旅游、居住、旅馆和交通为中心的另一个CBD，并通过线性关系连接起来。由此形成连接旧城区和新区的强有力的城市中心轴线。

2.3 人工湖和运河的景观

把养鱼塘的位置改造为人工湖。它的面积约为800hm²，与杭州西湖的大小基本相同。根据此地区内关于龙的传说以及湖的形态，将人工湖取名为龙湖。通过运河将龙湖与新区的CBD连接起来。把历史景观中的郑州的河与水作为景观的主题。中国政府为解决北方水源不足和保护生态系统，制定有把南方的水输送到北方的"南水北调"工程。水中映射出新城中心的风景将向世界显示——独一无二的具有郑州特色的形象。

2.4 位于旧机场遗址的CBD

旧机场CBD地区的中心有中央公园，其周围是高楼林立（高度为100m~150m）的环形城市（国际金融中心）。居住建筑高度限制为100m，办公建筑高度限制为150m，两者混合布置，以形成24小时城市。环形城市将成为不具有中心、交通通畅的CBD。它也是一个与公园的森林（自然）相共生的城市。

会展中心和艺术中心成为象征物布置在公园之中。中央公园的中心设置中心湖，通过运河将此中民主湖与国际旅游居住城市的中民主湖连接起来，其间有游艇、旅游船等区间航船。

2.5 伸入人工湖形成半岛的CBD副中心

伸入人工湖的半岛是国际旅游居住城市中心，其中心有中心湖。在此布置国际性度假宾馆、国际会议场和宴会场充实的会展宾馆、长期停留者用的公寓式宾馆、与宾馆直接联系的服务宾馆以及外国人住宅等。各个宾馆与湖畔直接相连，可乘游艇出入其间。从宾馆到旧机场的CBD可形成戏剧性通路。

郑东新区用地布局规划图

The Master Plan for Zhengdong New District

3 郑东新区的空间发展模式、用地布局、空间、形象分析研究报告

3.1 空间发展模式（分期建设）

3.1.1 第一阶段第一期
（~2003年）

夜晚人口：193960人

建设机场旧址的CBD以及到北部东风渠（与环形二号线连接的旧东风渠）为止的地区。

3.1.2 第一阶段第二期
（~2004年）

夜晚人口：193960人 累计：340195人

从东风渠北侧到龙湖路（与环形三号线连接的道路）为止的地区，以及跨越陇海铁路的南部的高科技工业区。

3.1.3 第一阶段第三期
（~2005年）

夜晚人口：193960人 累计：821545人

龙湖路北部地区、CBD副中心、水滨地区及陇海铁路北侧与熊耳河和环四包围的居住区。

3.1.4 第一阶段第四期
（~2010年）

夜晚人口：0人 累计：821545人

建设新区环形公路外侧的公园、绿地、森林和高科技城南侧的绿地。

3.1.5 第二阶期工程
（~2015年）

夜晚人口：206475人 累计：1028020人

新区内的商业、办公人口预计为769470人，预计其中半数的384735人为从外部进入新区的外国旅游者、办公和商业人口，其人数加上新区内的居住人口（夜间人口：1028020人）新区内白昼人口共计约为141万人。

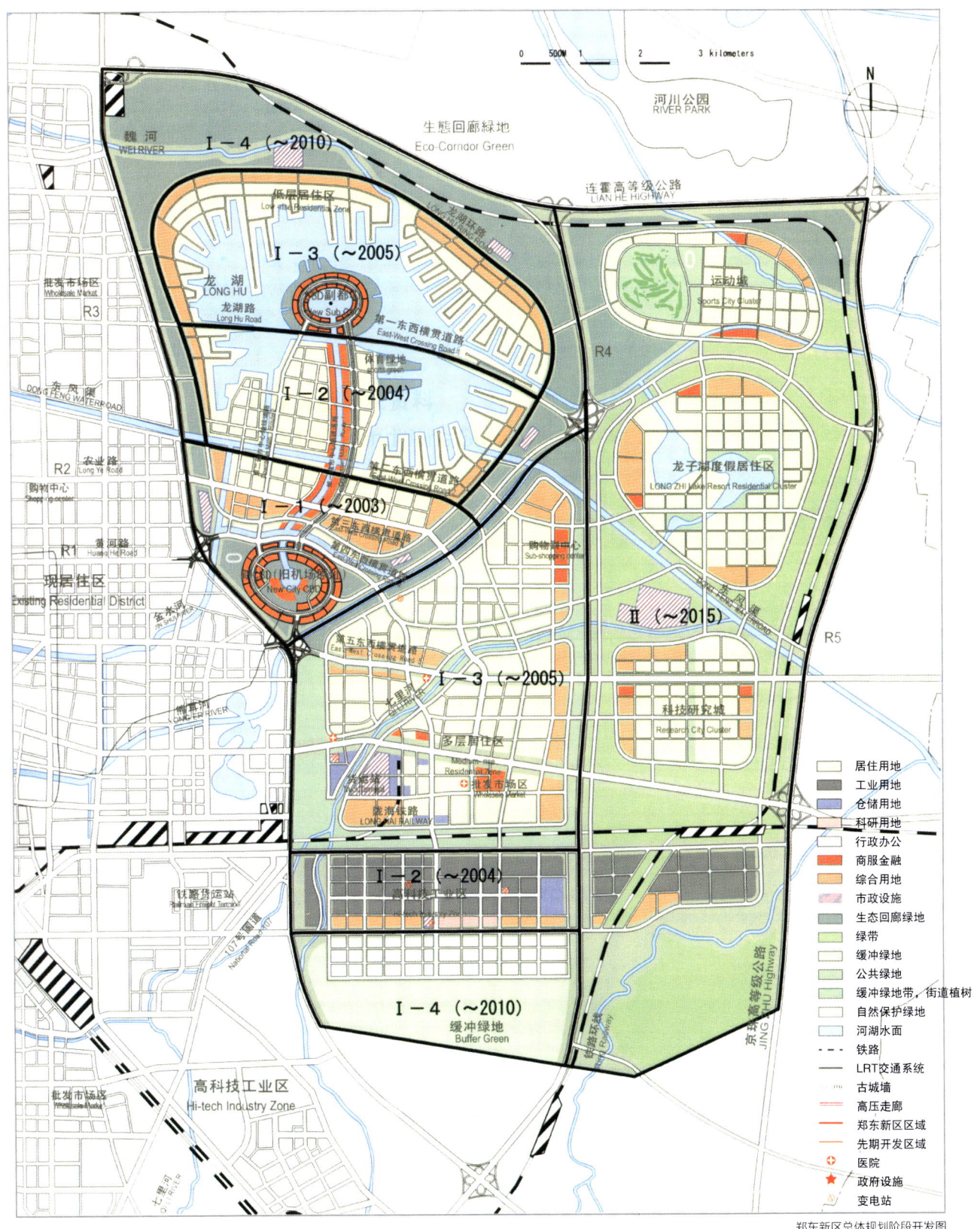

郑东新区总体规划阶段开发图

京珠高速公路（新区的边界）与环形四号线之间的绿化地带。在此绿化地带中规划了三个簇团式田园城市。它们从北向南依次是运动城簇团、龙子湖田园城市和科技研究城。科技研究城是由与陇海铁路南侧的从西向东线性延伸的高科技城相关联的研究所、研究进修中心和研究者住宅区构成。

新区内的商业、办公人口预计为769470人，预计其中半数的384735人为从外部进入新区的外国旅游者、办公和商业人口，其人数加上新区内的居住人口（夜间人口：1028020人）共计新区内白昼人口约为141万人。

3.2 CBD和CBD副中心人口计算的依据

3.2.1 居住人口的计算方法：

考虑居住面积时的一个重要指标是人均居住面积。

下表是郑州市城市总体规划（1995~2010）中城市建设用地表的数据。郑州市到2010年人均居住面积的目标是20~30m²。

用地面积	1995年		1995年		1995年	
	面积（万m²）	人均（m²/人）	面积（万m²）	人均（m²/人）	面积（万m²）	人均（m²/人）
居住用地	2816	20.2	3451	20.3	4600	20.0

作为参考，下表列出了世界主要城市的数据。各个城市有很大的差别，从中可以看出，发展中国家的面积指标较低，而发达国家的面积指标则较高。

城市（国家）	人口	人均居住面积（m²/人）
吉隆坡（马来西亚）	1343500	10.6
莫斯科（俄罗斯）	8625000	16.8
东京（日本）	11771819	26.5
巴黎（法国）	2154678	29.0
柏林（德国）	3471418	35.8

虽然可从上表中计算出世界主要城市的人均居住面积，但各城市均有自己独特的性格，变化幅度较大。在此，采用郑州市城市建设用地表的数据。

第一阶段-1（CBD）：1728000（居住面积）/20m²=86400人

第一阶段-3（CBD副中心）：1404000（居住面积）/20m²=70200人

办公人口的计算方法

3.2.2 办公面积与就业人口的关系

下表是欧洲主要城市的办公面积（总密度）与总就业人口的比较。

城市	1990年度办公面积（1000 m²）	就业人口（1000）	就业人口（年度）	纯办公面积密度（m²/人）
伦敦	36000	3503	1996	10.3
巴黎	36000	4942	1990	7.3
斯德哥尔摩	9000	853	1993	10.6
汉堡	8500	906	1990	9.4
布鲁塞尔	6000	659	1990	9.1
米兰	6000	820	1996	7.3
采用值				10.0

Source;office data from"future of world cities and their development of imfrastructure and working population from"EUROSTA REGIONS"1994，1996

上述数据显示了一般稳定的数值在人均面积为7~11m²的范围。因此，办公面积的纯密度为人均10m²。总密度为12.5m²。

（2）郑州市现有办公面积的估算

下表是根据上表的方法估算的现在郑州市的办公面积。

利用人口	2001年的人口	人均值（m²/1人）	推定的纯办公面积密度（m²）
就业人口	465907	10.0	4659070

由此，郑州市现有办公面积估算的纯密度为4659070m²，总密度为5823838m²。

3.2.3 郑州市办公面积需求的概算

但是，在决定郑州市办公空间结构时，需要另外一个概算。此概算的办公建筑面积包含两个要素。在郑州市465907人的总就业人口中，设想45%为办公以外的劳动者，剩下的55%为办公人口。又设想办公以外业务的劳动者中有5%使用办公空间，剩下的在办公空间之外。

按用途分类	2001年度就业人口	人均值（m²/人）	推定的纯办公面积密谋（m²）	推定的纯办公面积密谋（m²）
办公	256250	16.4	4139160	5173950
办公之外	209657	2.2	465910	582388
合计	465907	10.0	4659070	5823838

郑州市第1阶段-1（CBD）：办公3071250m²（办公总面积）/16.4m²（人均）=187271人

商业人口的计算方法

旅馆一般分为商务旅馆、城市旅馆和度假旅馆三类，郑州市CBD副中心的旅馆属于度假旅馆。度假旅馆一般一人的客房面积为40m²。（出据：日本建筑设计资料集-7）

郑州市第1阶段-3（CBD副中心）：旅馆1526850（旅馆总面积）/40m²=38171人

工作人员：38171×0.1=3817人

合计：38171+38171=41988人

3.3 用地布局

郑东新区的用地布局分为以下地区：

(1) 金融、办公、商业和居住功能混合存在的CBD；

(2) 旅游、娱乐、居住、CBD副中心；

(3) 线性连接CBD和CBD副中心的商业、文化城市中心轴线；

(4) 沿城市中心轴线 布置的运河两侧的多层居住区；

(5) 其他低层（4层）居住区；

(6) 在环形四号与环形五号道路之间的绿化带中布置的田园城市型低层（别墅型）住宅区；

(7) 运动公园绿地运动城中心；

(8) 龙子湖度假居住区；

(9) 科技研究城区；

(10) 生态回廊绿地。

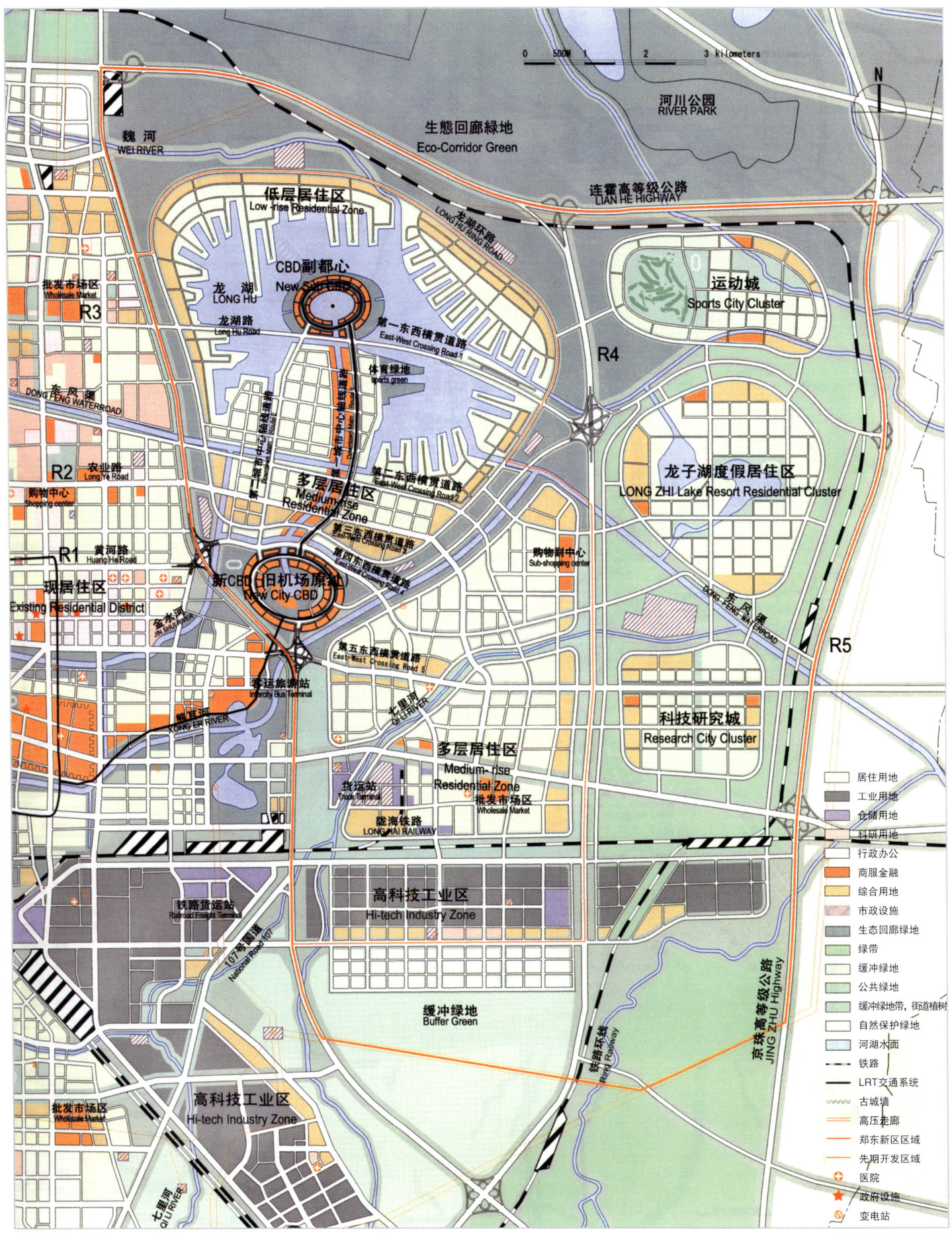

郑东新区用地布局规划图

3.4 CBD的空间形象

为把旧机场处的CBD建设为21世纪的国际性CBD，就有必要引入与香港、上海相匹敌的国际金融中心。并且，为使CBD成为不夜城，它就将成为混和居住功能的复合功能城市。

我们提议各街区的建筑布置将不同于空地被包围在超高层大楼之中的上海、深圳，而是由低层部分和高层部分相结合，沿街道统一界面。

CBD副中心的人工湖（龙湖）是国际旅游城市——郑州的另一幅崭新面貌，以此作为郑州市的新的形象进行规划。

在此，规划了外国人居住的高层住宅、长期定期居住者的旅馆式公寓、风险企业的自我管理（SOHO）办公楼、居住型旅馆、度假宾馆、附带国际会议场的宾馆、迎宾馆、度假型娱乐设施等。

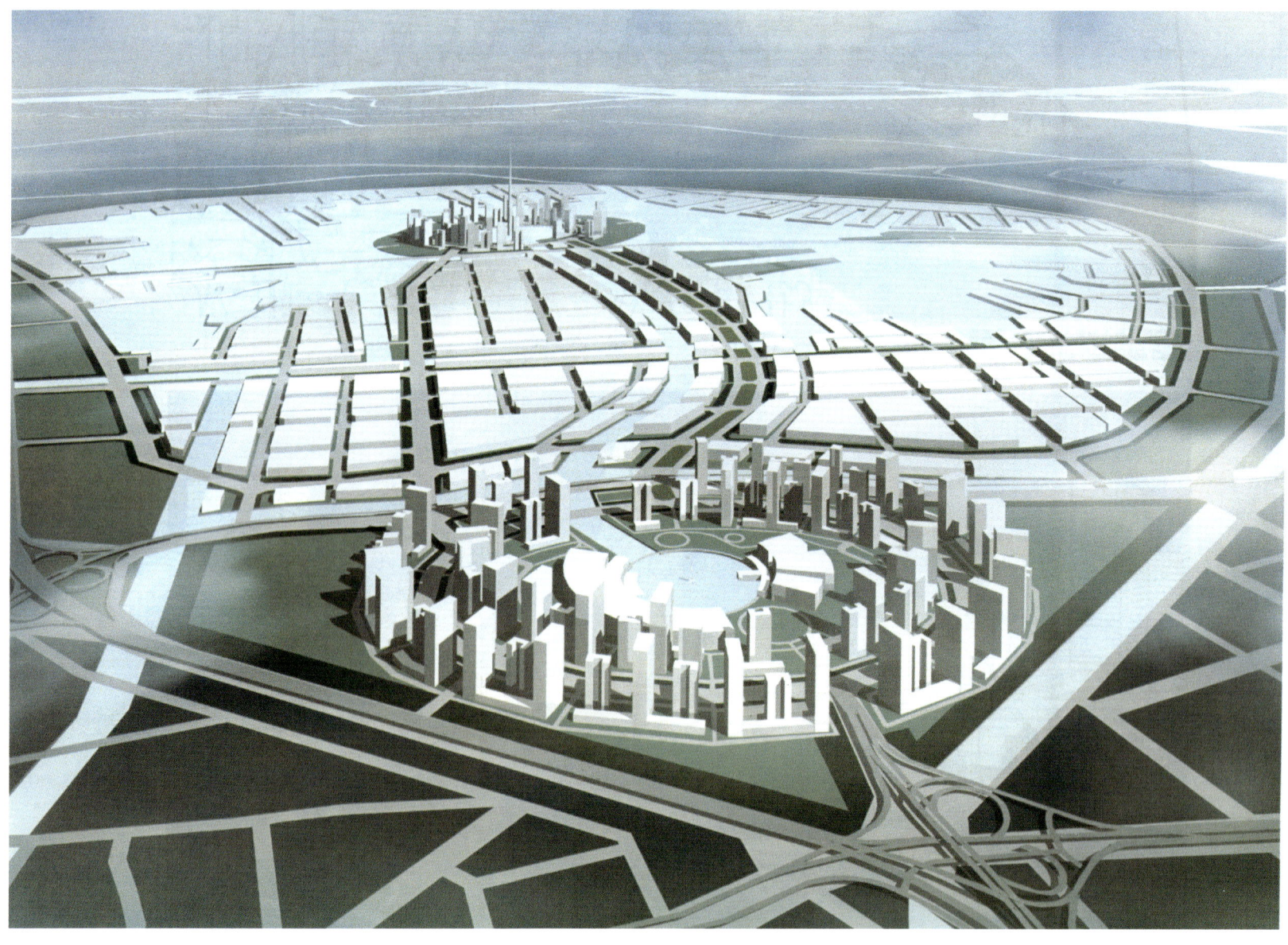

4 产业发展研究报告

4.1 郑州未来经济的发展除加强现有的工业、旅游业、商业贸易、农业等产业结构外，还要重视21世纪3种新的成长产业：

(1) IT（multi-media）产业

(2) 物流（Logistics）产业

(3) 生物产业（生态产业、或遗传基因产业）

为了这3种产业，必须建设信息基础设施、物流基础设施和生物基础设施（生态回廊）。

到21世纪后期，这三种产业相互结构，生物电子的时代将会到来。我们建议增加这种新产业，将它们布置在高科技公园城中。

4.2 在中国终将迎来数字播放的时代，因此，有必要建设600m高的电视天线塔。我们建议把具有瞭望台功能的电视塔作为IT产业的象征，设置在CBD副中心的水池中。

4.3 旧机场的CBD会展中心、艺术中心、高层办公楼、住宅楼、CBD副中心的度假宾馆、附有国际会议场和宴会场的会展宾馆、公寓式宾馆等设施将促进旅游业、服务业、商业贸易等产业的发展。

5 综合交通规划分析研究报告

5.1 新区的用地范围以西侧以环形三号线为界，东侧以环形五号线为界，北侧为连霍高速公路，南侧跨越陇海铁路以高压电缆为界，面积约为150km²。

5.2 从国土范围中心城市的交通入口是通过连霍高速公路现在的出入口经107号国道进入新区；另外，从新设的高速公路出入口经环形四号线或五号线进入新区。

5.3 连接旧城区与新区的主要通路通过环形三号线与107国道相连。

5.4 从新机场的通道由机场高速公路向北与三号线汇合进入新区；或经环形四号线或五号线进入新区。

5.5 在我的提案中，环形三号线不直接进入新区，而是通过107号国道形成环形。它也是为了避免新区被环形三号线隔断。

5.6 新区内的交通

新区内东西向横贯道路为：

5.6.1 利用"城市总体规划图"中的环形三号线与连接旧城区中心（区域购物中心）的环形三号线汇合，把新区的CBD副中心与旧城区连接起来。

5.6.2 第二条东西横贯道路沿东风渠连接旧城区。

5.6.3 第三条东西横贯道路沿农业路连接旧城区的环形二号线。

5.6.4 第四条东西横贯道路沿黄河路与环形一号线旧城中心和旧机场CBD连接。它向东延伸连接铁路站。

5.6.5 第五条东西横贯道路向东延伸与农业中心城市中牟连接。它也是连接旧机场CBD南侧和旧城市中心的重要道路。

5.6.6 沿环城铁路南北走向的高速公路是第一、二阶段建设区与第三阶段建设区的分界线。此高速公路构成第四条环形公路的一部分，它直接与连霍高速公路连接。

5.6.7 新区内纵贯南北的干线道路是沿运河连接旧机场CBD和龙湖CBD副中心的第一城市中心轴线道路和西侧的第二城市中心轴线道路。

5.6.8 新区内规划了穿过CBD环绕龙湖的环形公路。此环形公路是把龙湖水滨外国人住宅区、度假宾馆区、旅游设施区与CBD直接联系的重要道路，另外，也起着防止区域交通向CBD和CBD副中心过度集中的重要作用。

5.6.9 龙湖的水滨道路并不临水建设，它是为了水滨的居住区、旅游设施区可以不穿过公路，其中生活的居民、旅馆的客人等不仅可以乘车也可以乘船直接迅速地通往CBD和CBD副中心。

5.6.10 我们建议在新区建设的最后时期，在旧城区的二环路、新区的CBD与CBD副中心之间建设循环轻轨系统（LRT system），与此同时，在新CBD与旧CBD之间引入轻轨系统。LRT是简化型单轨铁路，它比地铁或正式单轨铁路的建设费低，对现有城市也容易引入。现在，在新加坡和吉隆坡都收到很好效果。

6 城市公共设施的供需关系与CBD选址研究报告

6.1 我们提议：在金水河与熊耳河之间形成一条连接旧城区CBD和新区CBD的商业一旅游城市中心轴线。把此轴线再延伸到人工湖龙湖，形成以旅游、居住、宾馆、国际交流为中心的、线性连接的另一个CBD。据此，形成一条连接旧市区和新区的强有力的城市中心轴线。

6.2 新区CBD以及CBD副中心的形成，带来了商业、旅游、宾馆会展中心、艺术中心等公共设施的建设，它将使郑州成为中原地区城市群的社会、经济、文化和信息的中心。

6.3 位于旧机场CBD中央公园的会展中心和位于CBD副中心的会展宾馆将弥补郑州市大型展览设施及其服务设施不足的问题。

6.4 位于旧机场CBD中央公园的艺术中心不仅规划有现代艺术展览馆、现代剧场，也规划有传统艺术、工艺展览馆、河南地方剧剧场，是现代艺术与传统艺术共生的交汇场。

6.5 在新区的东北部规划有运动城，它不仅为新区居民，也为郑州市全体市民提供体育运动的场所。

7 城市特色塑造的分析研究报告

7.1 郑东新区的景观设计和标识建筑

7.1.1 对新区的景观起重要作用的是运河（水路）、龙湖以及CBD和CBD副中心中央的湖。这水滨的景观是表现历史上从黄河以及水路网发展而来的郑州的历史的景观。也是表现政府正在推进的"南水北调"工程的未来的景观。

7.1.2 车船交通对等的新区规划将创造超越威尼斯和阿姆斯特丹的世界上最新的水路城市景观。

7.1.3 超过100m的高层建筑只限于CBD和CBD副中心的环形城市中心内，两个CBD本身也形成了城市的标识物。

7.1.4 在两个CBD中央的湖中建设象征21世纪的标识性纪念塔。CBD副中心的纪念塔可建设中国将会普及的地上数字播放天线塔（兼了望台）。它为覆盖郑州全域需要500~600m的高度，同时它还必须考虑到飞机航线的方向。

7.1.5 为表现水中倒映城市建筑的景观，重要的是距离水滨设置道路。

7.2 CBD的建筑设计

7.2.1 旧机场CBD的中心拥有椭圆形的公园，把其周围呈环形布置的高层建筑作为独特的城市设计进行规划。

7.2.2 中心公园的水池有喷泉，面向水池对峙布置会展中心和艺术中心。两栋建筑以水池为中心，设计为象盛开的花瓣的、生动的建筑形态。环形城市的各栋单体办公楼、住宅楼的设计也必须显示出世界最先进的建筑成果。

7.2.3 龙湖的CBD副中心以宾馆和外国人居住的高层住宅为主设计为环形城市。对CBD副中心建筑的设计，要充分考虑到能直接出入水滨的规划特点，创造出度假的气氛。

7.3 簇团规划的特征

7.3.1 每个簇团具有环形公路，其外围是绿化带。

7.3.2 簇团与簇团的连接规划为环形公路之间的连接。只要增加连接道路，就可以适应簇团内住宅区的发展。

7.3.3 簇团的商业、服务、行政中心区不布置在簇团的中心，而是沿环状公路布置，这样可防止中心部的交通阻塞。

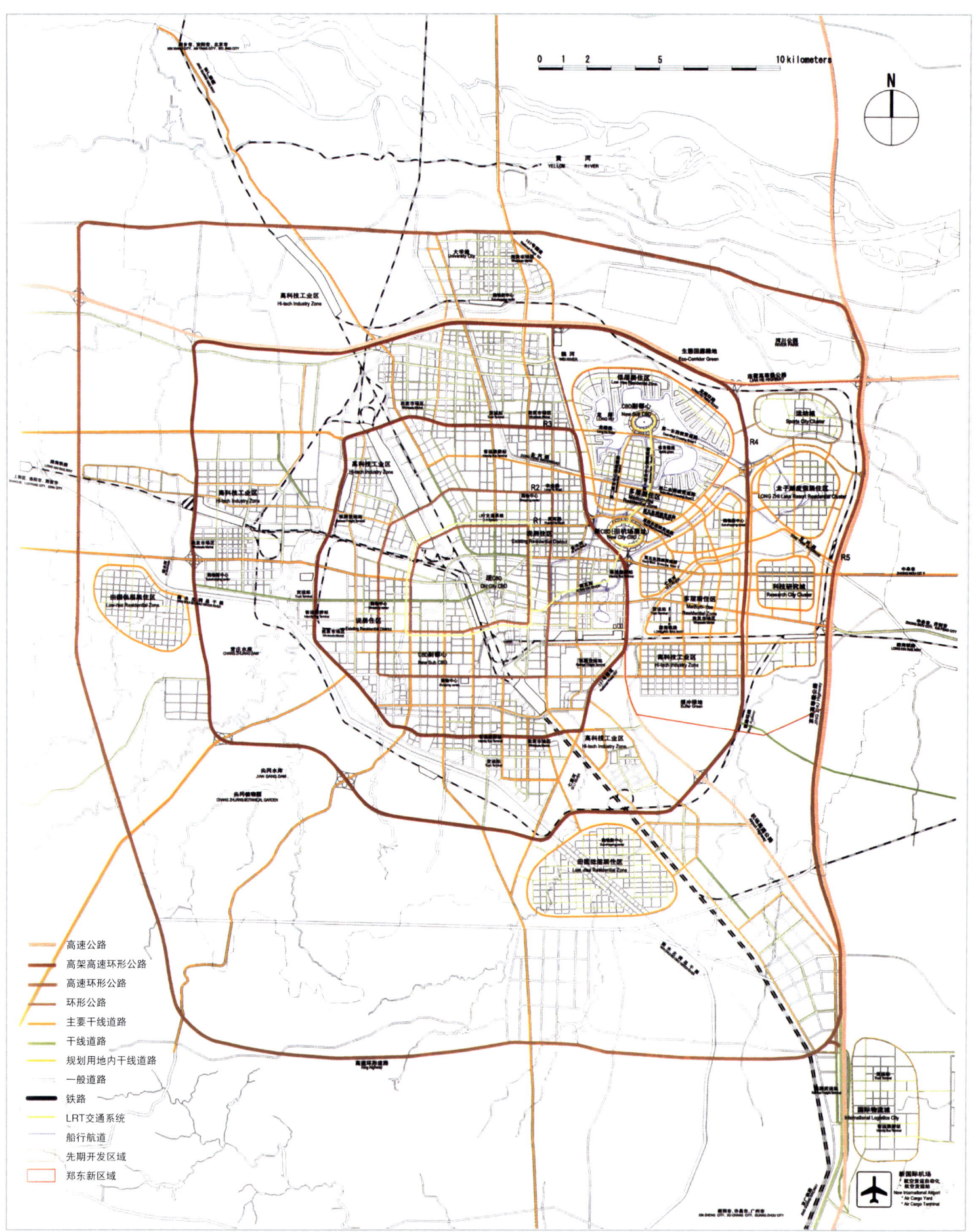

郑州市综合交通规划图

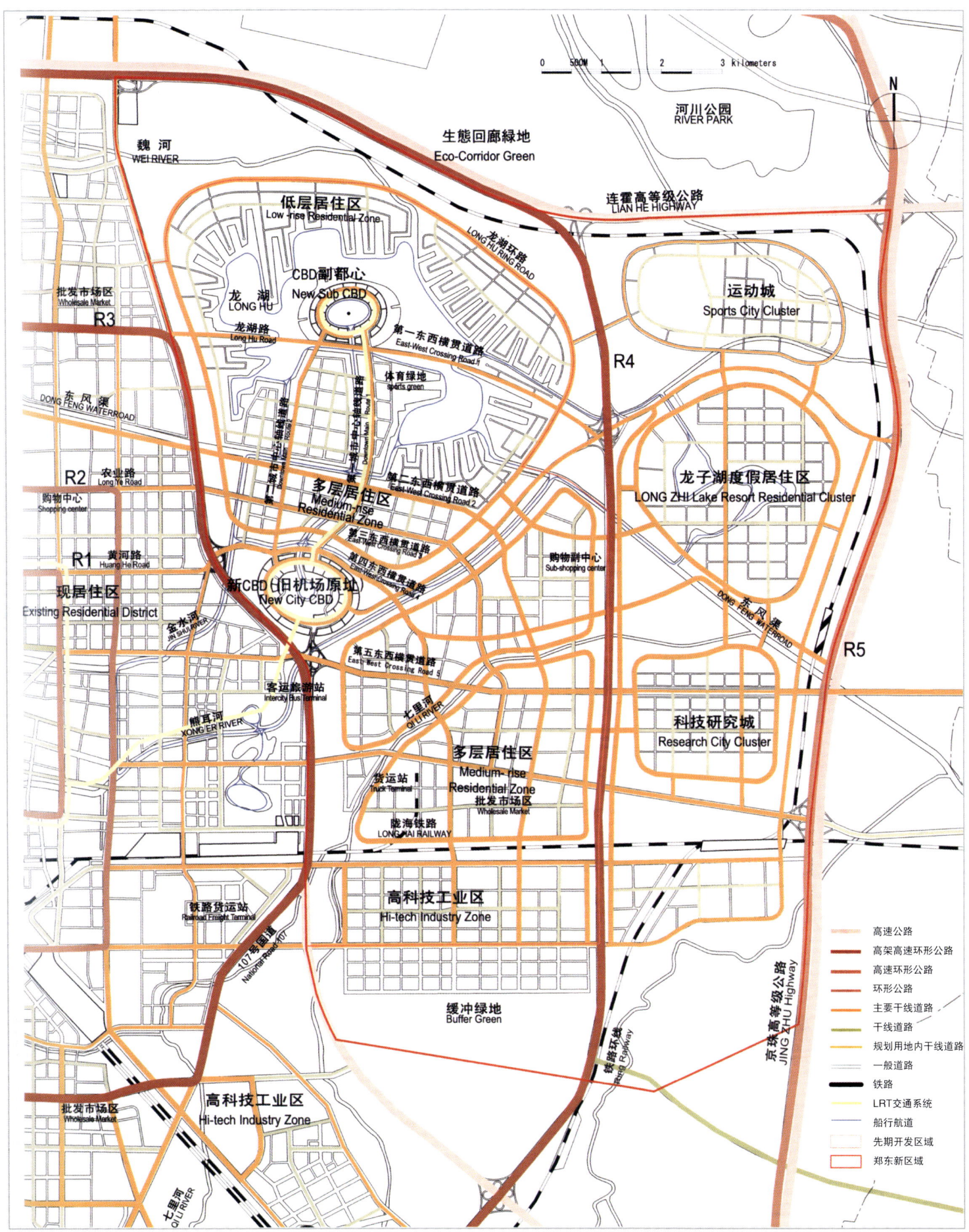

郑东新区综合交通规划图

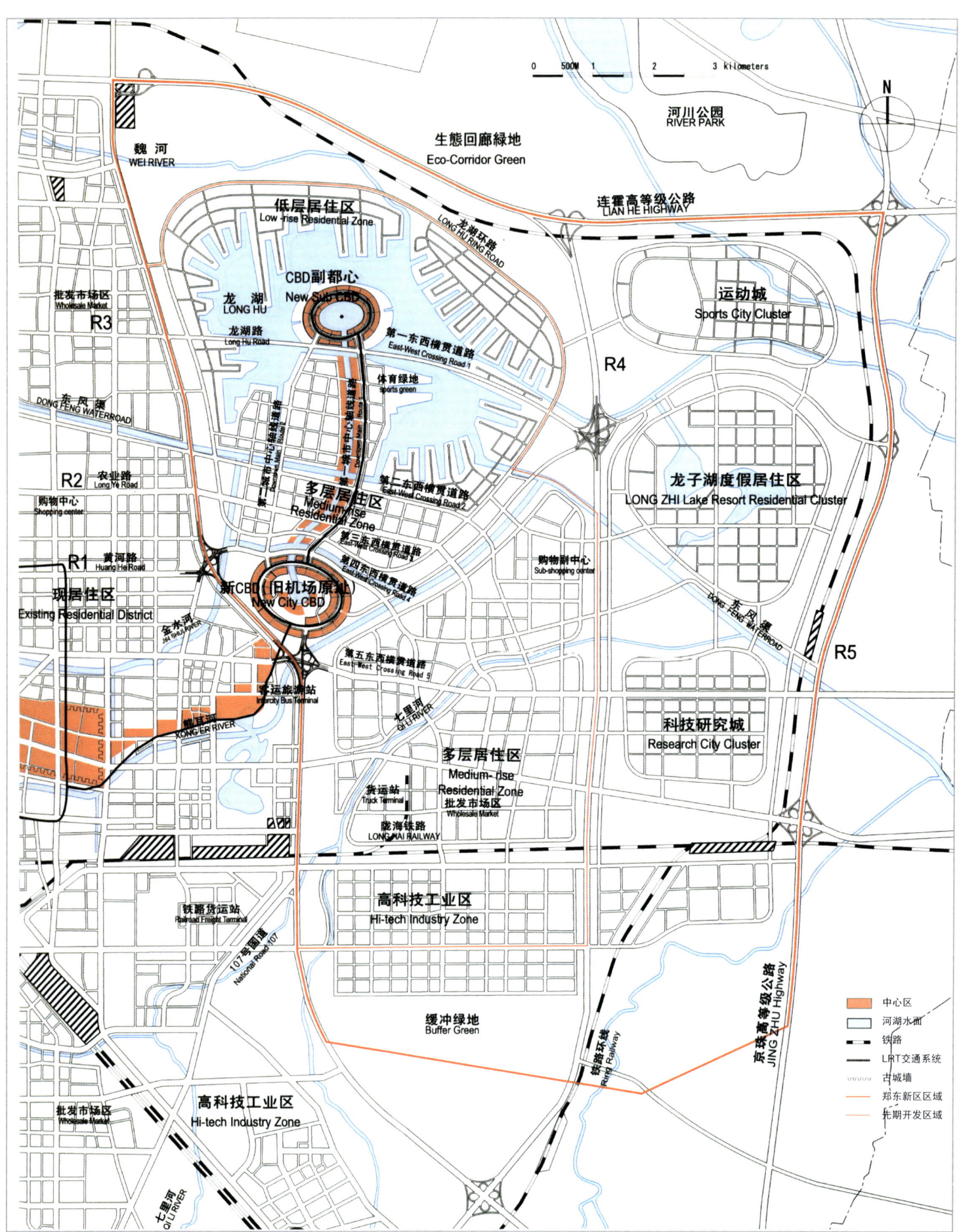

郑东新区CBD选址方案图

The Master Plan for Zhengdong New District

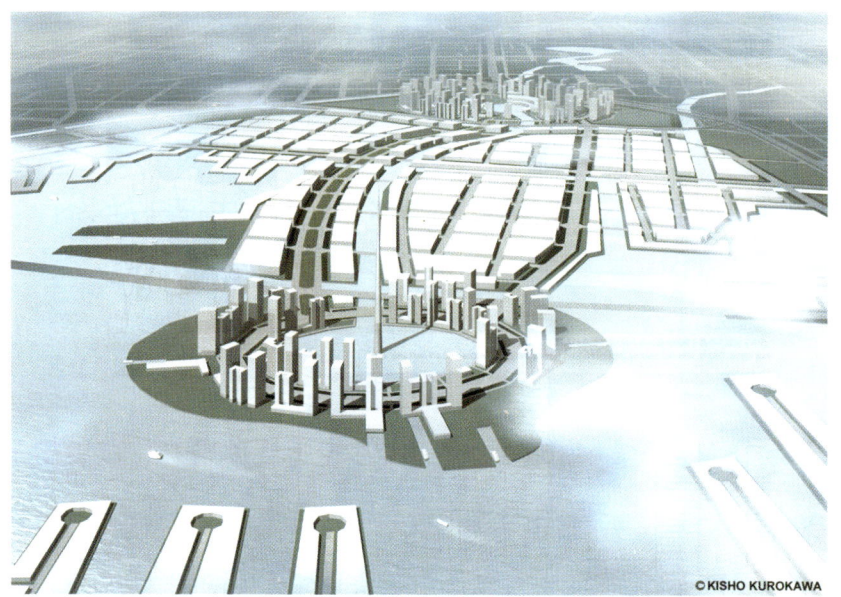
龙湖中二岛方向眺望CBD

滨湖中景观示意图

8 城市生态环境报告

8.1 关于市区的街道树木，对主要干道统一树种，而对其他街道则采取各种树种，特别是种植花卉、果木等种类，以表现季节感。

8.2 把新区的绿地作为郑州市整个生态回廊的一部分进行规划。生态回廊就是把河流、森林、湖泊、运河、城市公园和其他孤立的生态系统连接起来的绿化网络。生态回廊不仅仅只是为了人类的公园，它也是让小动物、昆虫、鸟类、蝴蝶等生物种可以移动的绿色回廊。

8.3 中国政府为解决北方水源不足和保护生态系统，制定有把南方的水输送到北方的"南水北调"工程。把养鱼池改为人工湖——龙湖，它在形成郑州市新的景观的同时，既是贯彻生态回廊的思想，也是起到调节水资源、防洪排涝和改善环境的作用。

9 规划实施措施研究报告

为计划成功获得实施完成，有必要充分研究实施战略。

9.1 郑东新区的规划实施必须有省政府、郑州市及各相关部门的紧密联系协调，并设立郑东新区开发建设联系协调委员会。

9.2 在郑东新区的规划实施中，为对郑州市各相关部门有一个统一的窗口，应设立郑东新区开发专门委员会那样的强有力的促进机构。

9.3 为保持郑区新区的规划理念和规划思想的一贯性，应任命总规划建筑师。

9.4 以总规划建筑师为中心，制定特别是CBD地区、CBD副中心地区、线性城市中心轴线地区的建筑导则。

9.5 对标识性建筑，有必要委托总规划建筑师或国际上著名建筑家进行设计，通过吸引国际瞩目的宣传战略，以吸引国外著名企业的援助。

9.6 现在，中国政府不仅在中国也向世界各国大力号召促进"西部大开发"的战略。在此，郑州市政府应大力宣传郑州市作为西总大开发的重要的根据地，以及郑东新区的开发是西部大开发的重要先遣兵的意义，以促进郑东新区的早日建设。

运河和中心湖沿岸景观

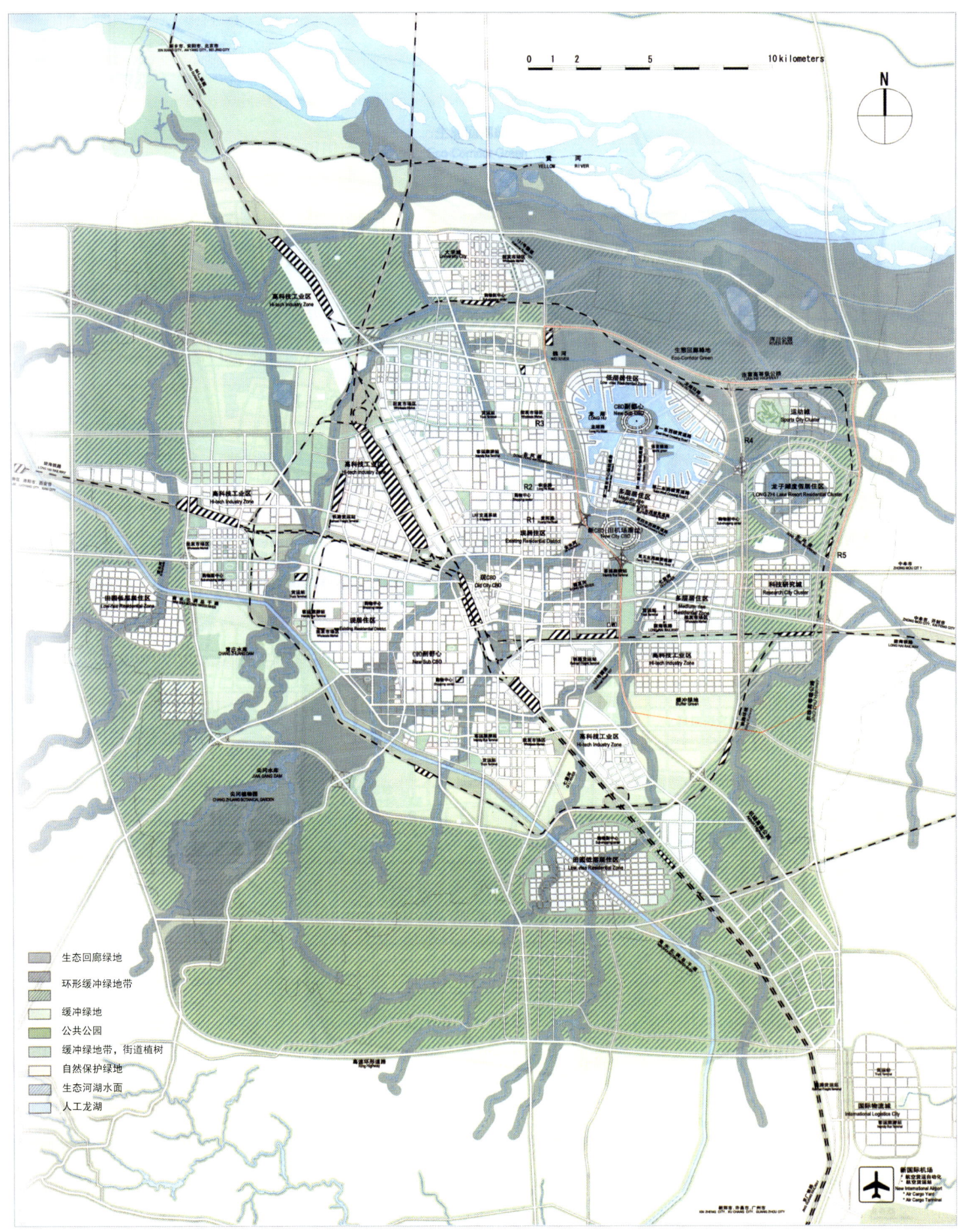

郑东新区生态系统规划分析图

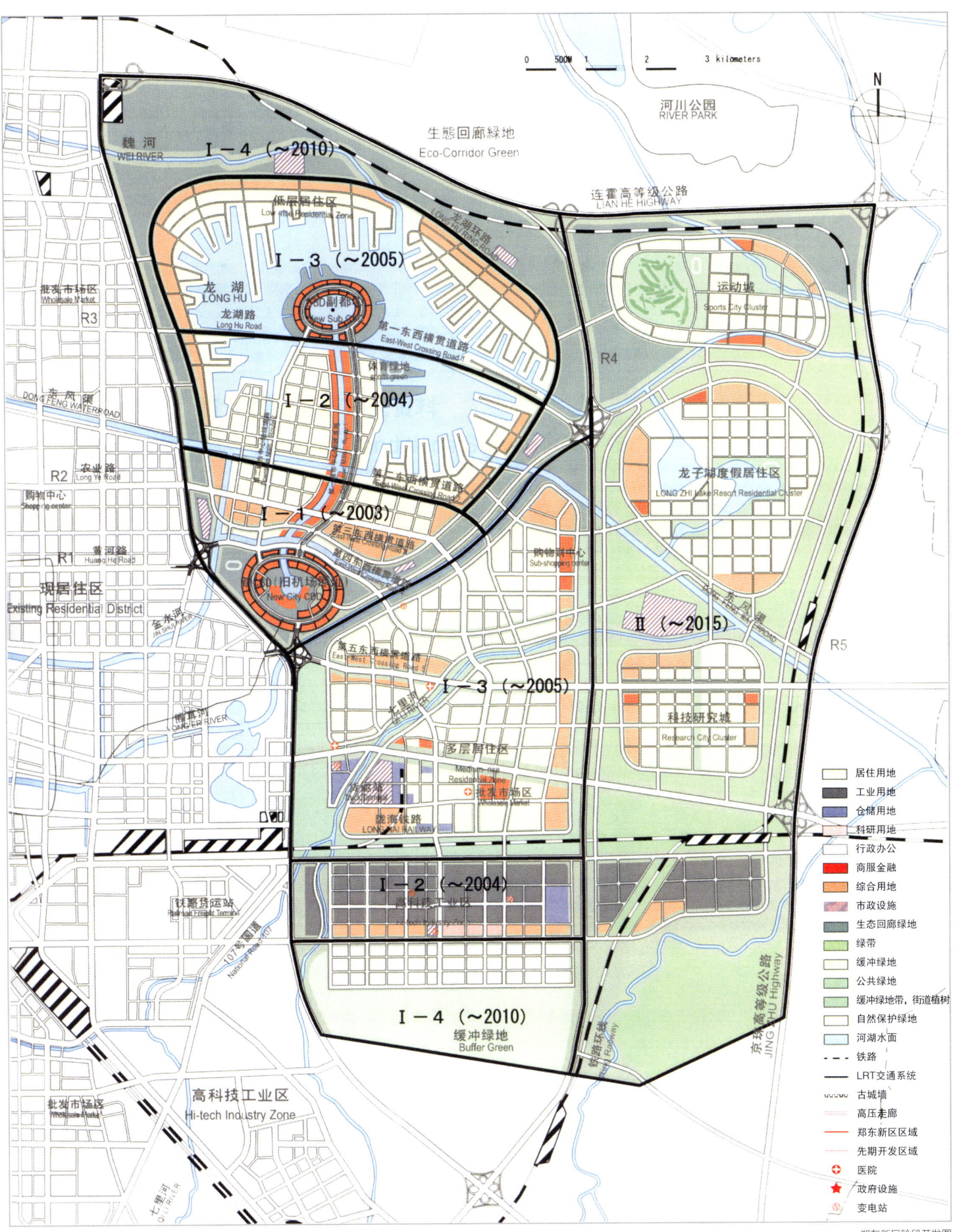

郑东新区阶段开发图

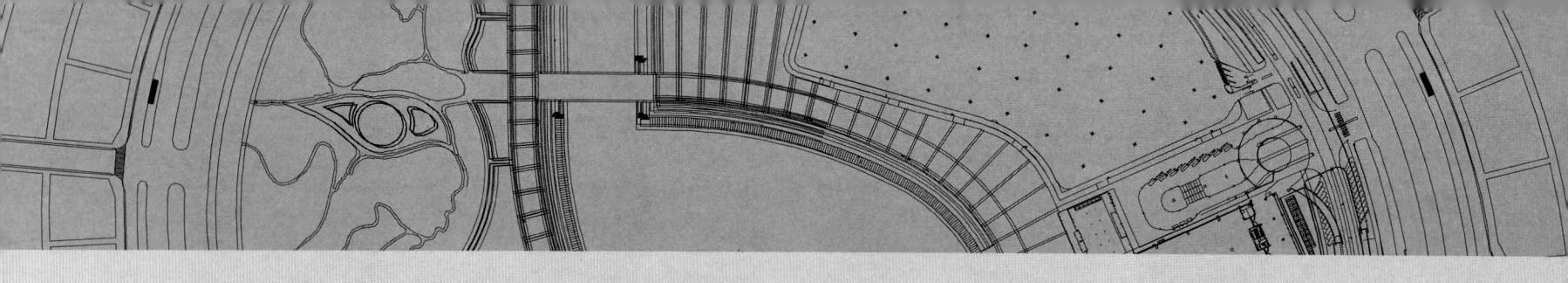

规划方案征集评审会会议纪要
Minutes of Examination & Appraisal Meeting on the Collected Plans

规划方案征集中期评审会会议纪要 I
Minutes of Examination & Appraisal Meeting on the Collected Plans I

郑东新区总体发展概念规划中期评审会于2001年11月14～15日在郑州市裕达国贸大厦召开。会议开幕式由郑州市人民政府副市长康定军主持，市长陈义初致辞。评议会成立了由来自国家建设部、清华大学、北京、上海、广州、深圳等地的国内著名规划专家和来自美国的国外规划专家组成的13人专家评审委员会（评委名单附后）。省委常委、郑州市委书记李克、河南省建设厅常务副厅长刘洪涛、常务副市长王文超等省市领导出席了会议。

评审会由中国建筑学会理事长、评委会主任委员宋春华主持。评委们首先踏勘了现场，在听取澳大利亚COX、美国SASAKI、法国夏氏、日本黑川纪章、新加坡PWD、中国城市规划设计研究院等设计单位的汇报后，进行了认真充分的评议。评委们认为，此次总体概念规划方案国际征集非常必要，在国内尚属首次，能够邀请到不同国家的著名大师参加设计，对于提高郑州市知名度和城市品位，推动规划设计与国际接轨都将产生深远的影响；参加设计单位做了大量分析和较深入的研究，规划方案图文并茂，内容充实，基本达到中期报告的规划设计要求。现将评审意见纪要如下：

一、澳大利亚COX集团方案

（一）优点及特点
1、方案特色鲜明，新城与旧城形成强烈的对比，颇具现代感。
2、方案进行了大量的量化分析，各项经济技术指标逻辑性较强。
3、新城与旧城由大面积城市绿带和水体相隔离，绿带内的公共文化设施便于新旧城共享。
4、与旧城脱开的新城有利于解决好交通问题，避免出现"摊大饼"的城市格局。

（二）存在问题
1、新城与旧城之间的交通联系（陆桥）比较脆弱，容易造成交通问题，路网间距适合汽车尺度，不适于有步行及自行车的混合交通。
2、新城东部地块朝向不佳。
3、新城规划分期实施不尽合理，CBD开发与东部地块开发相对分散，基础设施配套难度较大。
4、水体面积过大，水源问题论证不够，由此引发的水系生态的可持续问题不易解决。
5、与现状机场用地脱节，107国道改造等重大项目未纳入规划。
6、CBD容积率过高。

（三）修改建议
1、结合现状调整道路及用地，改善地块朝向，使之更加有机地与旧城结合。
2、合理疏导东西干线，解决交通问题。
3、重新考虑分期规划，开发用地相对集中，增强方案可实施性。
4、应加强产业方面的研究。

二、美国SASAKI公司方案

（一）优点及特点
1、竖向城市轴线的构思较有特色。
2、绿化、环境方面有可取之处，滨水地区利用较好。

（二）存在问题
1、新旧城区完全没有分隔，形成绵延发展，并将严重影响交通。
2、设计者将小区及组团的设计手法应用于大型城市规划，对城市尺度尚缺乏把握。
3、设计深度不够，案例分析与最终方案脱节，设计文本与图纸内容不符。
4、从总体上讲，中国城市化水平还较低，发生在西方发达国家大城市的城市中心区衰退现象在中国大城市（包括郑州）尚未出现。
5、新区中心区部分规模过大。

（三）修改建议
鉴于设计方案未能体现出规划任务书提出的全面要求，建议设计方应引起足够的重视，加强力量，全面把握总体规划的要求，尽快提出符合中期要求的修改框架概要，经确认后，再进入下阶段规划工作。

三、法国夏氏设计事务所方案

（一）优点及特点
1、"加强与旧城区的联系，但又保持自身独立性"的新区战略发展概念值得强化和发展。在空间架构上，该方案采取了一条新区与旧城恰当结合的发展思路，这一构思也应继续发展。
2、考虑了黄河漫滩对城市的影响，对北部生态绿地的处理较好，对环境有较充分的分析。
3、通过对现状的分析，找出了旧城存在的若干问题。
4、对新区的外部交通做了必要的考虑。

（二）存在问题
1、对新区广大地域的空间布局没有提出分层次、有系统的设计构想。
2、对内部交通系统没有作深入考虑。
3、主干道路网偏疏，并人为地造成很多丁字路口。
4、斜向道路形成许多锐角交叉，所引发的交通问题较大，路网和交通的组织也未深入展开。
5、对郑州城市现状的发展特点把握不够。
6、世纪大道沿线高层建筑布局及其关论证较粗糙。

（三）修改建议
1、应把握方案的多层次性和相应的要求。
2、在核心概念上要继续深化；对空间布局应作更深入的研究，表达应更明确。
3、对路网和交通应作重点研究，继续深入完善。
4、应加强产业方面的研究。

郑东新区总体发展概念规划中期方案评审会邀请专家名单

1、宋春华　中国建筑学会会长、总规划师
2、柯焕章　北京市规划设计院院长、高级规划师、北京市CBD办公室新闻发言人
3、朱自煊　清华大学教授
4、徐循初　同济大学教授、道路交通专家
5、黄富厢　上海市规划院高级规划师、教授
6、吴志强　同济大学建筑城规学院副院长、教授
7、雷　翔　广西区建筑综合设计研究院院长、博士
8、邢幼田　美国加州大学教授、博士
9、戴　逢　广州市政协副主席、规划专家
10、王富海　深圳市规划院副院长、高级规划师
11、李旭宏　东南大学交通学院教授、道路交通专家
12、虞绍涛　河南省建设厅总规划师、高级规划师
13、韩林飞　北京大学建筑学博士、城市经济学博士

四、日本黑川纪章都市建筑设计事务所方案

（一）优点及特点

1、将新陈代谢城市和共生城市的理念应用于郑东新区总体发展概念规划，并对原有城市总体规划作了合理的修正。
2、结合郑州实际的实际情况，提出了西南东北向城市时空发展轴的概念。
3、结合京广和陇海两大铁路干线，提出了"X"型的城市发展框架。
4、规划研究态度严谨，内容充实，形象具体，特色鲜明，系统性强．

（二）存在问题

1、龙湖水面是否过大，金水河、熊耳河如何利用，水上旅游能否形成网络等问题尚需进一步研究。
2、规划的人口密度是否适合郑州市情需进一步探讨。

（三）修改建议

1、进一步分析研究新区人口规模及CBD昼夜人口比例，提供确定相关数据的方法和过程。
2、深入分析研究水系（尤其是湖面）的形成及有关生态环境问题．
3、根据国际先进的开发理念，对两大铁路干线的综合整治及上部空间的开发利用提出更加深入的构想。
4、CBD要与北部湖区相结合，形成一个有机整体，作为郑州城市景观的亮点。
5、轨道交通需进一步完善，环形铁路对城市发展的影响需进一步研究。

五、新加坡PWD（工程集团）方案

（一）优点及特点

1、方案考虑问题较全面、细致、务实，符合任务书要求。
2、交通解决较好，路网等级结构清晰，轨道交通较合理。
3、方案结合地形、地貌条件，与旧城区的整体结合较为完整。
4、"三个发展带及三个发展核"的概念有独到之处。
5、方案实施成本较低、风险较小、可操作性较强。

（二）存在问题

1、创意不足，缺乏激情与新意。
2、设计理念未能在设计中得到具体体现。
3、商务中心区沿外围快速路景观较差。
4、CBD用地规模大，密度偏小。
5、CBD地区交通组织缺乏保护壳，对107国道不利。
6、步行街过长，不合理。
7、生态系统特别是绿化与水系未形成体系。

（三）修改建议

1、规划方案应有"亮点"。
2、进一步深化生态系统，使绿化、水系从整体上能相互联系。
3、绿化、水系应与北部水面相结合形成步行绿化系统。
4、应进一步加强CBD地区的综合规划研究。

六、中国城市规划设计研究院方案

（一）优点及特点

1、"从产业战略、社会战略的分析入手，落实到空间发展战略"的思路值得肯定。
2、从规划方面考虑了几种发展的可能性，作了多方案的比较，提供了多种思路选择。
3、在经济发展战略、产业发展方面的分析有一定广度与新意。

（二）存在问题

1、太多的选择方案罗列在一起，不提导向意图，不利于领导进行决策。
2、做法严谨，但太拘泥于总体规划，思路不够开阔，方案缺乏新意。
3、城市设计手法陈旧，CBD空间组织与形态规划流于一般。

（三）修改建议

1、抓住"格局、结构、空间、形态上的比较"这一重点，将提出方案的数量减少，提出二、三个有特色的比较方案及推荐方案。
2、避免出现定势化的最终成果式的城市设计方案，而应采取一种有序变化、不断生长的空间序列，使规划方案体现"分期完整、最终完整"的特点。
3、加强分阶段经济分析，体现各阶段有"经济增长点"的目标。
4、构思、布局应与地形、文脉进一步整合。
5、规划方案应通过城市设计予以深化和完善。
6、批发市场远期推向外环值得研究。

郑州市城市规划局
2001年11月15日

规划方案征集终期评审会会议纪要II
Minutes of Examination & Appraisal Meeting on the Collected Plans II

郑东新区总体发展概念规划终期评审会于2001年12月16日在郑州市裕达国贸大厦召开。来自建设部、北京、上海、广州、南宁等地的规划专家组成了评审委员会（名单附后），河南省张洪华副省长出席了会议，郑州市康定军副市长出席并致辞。

评委们听取了市规划局关于郑东新区总体发展概念规划国际招标和中期评审情况的介绍，以及黑川纪章先生就概念规划方案所作的专题介绍，审查了澳大利亚COX集团、美国SASAKI公司、法国夏氏建筑设计与城市规划事务所、如本黑川纪章建筑都市设计事务所、新加坡PWD工程集团、中国城市规划设计研究院6家设计单位提交的规划成果。委员们经过认真讨论，一致认为：个设计单位在较短的时间内作了大量的工作，规划方案内容翔实、各有特色、图文并茂，具有较高的规划设计水平，达到了规划设计任务委托书要求。

黑川纪章方案将新陈代谢和共生城市的理念应用于郑东新区总体发展概念规划，在尊重现有城市总体规划的前提下，对城市布局结构做出了合理的修改，结合郑州的实际情况，提出了西南——东北向城市历史文化生态发展轴，使新旧区连为一体，为现有城区注入了新的生命气息。CBD及北部湖区位置适宜、特色鲜明；方案提出的组团式空间结构合理。方案结合京广、陇海两大铁路干线，提出了城市工业布局呈"V"字形扩展的设想。该方案提出的设计概念思路清晰，具有较强的震撼力。

评委会建议：可以在黑川方案的基础上，吸取其他方案的优点，将该概念规划深化为可供实施操作的规划方案。具体意见如下：

1、在已有工作的基础上，结合城市社会经济发展的分析，进一步深入研究新东新区的规模、功能、布局和分期建设问题，使规划方案更加科学、合理、可行。

2、西南——东北向的城市文化历史生态轴线是该方案的精华，应针对该轴线作专题城市设计研究。

3、在保持原有特色的前提下，对CBD和北部湖区的功能，规模和空间心态作进一步深入分析。

4、城市中心组团应进一步整合完整，边缘组团与中心组团的关系也需相应调整。

5、应对道路交通和轨道交通进行深入的专题研究。

6、应对开发模式、程序及相应的组织措施、管理办法，特别是起步区的规划建设问题，进行进一步的研究，使规划方案更加切实可行。

7、为了保持概念规划的特点和方案的切实可行，建议后续规划工作由黑川事务所和国内规划设计单位合作完成。

郑州市城市规划局
2001年12月16日

郑东新区总体发展概念规划方案
终期评审会邀请专家名单

姓 名	单位	职务（职称）
陈晓丽	建设部	总规划师
何镜堂	华南理工大学	中国工程院院士
柯焕章	北京市城市规划设计研究院	院长、规划专家
朱自煊	清华大学	教授
戴 逢	广州市政协	副主席、规划专家
雷 翔	广西建筑综合设计研究院	院长、博士
石 楠	中国城市规划学会	秘书长、教授级规划师

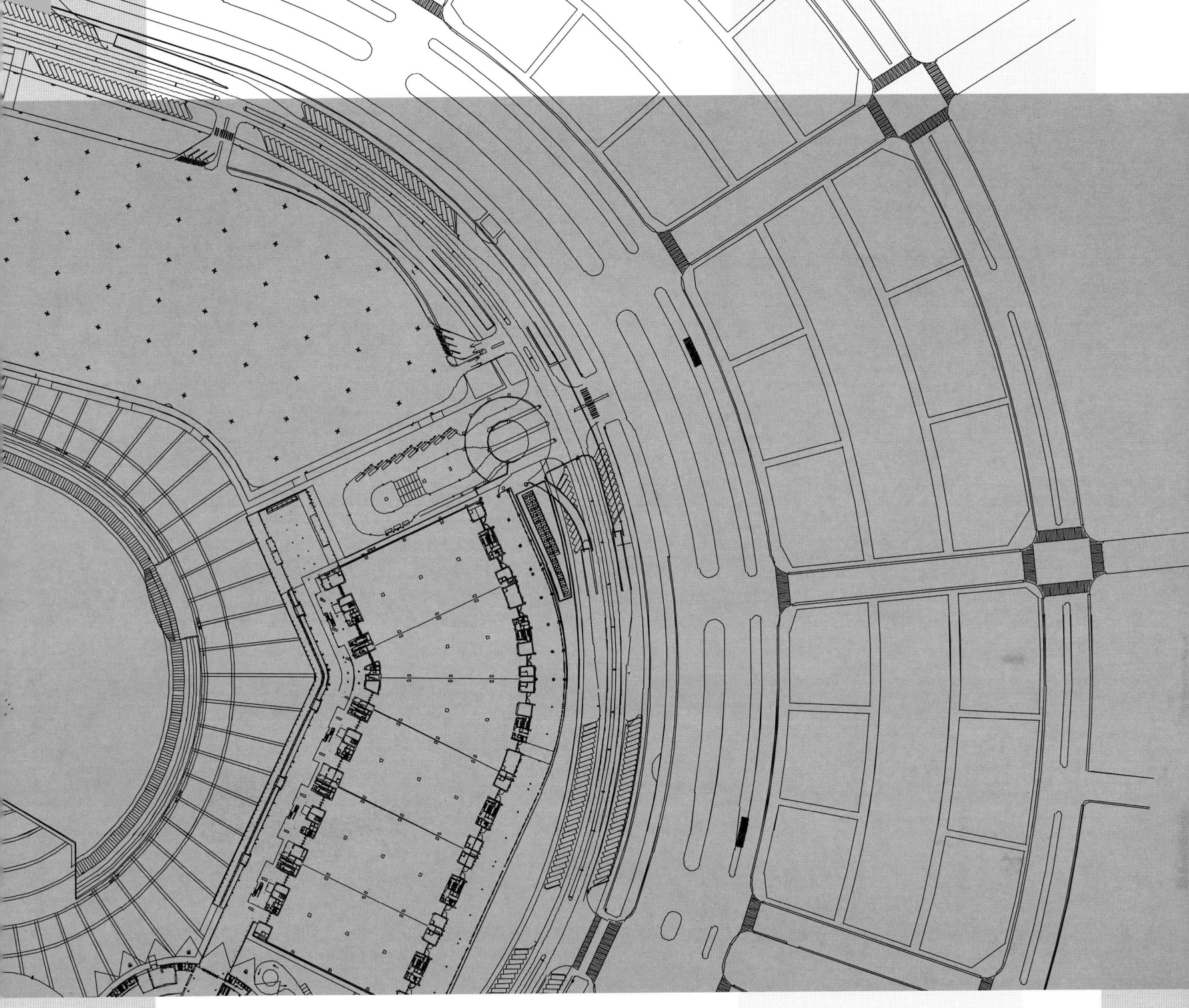

郑东新区
总体概念规划的深化和完善

To Deepen and Perfect the Conceptual Master Plan of Zhengdong New District

第三部分
Part III

第三部分 Part III
郑东新区总体规划概念规划的深化和完善
To Deepen and Perfect the Conceptual Master Plan of Zhengdong New District

147 郑东新区起步区及龙湖地区规划深化
To Deepen the Plan of the Start-up Area and Longhu Area of Zhengdong New District

185 郑东新区大学园区、科技园区规划调整方案
Revised Schemes for University Park and Science and Technology Park of Zhengdong New District

244 郑东新区拓展区控制性详细规划
Regulatory Detailed Plan of the Extention Area of Zhengdong New District

257 龙湖地区控制性详细规划
Regulatory Detailed Plan for Longhu Area

274 龙子湖地区控制性详细规划
Regulatory Detailed Plan for Longzihu Area

283 郑东新区基础设施总体规划
Master Plan of Infrastruture for Zhengdong New District

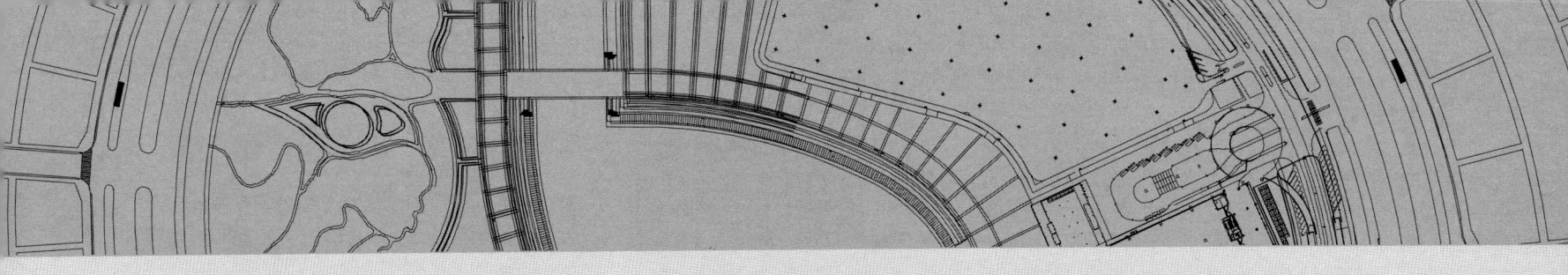

郑东新区起步区及龙湖地区规划深化

To Deepen the Plan of the Start-up Area and Longhu Area of Zhengdong New District

1

规划设计单位：黑川纪章建筑·都市设计事务所
Kisho Kwrokawn Architect & Associates, Japan

郑东新区起步区及龙湖地区规划深化
To Deepen the Plan of the Start-up Area and Longhu Area of Zhengdong New District

1 序

1.1 郑东新区起步区与龙湖地区是一个统一的整体。

今年2月25日起步区终期汇报与龙湖地区中期汇报一并向郑州市人民政府进行了汇报。

本次郑东新区起步区详细规划最终成果（修改稿）与郑东新区龙湖区概念规划深化最终成果汇报是根据今年2月25日，在郑州市裕达国贸大厦进行的"郑东新区起步区终期汇报与龙湖地区中期汇报"的成果，并根据评审委员会以及郑州市规划局的意见和建议，分以下7个项目研究课题，对规划进行了深化和完善。

1.1.1 会展中心选址问题

作两个比较方案，从人流、车流、物流、景观等各个方面研究将会展中心放在环形城市内侧与外侧（西侧）的利弊，以作出科学合理的决策。

1.1.2 关于起步区（特别是环形城市）的交通问题

从区域的角度出发，结合总体规划对起步区（特别是环形城市）的交通问题提出交通分析意见以及更合理有效的解决方案。

1.1.3 城市景观问题

适当减少环形城市围合的面积，以加强环形城市中心空间的围合感。适当降低建筑高度，突出中央标识性建筑的景观效果，以增强方案实施的可行性。

1.1.4 关于步行街

对环形城市中的步行街的规模、长度、空间形态等作进一步的研究。

1.1.5 关于分期实施问题

通过深入分析，提出切实可行的建设分期意见。特别是近期建设的设想，以保证规划分阶段、有步骤、按计划实施。

1.1.6 龙湖地区相关问题

从城市生态的角度上，增加龙湖的功能。结合龙湖的水面适当增加部分"城市湿地"，尽可能简化湖岸形状（自然化），减少水面面积，扩大周边公共绿地和公用设施的规模，为市民提供更多的公共活动空间，龙湖北部居住区与中部居住区在档次、容积率、建筑密度方面可有所不同。针对龙湖北部的功能、布局、交通、水系换水等问题做进一步研究。

1.1.7 居住区相关问题

"九宫格"式的居住模式在朝向、层数、配套设施等方面还存在一定的问题，应更多考虑郑州的地理区位，并结合中国居住区设计规范加以完善。

1.2 本次规划根据以下有关法律、规范及相关文件、资料及指示等。

（1）《中华人民共和国城市规划法》
（2）《工程建设标准强制性条文——城乡规划部分》（2000年版）
（3）《城市用地分类与规划建设用地标准》GB J137-90
（4）《城市居住区规划设计规范》GB 50180-93
（5）《城市用地竖向规划规范》CJJ83-99
（6）《城市道路交通规划设计规范》GB 50220-95
（7）《郑州市城市总体规划》（1996-2010）
（8）郑州市政府、市规划局对郑东新区规划的指示、意见
（9）郑州市规划局提供的资料
（10）郑东新区起步区详细规划任务委托书
（11）郑东新区龙湖地区概念规划深化任务委托书
（12）郑东新区总体发展概念规划中期报告书（2001-11-14）（黑川纪章建筑都市设计事务所）
（13）郑东新区总体发展概念规划终期报告书（2001-12-15）（黑川纪章建筑都市设计事务所）
（14）郑东新区起步区详细规划中期报告书（2002-01-24）（黑川纪章建筑都市设计事务所）
（15）郑东新区起步区详细规划终期报告书、龙湖地区概念规划深化中期报告书（2002-02-25）（黑川纪章建筑都市设计事务所）

2 起步区、龙湖地区的性质

2.1 起步区

在郑东新区总体发展概念规划的基本构思中，确定了起步区不仅将成为郑东新区的核心，也将承担作为国家区域中心城市——郑州的核心功能和作用。起步区将形成集办公、研究、教育文化、商业、住宅等多种城市功能的新型城区。起步区以共生城市（Symbiotic City）和新陈代谢城市（Metabolic City）为基础，作为郑州市的新核心、新形象，必将成为世界上独具魅力的新型城市中心地区。在中心区中心，形成以中原文化与自然环境为背景的景观，规划"郑州国际会展中心"和"河南省艺术中心"，使之成为国际商业及文化艺术的中心。

2.2 龙湖地区

龙湖的面积约为600hm^2，与杭州西湖的面积相当。通过运河将龙湖与新区的CBD连接起来。以历史景观中的郑州的河与水作为景观的主题。水中映射出的新城中心风景将向世人展现——世界上独一无二的具有郑州特色的形象。伸入人工湖的半岛是国际旅游居住城市中心，其中心有中心湖。在此布置国际性度假宾馆、拥有国际会议场和宴会场的会展宾馆、长期停留者使用的公寓式宾馆、与宾馆直接联系的服务宾馆以及外国人用住宅等。各个宾馆与湖畔直接相连，可乘游艇出入其间，从宾馆到旧机场的CBD可形成戏剧性通路。

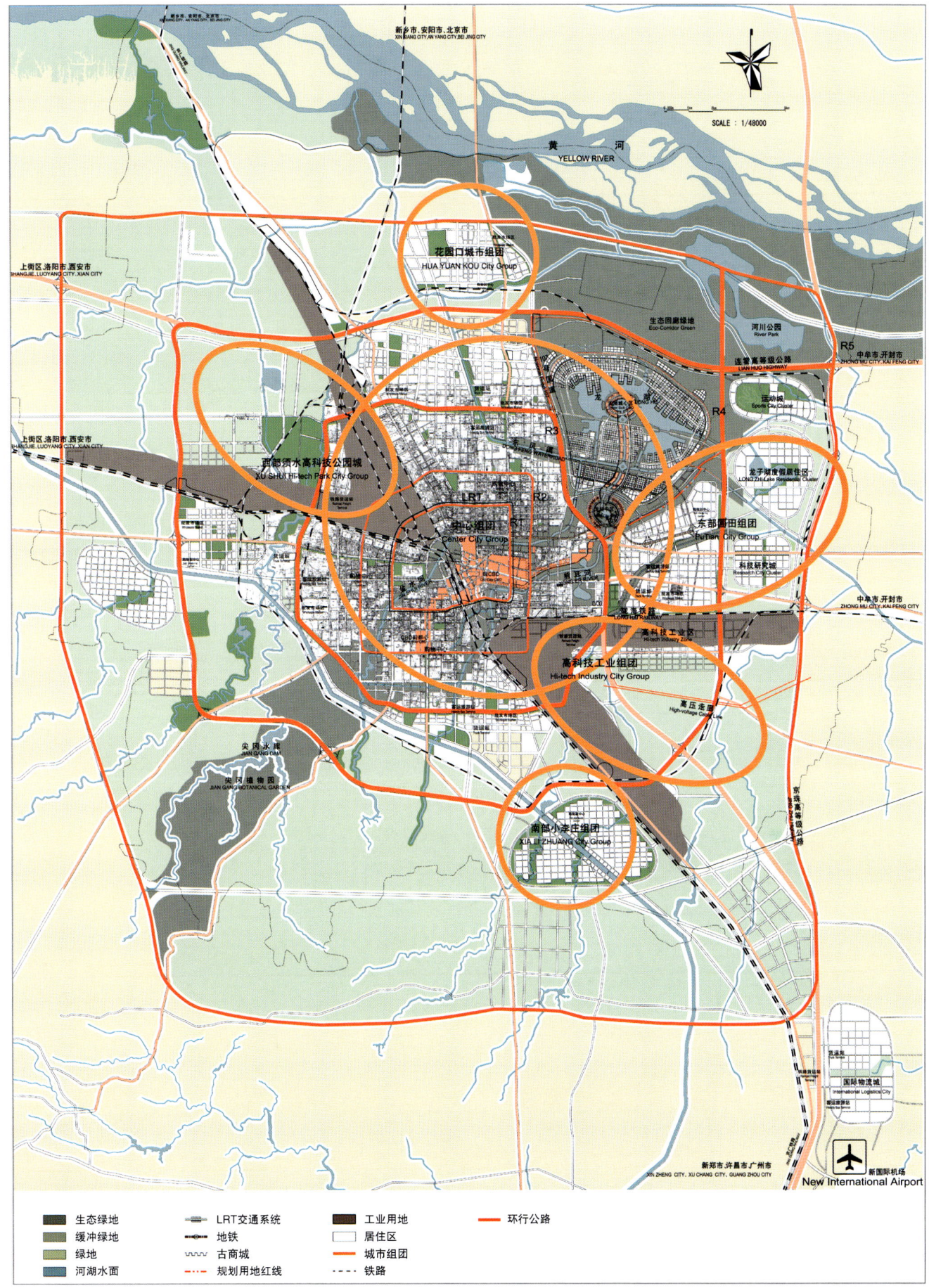

郑州市区位图

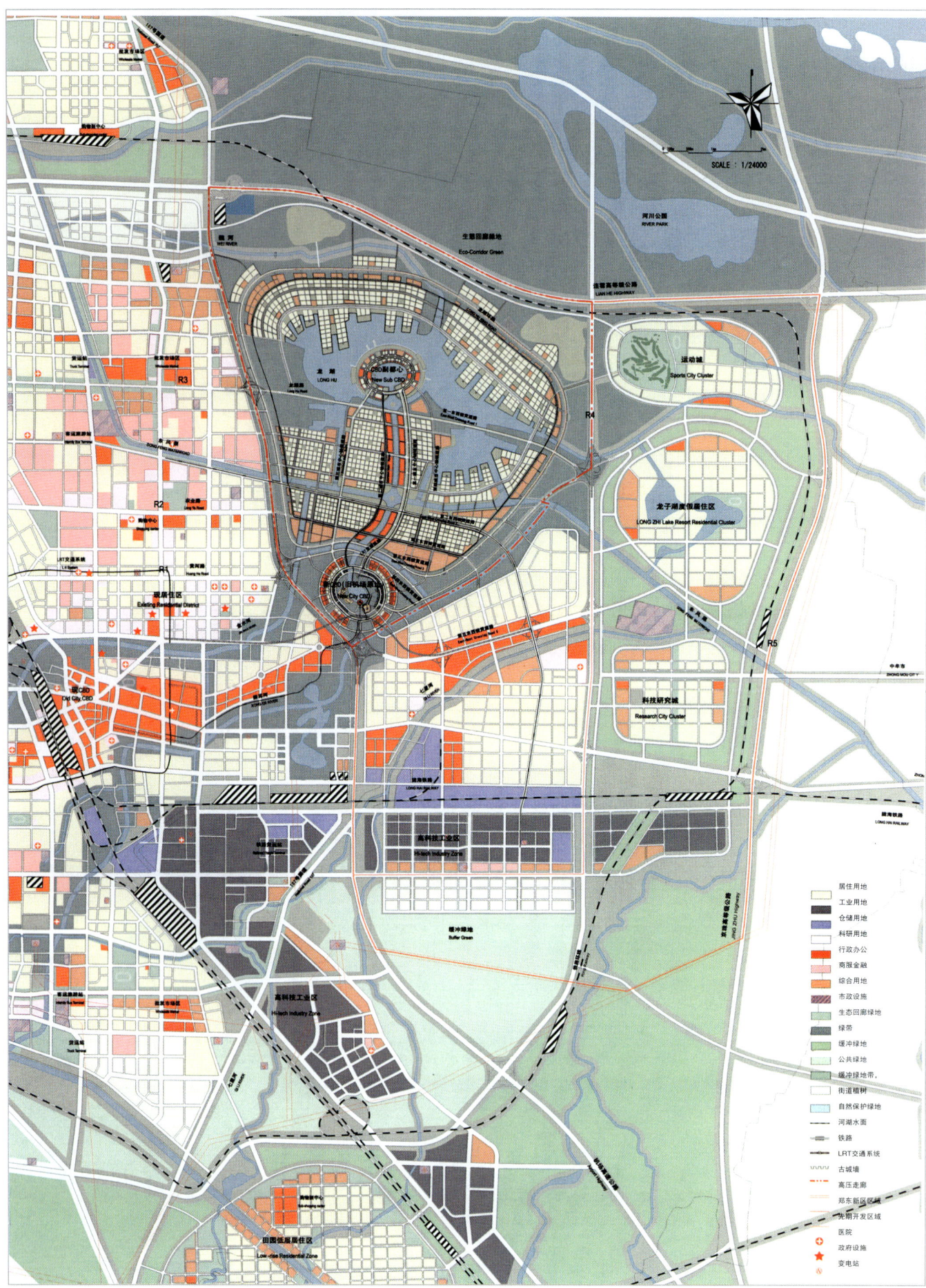

郑东新区区位图

The Master Plan for Zhengdong New District

3 郑东新区起步区与龙湖地区的总体结构与分区

3.1 一级分区

郑东新区起步区与龙湖地区的用地面积为50.4km²，规划居住人口为76.16万人，人均建设用地为66m²。根据城市布局与功能，将起步区以及龙湖地区分为8个地区，分别设置区级的行政中心、医院、银行、邮政所、消防等市政设施。

3.1.1 新城中心区：起步区中，第四东西横贯道路南侧，即旧机场部分。

功能：办公、商业、居住
居住人口：4.5万人

3.1.2 龙湖核心区：沿新城市中心轴线顶部的半岛地区。

功能：居住、旅游
居住人口：3.86万

3.1.3 龙湖中区：东风渠北部，龙湖城心区南部，沿新城市中心轴线两侧的地区。

功能：居住、商业、文化
居住人口：8.76万

起步区龙湖地区
卫星影像比较规划图

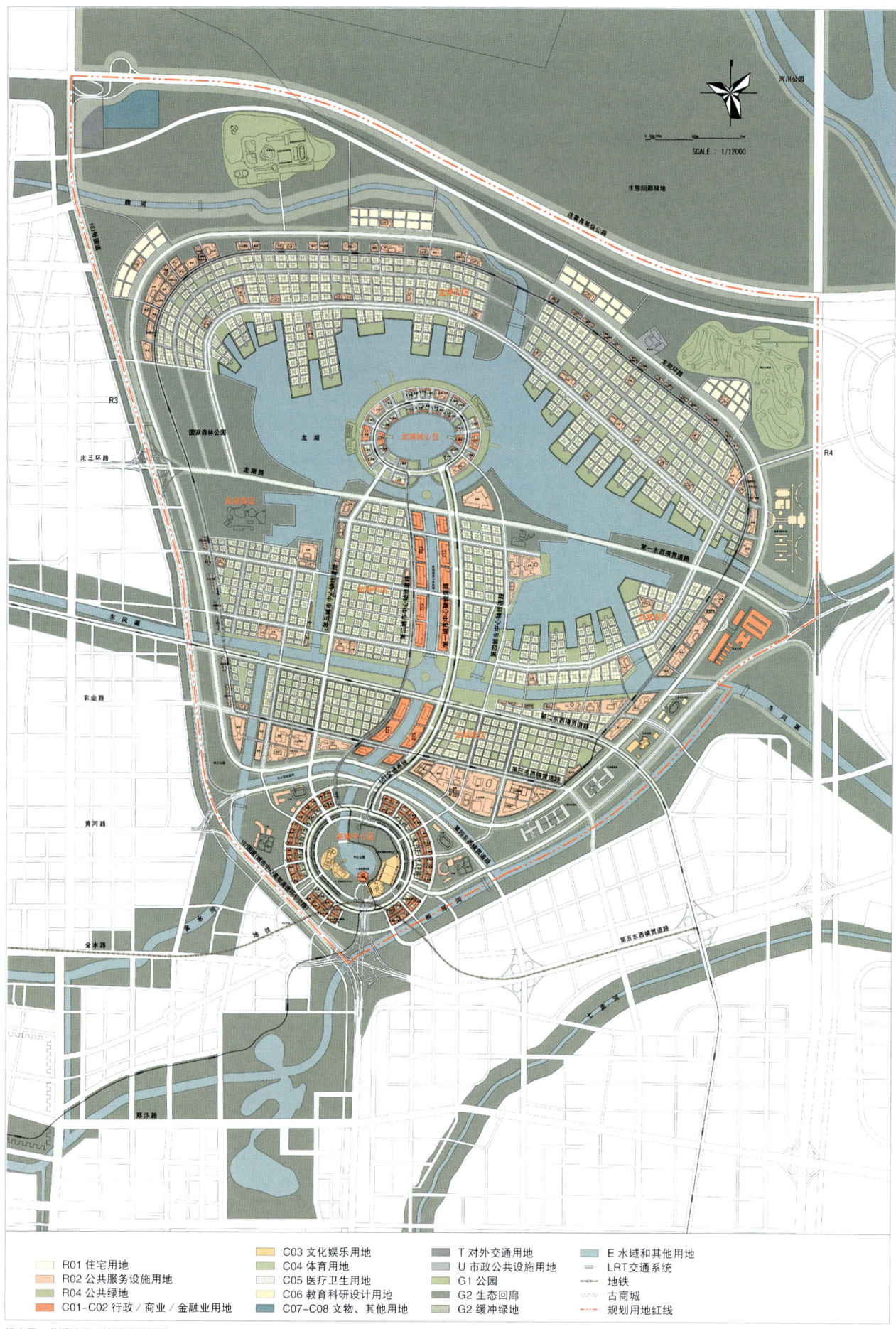

起步区、龙湖地区土地利用规划图

3.1.4 龙湖南区：起步区中，第四东西横贯道路以北，第二东西横贯道路以南的地区。

功能：办公、商业、居住

居住人口：12.46万

3.1.5 龙湖西区：东风渠北部，107国道东部，包括国家森林公园，龙湖西部地区。

功能：旅游、度假、居住

居住人口：4.66万

3.1.6 龙湖东区：东风渠北部，龙湖东南部地区。

功能：居住

居住人口：5.9万

3.1.7 龙湖北区：龙湖北部地区。

功能：居住

居住人口：36.01万

3.1.8 其他区：

功能：文教、体育、旅游

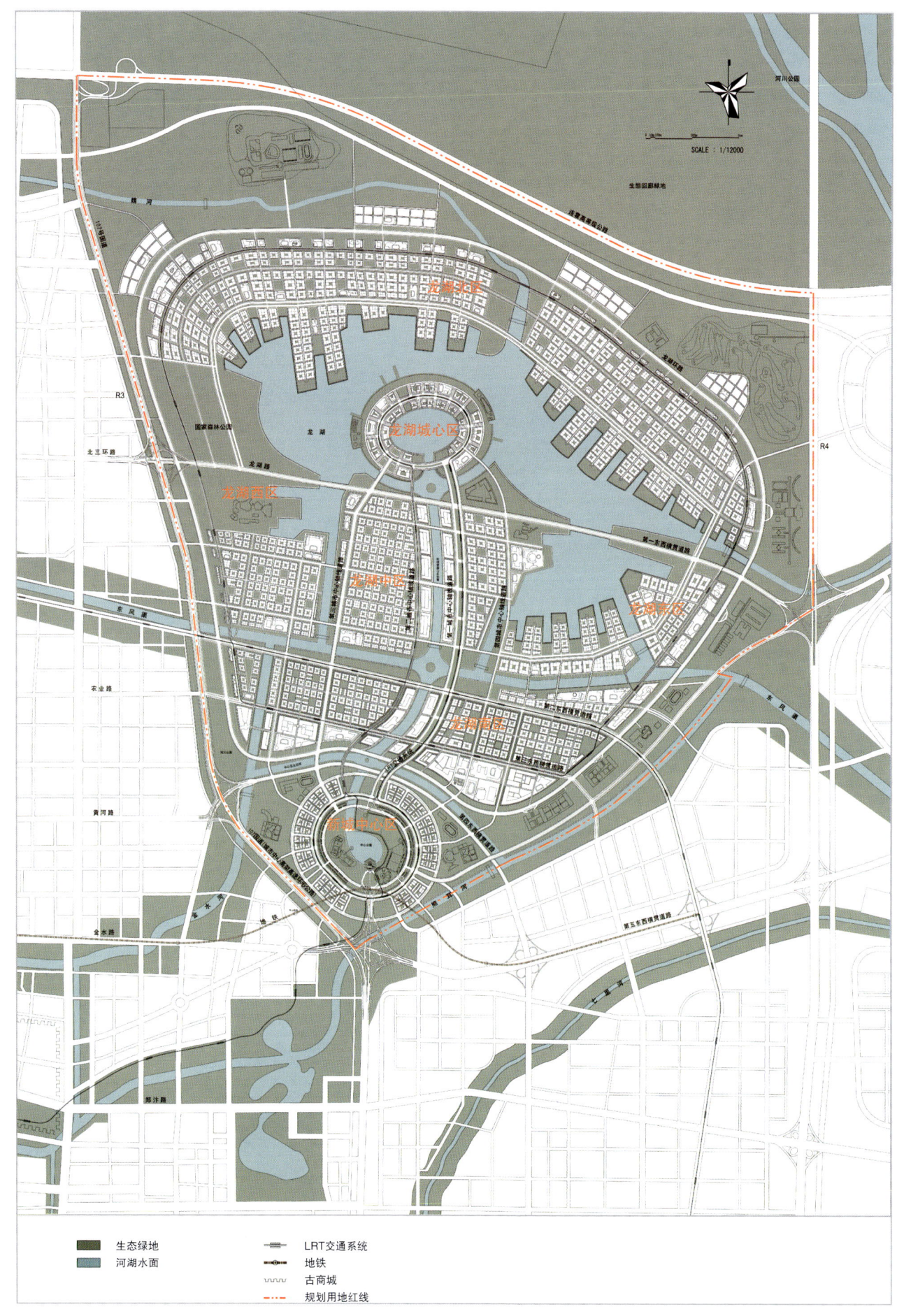

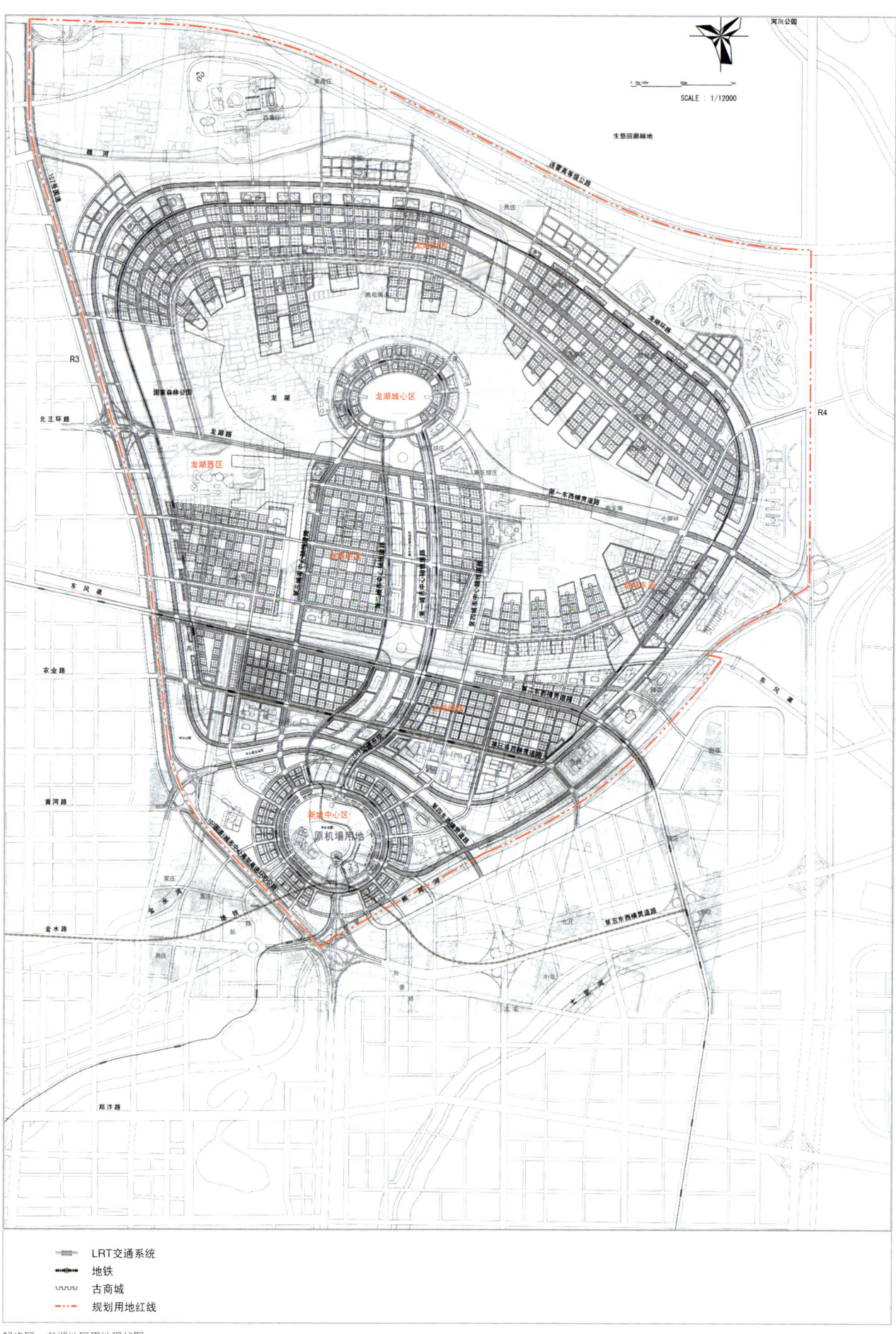

起步区、龙湖地区用地现状图

3.2 二级分区

根据居住地区的规模，起步区及龙湖地区的8个地区又细分为20个居住区，每个居住区规划人口为3～5万人，设置相应的文化活动中心、中学、小学、零售商业中心、卫生院、储蓄所、派出所、街道办事处等配套设施。

（1）新城中心区-1：居住区用地面积72.02hm²；规划人口4.50万人；人均居住面积16.0m²。

（2）龙湖城心区-1：居住区用地面积48.21hm²；规划人口3.86万人；人均居住面积12.5m²。

（3）龙湖中区-1：居住区用地面积56.96hm²；规划人口2.71万人；人均居住面积21.0m²。

（4）龙湖中区-2：居住区用地面积60.53hm²；规划人口2.88万人；人均居住面积21.0m²。

（5）龙湖中区-3：居住区用地面积66.62hm²；规划人口3.17万人；人均居住面积21.0m²。

（6）龙湖南区-1：居住区用地面积104.5hm²；规划人口5.10万人；人均居住面积20.5m²。

（7）龙湖南区-2：居住区用地面积75.86hm²；规划人口3.70万人；人均居住面积20.5m²。

（8）龙湖南区-3：居住区用地面积73.22hm²；规划人口3.66万人；人均居住面积20.0m²。

（9）龙湖西区-1：居住区用地面积93.26hm²；规划人口4.66万人；人均居住面积20.0m²。

（10）龙湖东区-1：居住区用地面积62.18hm²；规划人口3.03万人；人均居住面积20.5m²。

（11）龙湖东区-2：居住区用地面积58.82hm²；规划人口2.87万人；人均居住面积20.5m²。

（12）龙湖北区-1：居住区用地面积77.04hm²；规划人口4.28万人；人均居住面积18.0m²。

（13）龙湖北区-2：居住区用地面积60.16hm²；规划人口3.34万人；人均居住面积18.0m²。

（14）龙湖北区-3：居住区用地面积80.99hm²；规划人口4.50万人；人均居住面积18.0m²。

（15）龙湖北区-4：居住区用地面积68.39hm²；规划人口3.82万人；人均居住面积18.0m²。

（16）龙湖北区-5：居住区用地面积70.40hm²；规划人口3.91万人；人均居住面积18.0m²。

（17）龙湖北区-6：居住区用地面积66.78hm²；规划人口3.71万人；人均居住面积18.0m²。

（18）龙湖北区-7：居住区用地面积79.07hm²；规划人口4.39万人；人均居住面积18.0m²。

（19）龙湖北区-8：居住区用地面积73.44hm²；规划人口4.08万；人均居住面积18.0m²。

（20）龙湖北区-9：居住区用地面积71.68hm²；规划人口3.98万；人均居住面积18.0m²。

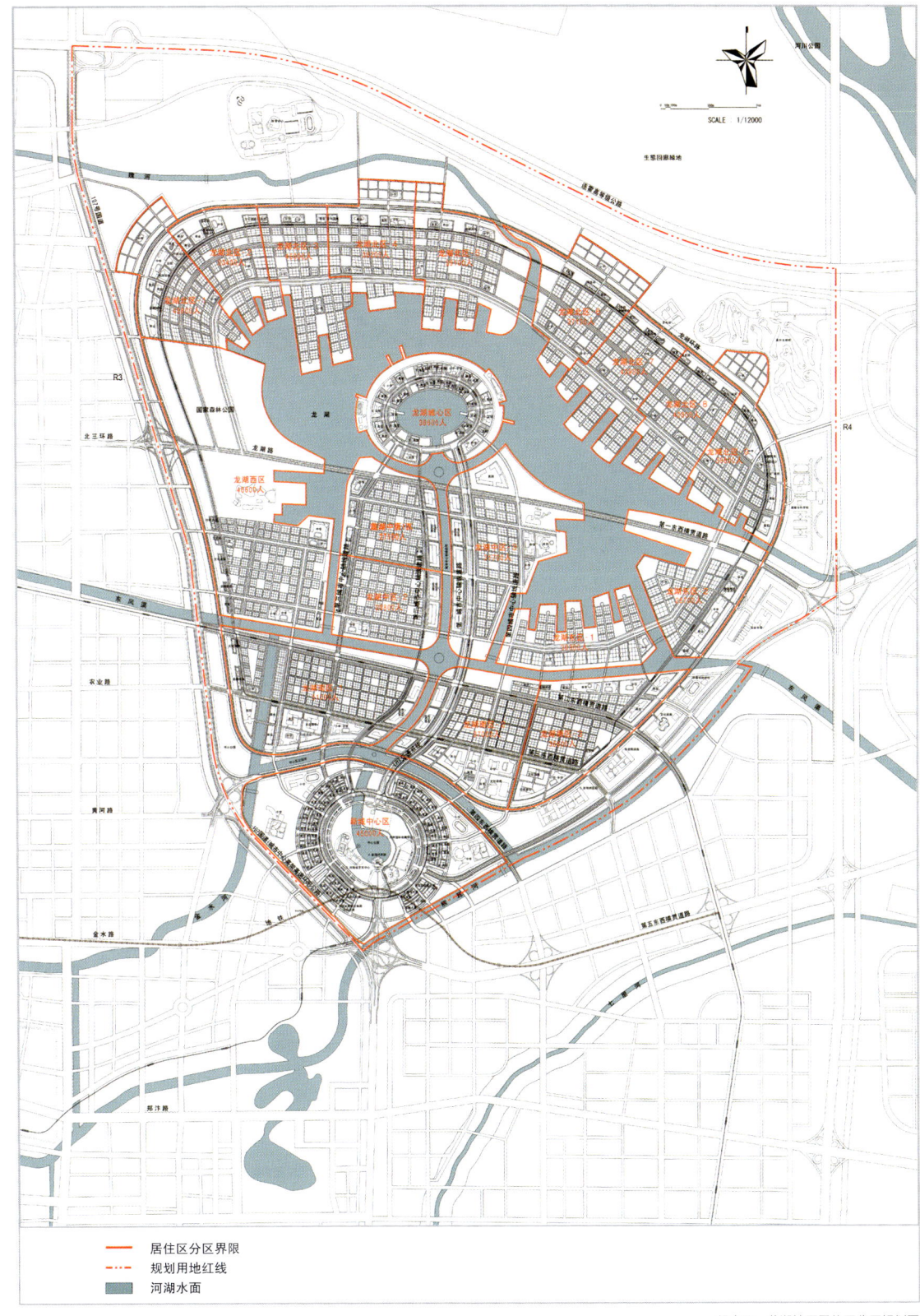

起步区、龙湖地区居住区分区规划图

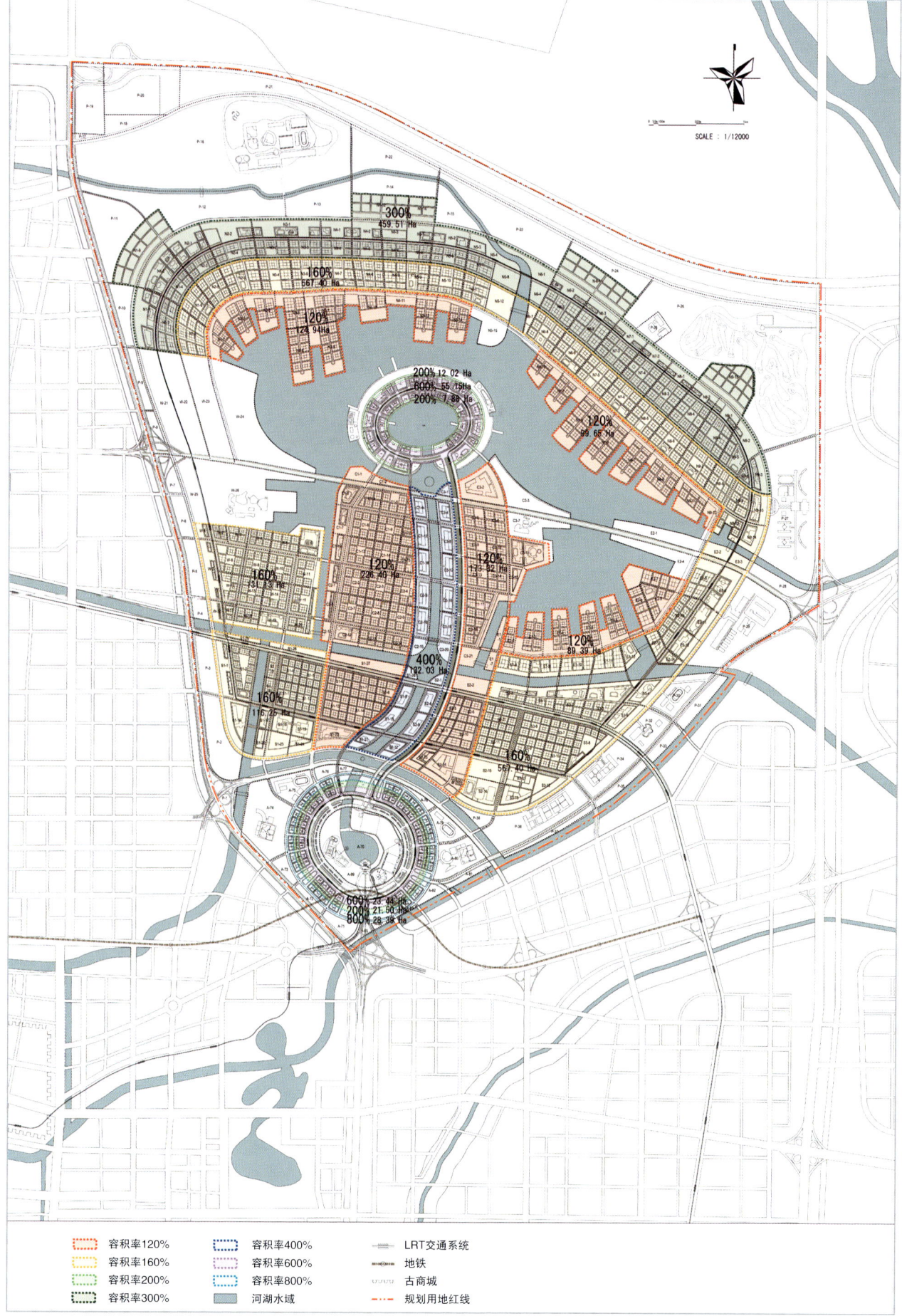

4 容积率的设定

（1）新城中心区环形街区外侧地块：800%

（2）新城中心区一环形街区地块：600%

（3）龙湖城心区：600%

（4）新城中心区及龙湖城心区的商业街：200%

（5）龙湖中心区第一城市中心轴线运河两侧：400%

（6）龙湖北区与东区LRT线路两侧地区：300%

（7）龙湖中区的居住区、龙湖南区第一城市中心轴线运河两侧的居住区、龙湖地区沿湖岸住区：120%

（8）其他居住区：160%

（9）其他城区：100%

5 城市设计导则及其目的

为形成协调的良好的城市环境，我们建议原则上制定必要的最小限度的规划设计标准导则。在注意不要成为呆板的、僵的标准规划设计的同时，制定以下共同的理念：

（1）创造让后人值得骄傲的文化价值

（2）与自然共生

（3）与历史共生

（4）人与车辆共生

（5）新陈代谢式的分期开发建设

起步区、龙湖地区地块规划控制图

6 景观设计

6.1 新城中心区平面形态以直线与大小两个圆相切，形成蛋型的有机整体，与周围环境取得协调。在其周围环形区域设置高层建筑形成独特的城市设计。

6.2 新城中心区是中心公园，周围沿环形公路设置高层建筑林立的环形城市。通过混合设置办公、商业、居住等设施，以形成24小时的环形城市。环形城市没有中心，能缓解交通阻塞现象。环形城市也是与公园森林（自然）共生的城市。

6.3 郑州会展中心和河南艺术中心象征性地设置于公园之中。位于中心公园中心的人工湖通过运河与国际旅游居住城市的中心公园连接起来，有船舶、游艇等穿梭航班。

6.4 为创造出独具特色的景观，将金水河、熊耳河以及东风渠改造为运河，形成超过威尼斯和阿姆斯特丹的、象征世界上最新水路城市的滨水景观。

6.5 环形城市的中心公园中，与会展中心相连的400m高的六角锥型的"新郑州宾馆"（五星级国际标准宾馆，700间标准客房）是象征21世纪的标识塔和纪念碑。从地面到180m高度是宾馆等综合设施，其上部是可以瞭望郑州市全域和黄河的瞭望台，瞭望台上部为地面数字广播电视天线。

6.6 为形成城市街区的建筑倒映于水中的景观，重要的是将道路远离水滨，而将建筑布置于水滨。

6.7 以传统与现代共生为目的，原则上各个城市街区采用中国传统的四合院（内庭园）和胡同（小巷）方式，不仅可加强地块的边界性，也可形成郑东新区独特的风格。

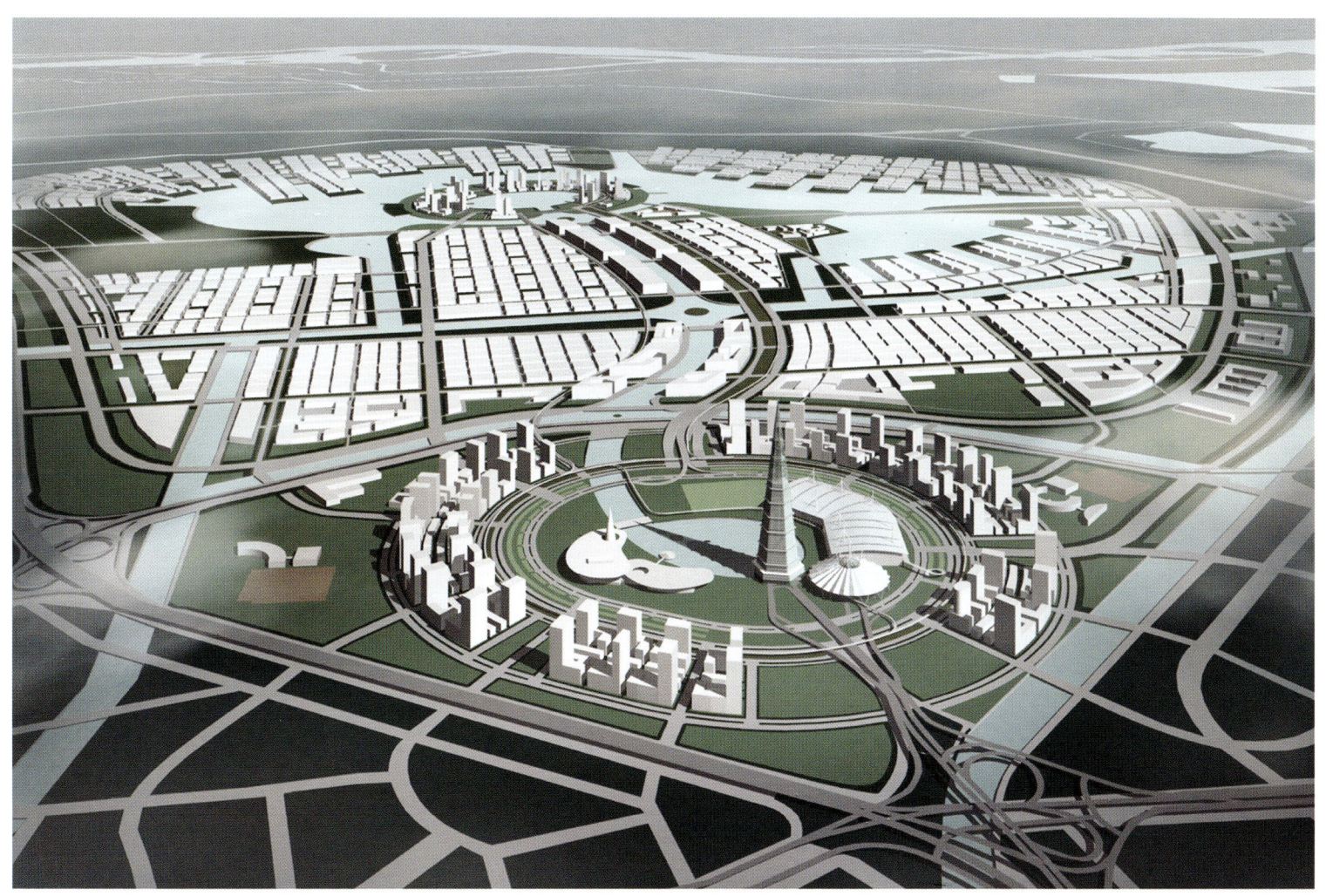

全景鸟瞰图

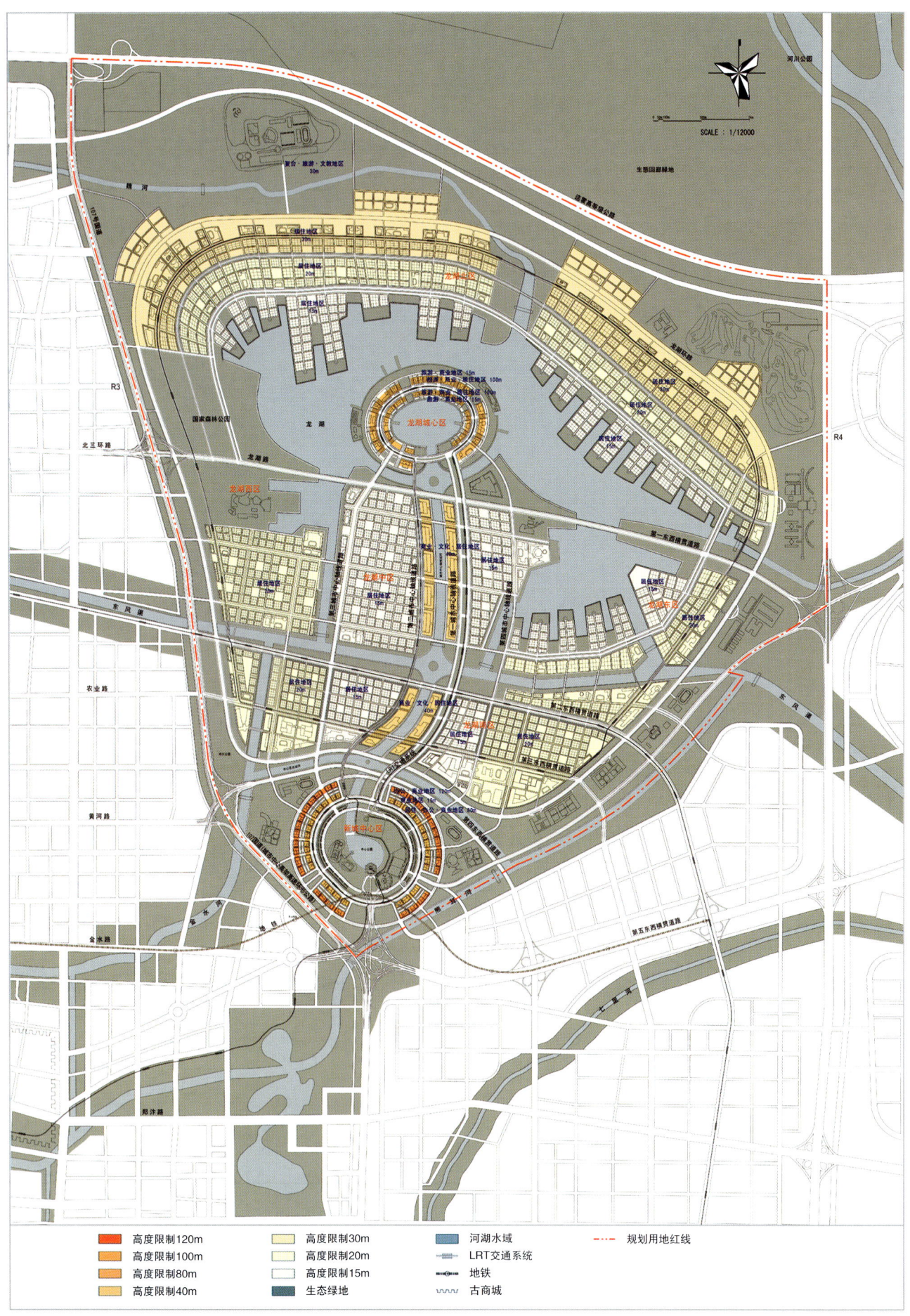

起步区、龙湖地区景区分析规划图

158 | The Master Plan for Zhengdong New District

7 城市景观

7.1 天际线

80m以上的高层建筑限定在新城中心区以及龙湖城心区，其他地区为低层、多层高密度地区，由此，使两个新的城市中心形成整个新区的标识物。新城心区的城市景观将形成郑州市的标识物，为突出表现这种城市景观，通过统一高度的高层建筑和纪念碑式的尖锥建筑的方式来表现。

7.2 商业街

8.2.1 环形街区的中心道路规划为人行专用（包括自行车）的商业街，街道两侧布置小卖店、百货店形成热闹、舒适的商业大街。在保持规定宽度的道路中，中间部分为线形公园用地，设置人行道、自行车道以及公共服务设施（包括公共电话、公共厕所、街灯、坐椅等街道小品），两侧为商业用地，根据规划导则义务种植街道树木。建筑物三层以上为外墙面（距用地红线5.5m），一部分一层、二层再后退外墙5m形成外廊空间，不仅使人们在风雨之时也可以不撑伞往来于建筑之间，也形成了人行平台的空间。

8.2.2 龙湖城心区环形城市临中心湖及龙湖的地块设置环形步行商业街，布置日常生活用品、土特产、旅游商品等商店，以方便居住区的居民、旅游者及宾馆客人。靠近湖边有休息、娱乐的沙滩及公园等，形成舒适、热闹的水滨环境。

7.3 人行平台网络

为保证环形街区安全，舒适的人行空间规划了平台网络系统。以行人和车辆立体交叉等人车分离为原则，特别是在冬季也能提供舒适快乐的人行空间，在二层高度规划了室内的人行平台、商业街、中庭，并与室内停车场相互连接。从重视景观的视点出发，中心区的停车场原则上不允许地面停车。在30m以下部分设置立体停车库。由于将设备用房置于地下，因此，后勤、维修、搬运、垃圾处理等车辆的出入均在地下一层进行。

7.4 夜晚景观

街道的照明有交通安全、防止犯罪、发展商业、装饰城市的作用，有必要根据这些目的进行相应的照明规划。

7.4.1 为从远处也能欣赏城市的立体环形形态，制定高层建筑的照明设计导则。

7.4.2 考虑到运河及中心湖周围建筑的戏剧性效果，制定表现丰富多彩的水滨空间的照明规划。

7.4.3 进行表现尖锥形超高层建筑及会展中心、艺术中心建筑美的照明设计。

7.4.4 把商业街作为24小时娱乐的场所，采取单纯明快的照明设计。

7.4.5 对霓虹灯，在两个环形城市的商业街不进行限制，而只对办公、住宅一侧进行限制。

8 增加起步区龙湖地区地块规划图

通过制定建筑高度控制导则，形成独特的景观和天际线。新城市中心区的环形街区内侧地块，原则上规划住宅、文化、商业、公共设施（广播电视、证券、银行、消防、公安、邮局、医院及其它服务设施），也规划一部分办公设施，其建筑最高高度为80m（容积率为600%）；环形街区外侧地块，规划其它办公、商业设施，其建筑高度统一为120m（容积率为800%）。龙湖新城区以住宅、宾馆为主，建筑高度统一为100m（容积率600%）。

8.1 为确保协调的街区景观，各个地区进行建筑控制。

8.2 建筑物高度控制（除景观上的控制外，还须以合理的土地利用规划为基础，确保适应将来适当的人口密度、交通量、城市基础设施、城市功能和居住环境）。

8.2.1 新城中心区：

（1）环形街区外侧（办公、商业地区）

高层部分：建筑绝对控制高度为120m

低层部分：建筑最高高度为30m

容积率：800%

（2）环形街区内侧（综合地区）

高层部分：建筑最高高度为80m

低层部分：建筑最高高度为30m

容积率为：600%

（3）环形街区中央步行街（商业地区）

建筑绝对高度为15m

容积率为：200%

8.2.2 龙湖城心区

（1）环形街区外侧、内侧（居住、商业、旅游地区）

高层部分：建筑绝对控制高度为100m

低层部分：建筑最高高度为30m

容积率为：600%

（2）环形街区两侧临水部分（商业、旅游地区）

建筑绝对控制高度为15m

容积率为：200%

8.2.3 龙湖中区

（1）城市中心轴线运河的两侧（商业、文化、居住地区）

（2）其他居住地区

建筑绝对控制高度为15m

容积率为：120%

8.2.4 龙湖南区

（1）城市中心轴线运河的两侧（商业、文化、居住地区）

建筑绝对控制高度为40m

容积率为：400%

（2）城市中心轴线运河的两侧的居住地区（除上述地区）

建筑绝对控制高度为15m

容积率为：120%

（3）其他居住地区

建筑绝对控制高度为20m

容积率为：160%

8.2.5 龙湖西区

建筑绝对控制高度为20m

容积率为：160%

8.2.6 龙湖东区

（1）龙湖岸边的居住地区（居住地区）

建筑绝对控制高度为15m

容积率为：120%

（2）其他居住地区

建筑绝对控制高度为20m

容积率为：160%

8.2.7 龙湖北区

（1）龙湖岸边的居住地区（居住地区）

建筑绝对控制高度为15m

容积率为：120%

（2）LRT线路两侧的居住地区（居住地区）

建筑绝对控制高度为30m

容积率为：300%

（3）其他居住地区

建筑绝对控制高度为20m

容积率为：160%

其他地区（居住、综合、公共设施地区）

建筑绝对控制高度为30m

容积率为：100%

8.3 外墙面控制

各街区的建筑规划，与现在上海、深圳的超高层建筑周围均是空地的规划不同，低层部与高层部组合，沿街道形成统一的外墙面。

8.3.1 为形成统一协调的城市景观，各街区面向公共道路的部分，原则上建筑红线后退道路红线一定距离。

8.3.2 环形街区的中心道路（商业街）两侧，三层以上30m以下的外墙面后退道路红线5.5m，一层、二层部分（地面以上10m的范围）的外墙面再后退5m。

8.4 小巷（胡同）、内庭园（四合院）、袖珍公园系统

8.4.1 居住区引入四合院方式，统一外墙面，形成儿童的游戏场以及居民交流的内部庭院。

8.4.2 根据土地利用规划布置适当的袖珍公园。

8.5 建筑物等的色彩规划

为形成协调一致的良好的城市环境，建筑物的屋顶、外墙，以及附属于建筑物的公共设施、设备等的

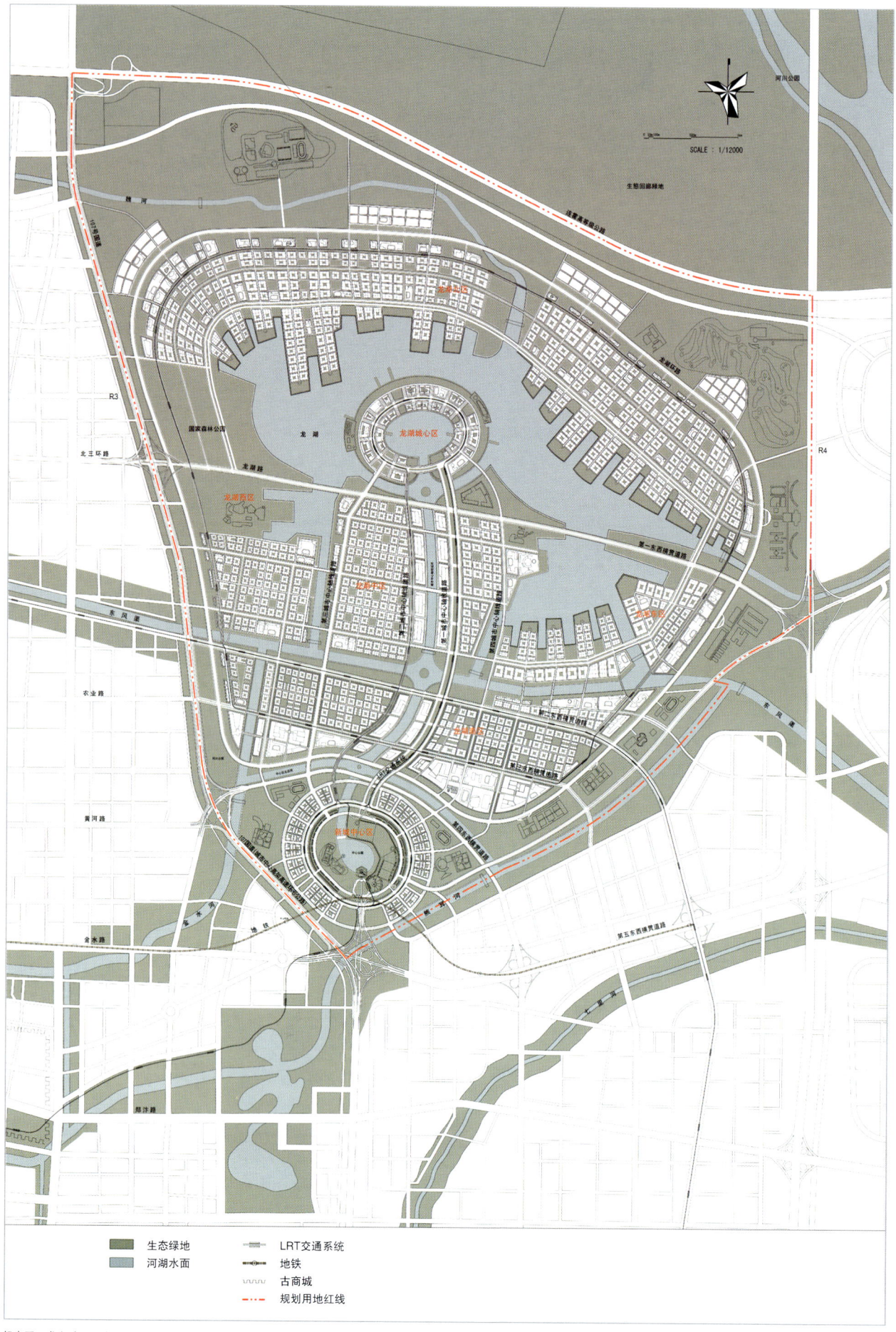

色彩，原则上避免采用原色。为与周围环境取得协调，使用安宁明亮的色调。选择的色彩应根据气候、风土、传统、文化、习惯、地域性、市民的喜好等多种因素制定标准的色彩编号。同时，从大范围制定色彩规划的范围，并结合各个街区的特色进行色彩调配设计。

9 生态绿地系统

9.1 根据不同街道选择不同树种

立足于生态系统，根据街区和道路的性质选择树种，突出街道转角的特征。同理，对干线道路采取统一树种，而对其他街道则采取多样的树种，特别是花木、果木等树种，以表现出季节感。

9.2 把绿地作为郑州市全体生态回廊的一部分进行规划

所谓生态回廊，就是将河流、森林、湖泊、运河、城市公园及其他孤立的生态系统连接成绿色网络。生态回廊不仅是人类活动的公园，也是小动物、昆虫、鸟类、蝶类等其他生物可以自由移动的绿色回廊。

9.3 为促进雨水循环，公共人行道路等采用透水性铺地

起步区、龙湖地区生态绿地系统规划图

10 分期实施规划

10.1 第1期工程（~2003年）：开发面积415.3hm²

（1）包括会展中心、艺术中心在内的起步区中心公园；

（2）CBD内环道路、第一、第四东西横贯道路、外部与内环公路的联系道路、南部立交桥；

（3）起步区内东风渠、金水河、熊耳河的改造、起步区内新运河的建设；

（4）CBD环形城市内侧的高层建筑群、一部分外侧的高层建筑、步行商业街。

10.2 第2期工程（2003~2004年）：开发面积1187.3hm²

（1）会展宾馆、环形城市外侧高层建筑群、CBD内其他设施；

（2）龙湖新城区、城市中心轴线两侧的商业、文化、居住设施、龙湖南区的居住示范区；

（3）CBD外环公路、第二东西横贯道路、第一至四南北纵贯道路、龙湖环路南部；

（4）龙湖、与龙湖连接的公路。

10.3 第3期工程（2004~2005年）：开发面积997.2hm²

（1）龙湖南区、龙湖中区、龙湖西区居住示范区；

（2）第三东西横贯道路、龙湖环路全部。

10.4 第4期工程（2005~2010年）：开发面积2440.2hm²

（1）龙湖东区、西区、北区；

（2）周围设施；

（3）全部公路；

（4）公园、水上设施。

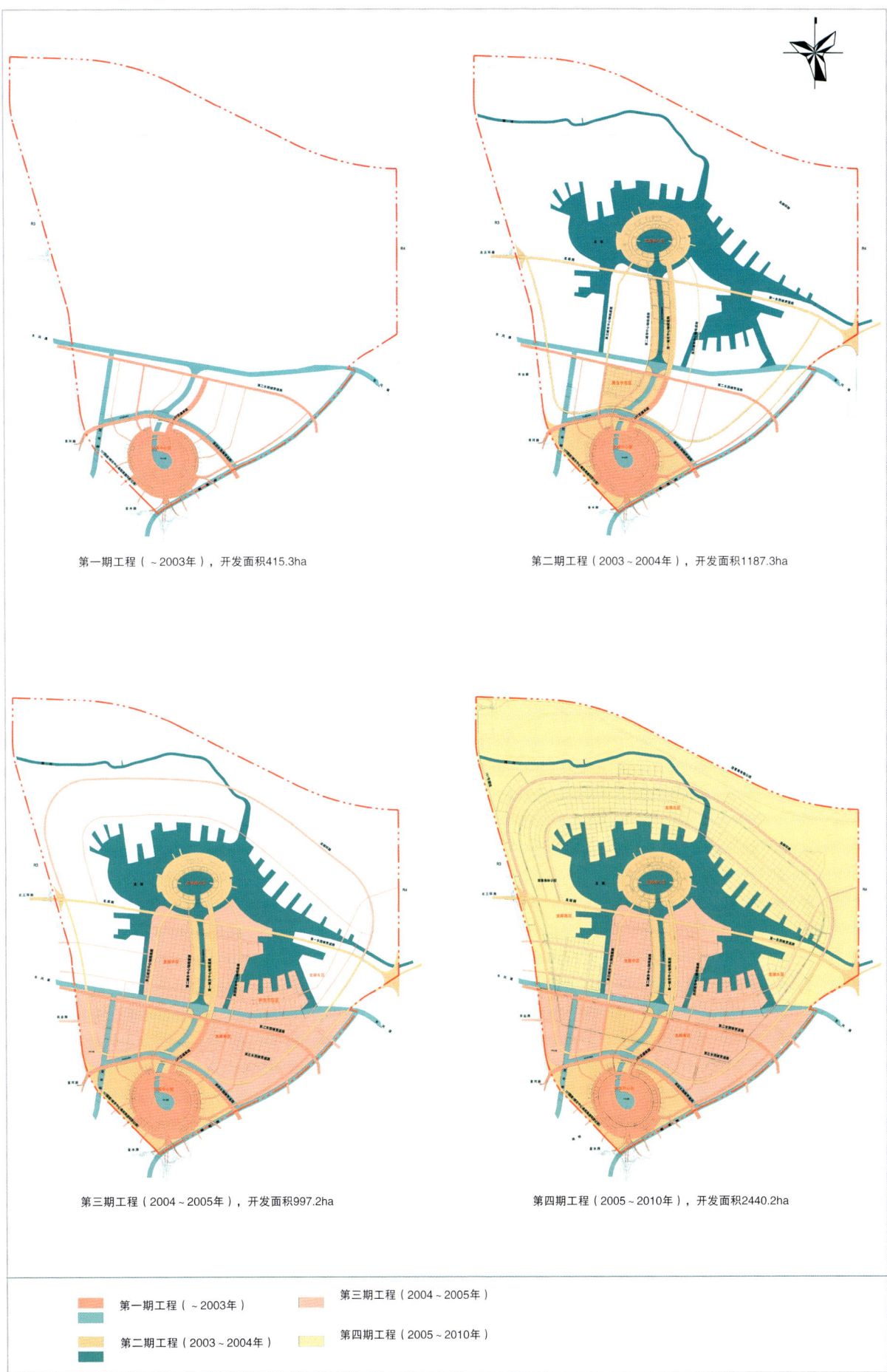

起步区、龙湖地区建设规划图

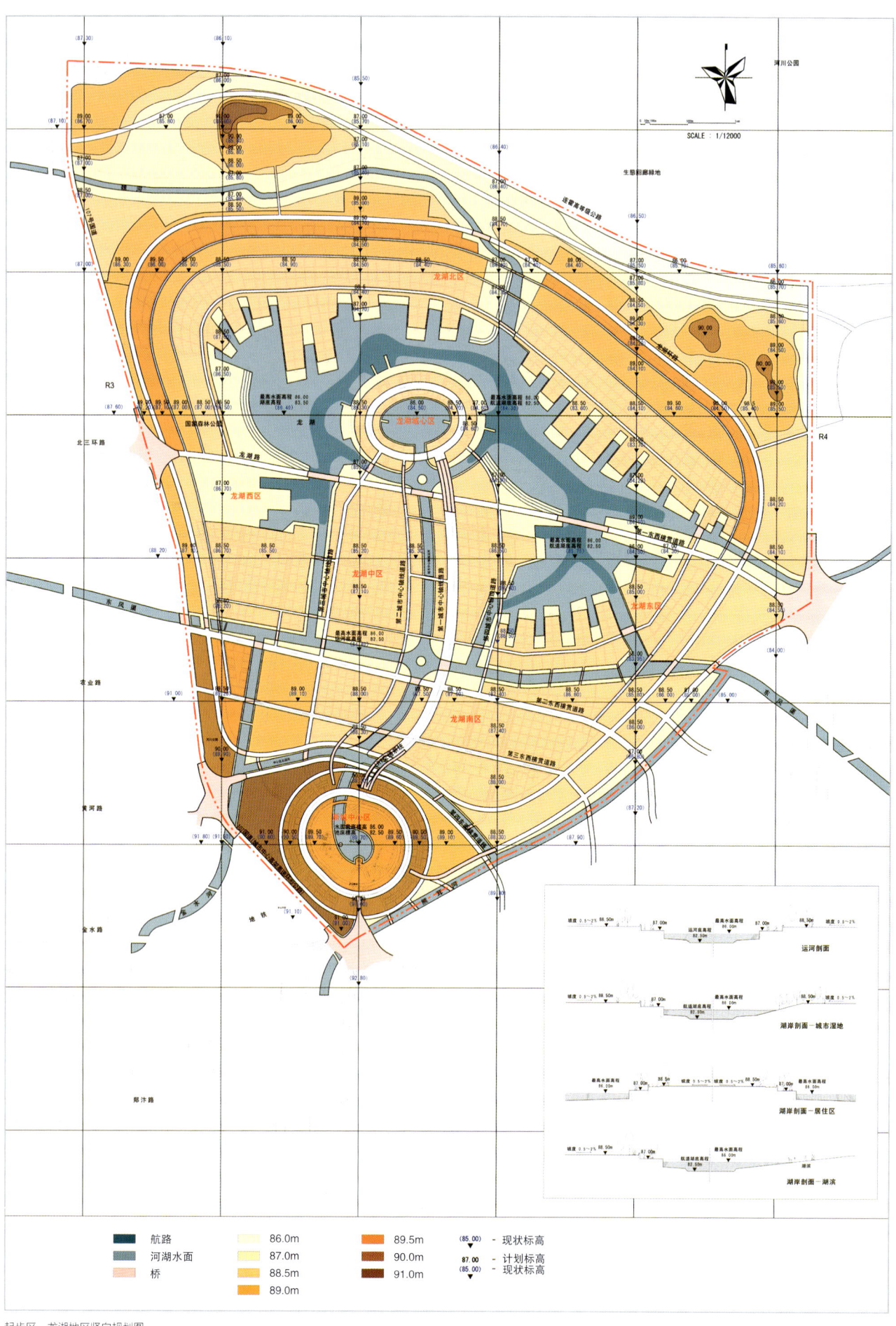

起步区、龙湖地区竖向规划图

The Master Plan for Zhengdong New District

11 竖向规划

11.1 规划用地的自然坡度为5‰，小于5‰，因此，原则上规划为平坡式。在湖岸运河岸，除"城市湿地"外，原则上采用两级台阶式。水面的高程定为黄海高程86.00m，邻接水面部分的高程为87.00m，是公共绿地、城市公园、散步道、游船停靠平台等公共活动空间。其他建设用地的高程为88.50～89.00m。周围的公共空间比私人空间低1.5m左右，以便于保护私人空间的私密性。

11.2 规划地面排水坡度为0.5%～2%。

11.3 湖岸、河岸的竖向设计，结合游船停靠平台、公共公园、小品、标识牌、散步道以及住户的出入口等进行城市设计。

11.4 地块的规划高程比周围道路的最低路段高程高出0.2～1.0m。

11.5 规划用地的防洪应符合现行国家标准《防洪标准》GB 50201的规定。

11.6 土石方工程原则上利用龙湖的开挖土回填周围较低的地面到规划的高程。在龙湖北部地区，利用现有地形，结合高尔夫球场、运动中心等项目，形成高低变化的地形。

11.7 城市道路的纵向坡度及横向坡度按下表的值规划。

道路类别	最小纵坡（%）	最大纵坡（%）	最小坡长（m）	横坡坡度（%）
快速路	0.2	4	290	1-2
主干路	0.2	5	170	1-2
次干路	0.2	6	110	1-2
支干路	0.2	8	60	1-2

注：上表值根据《城市用地竖向规划规范》（CJJ83-99）

12 综合交通系统规划

12.1 规划原则

12.1.1 综合调整城市结构，规划城市干线公路

郑东新区不仅仅具有两个环形城市中心，而且还规划有环绕龙湖的环形居住区、连接南北两个环形城市的南北中心轴线、龙湖南区的东西两部分城市居住区等，包含有多种轴线形态的城市结构。对于新区的干线公路的规划，既要与现城区的放射－环形公路网相联系，又必须与新区内的城市结构轴线相结合。并且新城中心区不仅要加强与新区方面的联系，也必须加强与现城区的交通联系。为此，此次规划中强化了构筑环形城市与周围市区的道路网。

12.1.2 引入轨道交通系统，强化与公共汽车系统的联系

在中国的各个城市，一般，住宅与公司或工厂配套规划，工作、生活比较接近，即使市区范围较宽，人们活动的范围还是比较狭窄，人们主要的交通工具以步行和自行车为主。但是，随着城市功能向高度化、多样化方向发展，城市中人们的活动范围也将随之扩大。特别是在郑东新区，既集中规划布置了高密度的商业办公设施，又统一规划了大范围的居住地区，因此，在新城中心区与周围居住区以及现城区之间，建立高效率的、快速的交通体系是不可缺少的。在这种情况下，从交通需求量和地域范围上考虑，有必要引入轨道交通系统作为前题。并且，在车站设置必要的交通广场。对于公共汽车交通，主要与轨道交通相联系，其性质为轨道交通的完善和补充。公共汽车交通主要提供轨道交通站与站之间的服务，以及轨道交通没有涉及到的范围的服务。

12.1.3 提高城市个性与魅力的道路建设

道路是创造城市景观最重要的要素，也是养育历史、文化的城市活动的场所。郑东新区的道路也必须肩负这种作用。作为创造新郑州城市文化的基础，在进行公路建设时，必须赋予道路丰富的含意：成为城市发展象征的道路；文化生活丰富多彩、界面性高的道路；与周围环境融合的道路等等。

12.1.4 灵活运用具有特色的交通方式

自行车是目前主要的交通方式，它便宜、方便，并对环境影响小。虽然随着汽车、公共交通系统的普及，对于远距离的交通，自行车的比例会相对下降，但作为短距离的交通方式，希望以自行车交通为主，发挥其特点。因此，在主要道路有必要设置自行车专用道路。

另一方面，郑东新区的最大特色是龙湖以及与之相连的众多运河。这些水滨地区形成了亲水性的步行道路网络。另外，水上交通难以成为主要的交通手段，其性质主要以完善其他交通系统以及娱乐、旅游为主。为此，在龙湖及运河岸边需要建设各种各样的停船码头。

12.2 主要公路设置规划

将以下公路定位为形成郑东新区起步区与龙湖地区的骨干交通公路：

12.2.1 环形公路系统
（1）龙湖环形公路
（2）新城中心区内环公路
（3）新城中心区外环公路
（4）龙湖城心区环形公路

12.2.2 东西横贯公路
（1）第一东西横贯公路
（2）第二东西横贯公路
（3）第三东西横贯公路
（4）第四东西横贯公路

12.2.3 南北纵贯公路
（1）第一南北纵贯公路
（2）第二南北纵贯公路
（3）第三南北纵贯公路
（4）第四南北纵贯公路

12.2.4 其他公路
（1）熊耳河北侧公路（从环形四号线进入）
（2）新城中心区联系公路群

注：对过去的规划，就以下几点，进行了修改、改进，以提高规划的深度。

a. 新城中心区的环线公路由内环和外环两条环线构成，以加强中心区的交通功能。

b. 将第一东西横贯公路由龙湖城心区南部移至龙湖西区、中区、东区的北部，既强化了龙湖中区的交通功能，又缩短了横跨龙湖水域的距离。

c. 在南北中心轴线东面新增加一条南北纵贯公路，通过四条南北中心轴线公路加强中心轴线周围的交通功能。并且，其中两条公路直接连接两个环形城市，以加强环形城市与中心轴线的联系。

d. 将中心城区与周围市区的公路以300m左右的间隔连接起来，以及加强中心城区与周围市区的联系，并强化中心城区的交通功能。

12.2.5 对新城中心区的交通规划和会展中心设施等选址的研究

（1）新城中心区是高密度的环形商务中心（CBD），预计交通会集中。因此，在本规划中，在引入地铁和环形轻轨交通的同时，通过规划连接中心区内环、外环的公路群等方式，强化中心区交通功能。

（2）在新城中心区规划有会展中心、艺术中心等设施。通过上述交通功能的加强，能够解决其交通问题。并且，在郑州交通压力最高的地区引入这种设施，可有效提高郑州市交通处理的能力，加强新城中心区的城市功能，扩大对周围市区的影响。

12.3 引入轨道交通系统规划

在起步区与龙湖区，仅以居住人口计算，交通发生量约为：77万人×3次/人=231万人次。若将进入新城商务地区、会展中心的人口计算在内，一天的总人次量预计将会达到290万人次。

将来，如果这些人流的30%～40%由公共交通承担，那么，公共交通的运输承担能力将达到87～116万人次，只有公共汽车将难以承担。因此，有必要在新区内主要城市轴线上引入轨道交通系统。

12.3.1 东西方向的地铁（利用郑州市规划线路，调整一部分线路，在起步区内配置新车站）

12.3.2 东西方向的轻轨系统（将郑州市规划的线路沿第二东西横贯公路布置）

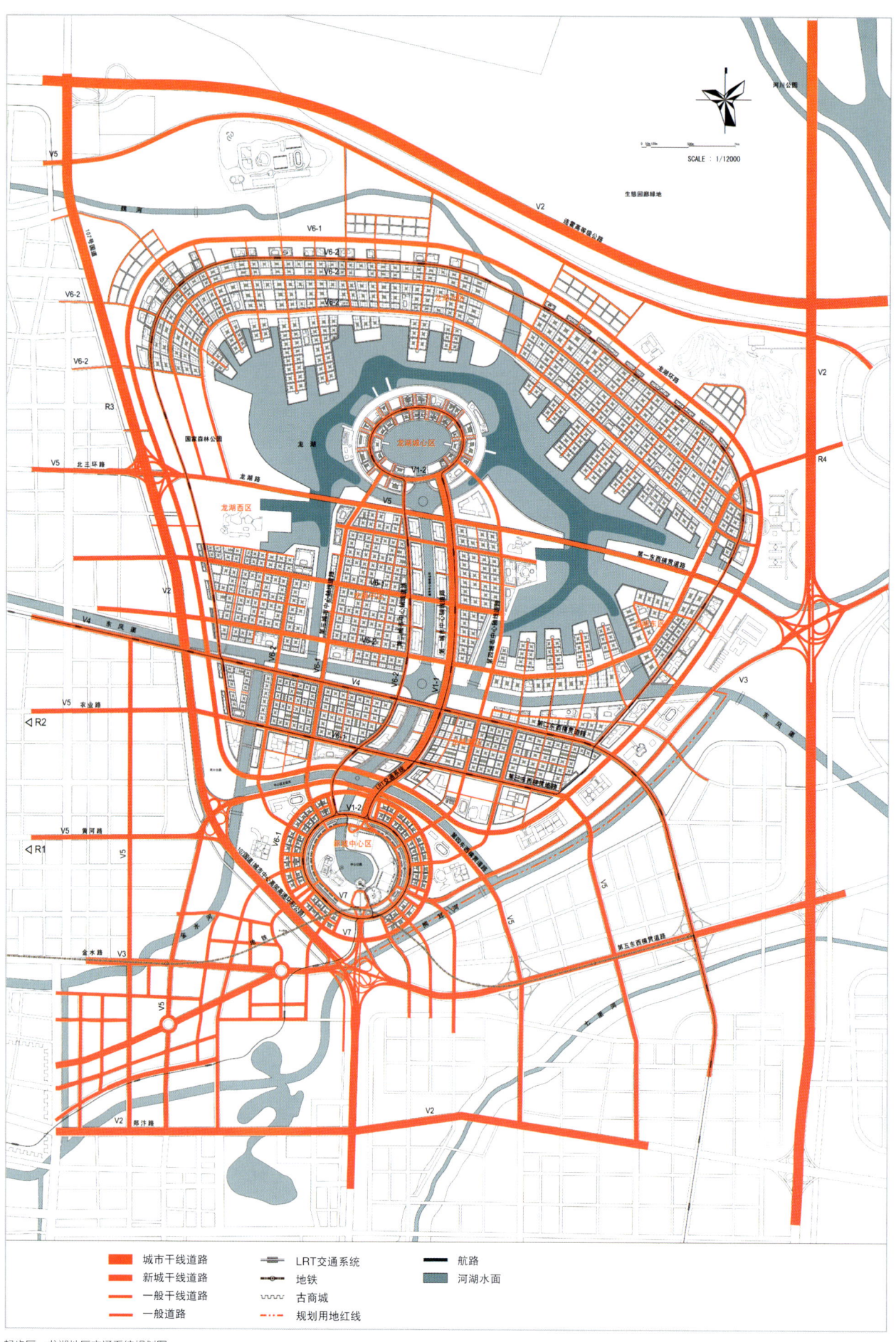

起步区、龙湖地区交通系统规划图

The Master Plan for Zhengdong New District

V1-1　第一城市中心轴线道路
连接新城中心和新城副中心的第一城市中心轴线道路。道路用绿化公园或绿化带分割，设置适当的LRT高架线路、自行车道、人行道。

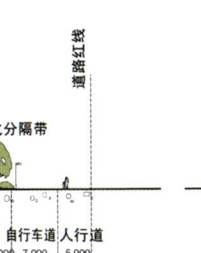

V1-2　新城中心的内环环形公路
新城中心的内环环形公路，设置LRT高架线路。

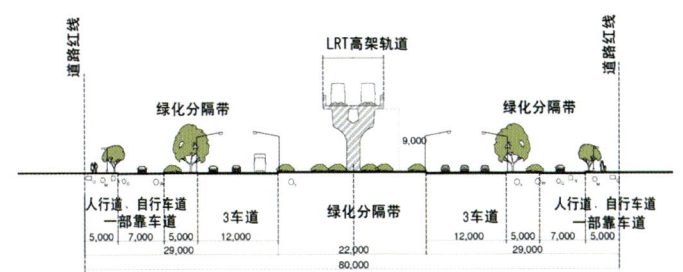

V2　城市内机动车专用高架道路

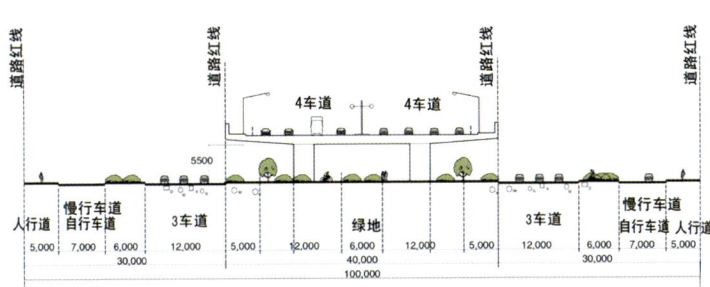

V3　第五东西横贯道路(金水路)
使金水路的线路在七里河的北侧向东拐，经由王新庄污水处理场的北部，并与京珠高速公路相交后，向东延至中牟城市组团。

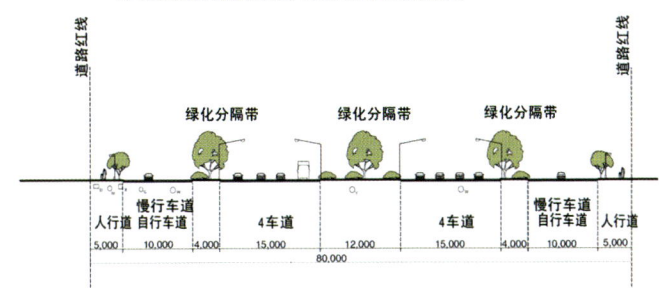

V4　第二东西横贯道路(金水路)
连接旧城区和新城区，并向南绕，至南侧的高科技工业组团。

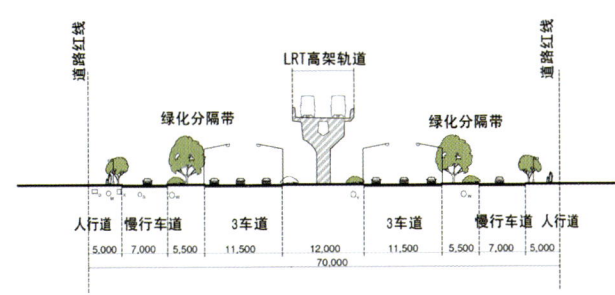

V5　第四东西横贯道路
第二东西横贯道路(金水路)
旧第一东西横贯道路(北环3路的延长)保持原状，使其向东延长，并跨越京珠高速公路与金水路相接。这样可以强化与市外交通网的联络，同时，即将进入市内的车辆在此被分流后驶入市内，可使市内交通得到畅通。

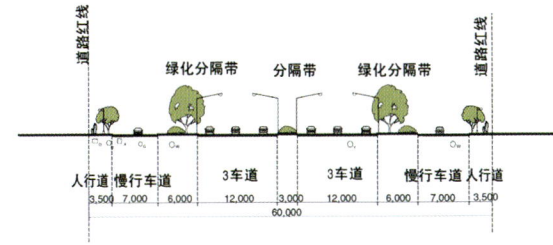

V6-1　一般干线道路。单侧3车道、自行车道、人行道分离。

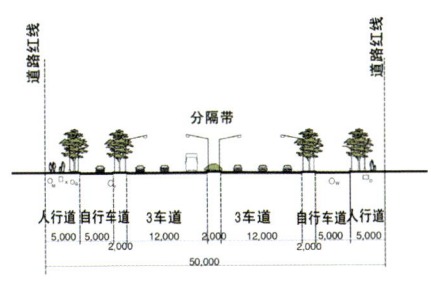
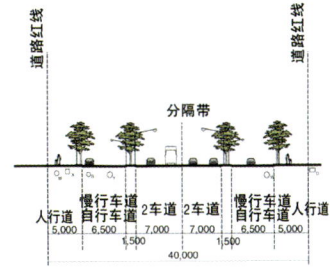
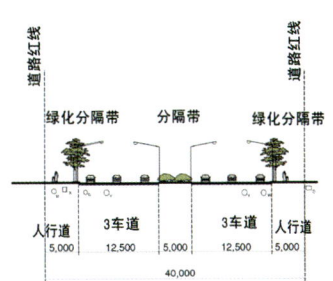

V6-2
城市内辅助干线道路。单侧1或2车道的慢行车道。

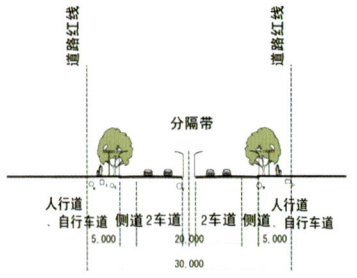
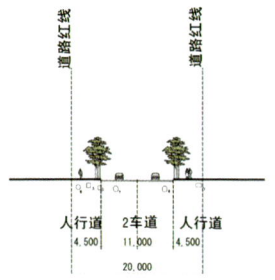
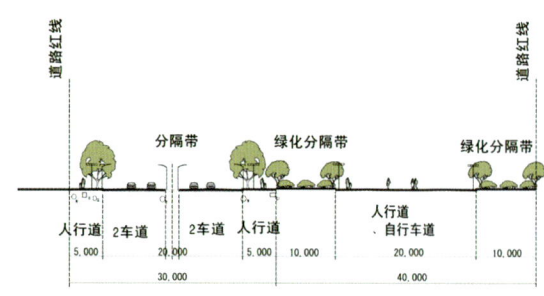

V7
新城中心环形街区的中心道路的商业街。自行车道与人行道分离。

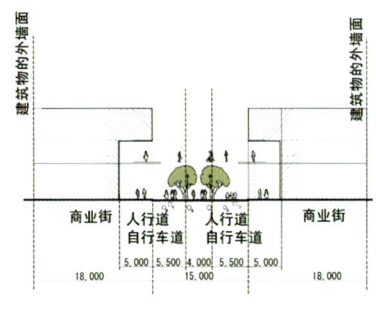
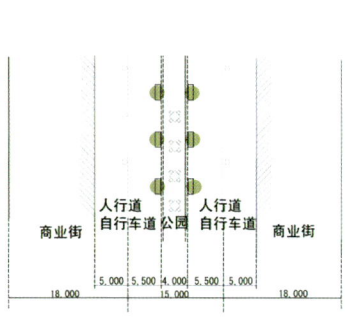

V8
沿商业地区的运河,以慢行车道、自行车道、人行道以及水上交通、公园相结合的水滨空间。

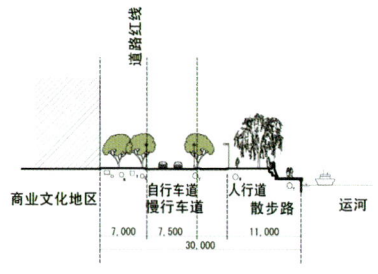

V9
沿公园与开敞运河,以自行车道、人行道以及水上交通、公园相结合的水滨空间。

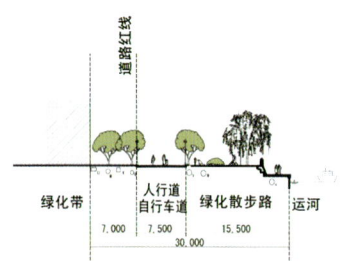

V10
住宅区内的慢行车道。

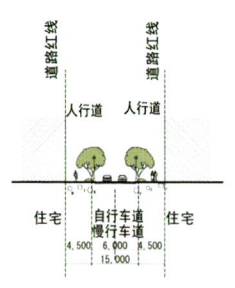

V11
住宅区内的自行车道、人行道。

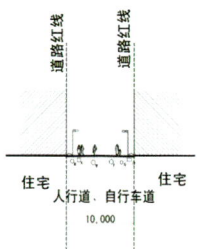

V12
公园、公共绿地空间内的游步道及自行车。

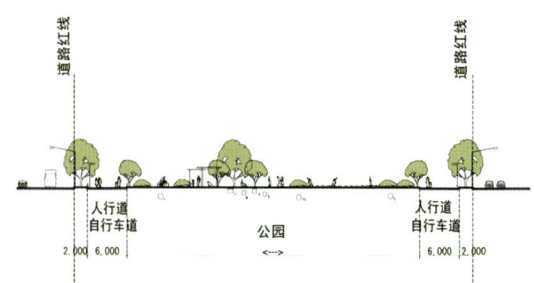

G — 给水　　Y — 雨水　　X — 电信
W — 排水　　D — 电力　　M — 煤气

12.3.3 新区中心区环形线（两个环形城市环形线路及南北纵贯线路）

12.3.4 龙湖环形线（龙湖环形线路与第三东西横贯线路）

注：a. 以步行及车站为基准，站间距离以500~800m为标准。

b. 城心环形线和龙湖环形线从LRT或轻轨等系统为基本。

c. 沿龙湖环形线路的低层住宅区，以连接各站的公交汽车为主要服务方式。今后，可对之进行详细的研究。

12.4 提高城市个性和魅力的道路建设

把在"主要公路设置规划"中表示的干线公路、水滨步行网络以及新城中心区的中心商业步行街定位为城市的象征道路，以提高城市个性和魅力。在具体规划设计这些道路的时候，不仅要考虑道路结构，还要研究道路的形象设计。并且，跨越龙湖以及运河上的桥梁对形成城市的景观具有很大的影响，对桥梁的形象应进行详细的设计。

12.5 公路断面的构成（提案）与今后的课题

本规划中，将公路进行了分类，并按各类型号做成标准断面图（提案）。这些公路、LRT等构成了综合交通系统，并与郑州市的公路规划相结合。在今后各地区详细规划时再确定各种公路的详细位置、几何结构、形象设计等因素。

根据道路的不同性质和速度，将道路分为12类：

V1：接新城中心和新城副中心的第一城市中心轴线道路和新城中心的内环环形公路。道路用绿化公园或绿化带分割，设置适当的LRT高架线路、自行车道、人行道。

V2：城市内机动车专用高架高速道路。

V3：第五东西横贯公路（金水路）：结合金水路与高速公路立交的弱移和107国道——金水路立交的实施情况，向北偏移至金水东路，走向沿七里河北侧向东，王新庄污水处理厂以北，接京珠高速公路后，向东与中牟组团相连。

V4：第二东西横贯公路（东风路）：西面与现市区相接，西面向南延伸，与高科技工业园区相连。

V5：第四东西横贯公路、第一东西横贯公路（与环形3号线连接）：向东穿越京珠高速公路后与金水东路相连，加强道路网的对外交通联系。

V6：一般或者辅助干线道路：单侧1~3车道，自行车道、人行道分离。

V7：新城中心环形街区的中心道路的商业街。自行车道与人行道分离。

V8：沿商业地区的运河，以慢行车道、自行车道、人行道以及水上交通、公园相结合的水滨空间。

V9：沿公园与开敞运河：自行车道、人行道以及水上交通、公园相结合的水滨空间。

V10：住宅区内的慢行车道。

V11：住宅区的自行车道、人行道。

V12：公园、公共空间内的散步路、自行车道。

12.6 停车场系统

为消除新城中心区路边停车的状况，并使交通顺畅、美化景观，设置有相当规模的室内停车场（以及自行车停车场），以确保道路景观的连续性和交通的安全性。会展中心、艺术中心、宾馆等中心公园内的停车场原则上设置为地下停车场。环形街区内除规定必须设置的停车场外，也设置部分地下公共停车场。每个街区从地下一层至地下五层设置室内停车场，其出入口避开主要干线道路，以照顾城市景观。

12.7 地铁、轻轨（LRT）、水上巴士等公共交通的联系

作为利用方便的交通工具，引入连接新城中心环形街区、新城中心与副中心、新城中心与旧城中心的轻轨系统（LRT），并与规划在新城中心南侧的地铁和公共汽车线路相结合，同时也与运河的水上穿梭巴士结合。

12.8 方便残疾人设施

与建筑物用途目的相结合，为包括残疾人、老年人在内的所有人提供舒适、安全的设施。

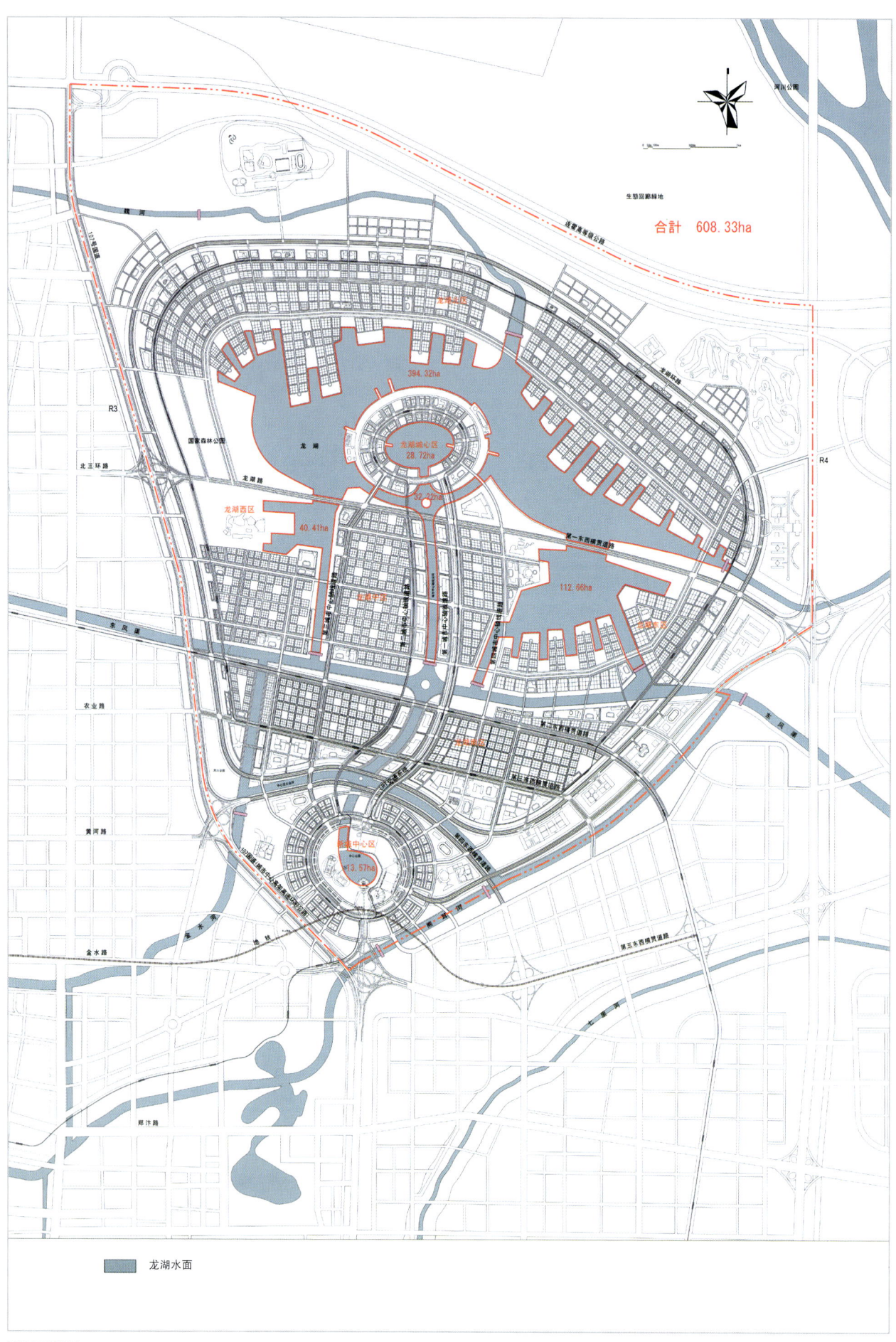

龙湖面积计算图

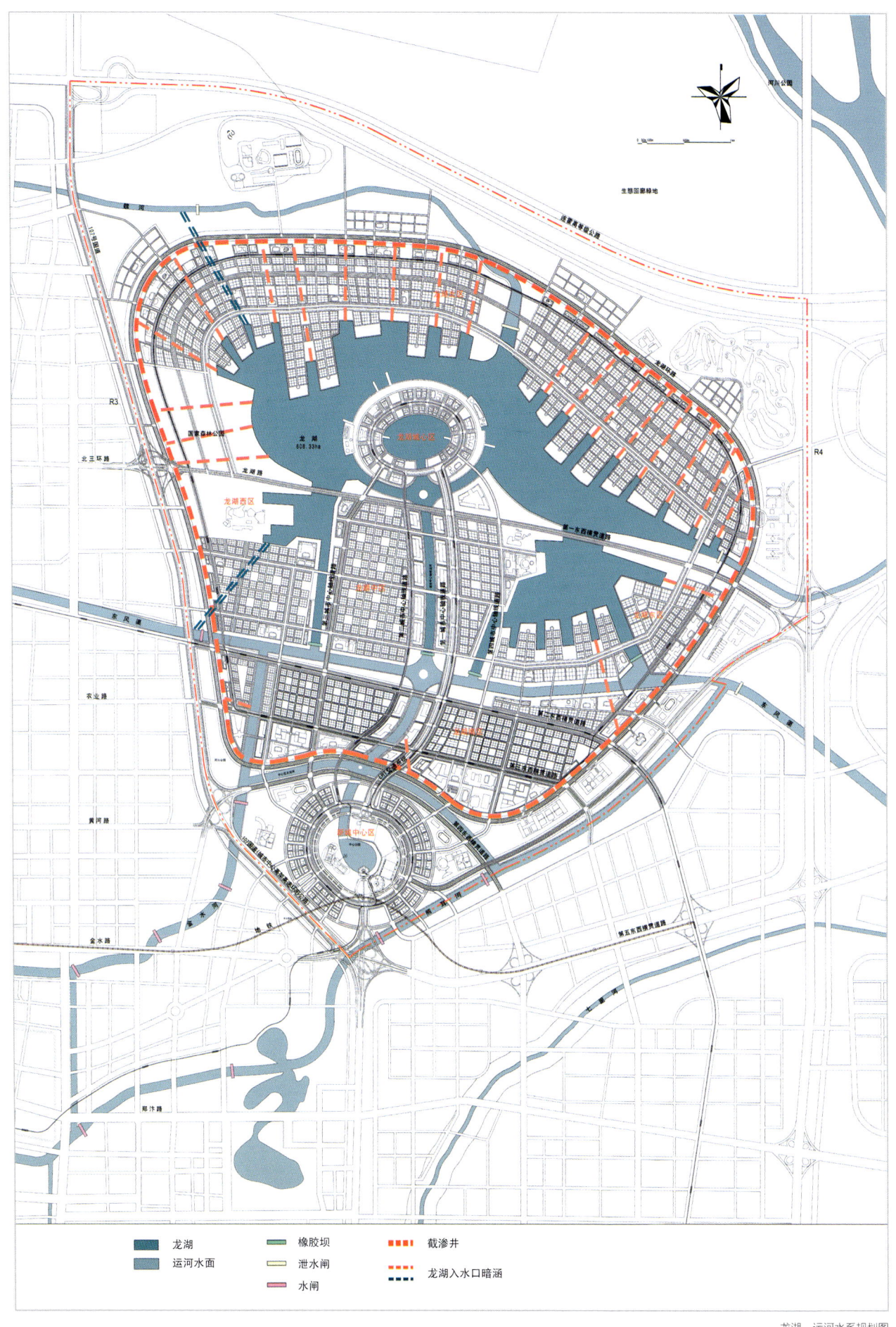

人工湖和运河网络系统的开发
Developement of Aritifical Lakes and Canal Network

1 开发目的

以城市与自然共生为目标，既利用现在的河流、鱼塘等，又促使人工湖、运河（交通）形成网络，以创造舒服方便的繁华群聚地，以及象征世界最新的郑州市独特形象的水路城市景观。

2 开发范围（以下，从西向东）

2.1 沿古城墙东部新设连接金水河和熊耳河的运河

2.2 从上述运河开始，到金水河和熊耳河在东北合流的东风渠为止的地段。

2.3 郑东新区的CBD中心池和CBD副中心的中心池，以及连接它们的城市中心轴线的运河。

2.4 新区的CBD北侧连接金水河和熊耳河的运河。

2.5 从金水河到熊耳河的东风渠。

2.6 人工湖（龙湖）。

2.7 龙子湖田园城市团块的人工湖南端以及到熊耳河的东风渠，此人工湖的北端是到龙湖为止的魏河。

3 利用方法

3.1 前述范围的人工湖和运河，考虑到为上班、上学、购物等居民的日常生活提供方便，设定为个人船只、公共交通的水上穿梭巴士、旅游船等使用。

3.2 水上穿梭巴士为在威尼斯运河中航行的定员53人（总重10级）回转方便的小型船舶，增加其数量可以缓解上班高峰期的拥挤。

3.3 近年，旅游船以定员500人以上的大型船为主流。在郑东新区，考虑到与个人小型船舶的共存、环境保护及景观等，选用在巴黎和阿姆斯特丹航行的定员100～200人（总量20～100吨级）的比较小型的船舶。

MARCO POLO的例：载重19t、全长24m、总宽4.56m、旅客定员170名、连续最大功率285PS、航行速度11节（海里/小时）

SUMIDA的例：载重98吨、全长21m、总宽6.4m、旅客定员206名、连续最大功率240PS、旅行速度11节（海里/小时）

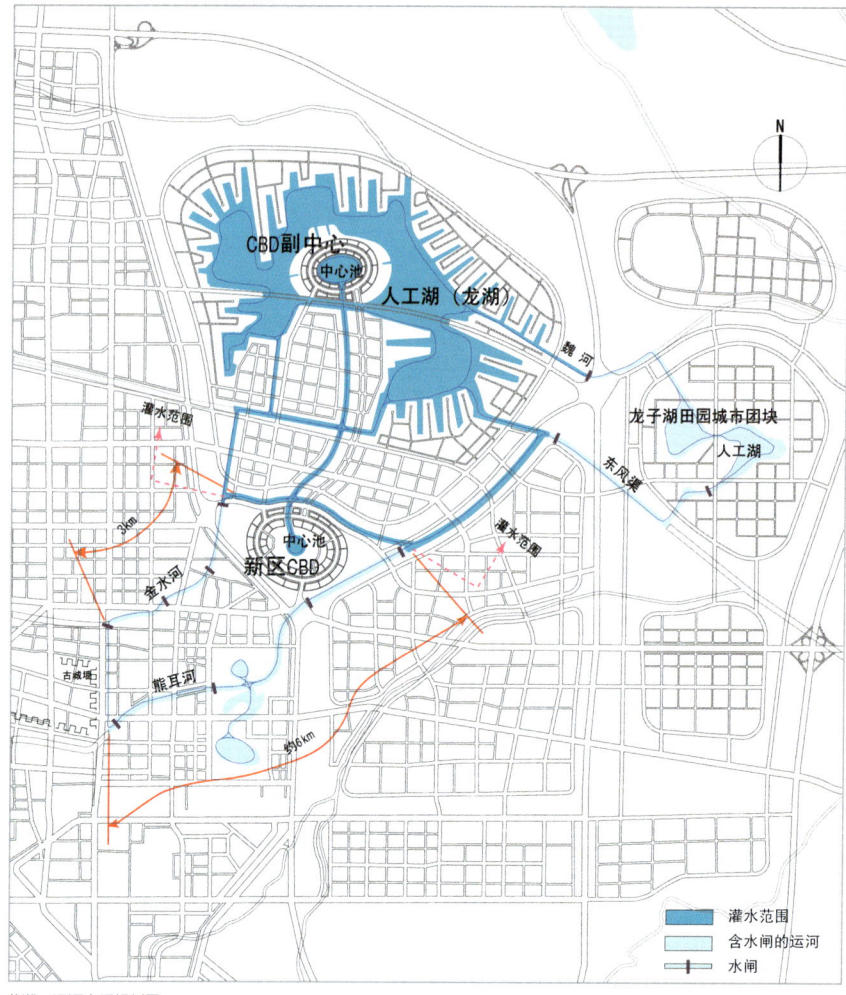

龙湖、运河水系规划图

SLMIDA游览船

法国代表性独家河流：塞纳河的旅游船

位于瑞士国境的高原型湖边度假城阿努斯城有阿努斯湖，沿着德尤河的历史保护地区，一边散步一边欣赏流动的河水、可动的水闸、百鸟、常青藤和天竺葵

荷兰的乌德勒支运河的周围作为城市装置已建筑化，可欣赏高密度的河流度假区

4 形成运行航线的技术方法

4.1 考虑到富余水深和沉积土，人工湖（龙湖）的水深以4m为基准，其他部分运河以3m为基准。

4.2 航道宽度以船舶可转头的最大船舶长度的2倍以上为佳，以定员200名规模的旅游船为准，24m的2倍约50m以上。同时考虑到新区内运河景观，航道定为10m宽度（与塞纳河基本相同）。

4.3 为形成各种船舶停靠平台，舒适的水滨空间、河畔（湖畔）的地面与水位的高差保持在2m。

4.4 因郑东新区用地的平均坡度为1.6%，与高差相对应划分几部分设置水闸，通过调节水位，使船上行或下行。

4.5 把整个龙湖设定为水位一定的区域，与之水位相同的区域，2.3～2.5所述的范围内不设置水闸，船舶可以自由通行，以现在龙湖中心部位的地面为准设定龙湖的水面高度。由于地面从南向北以1.5%的坡度倾斜，而从连接金水河和熊耳河的部分到龙湖中心部分的距离大约是5km，其高差按6000m×（1.5/1000）计算为5m，为保持湖面与湖畔的高差为2m，可考虑将人工湖（龙湖）的挖掘土填筑下游的区域，以调整标高。

4.6 右图为2.1～2.6所述的范围内，结合水位高差设置水闸的图例。

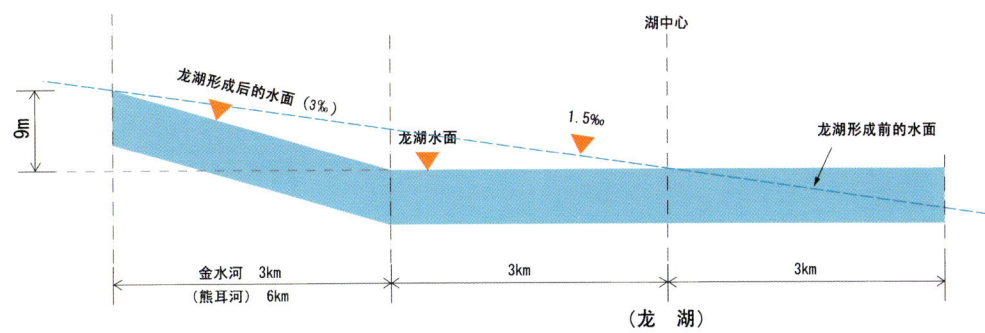

水位变动图

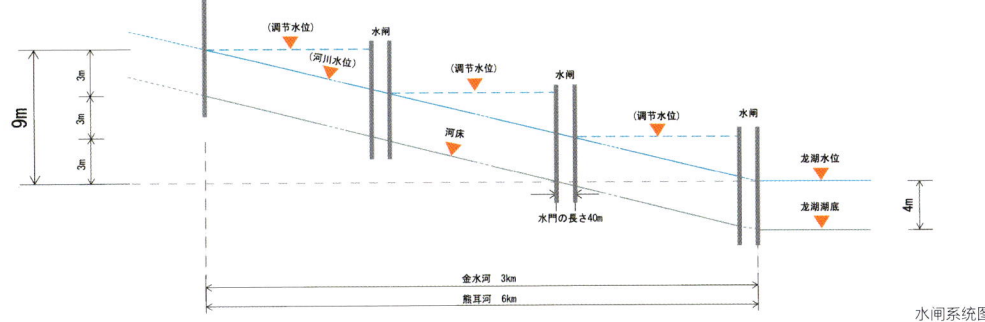

水闸系统图

法国密狄运河的水闸

赛纳河支流的玛耳纳河阿耳斯纳尔港，从赛纳河通过水闸

5 人工湖的形成

5.1 有效利用现有的养鱼池，将之改造为人工湖。此地区地下水的安定水位在2.3m左右，将现有的鱼池挖至可通船的程度就可以取地下水灌注龙湖。另外，预计需要大约2万t的水，因此最初有必要从黄河引水补充。

5.2 今后，随着郑州市突飞猛进的发展，人口也将急剧增长，产业、生活等用水也将剧增，但是，现状存在着水源不足的问题，因此，结合保证初期阶段的水源，有必要考虑水的重复利用和净化系统。从中，把切身水源的龙湖设置在新区内也必须准备好利用贵重水资源和与之一起生活的环境。

5.3 考虑到湖泊的不同作用，在黄河附近河川公园中规划的人工湖，作为与现在的调蓄池连锁的调蓄池，也起到对黄河和7条淮河支流的防洪作用。

英国泰晤士河乘船旅行的快乐风景

东京游船愉快旅行的例子，夏季的一个景观是河道上举办的焰火晚会，从船上观赏焰火已成为市民的期待

伦敦市内的Regemt运河流经动物园和高级住宅区，河岸以X为生活道路，钓鱼消遣的老人儿童很多

在日本，游船不仅为一般游客服务，也出租给各种聚会使用

从遍布的人工水路中可遥望远方的福斯特城

挖掘用地低注部分形成人造度假城市的例子

6 水岸景观

台阶式亲水护岸

河边休息场所

水边的广场和雕塑,台阶式亲水环境

住宅靠水侧可乘用游船,开口都面对水边

通过调节水面的高度提高亲水性

水边甲板式游步道

7 桥梁景观

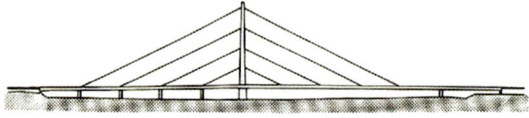
Oeresund Bridge

Dusseldolf Flehe Bridge

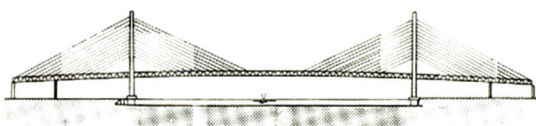
Bay Bridge

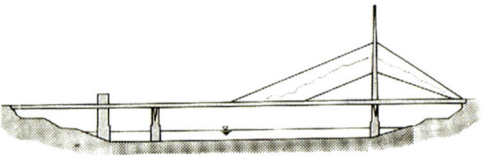
Hamsen Bridge

Raiffeisen Bridge

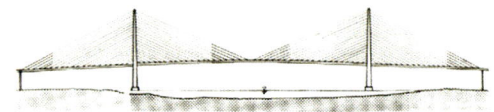
Dam Point Bridge

Friedrich–Ebnrt Bridge

东神户大桥，阪神高速道路

水路和小桥

Raiffeisen Bridge

两侧设店铺的桥

Myuhen Bridge

郑东新区河流水系及生态走廊规划
Planning for the Water System and Eco-Corridor in Zheng dong New District

1 构想

郑东新区回廊计划中,就生物丰富的多样性以及景观、观察、交流等的广泛利用提出要求,设定以下构想:

(1)新城市生态回廊之源——生物的供给源(生态核心)

(2)以自然景观带给人们心理充实的临水空间

(3)通过与自然的接触建设社区(生态空间)

2 郑东新区的生态回廊计划

郑东新区的绿地是作为郑州整体生态回廊的构成要素予以计划的,是将提供大规模生物生息空间的西南部常庄溪谷和东北部黄河流域、金水河、熊耳河以及郑东新区的绿地进行持续性环境保护。

根据这样的生态定位,计划将郑东新区生态回廊作为确保、复员郑州中心地区生物多样性的基地。生态回廊的规划如下所示:

在西北部作为生物的保护区,设立"生态核心"。

河川等回廊的结节点是异种环境、生态的集结点,作为生态节点,要保护、创造生物的生息空间。

为了连结核心、节点,设立"生态回廊"。特别是与熊耳河相连的河川,通过河畔林的保护、复员,创造水和绿地走廊。

通过住宅地等与自然的接触,作为建设社区的场地,建立"生态空间"。

3 生态回廊形成要素的规划

3.1 生态核心

本规划的生态核心是设立生物的保护地——保护区和人们可利用的临水空间。

保护区是生态回廊的生物之源。通过植被形成向水域、内陆水域、陆域连续变化的环保协调地带,使适合各环境的多样植被和动物得以生育、生息。

在临水空间区,作为生物观察、学习、管理基地的建筑物和空间。对城市居民进行自然环境的意义教育,提高环境保护的积极性和知识水平。

3.2 生态节点

作为回廊的结节点,由于集结异种环境、生态,是生物多样性较高的场所。特别是河川的结节点,通过引进德国和瑞士实施的近自然施工法(日本为多自然型施工法),希望将其准备成贴近自然的环境。

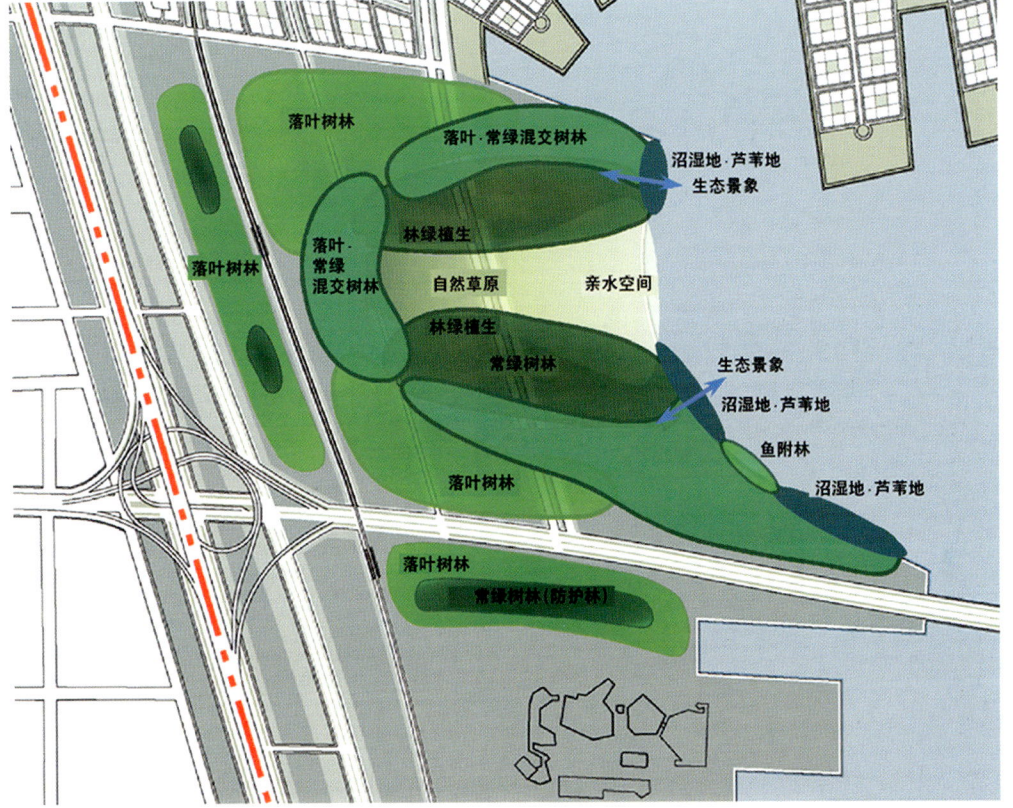

生态核心的构想图

临水空间的水边部分(春)

临水空间的水边部分(夏)

临水空间的水边部分(秋)

临水空间的水际部(冬)

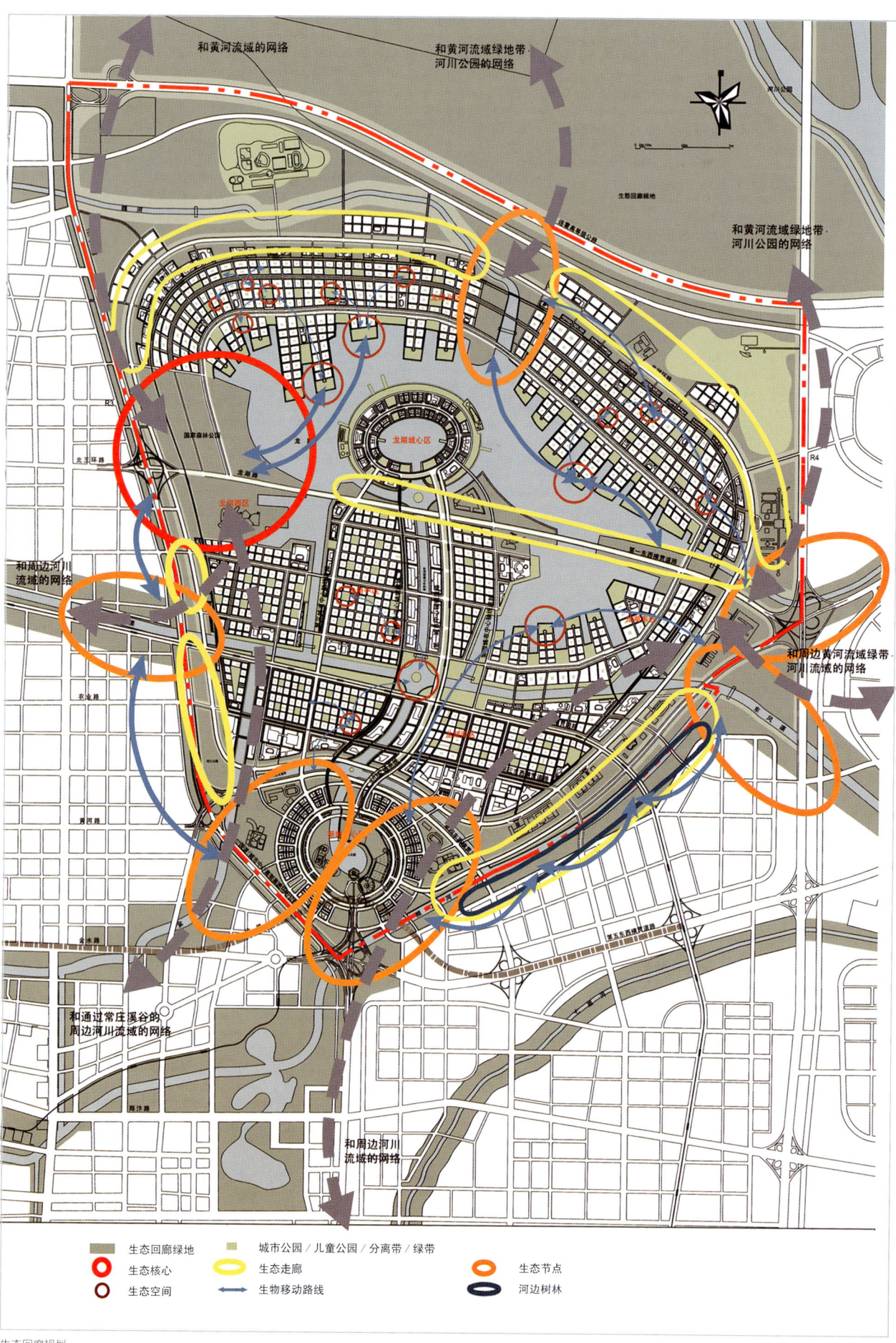

生态回廊规划

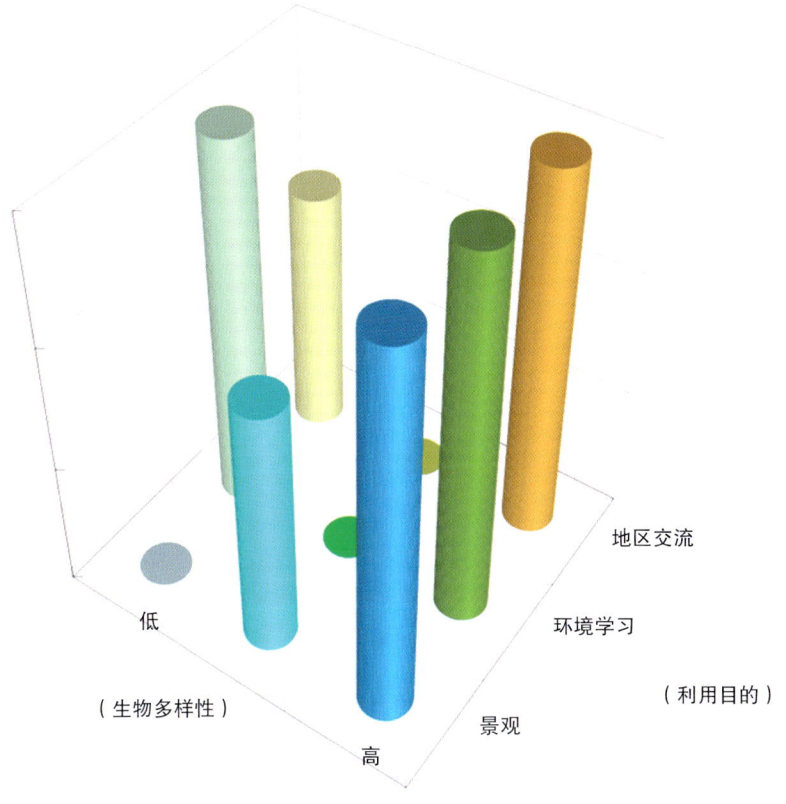

作为分析对象的BIOTOPE模型

自然环境需求分析图

3.3 生态回廊

生态回廊具有连结生态核心和生态节点等生物生息场所的功能,形成回廊的树林和草地上,小动物和飞翔距离短的昆虫可以移动,走廊因道路等断开时通过设立生态桥(生物桥)和生物隧道,确保其连续性。

河川则希望通过引进近自然施工法,作为和绿地的走廊进行整备。这样可以保护生物,向人们提供自然景观带来的心理充实。作为河川整备,有河畔林保护、复原、创造Wand等方法。

3.4 生态空间

生态空间是在滨水区和住宅地等以跳岛状配置的生态空间,为了生态回廊的供给源——鸟类和蜻蜓、蝴蝶能飞来,就需对树林、池沼、小河、草原等进行整备,这还可成为孩子们接触生物的场所。另外,通过社区花园,分块出租用农田、小田圃的整备,使周边居民通过种花和农业体验,建设社区。

附录

a. 自然环境需求分析

自然环境的分析可以利用生物多样性和利用目的矩形来表示。这次的分析,就整备水平的生物多样性空间,按照广泛利用景观、学习、地区交流的方向进行了研讨。

由此,作为新城市生态回廊的要素,作为多样生物供给源的环保核心以自然景观为人们带来心理充实的临水空间,通过与自然的接触,建设社区的场所,做出了生态空间的计划。

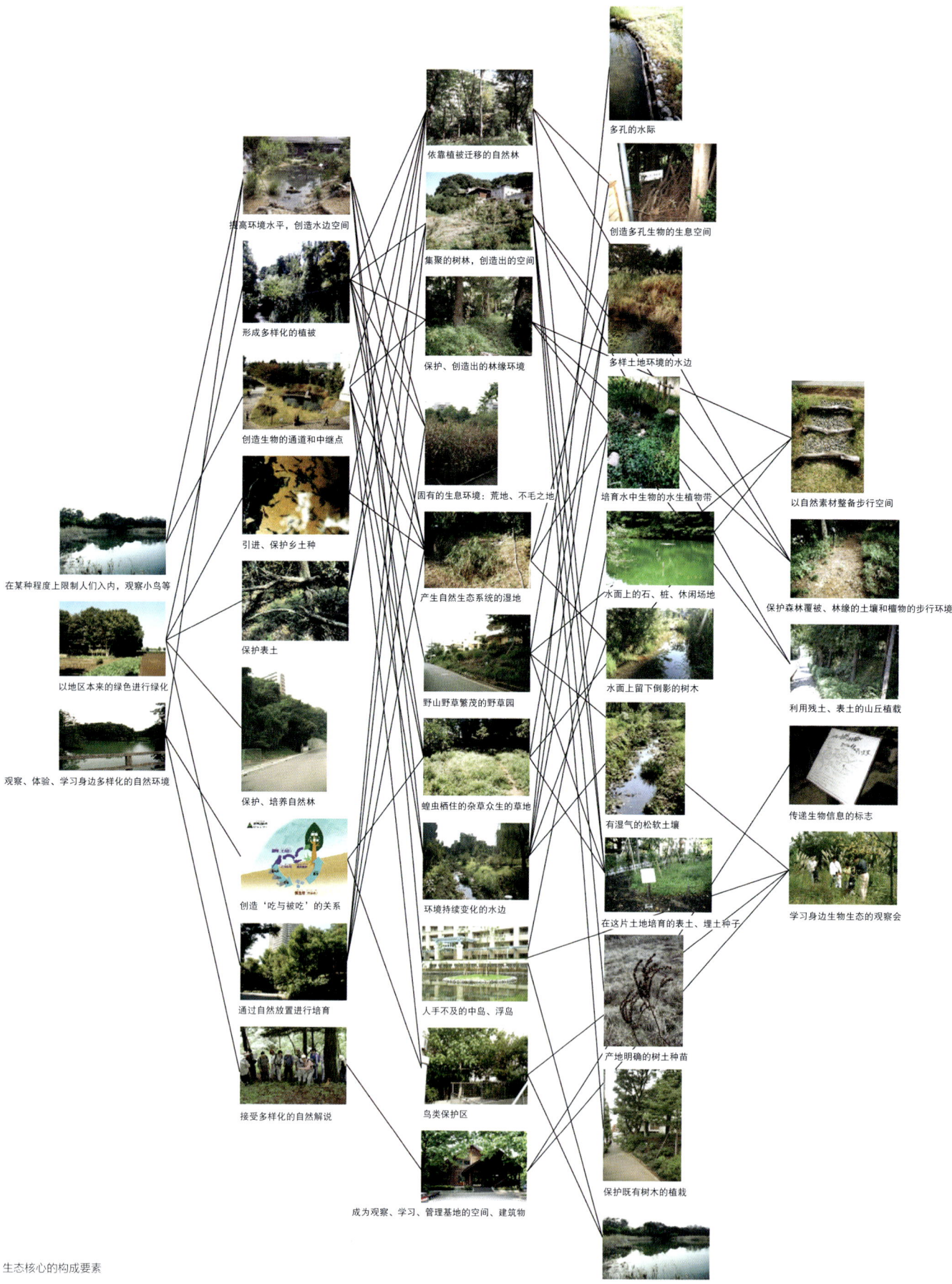

b. 草原区、森林区、树篱、私人花园区、池沼与中之岛、水田、小河,常绿树、落叶树、针叶树、宽叶树、乔木、中矮树木等随意配置,由混交林构成。

可以遮挡来自广场投向建筑物的视线,确保个人隐私,绿荫的凉爽、季风的暖和也是指日可待。为了得到芳香疗法的效果,应散种芳香物质较多的树种。

草原各处配置了高茎草本、中低茎草本,形成了捉鬼游戏、捉迷藏、球技等场所,柔软的草地可以防止受伤。从公寓高处可以放眼远望孩子们,危险可防患于未然。在草原观察栖息的昆虫,聆听在森林中啄食、欢唱的小鸟叫声,这里是重要的基地。

花圃和菜园,作为居民的私人花园,四季不同的花草,使人体会到收获的喜悦。

水池里有小鱼和水生昆虫栖息,从岸边到水中的各种水生植物生长繁茂。睡莲和菖蒲花,苔草等美丽的湿生植物也使人乐而忘返。小河流过,喜欢流水的鱼贝在这里生息。这里是孩子们极好的生物学习场所。水源可贮留公寓房顶的降雨予以利用。

水田,为城市的孩子们提供了学习种稻子,了解农业之伟大的机会。当然水田中的青蛙、小龙虾、萤火虫等也如同风物诗使人着迷。

使用了兼有退潮和避人凹洞的制水坝,开成了水边生态协调地带。岸边展现出诸多生物共同生存的景象。

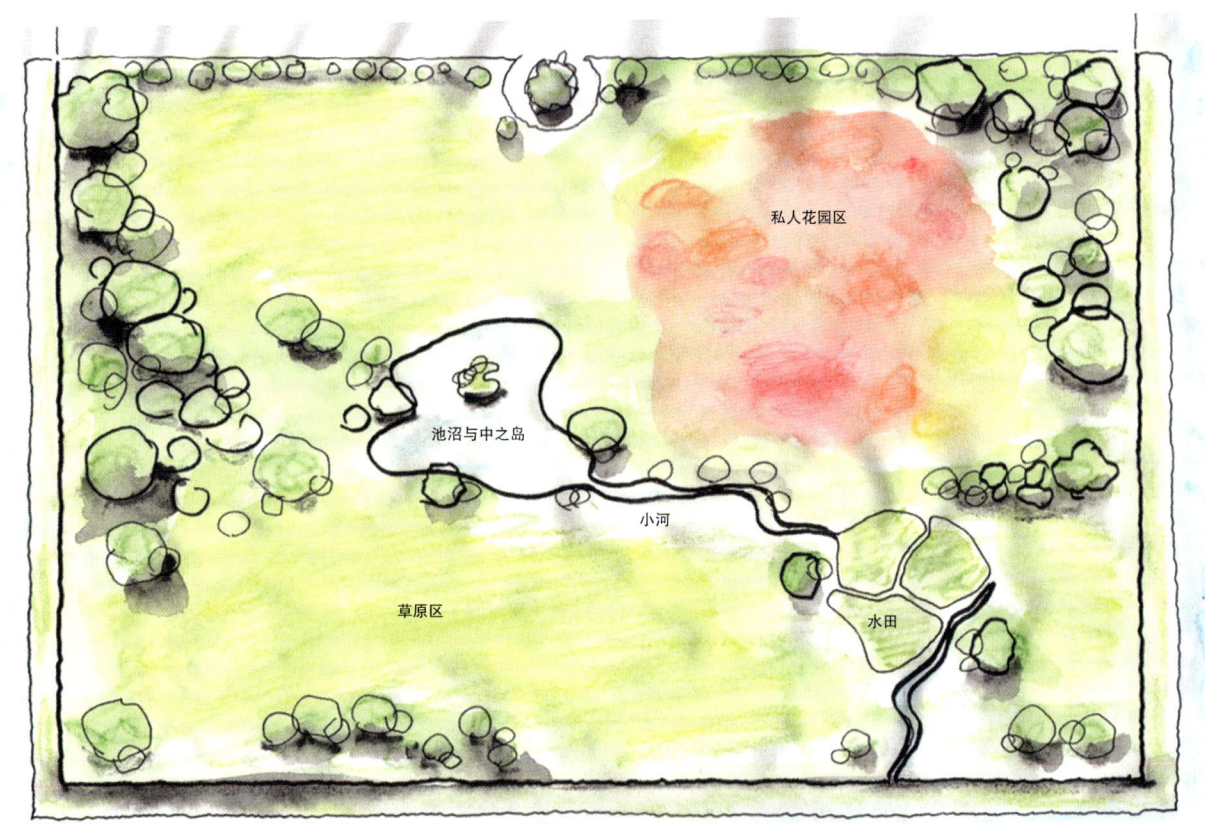

生态空间配置图(草图)

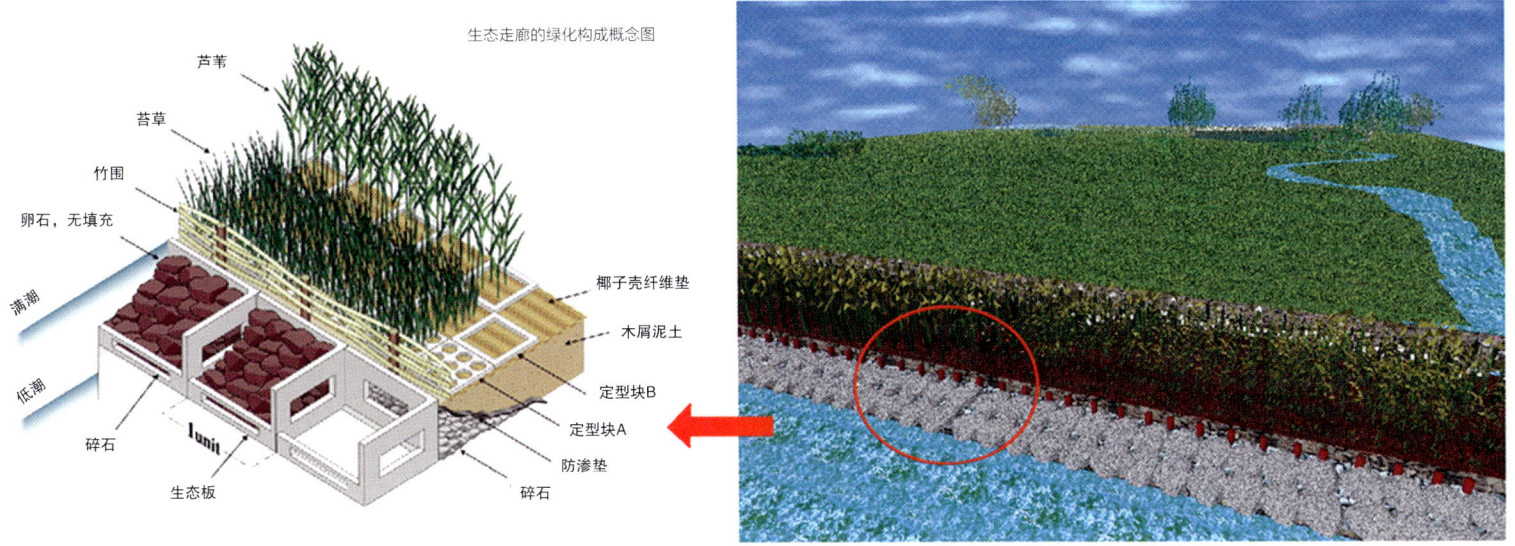

龙湖城市设计导则
Guidelines for Longhu Urban Design

1 导则目的

本导则旨在通过制定龙湖地区整体景观指导性规范配合工程进度、创造新城市综合街景。

具体包括：制定影响城市总体形象的城市天际轮廓线和形成空中鸟瞰景观的准则；确定昼间和夜间景观所必须遵守的最低限度的主要事项。

2 景观理念

CBD地区、CBD副中心和城市中心轴线的运河共同构成"如意"形状，为新城市的一大特征。

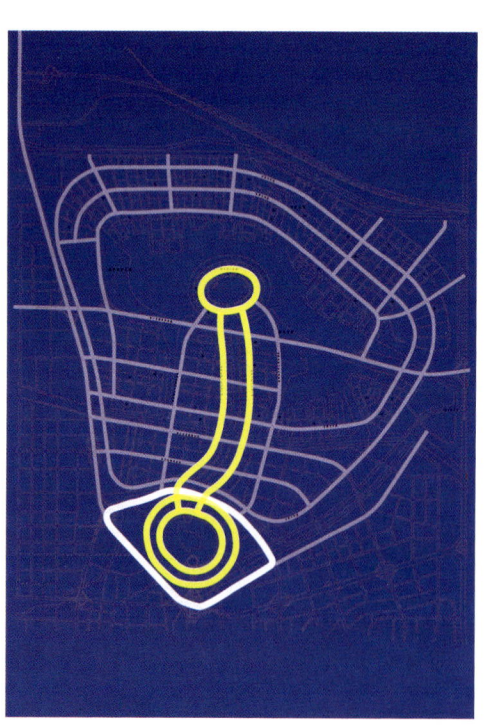

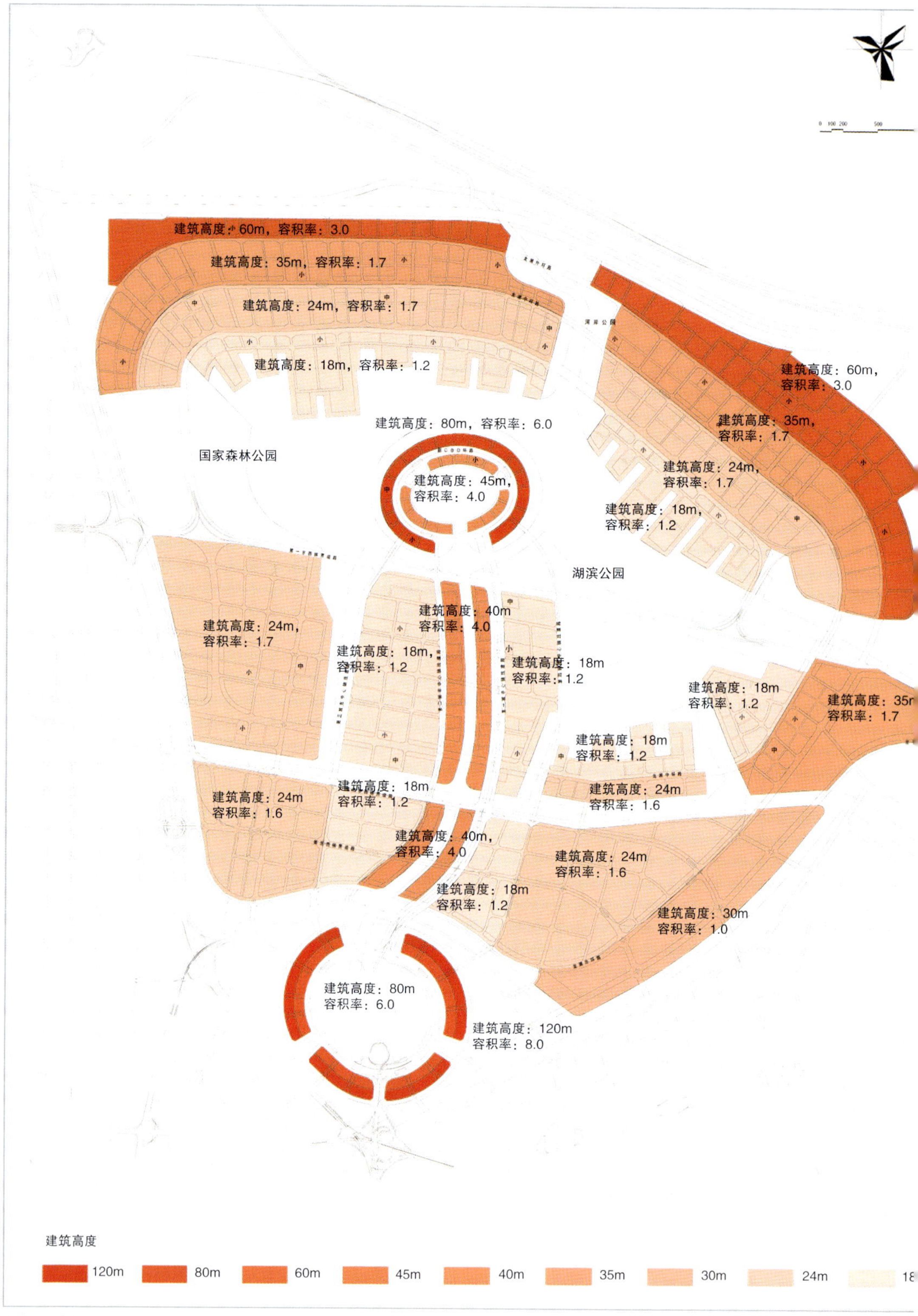

郑东新区龙湖地区高度控制图

3 昼间景观

3.1 道路景观

针对CBD内、外环道路、CBD副中心环路、第一、第二城市中心环路，作出以下规定，其他道路则遵循一般标准。

（1）人行道

铺装：铺装材料表面为火烧面、色彩采用自然石材的红色系列。

种植：黄色开花灌木、黄叶乔木（如银杏等）。

（2）车道

确保安全行车的前提下，采用排水性铺装、以具有发光效果的自然石材（灰绿石和石灰）为原料。

（3）中央隔离带

选用黄色开花植物，用阵列式栽种同一树木、追求宏大的风景。

（4）轻轨电车

高架桥采用原浆混凝土、油漆涂层；车身为黄色。

（5）第一中心轴线道路的中央部

高架桥两侧种植乔木，正下方种植灌木；道路两侧设置公园步道，铺装采用红色系。

3.2 天际轮廓线

（1）中心运河沿岸建筑

建筑物有高7m的两层低层和高40m的高层部分组合而成；建筑物面向运河一侧，从运河后退50m，建筑外墙连续统一安排。此位置设置高层或低层建筑物的外墙面；面向运河的低层建筑内设置以下公用建筑：店铺、餐饮、超市、其他服务设施、旅游公司、信息中心、问讯中心、美术馆、书店等。

建筑面向道路一侧，保证后退10m以上，建筑外墙统一安排。

（2）CBD副中心的建筑

环状道路外侧的建筑高度为80m；环状道路内侧的建筑高度为45m。

（3）第五立面

以下内容以CBD地区、CBD副中心和中心运河沿岸建筑为对象，其他地区建筑物的第五立面则为绿色或做屋顶绿化。

高层部分的第五立面统一为黄色（黄赫色系），低层部分做屋顶绿化。

4 夜景

4.1 街灯色彩

CBD内环、外环，CBD副中心环路，第一、第二城市中心轴线道路由黄色钠灯照明，亮度与高速道路同等。

其他道路则配置白色照明。

4.2 轻轨高架桥采用黄色照明

4.3 建筑照明

CBD地区、CBD副中心、中心运河沿岸街区的建筑以黄色灯光渲染，不得采用其他色调。

其他街区的建筑配以青白色或白色灯光。

为强调中心部位建筑的灯光色彩，商业设施选用黄色以外的色调。

对超出上述规定，有特殊要求的项目，由市规划部门指导确定。

5 运河地区详细规划

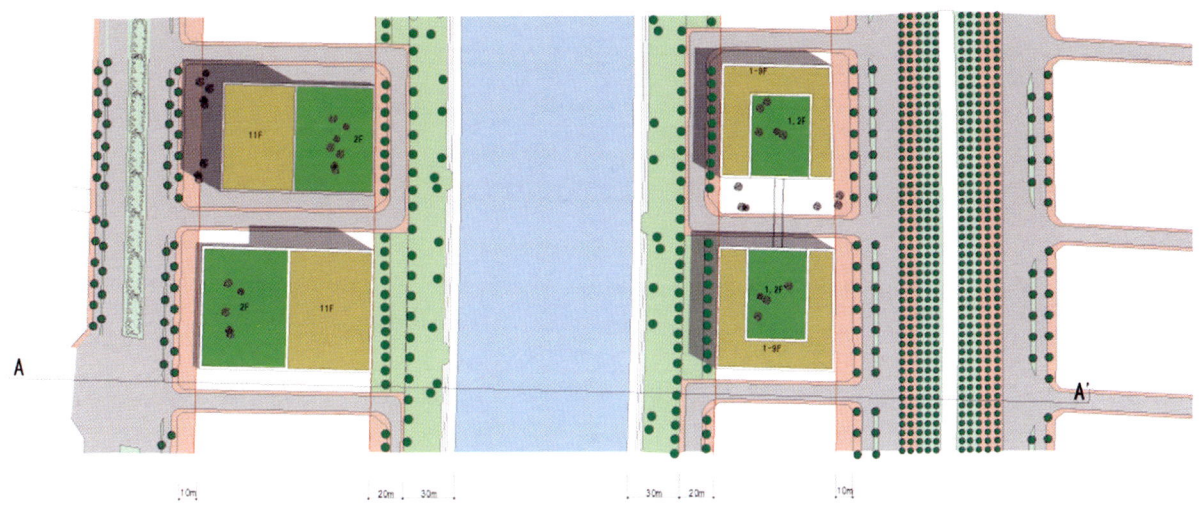

平面图

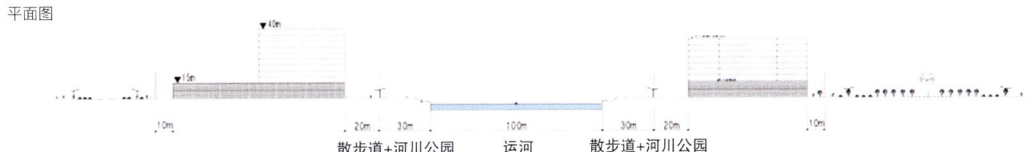

散步道+河川公园　　运河　　散步道+河川公园

剖面图

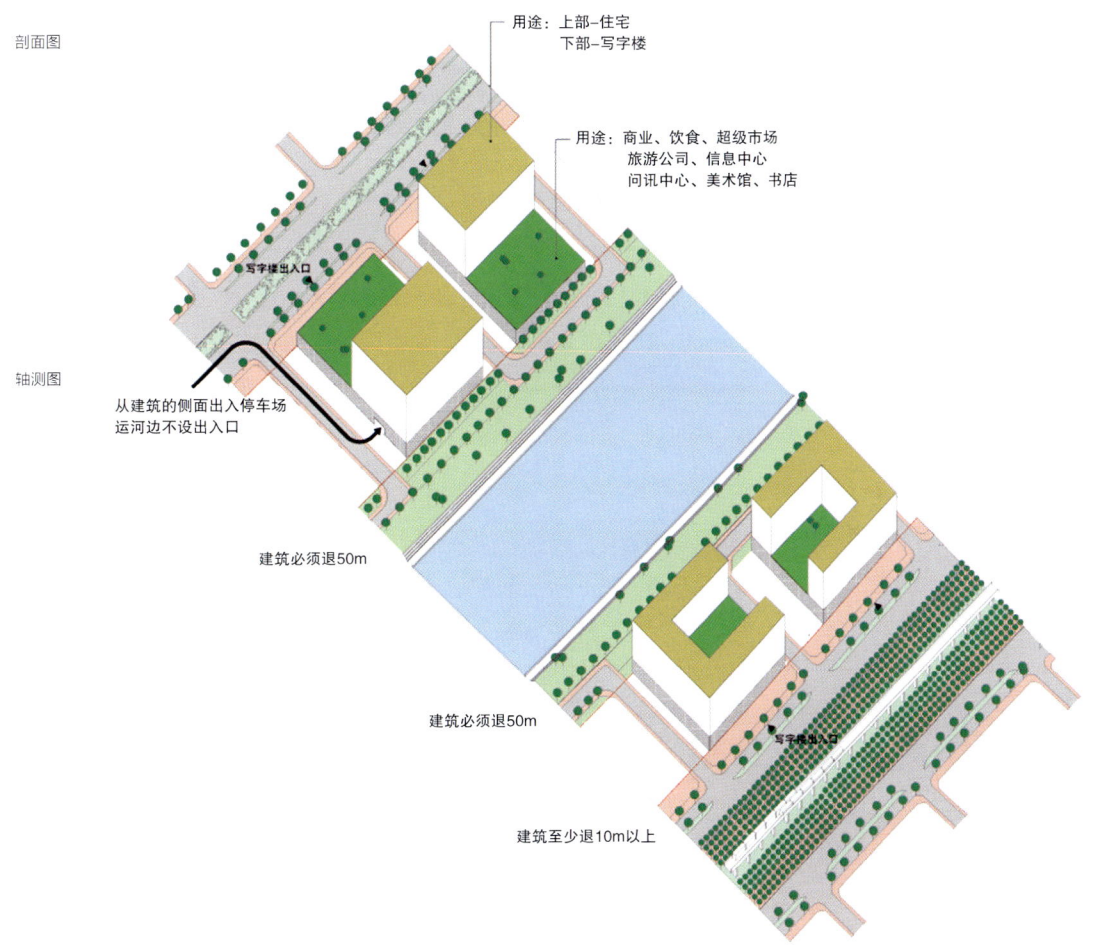

轴测图

文科类学校

	招收人数(人)	用地规划			建筑物规划		
	※( )内因尚未确定故为设想的规模	认可面积(hm²)	规划(A方案)(hm²)	规划(B方案)(hm²)	标准规模(m²)	规划(A方案)(主要建筑物楼层数)	规划(B方案)(主要建筑物楼层数)
河南教育学院	8,000	60.0	63.4	60.9	165,360	6	5
河南司法警官职业学院	(9,000)	63.3	53.3	52.8	186,030	4	7
河南省政法管理干部学院	10,000	70.0	69.1	85.0	206,700	5	6
河南财经学院经贸职业学院	10,000	33.3	42.9	42.0	206,700	4	5
河南检察官学院	(9,000)	63.3	61.7	55.3	186,030	6	4
规划根据、指标、备注	根据1月27日收到的资料				学生人均21m²		

理科类学校

	招收人数(人)	用地规划			建筑物规划		
	※( )内因尚未确定故为设想的规模	认可面积(hm²)	规划(A方案)(hm²)	规划(B方案)(hm²)	标准规模(m²)	规划(A方案)(主要建筑物楼层数)	规划(B方案)(主要建筑物楼层数)
河南中医学院	8,000	80.0	71.8	72.1	449,360	8	7
郑州航空工业管理学院	12,000	93.3	90.1	106.2	674,040	8	5
河南广播电视大学	(2,000)	26.7	46.1	37.5	112,340	3	4
河南职业技术学院	(9,000)	80.0	79.1	86.6	505,530	7	6
规划根据、指标、备注	根据1月27日收到的资料				学生人均21m²		

建筑物以日本标准的大学建筑物为大致标准，确保了适应文理科学校招收人数的面积。

建筑面积不包括宿舍等附属设施、特殊设施（大型实验设施等）。

有关科学技术中心的用地，A方案约确保了200hm²，B方案约确保了300hm²。

7.4.2 用地布局、空间形成的方针（校园设计导则）

A方案为1群组，B方案为2群组，分别设置学校用地。（参照规划方案说明）

根据整个地区的设计方针，制定用地内的建筑物布局和设计方针如下：

绿化地带延伸到用地外围部分，可作为公园利用。该绿化地带与沿龙子湖的绿化池、沿公路的绿化地一体化，形成遍及整个地区的散步道、漫步道网络。该绿化地带成为绵延整个郑州市的生态走廊的一部分。

为了确保绿化地带的连续性，避免在用地周边设置建筑物密集的学校中心地区。绿化地带附近作为宿舍、操场和将来拓展用地。

将人造湖、绿化地灵活利用于校园内部的空间造型中，形成别具一格的校园景观。

7.4.3 设施共同利用的设想

考虑到设在该地区的学校的招生规模，认为各学校需设有体育设施、专业图书馆等。

而应共同利用的有学校之间和与市民的交流设施、大规模体育设施等大型活动所需的设施，具体可列举下列设施：

体育运动中心（大规模的田径比赛场、球类运动场、体育馆、室内游泳池等）

艺术、文化中心（美术馆、剧场、音乐厅）

交流中心（交流会馆、贵宾楼）

信息中心（图书馆等）

本规划中在地区内适当配置了这些设施。

7.5 中心地区的规划

规划用地东面的环状铁路车站为进入该地区的入口，新设车站并修建行政、办公地区。

新车站作为下层设置商业设施，中高层部分设置饭店宾馆的复合设施（车站大楼）进行规划，车站大楼的最高高度为60m左右，并考虑与自然环境的协调。

由新设车站向东，形成中心设施地区。这里配置行政机关（区政厅）、主要公共设施（图书馆等）、金融投资场所。这些设施为中层建筑，控制高度（最高高度为40m左右），并在用地内进行绿化，形成自然、公园中的办公环境。

沿地区南北的干线公路分别设置副中心地区，规划提供近邻型行政、商业服务。

在地区内的商业区，人车分道，形成与自然协调舒适的人行空间。一、二层部分的墙面比上面楼层更向后退，有计划地设置商业城和天井，并与楼顶停车场连成网络，下雨天也能享受购物的乐趣。

7.6 地区设计的方针（设计导则）

为了形成协调且井然的良好的城市环境，将必需的规划标准方针作为原则性设想提出方案。注意不要成为死板的固定的规划标准设计，以下列项目为共同理念来指定。

（1）创造后人引以为豪的文化价值（Value for Culture）

（2）与自然的共生

（3）与历史的共生

（4）人与车的共生

（5）具有新陈代谢功能的阶段性开发

7.6.1 风景

（1）龙子湖地区的结构与郑东新区连绵的生态走廊、新建的人工湖协调，作为与自然环境浑然成一体的城市设计进行规划。

（2）沿龙子湖、河流、环状道路、主干道形成绿化网络。通过该绿化网络达到城市与自然的共生。

（3）龙子湖周围配置大学校园、艺术中心、美术馆、学校间的公用设施（讨论会用会议厅和交流设施），形成具有标志性的景观。

（4）在人工湖周围建造学校、公共建筑物、公园等，使水边的建筑能在水面上倒映出风景是十分重要的。水边的道路规划作为漫步道网络的一个组成部分，促进公共利用。

（5）邻接人工湖、绿化地带的地区配置低层建筑（最高高度15m），邻接中心商业区的地区配置中高层建筑（最高高度40m），考虑与自然环境的协调。

7.6.2 城市景观

（1）为了形成具有特点的水滨景观，沿龙子湖设置标志性高层建筑和纪念性的建筑。

（2）商业区的商业城为两侧设有零售店和百货店的商店街，形成与周围绿化地浑然一体的舒适热闹的商业街。商业城的中央配置公园用地、人行道、自行车道、街道附属设施（公用电话、厕所、路灯）等。使一、二层部分的墙面比上面楼层更向后退，形成连续的连拱廊空间。

（3）在沿龙子湖的水滨空间设置休息地带、公园、儿童嬉戏玩耍场所等，形成与公园浑然一体的舒适热闹的水滨环境。

7.6.3 照明规划

（1）给高层建筑的照明规划制定方针，以展现龙子湖沿岸的纪念性建筑物或车站前地区的景观。

（2）考虑到水滨建筑的戏剧性效果，为展现丰富的水滨空间而进行照明规划。

（3）使商业城具有明亮的形象，成为夜晚也能逛商场和休闲的场所。

（4）对在商业城侧的霓虹灯广告牌不设定限制，对在面向绿化地带和公园、环状绿化地的部分进行限制。

7.6.4 建筑限定

（1）为了确保协调且井然有序的街道景观，对每个地区进行建筑限定。

（2）为了形成统一且井然有序的城市景观，街区中面向马路的部分原则上从道路红线向后退一定的距离，沿着该后退距离制定建筑物的墙面线限定。

（3）建筑物的颜色与周围环境协调，原则上为沉稳、明快的色调，外涂层禁止使用原色或突出的颜色。

7.6.5 道路、绿化地的规划

（1）考虑生态系，根据道路及各街区的特点选择树种，展现地区的特征。次干道种植统一的树种，主要道路建为林荫道。

（2）绿化地作为整个郑州生态走廊的一部分进行规划。生态走廊就是连接河流、森林、湖泊、运河、城市公园及其他孤立的生态系的绿化网络。生态走廊不仅是为人类服务的公园，也是小动物、昆虫、鸟类、蝶类等生物种类能够移动的绿色走廊。

（3）为了促进雨水循环，车道和公共人行道的铺设要具有透水性。

7.6.6 其他

（1）为了防止因用地的细分化而形成繁杂的街道，规定面对次干道的用地间入口宽度的最小值。

（2）尽量避免设置面对主干道的露天停车场，如要设置应在外围修建景观。

（3）可公共利用的地上室内停车场设施的建筑容积率以计算对象的建筑面积的1/2计算，促进在中心部修建停车场。

（4）住宅地以外的停车场设施为建于地下或建筑物低层部分的立体式停车场。

A方案面积表

用地分类	面积(hm²)	比重(%)
居住用地(高容积率)	66.0	1.6
居住用地(低容积率)	498.7	12.0
行政办公用地	9.6	0.2
商业金融用地	212.6	5.1
综合用地	72.7	1.8
校园用地	577.5	13.9
科研中心用地	197.9	4.8
绿地	1566.3	37.7
河湖水面	202.6	4.9
(仅有 龙子湖)	(93.2)	(2.2)
对外交通用地	308.4	7.4
道路	348.5	8.4
合计	4154	100.0

A方案主要地区及基地用地规划技术指标

用地、地区	面积(万m²)	规划规范			方案A		
		建筑密度(%)	容积率(100%)	最高控制高度(m)	规划建筑面积(万m²)	规划建筑密度(%)	规划容积率(100%)
①河南省政法管理干部学院	69.1	30	0.8	30	9.5	13.7	0.68
②河南教育学院	63.4				3.1	4.9	0.29
③河南中医学院	71.8				5.0	7.0	0.56
④郑州航空工业管理学院	901				8.0	8.8	0.70
⑤a,b,c,d科研中心	197.9				24.7	12.5	—
⑥河南财经学院经贸职业学院	42.9				7.8	18.2	0.73
⑦河南广播电视大学	46.1				6.2	13.4	0.40
⑧河南职业技术学院	79.1				7.0	8.8	0.62
⑨河南司法警官职业学院	53.3				5.0	9.3	0.37
⑩河南检察官学院	61.7				3.0	4.9	029
行政中心	9.6	70	4.0	45	3.6	37.5	3.00
商业金融中心	21.6		2.0	30	6.1	28.2	0.85
铁路站	—	—	—	60	—	—	—

B方案面积表

用地分类	面积(hm²)	比重(%)
居住用地(高容积率)	186.9	4.5
居住用地(低容积率)	191.0	4.6
行政办公用地	8.9	0.2
商业金融用地	172.5	4.2
综合用地	30.9	0.7
校园用地	598.4	14.4
科研中心用地	280.5	6.8
绿地	1558.9	37.5
河湖水面	262.8	6.3
(仅有 龙子湖)	(153.4)	(3.7)
对外交通用地	308.4	7.4
道路	401.0	9.7
合计	4153.6	100.0

B方案主要地区及基地用地规划技术指标

用地、地区	面积(万m²)	规划规范			方案A		
		建筑密度(%)	容积率(100%)	最高控制高度(m)	规划建筑面积(万m²)	规划建筑密度(%)	规划容积率(100%)
①河南教育学院	60.9	30	0.8	30	4.3	7.0	0.35
②郑州航空工业管理学院	106.2				12.7	12.0	0.60
③a,b 科研中心	280.5				16.7	5.9	—
④河南省政法管理干部学院	85.0				6.0	7.0	0.42
⑤(大学将来用地)	—				—	—	—
⑥河南司法警官职业学院	52.8				2.8	5.3	0.37
⑦河南中医学院	72.1				7.7	10.7	0.75
⑧河南财经学院经贸职业学院	42.0				5.0	11.9	0.60
⑨河南广播电视大学	37.5				3.0	8.0	0.32
⑩河南检察官学院	55.3				7.0	12.7	0.51
(11)河南职业技术学院	86.6				7.9	9.1	0.55
行政中心	8.9	70	4.0	45	4.2	47.1	3.77
商业金融中心	11.4		2.0	30	5.9	51.7	1.55
铁路站	—	—	—	60	—	—	—

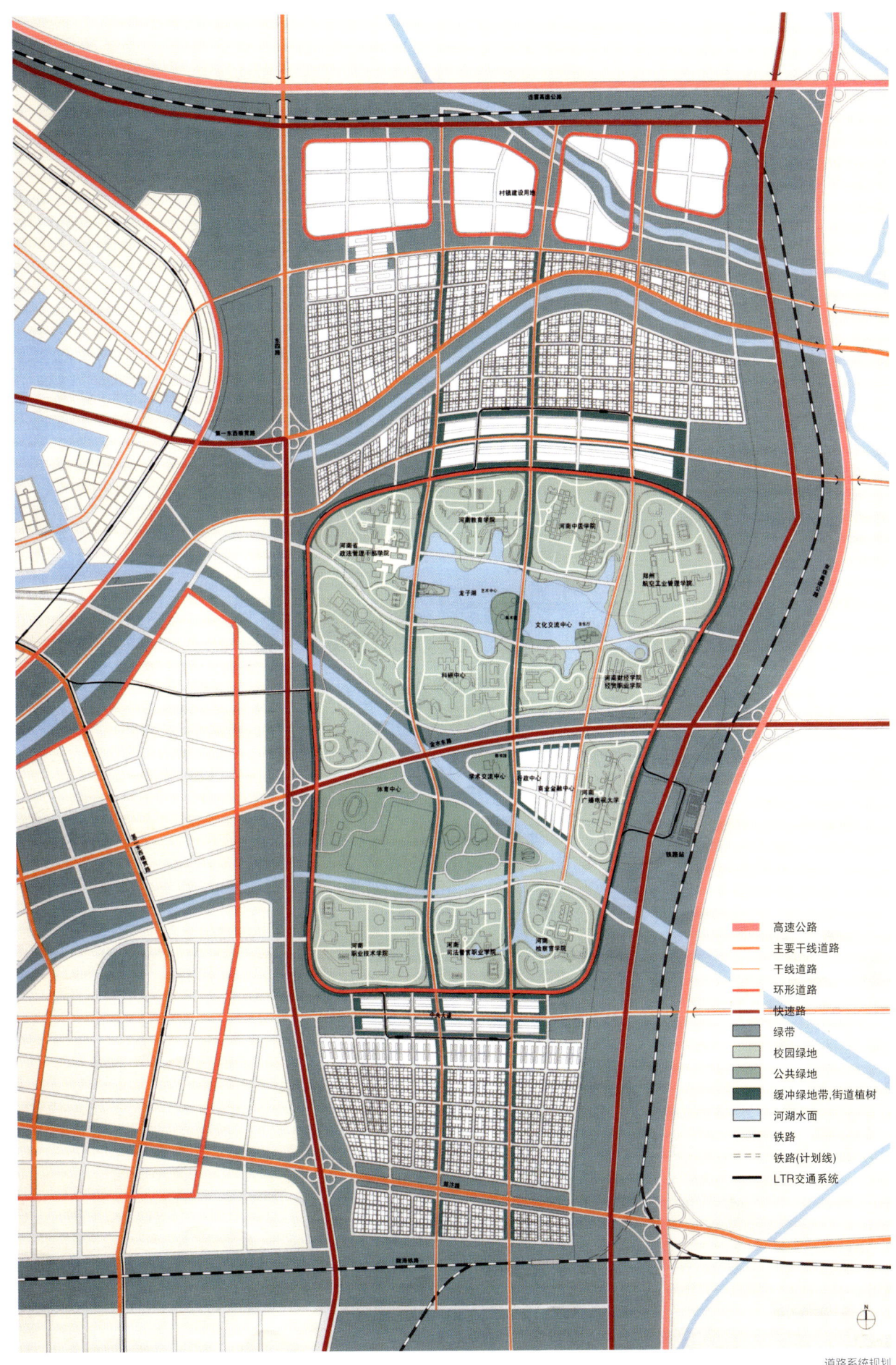

道路系统规划

PLAN A

PLAN B

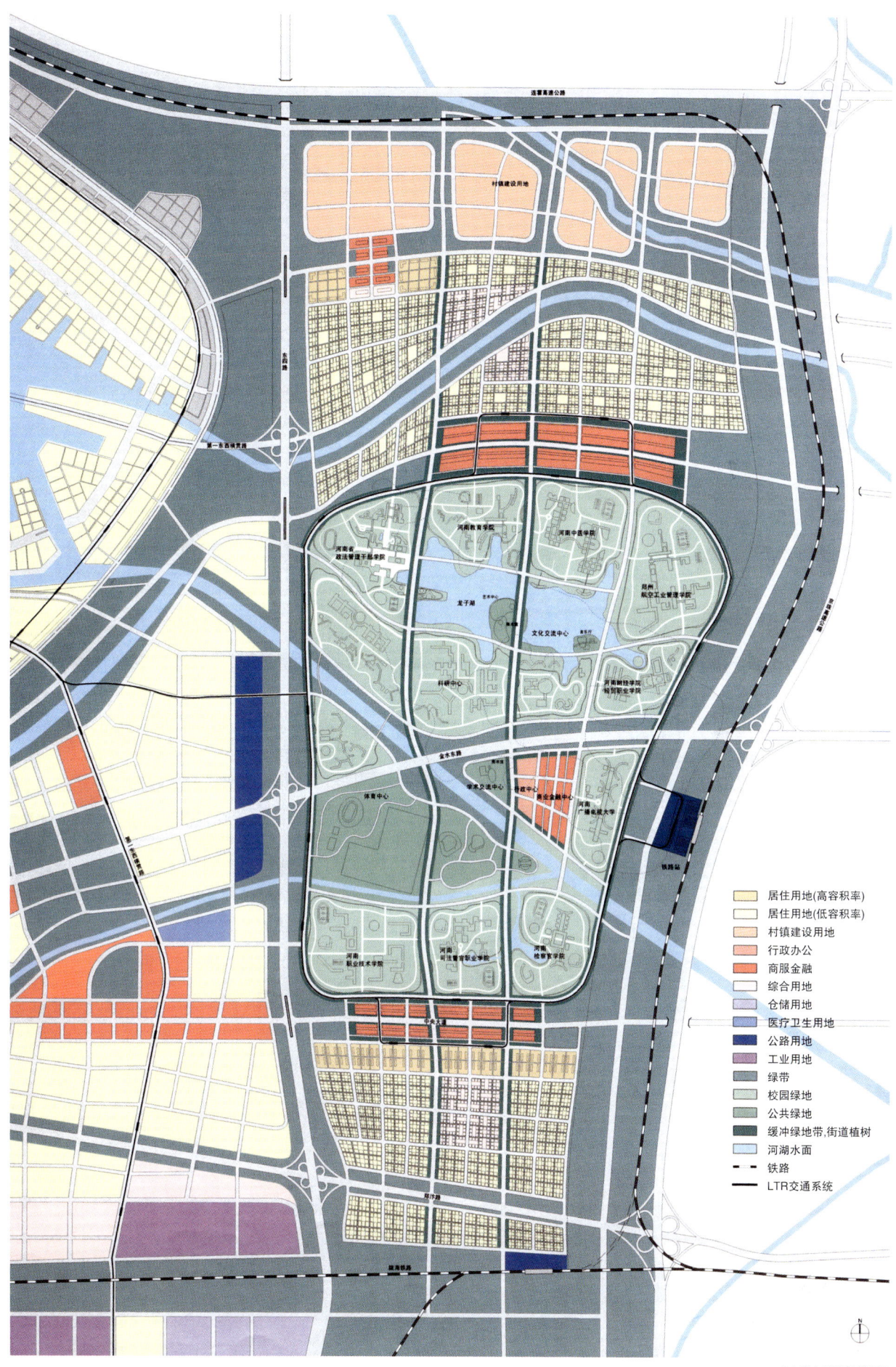

A方案土地利用规划图

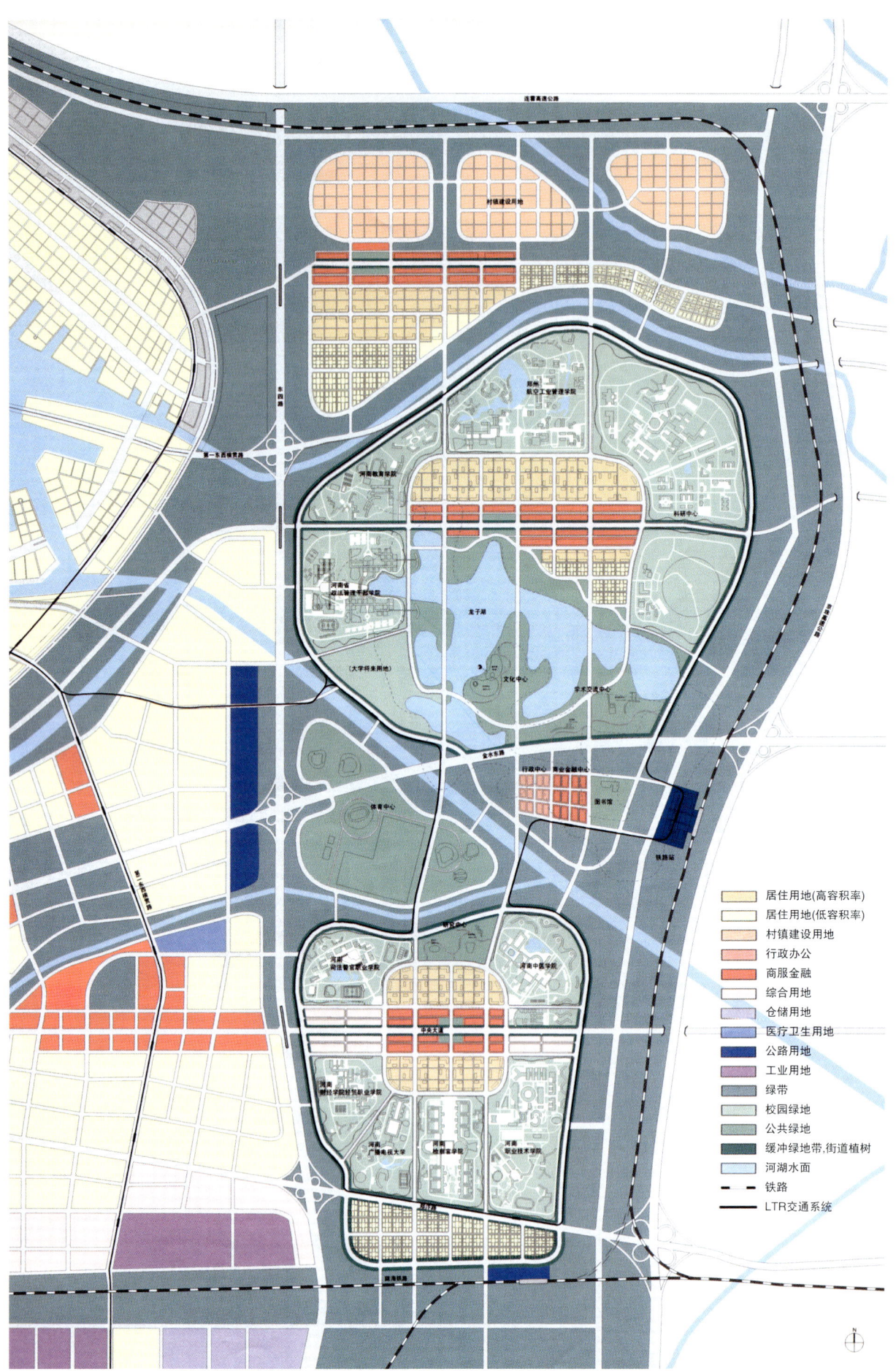

B方案土地利用规划图

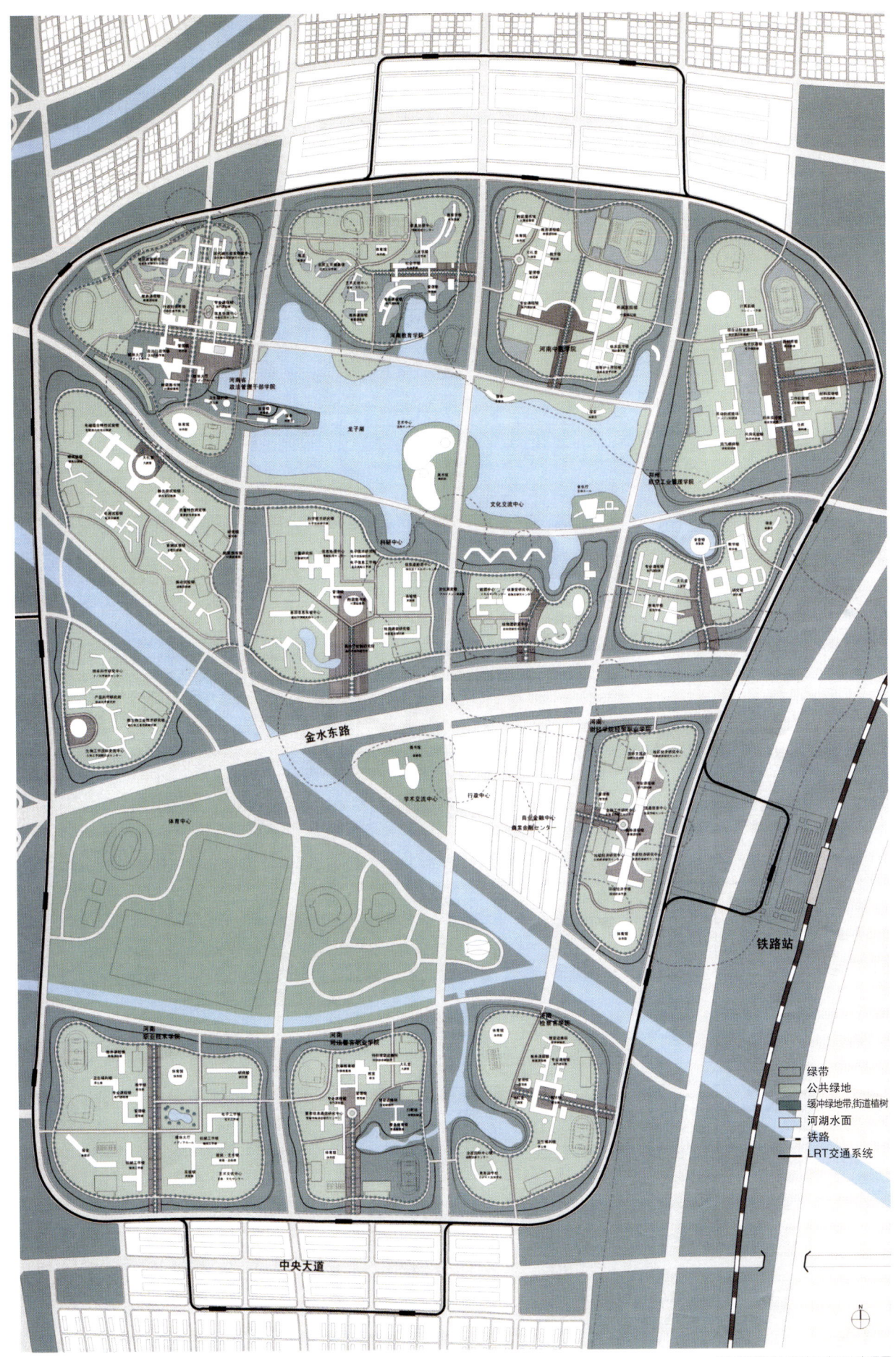

A方案研究校园城市中心平面布置图

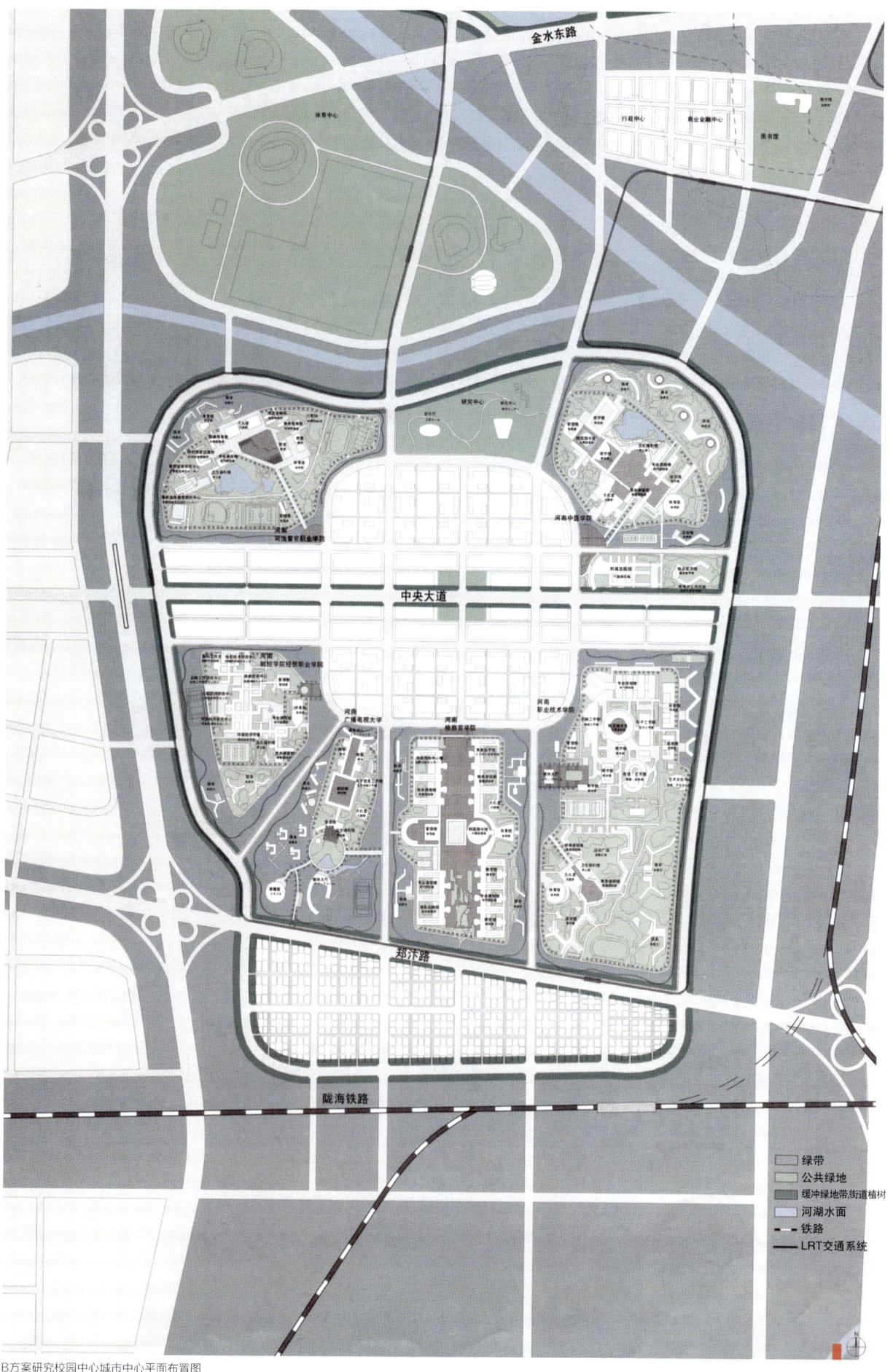

B方案研究校园中心城市中心平面布置图

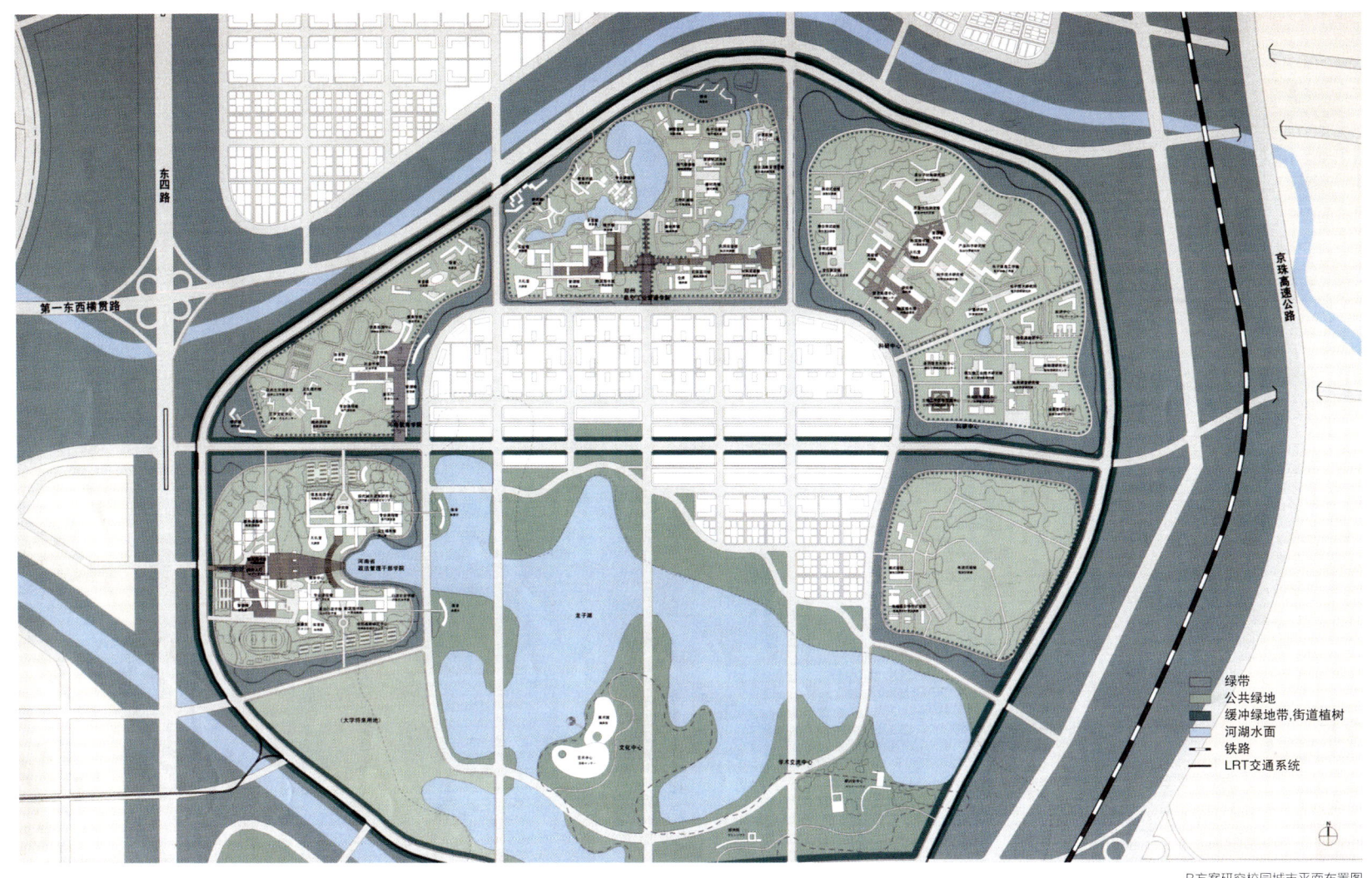

B方案研究校园城市平面布置图

9 用地布局

根据整个地区的设计方针,制定用地内的建筑物布局和设计方针如下:

绿化带延伸到用地外围部分,可做为公园利用。该绿化带与沿龙子湖的绿化地、沿公路的绿化地一体化,形成遍及整个地区的散步带、漫步带网络。该绿化带成为绵延整个郑州市的生态走廊的一部分。

校园效果图

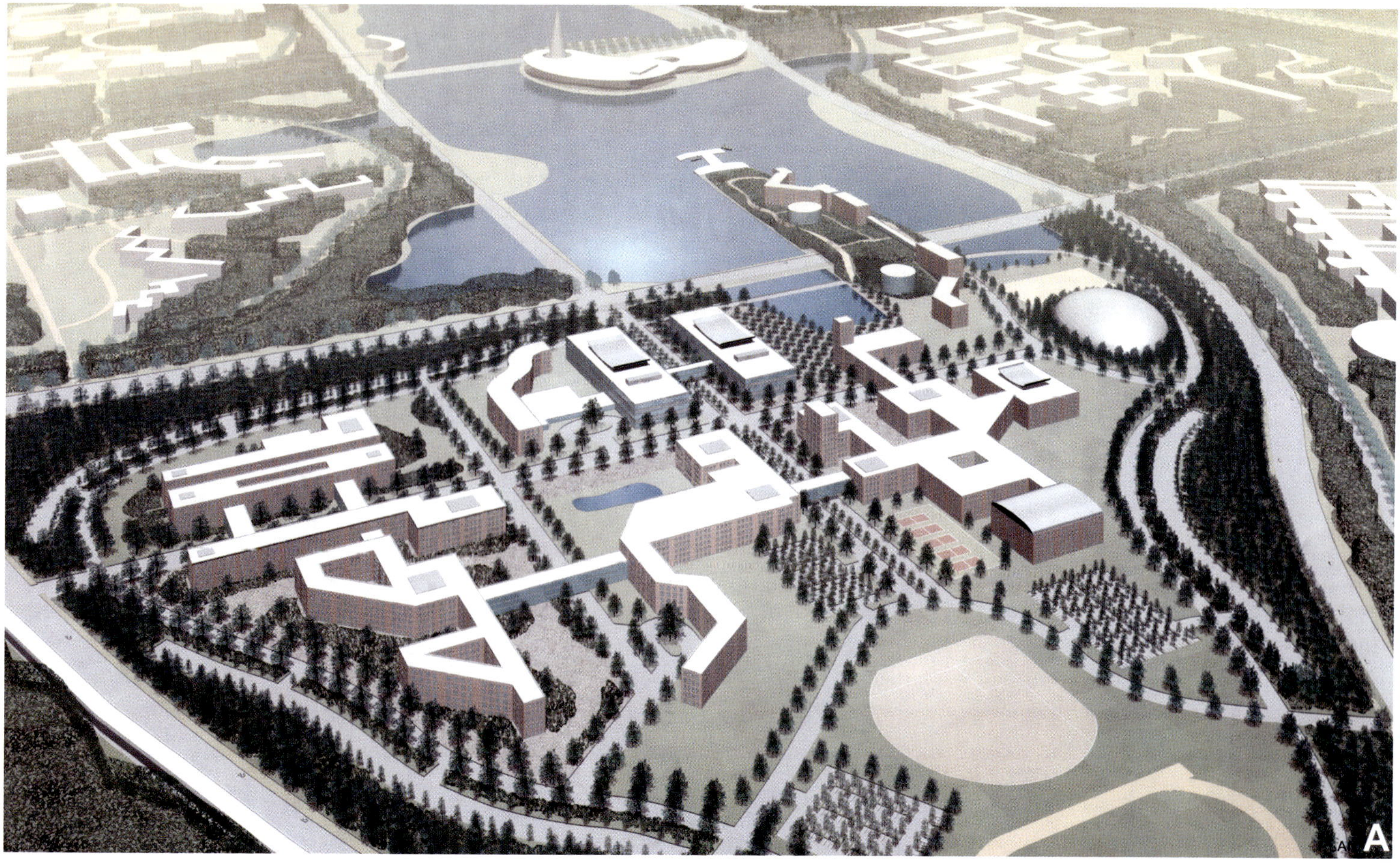

校园效果图

校园效果图

校园效果图

校园效果图

校园效果图

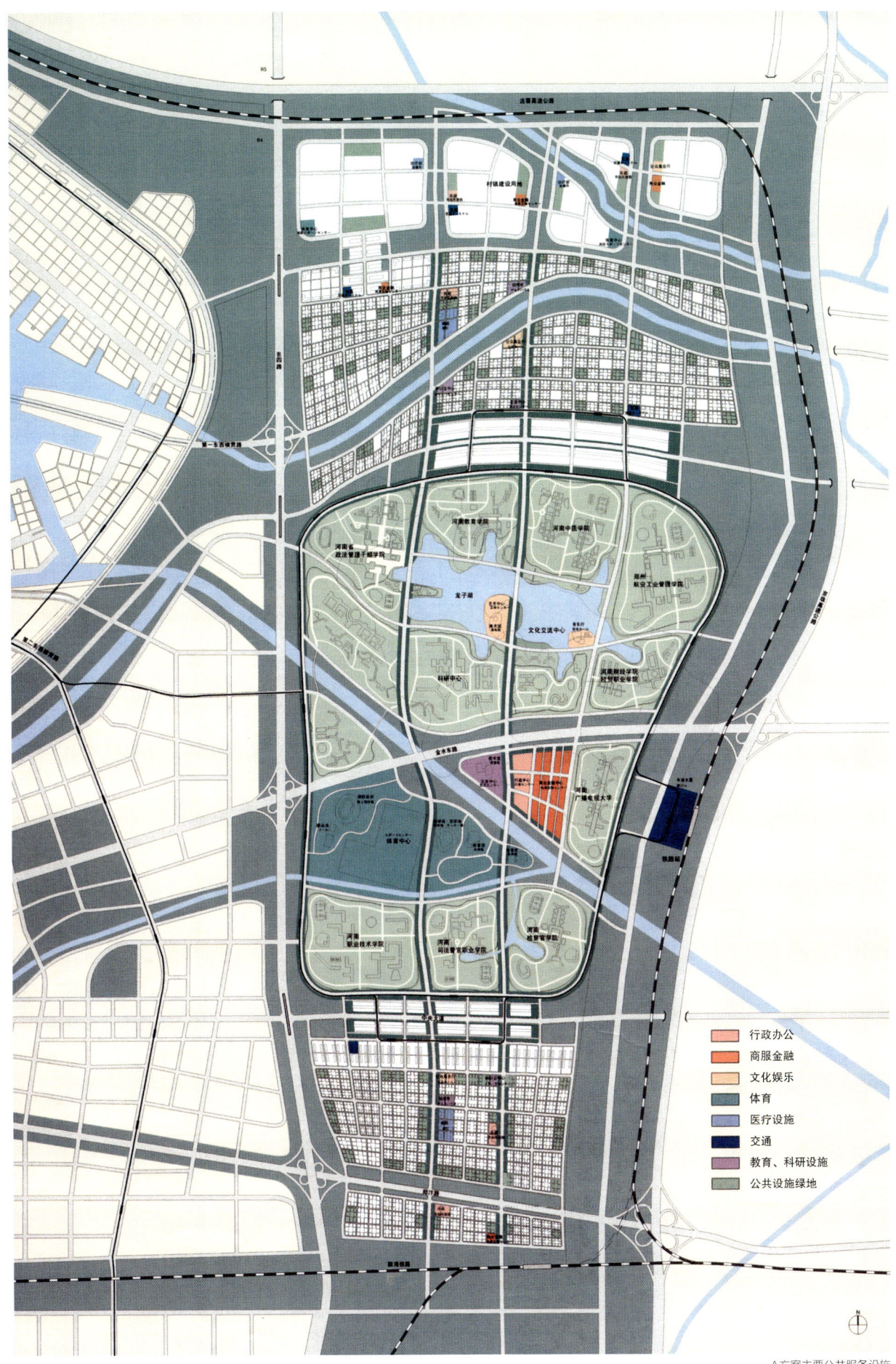

A方案主要公共服务设施

郑东新区
总体规划篇 | 199

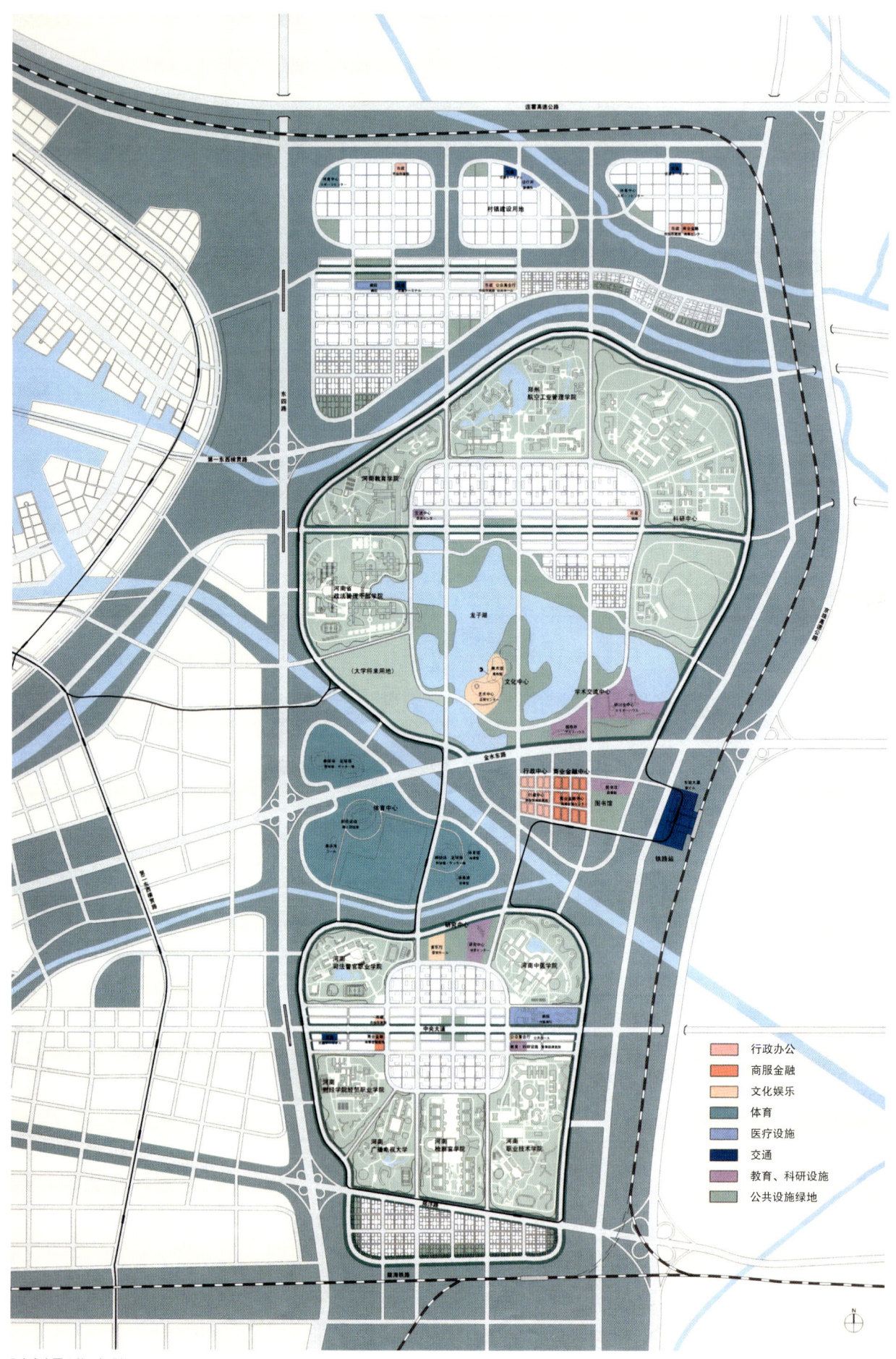

B方案主要公共服务设施

华南理工大学建筑学院设计方案
Schemes from Architecture Desigh Institute of South China University of Techology

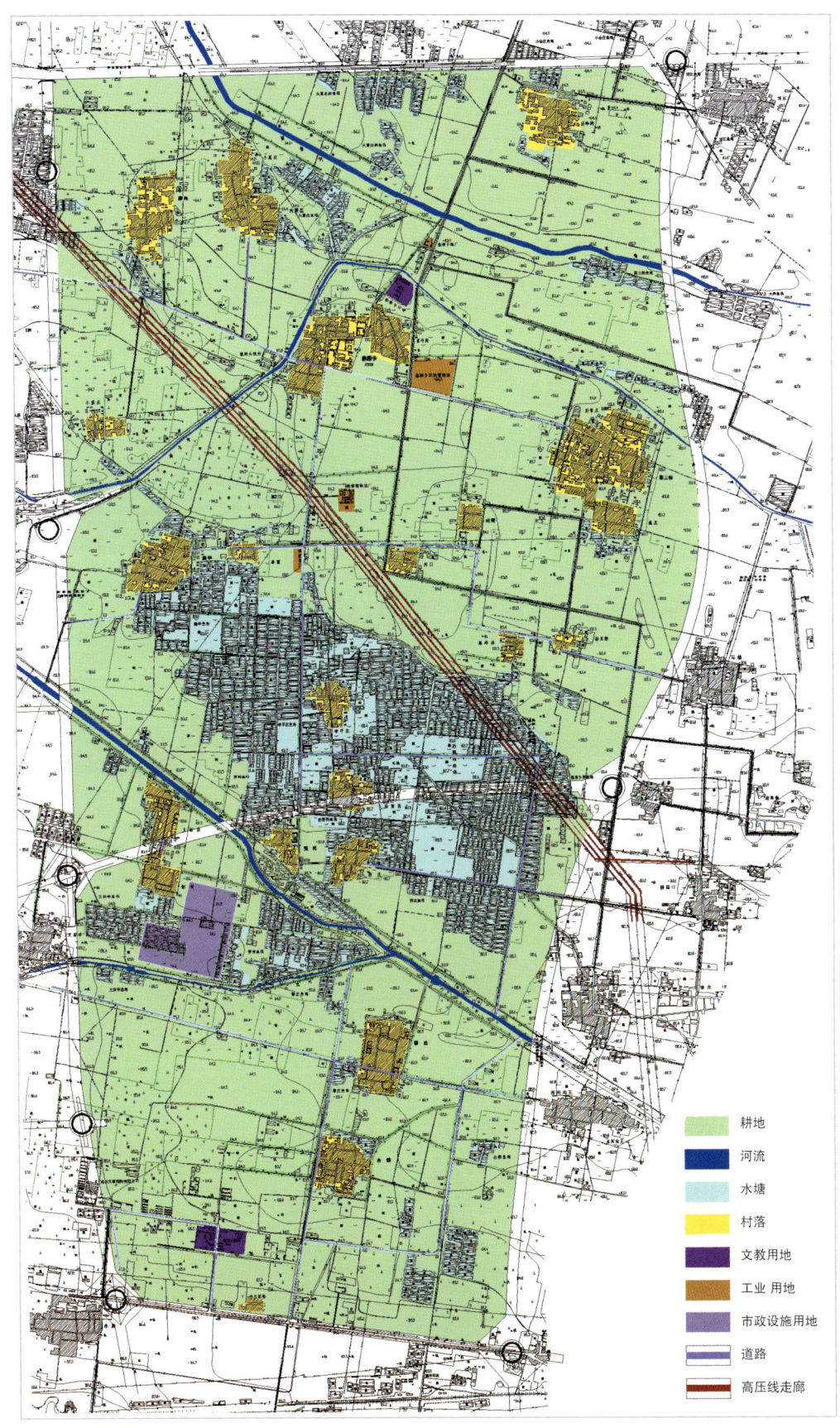

土地利用现状图

方案A

1 发展定位

1.1 满足大学城的功能要求，打造河南省的高等教育基地
1.2 以大学城建设为契机，促进教育、经济、社会的互动发展

1.2.1 依托大学的智力资源，建立科技产业与研发基地。

1.2.2 利用学生消费市场，带动第三产业发展。

1.3 促进郑东新区的整体发展
1.4 发展方向与发展轴

1.4.1 郑州市政府也把郑东新区作为今后郑州城市建设的主要内容，龙子湖地区发展所依托的力量来自于该地区的西边。

1.4.2 拟建的金水路定位是城市快速路，是规划的一条景观大道；东四环是郑州的环城快速路，同样具有良好的景观。这两条路使本区与外界的交通联系更为方便，又不至于对基地产生较大的分割。就以上分析，可以将这两条路确定为本区的发展轴。

1.4.3 龙子湖地区近期建设用地应当临近东四环和金水路布置，以便于迅速形成较为完整的城市面貌。

2 功能构成、用地、人口

2.1 功能构成

基于以上对龙子湖地区的定位及现状分析，我们认为本区内应当提供以下几种主要功能：高等教育及其设施支持功能、科学研究与产业孵化功能、居住及相关配套功能、准城市级的文化娱乐和商业服务功能、其他功能。

2.2 用地规模

规划区总用地约为40km²，扣除沿京珠高速公路西侧预留的800m防护绿带所占用地约6.7km²，剩余城市可建设用地约33.3km²。

2.3 人口规模及其发展情况预测

本次规划总人口为40万，其中学生15万、原有村民2.23万、教职工及其家属3万、普通市民约20万。

3 规划目标

3.1 合理定位，建立正确的发展模式，并带动周边发展；
3.2 建立与城市的整体联系，延续城市的脉络；
3.3 营造良好的氛围，激励教育与科研创新；
3.4 创造有特色的优良环境，吸引优秀人才的加入。

4 城市的延续

4.1 功能上：建立联系本区和老城区的生态通道和通风廊道，重要基础设施要与老城区相连接，从老城区获取发展的动力。

4.2 形态上：协调郑州老城区、龙湖地区、拓展区和本区的空间肌理，并突出作为城市边缘地区的形态特征。

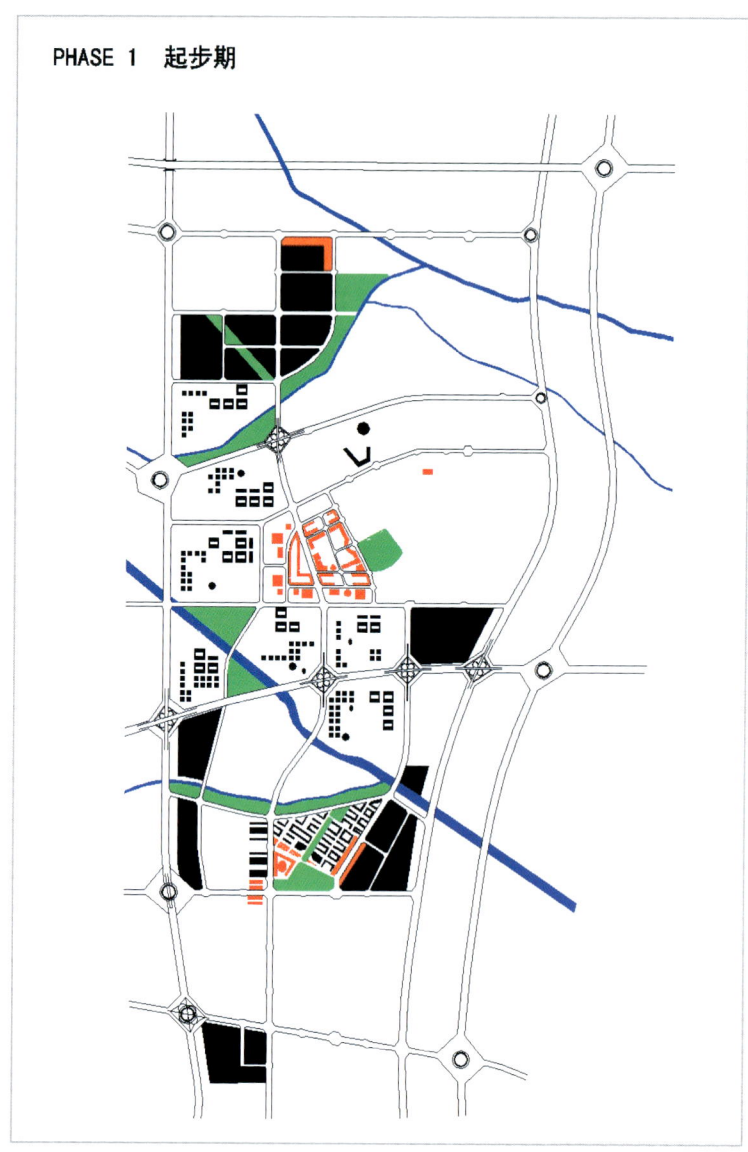

PHASE 1　起步期

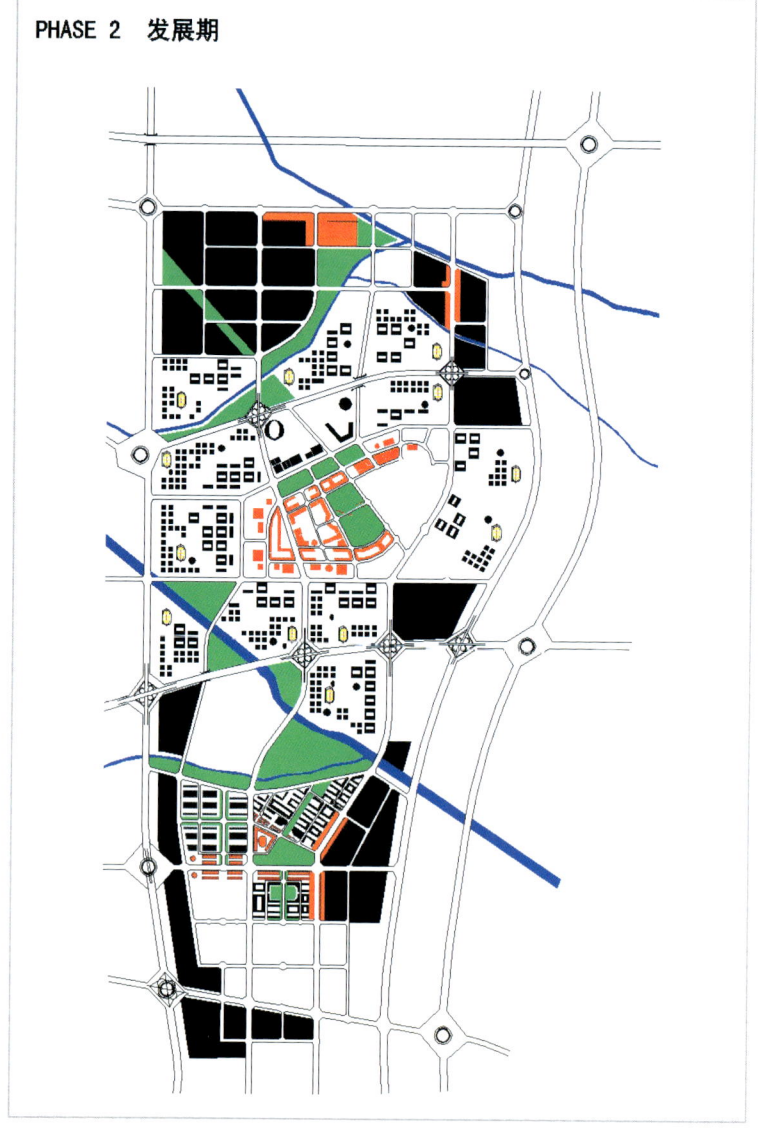

PHASE 2　发展期

4.3 心理上：充分考虑规划区与老城区和周边地区在历史文化和心理上的联系，使人获得具有认同感的城市印象，延续城市脉络。

5 规划原则

5.1 城市的有机组成部分

龙子湖地区作为郑东新区的一个有机组成部分，应当与城市总体发展相协调，与老城区紧密联系。因此应当在文化脉络、物质实体、空间形态、基础设施等方面都充分利用老城区的资源，达到新城与旧城的和谐发展。大学城是龙子湖地区的主要内容，既要与城市的发展要求相一致，以带动周边地区的发展，同时作为一个教育园区又要具有相对的独立性和完整性，以保障良好的学习环境和学术氛围。

5.2 滚动发展与分阶段的相对完整

城市建设发展是一个长期推进的过程，规划中充分考虑实施中的诸多不确定因素，强调分期建设的可行性和易操作性，同时确保分期建设时功能和景观的完整性，提供一种可持续发展的分期建设模式。

5.3 公共空间与独立单元的结合

大学城同时具有开放性与独立性。一方面，强调开放和共享，促进各学校之间、学校与社会之间的交流，达到多样合作，优势互补，实现资源效益的最大化。在总体布局中，资源共享区成为大学城的核心公共空间；另一方面，各校都是自主办学，保证大学城内的各个大学校园同时又是各自相对独立的单元，有相对独立的运作和发展。在发展概念中，提供不同层次和开放程度的共享交流空间，使得中心共享区逐步过渡到各个独立的单元。

5.4 动与静的结合

结合地块的性质与功能要求，适当地进行动静分区。既要充分考虑各个院校对安静的环境的要求，又要满足商业用地、绿地及其他公共建筑对人流的要求，使动区与静区相结合、车行与步行相结合，建立与地块的性质和功能相适应的道路交通系统。

5.5 集中与分散的结合

大学城总体布局中，将各个大学等级较高、功能重叠的设施集中起来设置在资源共享区作为大学城的核心，实现入区大学在学术资源、配套设施上的共享，做到资源的集约、高效利用。同时将等级较低、服务范围主要集中于所在院校的设施分散设置，以方便学生。各种设施分层次、分等级进行配置，明确不同层次、不同等级设施的功能、规模与服务对象。

5.6 人工建筑与生态要素的结合

在营造宜人的建筑空间的同时，注重与城市空间中绿色开敞空间的完美融合，利用河道、铁路、城市快速路等形成绿色廊道，结合各块用地的功能要求安排公园绿地和广场，将高压走廊控制绿地的范围加以扩大，塑造自然生态绿地与人工生态绿地相结合的开敞空间体系，构建良好的生态系统，并且将这些生态绿地与居民的生活、游憩结合起来，形成充满生机和活力的高品质的人居环境，实现人与自然的协调发展，走向生态文明。

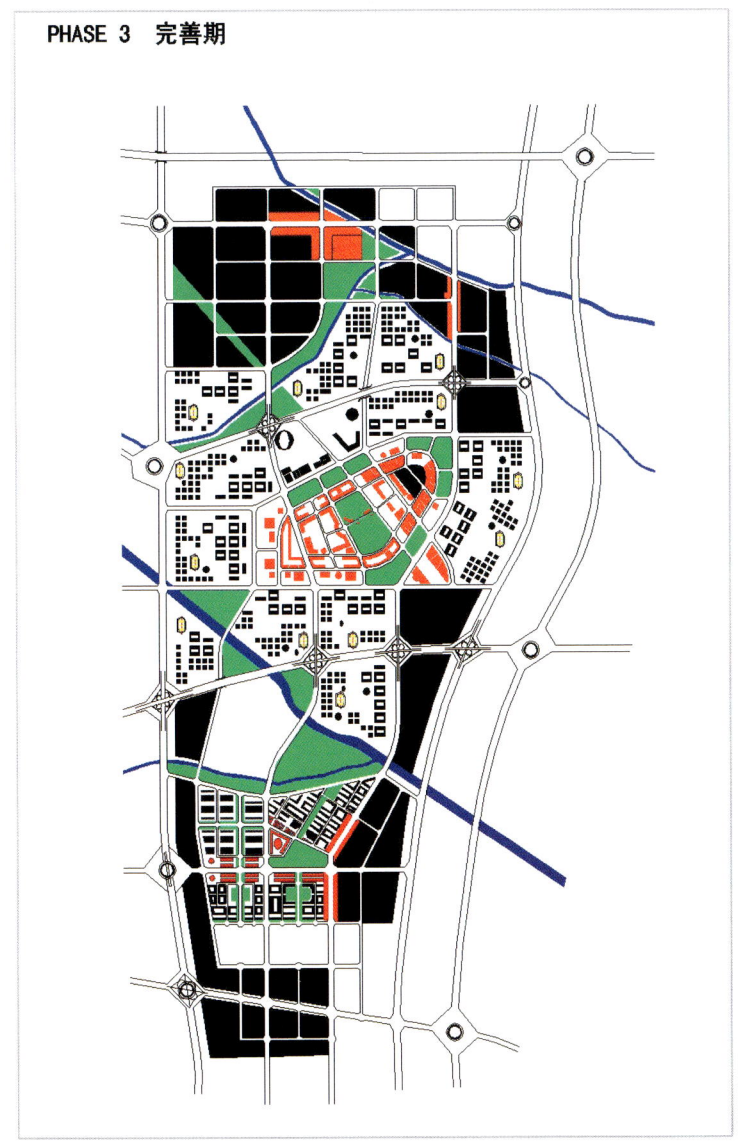
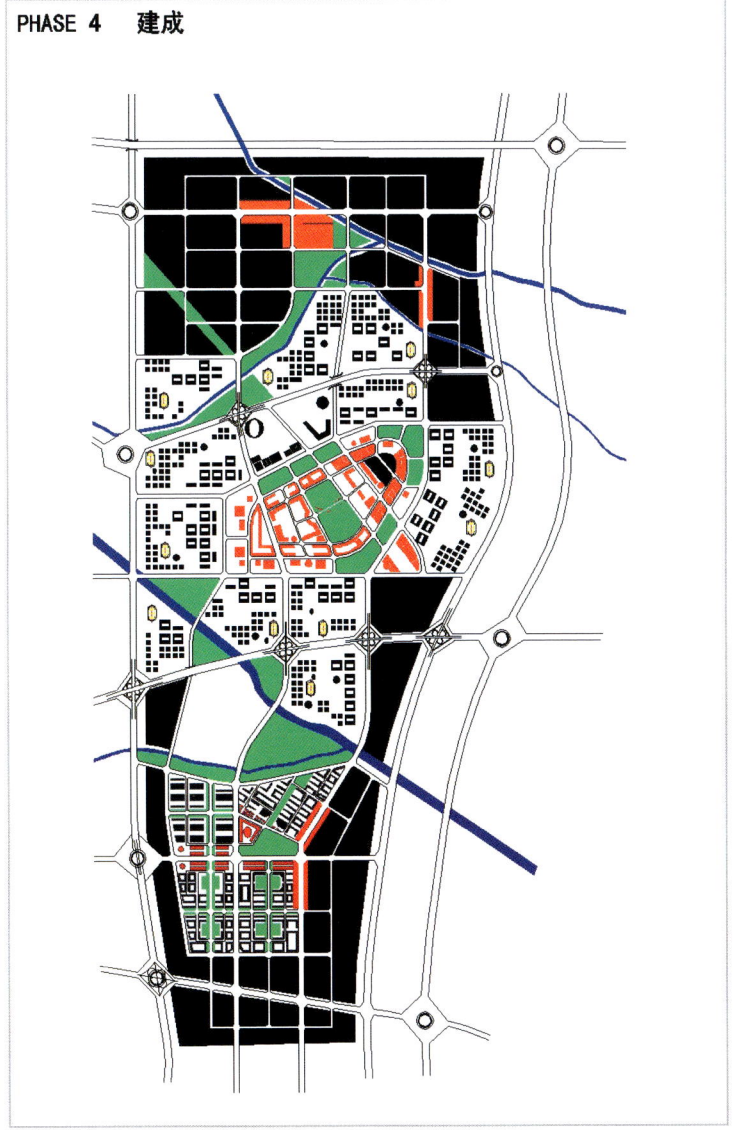

发展时序图

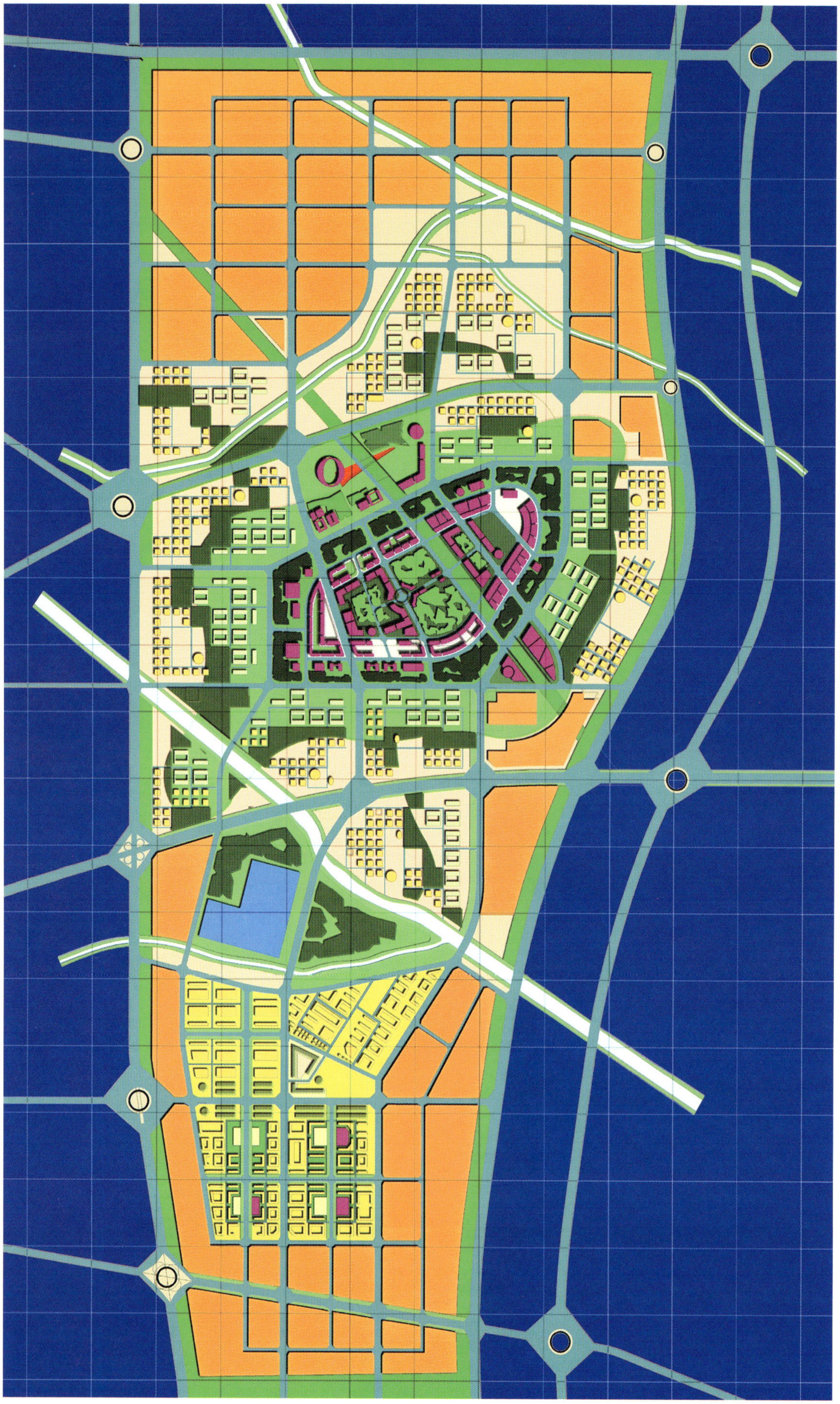

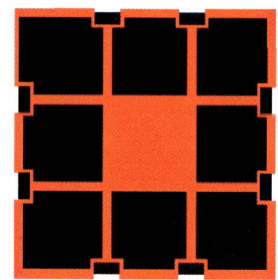
● 九宫格

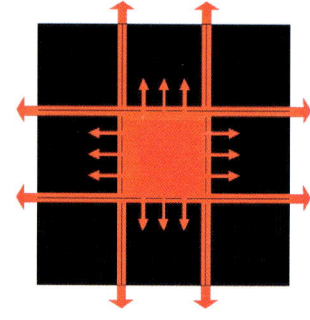
● 九宫格的核心与张力

● 功能分区

规划形态示意图

204 | The Master Plan for Zhengdong New District

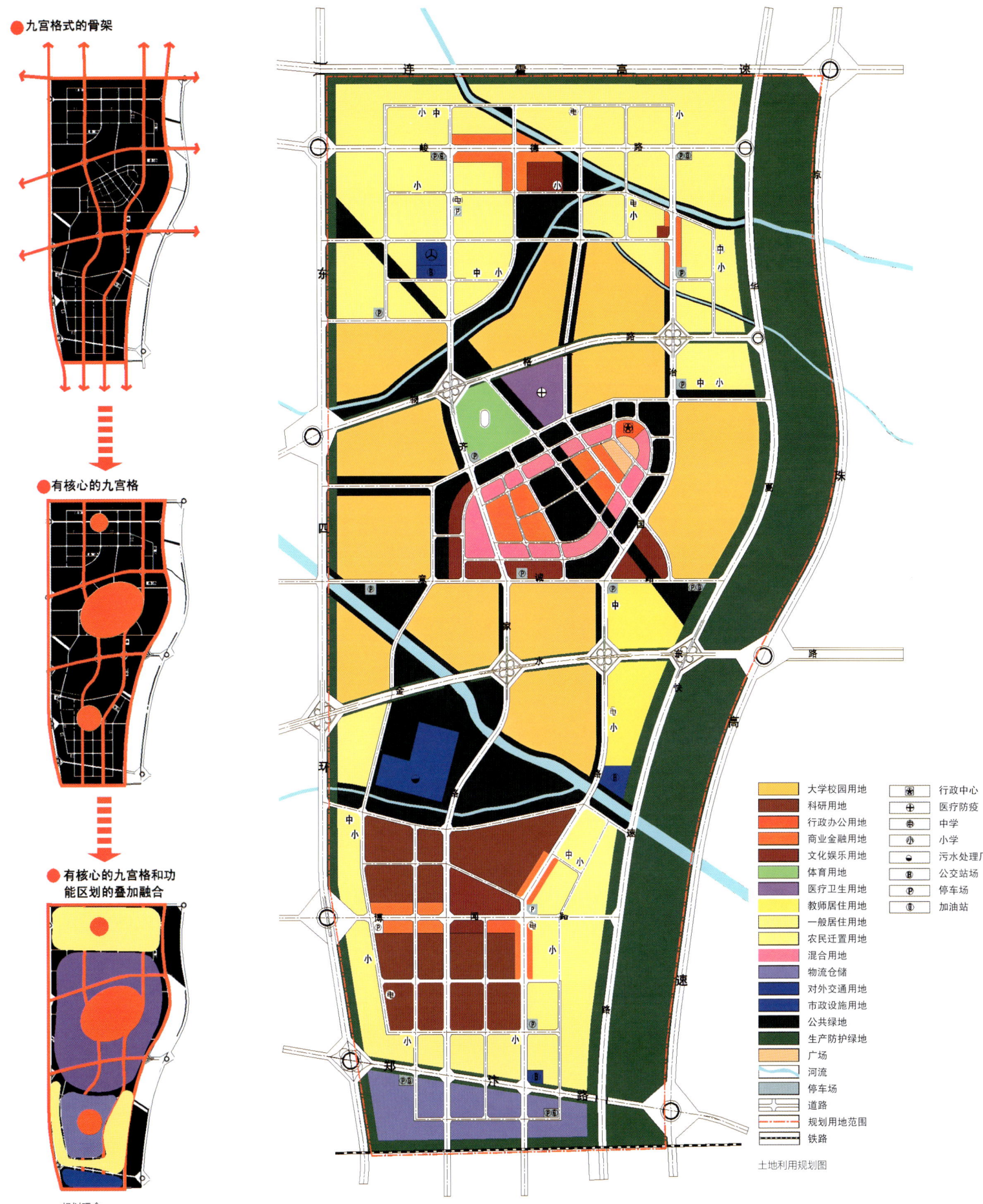

土地利用规划图

规划理念

城市建设用地平衡表

序号	用地代号	用地名称				用地面积(ha)	占总用地的比例(%)	人均指标(m²)	备注
1	R			居住用地		592	14.80	25.7	按23万市民计算
		其中		城市居住用地		526	13.15	26.3	按20万普通市民计算
				教工居住用地		66	1.65	22.0	按3万教职工计算
2	C			公共设施用地		1083.2	27.08	27.08	按总人口40万计算
		其中	C6	教育科研设计用地		913	22.83	22.83	
				其中	C61 高校用地	709	17.73	17.73	
					C65 科研设计	204	5.10	5.10	
			C1	行政办公		3.4	0.09	0.09	
			C2	商业金融		72	1.80	1.80	
			C3	文化娱乐		39.8	0.99	0.99	
			C4	体育		33	0.83	0.83	
			C5	医疗卫生		22	0.55	0.55	
3	W			仓储用地		87	2.18	2.18	
4	T			对外交通		6	0.15	0.15	
5	S			道路广场		634.3	15.86	15.86	按总人口40万计算
		其中	S1	道路用地		605.9	15.15	15.15	
			S2	广场用地		7.4	0.19	0.19	
			S3	社会停车场库用地		21	0.53	0.53	
6	U			市政公用设施		49.5	1.24	1.24	
7	X			混和用地		51	1.28	1.28	
8	G			绿地		1293	32.33	32.33	
		其中	G1	公共绿地		526	13.15	13.15	
			G2	防护绿地		767	19.18	19.18	
合计				城市建设用地		3796	94.9	94.9	
9	E			水域和其它用地		204	5.10	90.0	按村民2.23万来计算
		其中	E61	村镇建设					
总计				总用地		4000	100	114.29	

● 肌理

6 规划结构

6.1 四纵五横——道路骨架

本区路网结构采用城市主干道和城市快速路相结合，基本为方格网形式，纵向四条南北纵贯道，横向五条主干道和快速路。该道路骨架不仅能满足交通需求，而且也是各地块发展的重要依托力量，从城市空间结构上看也较为合理。

6.2 三河一渠——生态廊道

利用本区内的众多河流，贾鲁河、熊耳河、七里河、东风渠建立的由多条生态廊道构成的生态绿地网络，这一网络把河流、城市公园以及其他孤立的生态要素连接起来，形成绿色的生态走廊，使整个新区与自然环境建立一种和谐与共生的关系。

6.3 一心——中央资源共享中心

在大学城的中心部位设置中央资源共享区，布置大学城校级的共享资源，如学术交流中心、大型图书馆、展览馆等教育、文化设施，并在其外围设计生态绿化带，使得该区成为大学城乃至整个规划区的功能上、形态上、景观上和组织结构上的核心区域。

6.4 三区——功能分区

本区的用地可以分成三个功能区，即北部居住组团、中部大学城组团、南部科研和居住组团，两大居住组团受到中部大学城组团发展的拉动作用并凭借自身的发展机制使各自的发展得以实现。

6.5 三个圈层——空间结构

在空间结构上，形成以中央资源共享区为第一圈层、以各大学校园环绕中央资源共享区而成的第二圈层、各大学校园外围布置的居住区为第三圈层的圈层式结构。由内至外，三个圈层的建筑密度呈逐渐提高的趋势。这一结构既有利于大学城学术氛围的塑造与保持，又可满足大学城与周边地区的融合，提高周边地区的文化品味，带动其发展。

道路结构　　　　　　　　　　　　绿化系统分析

7 综合交通规划

在《郑州市总体规划》及《郑东新区总体发展概念规划》的指导下，考虑与《郑东新区拓展区控制性详细规划》和龙湖地区规划的衔接，并结合规划区的用地情况、社会、经济发展情况，规划一个适应规划区经济、社会发展；交通安全、经济、快速、舒适；服务设施齐全的交通系统，并完善郑州市总体交通格局，形成四纵四横的道路网骨架结构。

道路系统规划图

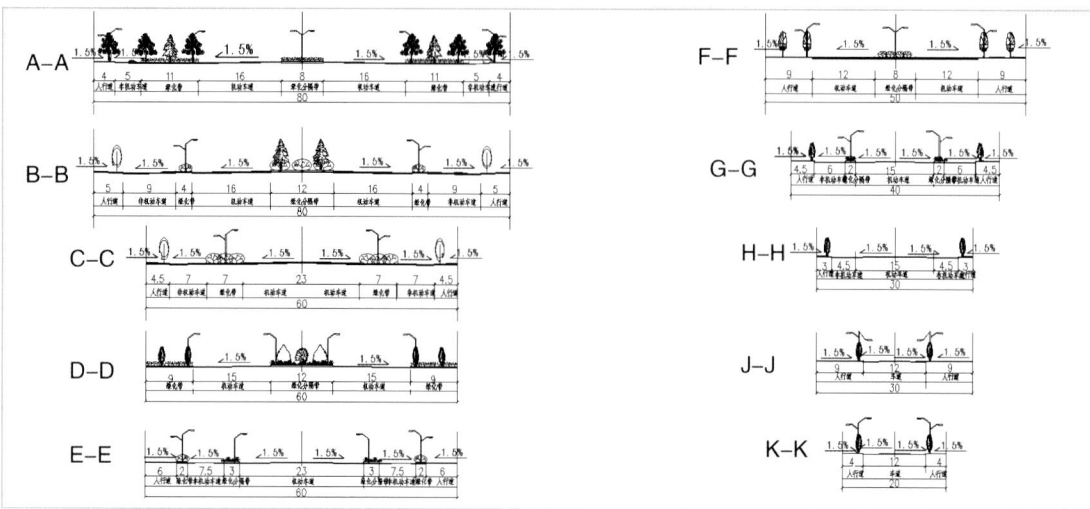

道路系统规划

8 园林绿地系统规划

8.1 规划原则

结合学生、居民生活和游憩需要，提供多种类型公共绿地，并保证其可达性和开放性。

加强景观大道、资源共享区、滨河地带等城市重要地段的绿地控制。

充分利用现有河道，加大两岸绿化，建立沿河生态走廊。

均衡布置，形成网络，亲近学校和居民。

重视道路绿化，控制道路两侧绿化用地。

力争形成系统、完整、连续的动植物生活圈。

8.2 布局结构

依托京珠高速公路西侧的800m防护绿带，沿连霍高速公路南侧、东四环路、金水路、郑汴路和陇海铁路的绿带为生态回廊，沿熊耳河、七里河、东风渠为斜穿本区的滨河绿带网和环绕大学城资源共享区的绿色生态带，加上沿3条河流规划的若干个集中的块状市民公园，形成点、线、面相结合的层次分明的景观绿地系统。

8.3 分类控制

生态廊道：熊耳河、七里河、东风渠、东四环、陇海铁路的生态绿地。

防护绿地：连霍高速公路南侧200m和京珠高速公路西侧的800m防护绿带，沿金水路两侧、郑汴路两侧，沿高压走廊等的防护绿地。

8.4 生态廊道

沿熊耳河、七里河、东风渠、东四环等设计50～200m不等的绿带，该生态廊道把河流、城市公园以及其他孤立的生态要素连接起来，形成绿色的生命走廊，使动植物的自然生态过程的完整性与连续性得以保证，使城市朝着可持续发展的方向前行，使整个新区与自然环境建立一种和谐与共生的关系。

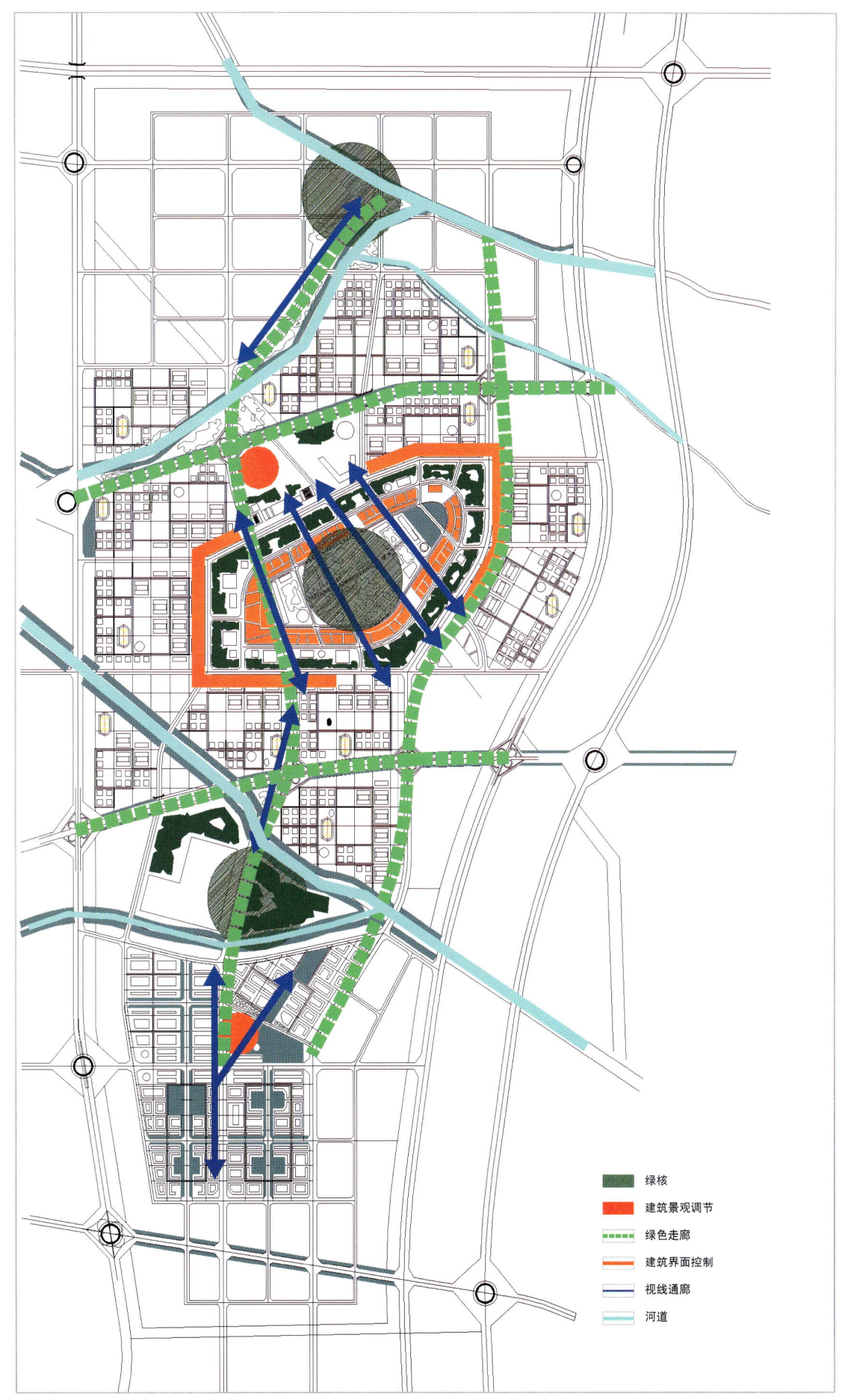

公共景观与生态系统结构

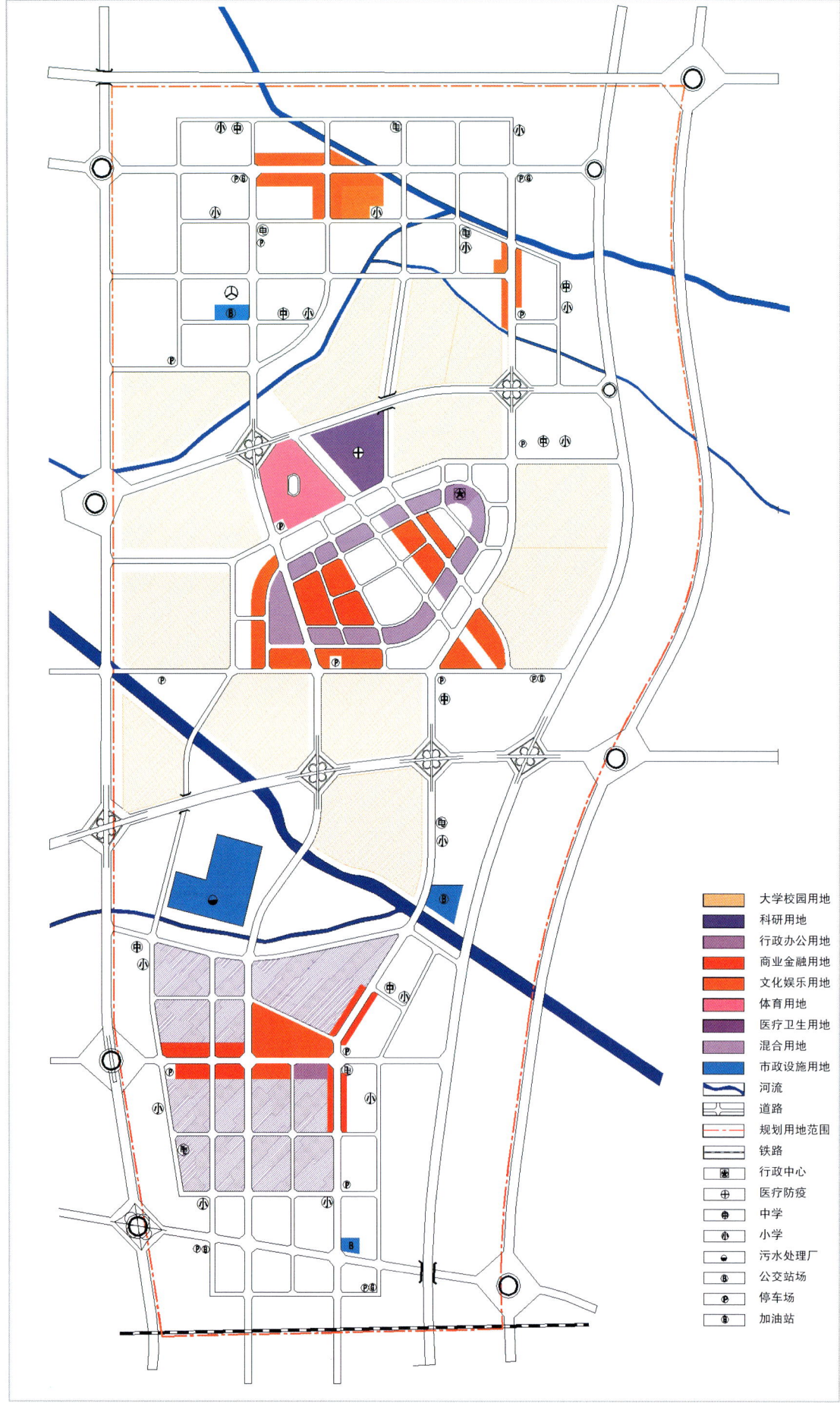

9 公共服务设施

9.1 公共服务设施规划布置原则

公共服务设施首先应当满足自身的功能要求，在此基础上布置应当适当集中，在避免相互干扰的情况下形成聚集效应，另外还要兼顾将来发展的可能性。需要特别指出的是，与大学的教育功能相关的公共服务设施应当临近大学城的中心区适当布置，以便于校际资源的共享，提高使用率，营造良好的学术氛围。

9.2 公共服务设施的设置及其规模

依照前面对高校公共设施、文化娱乐和商业服务设施的分析，规划中根据"互利、自愿、利于学科交流"的原则，将某些等级较高的学术资源、生活服务资源、体育运动资源、公共教育资源，如校级图书馆、学术交流中心、体育场、博物馆等适当集中在大学城的中心部位，形成的校际资源共享区。在该区中增加一些面向城市居民的设施如商业、邮政、电信等，使这一区域又可以为城市所共享，并且更为重要的是：它们将成为这一系统的互相结合上强有力的粘结剂与载体。由此形成了规划区内的公共服务设施的一级中心。

主要公共服务设施规划

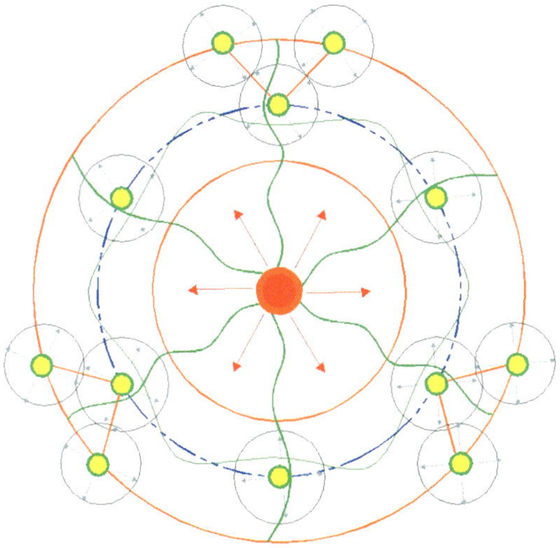

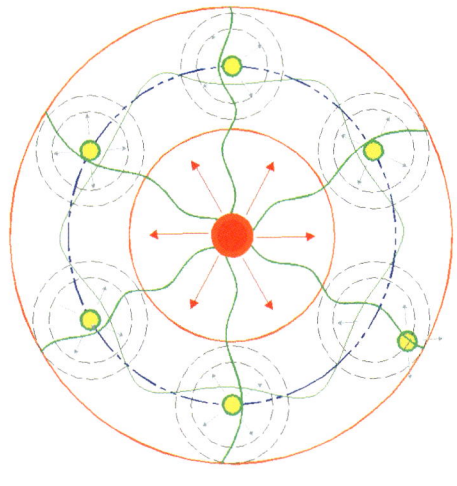

发展模式一：围绕次中心的增长

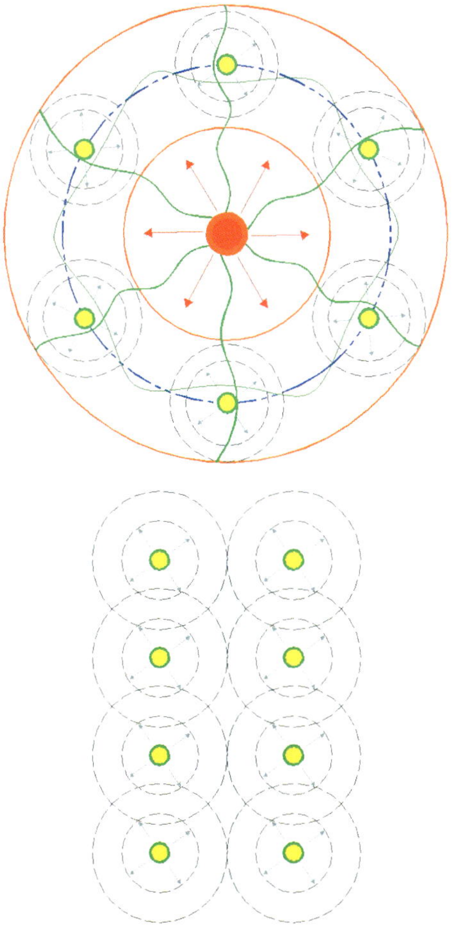

发展模式二：沿主要交通线发展

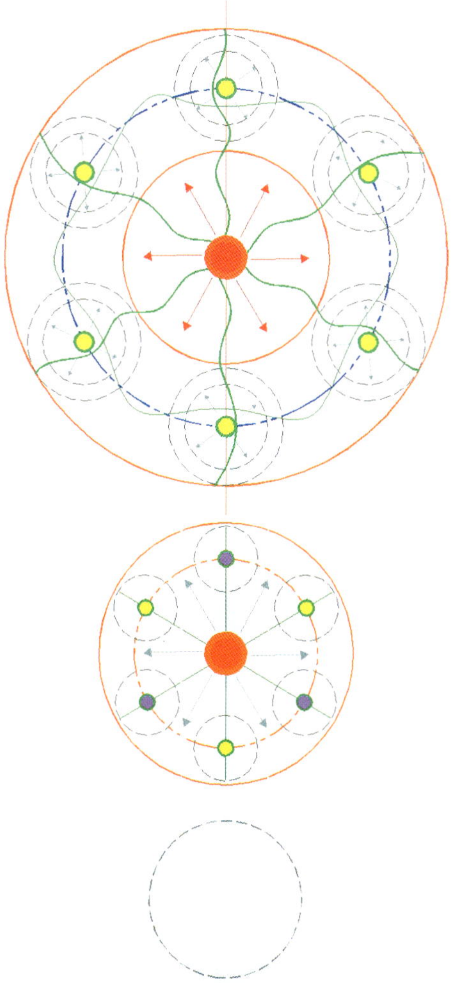

发展模式三：
本方案选择的增长模式：
沿主要交通建立新的发展中心

基本结构模式：围绕中心取得次中心

公共系统模式示意图

公共空间系统结构图

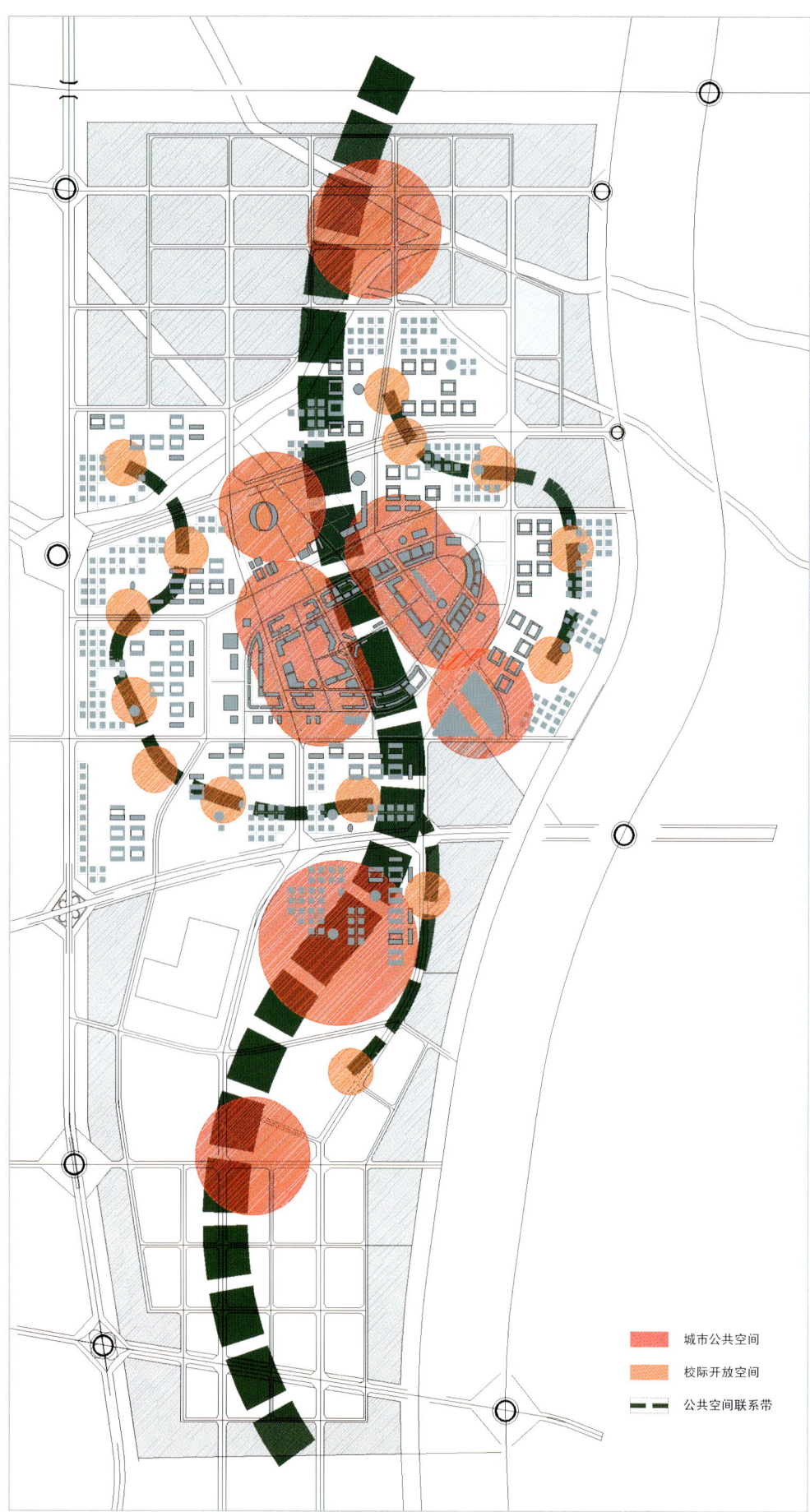

城市公共空间
校际开放空间
公共空间联系带

10 城市设计

10.1 城市设计理念

10.1.1 中心：以大学城及其中央资源共享区构建本区的功能和形态核心，统领、控制整个规划区，围绕该中心建立层次化、网络化的公共资源、空间和设施系统。各功能区围绕该中心圈层式布置。

10.1.2 共享：强调开放空间、基础设施、公共资源的共享，通过道路、景观通廊、步行系统实现其控制领域的扩张，提高使用效率，又使整个规划区的各功能区融为一体，相互渗透。注重公共资源布局的层次性，实现不同层次的共享。

10.1.3 方法：把规划控制与引导相结合，在合理控制建设活动的同时赋予建设活动一定的弹性。

10.2 城市设计目标

促进本区的公共生活，建立充满活力的公共生活支持系统，包括科学的公共空间系统、公共景观与生态系统，创造宜人的公共景观和公共场所，并实现公共资源的共享和充分利用。

10.3 城市设计原则

10.3.1 开放性原则：形成共享开放的空间，促进公共生活的良性发展；

10.3.2 生态效益最大化原则：充分利用河流众多的优势，把良好景观生态资源渗透到功能区内部，将景观生态资源的影响范围最大化；

10.3.3 有机性原则：各功能区之间允许一定的功能交叉、相互渗透，增强适应能力；

10.3.4 交通组织要贯彻便捷、高效、连续性、

地块入口设计

大学城校园用地规模

地块编号	高校名称	用地面积 (hm²)
A	省教育学院	55
B	省中医学院	73
C	郑州航空工业管理学院	74
D	省广播电视大学	32
E	河南司法警官学院	57
F	河南政法干部管理学院等	57
G	河南职业技术学院	70
A~G小计		418
H	待定	66
J	待定	54
K	待定	49
L	待定	63
M	待定	59
H~M小计		291
总计		709

车行道设计

可达性的原则；

10.3.5 肌理统一原则：在空间肌理上，延续郑州旧城的特征，增加认同感。

10.3.6 适度控制原则：在开发强度上，实行有效控制，并给建设活动留出足够的弹性，保证公共空间和资源的合理分配。

校园用地布局规划

建议近期大学布置：
A 省教育学院
B 省中医学院
C 郑州航空工业管理学院
D 省广播电视大学
E 河南司法警官学院
F 河南政法干部管理学院
G 河南职业技术学院

大学城用地布局规划

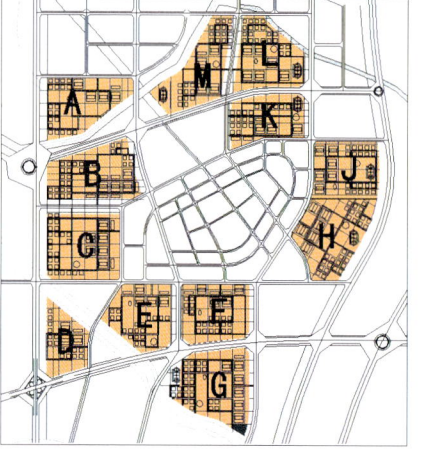

近期建议大学布置

11 公共绿地

本区集中的公共绿地，北部以在贾鲁河、熊耳河、运粮河交汇点为中心建立的公共绿地为核心；中部以环绕大学城中央资源共享区的带状公园和共享区内部块状公园为核心；南部以在东风渠、七里河合流点为中心建立的公共绿地为核心。大学城中部的生态核心，是保证中央资源共享区良好生态环境和景观风貌的关键因素，为学生提供了一个平时可以休闲、集会、交流思想的自然平台；为塑造中央资源共享区的学术氛围和环境品质提供了有力的保障。其他两者依托河流交汇的有利自然条件，采用自然式布局，设置多种设施，丰富公共活动内容，适合公众开展各类户外休闲活动。

11.1 防护绿地

为使本区具有良好的生态环境和景观质量，在各主要道路两侧设置一定宽度的防护绿地，具体宽度详见绿带宽度表。

11.2 道路绿地

道路绿化种植采用树姿优美的高大乔木，通过草坪、花池、树池的排列组合形成强烈的韵律感和节奏感，增强透视感和感染力，使整条道路的林际线清晰明快，富有变化，形成宜人的林荫大道，发扬光大郑州"绿城"的风貌特色。

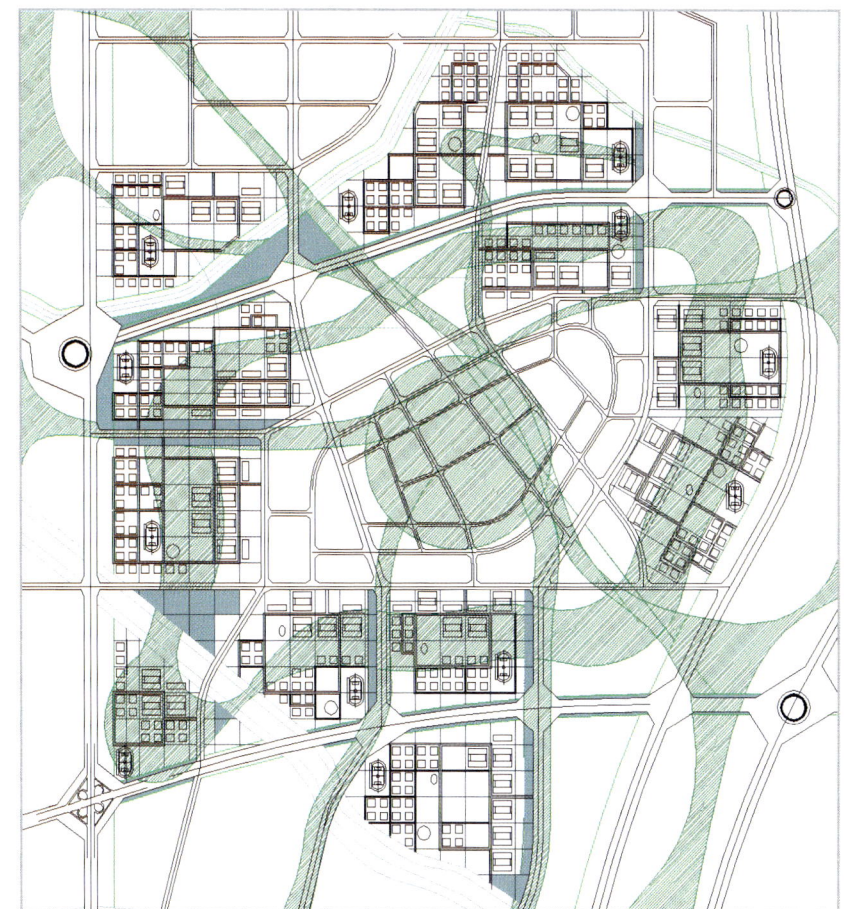

公共绿地示意

共享资源布局

12 景观规划

12.1 标志性景观

本区内众多的景观资源为创造具有特色的景观网络提供了巨大的潜力，结合特色鲜明的人工景观的建设，形成包括大学城中心区及其绿环、科研中心核心区、滨河块状和带状公园在内的特色标志性景观。这些标志性景观将会大幅提升本区的生态品味和文化品味。

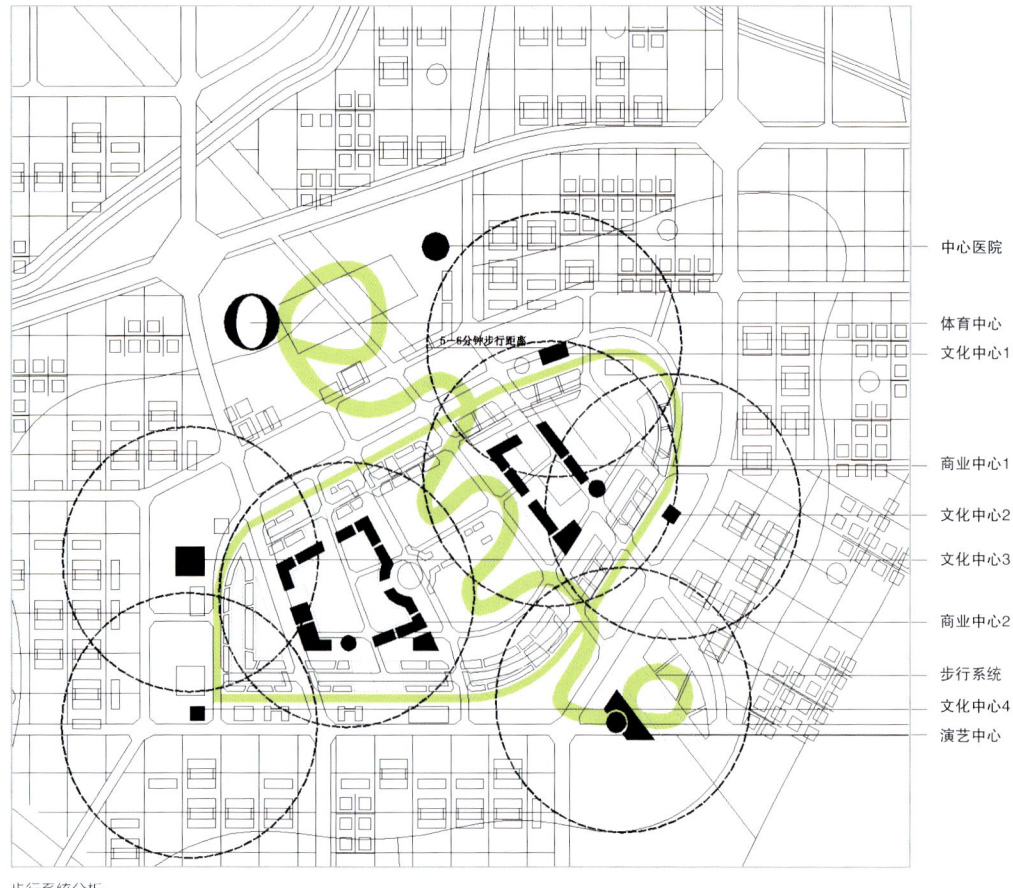

标志性景观及其辐射范围

步行系统分析

12.2 景观视线通廊

借助生态走廊和景观大道，开辟连接规划区内重要的公共空间、景观节点的景观视线通廊，扩大自然和人工景观的控制范围，提升整个规划区的环境品质。

12.3 通风走廊

带状的开敞空间如沿河绿化带、景观大道、密度较小或者层数较低的建筑功能区等可以作为效果良好的通风走廊，把周边地区的清新空气引入规划区，促进本区与周围自然空间的能量交换。

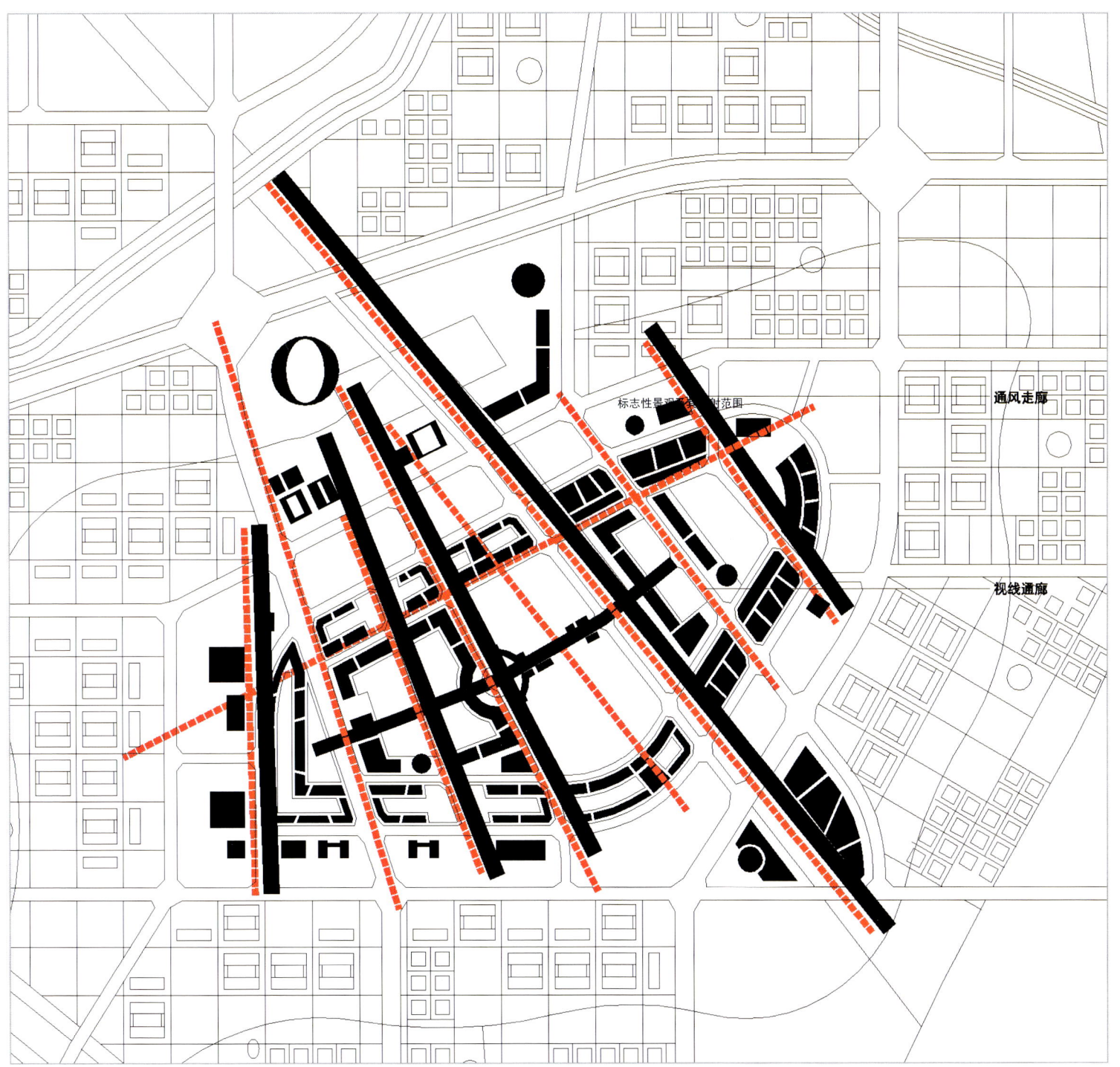

视线通廊和通风走廊

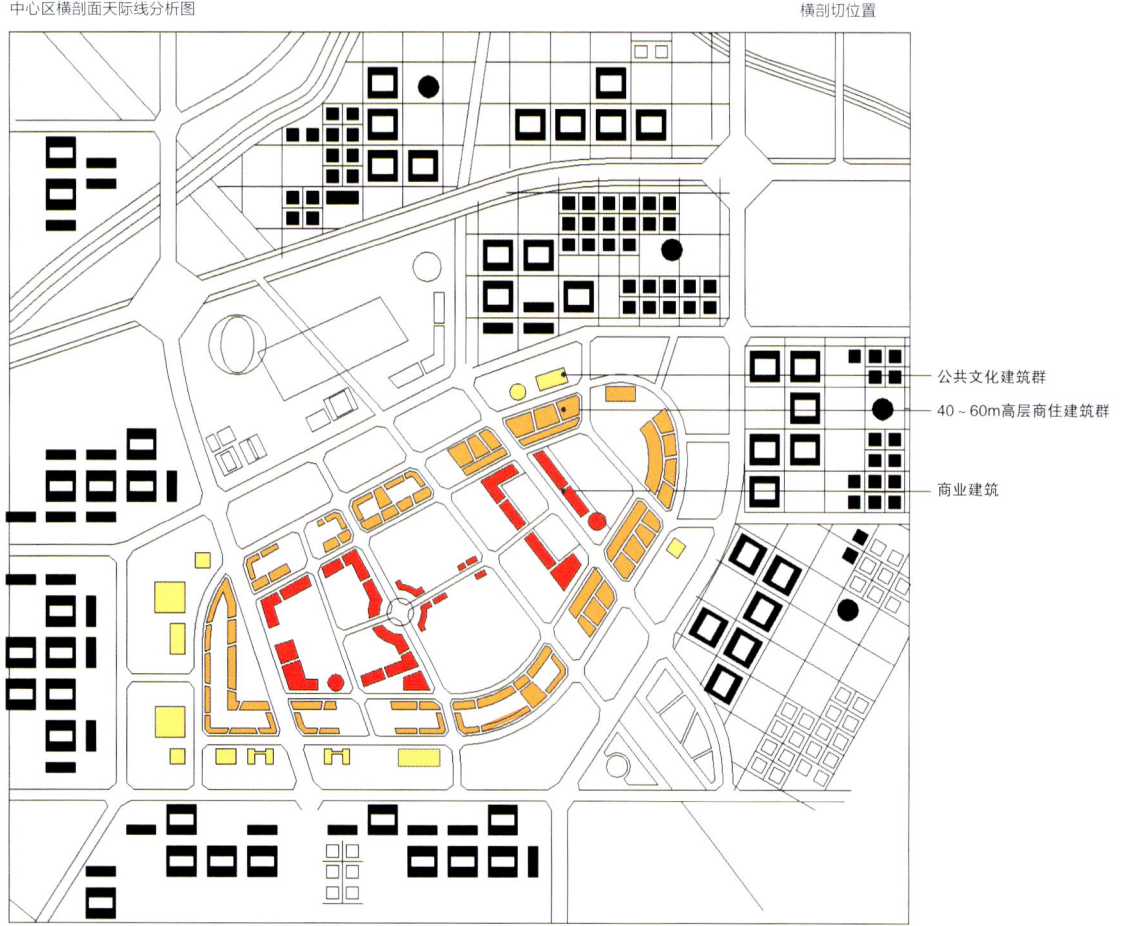

中心区纵剖面天际线分析图　　纵剖切位置

中心区横剖面天际线分析图　　横剖切位置

中心区高度控制

13 建筑高度（层数）

建筑高度的控制既要考虑容量功能要求，而且还要满足景观要求。本区住宅不超过35m，公共建筑一般不超过50m，局部地段可放宽至80m。

14 建筑密度

建筑密度不仅反映土地开发建设的强度，而且对环境质量有较大影响。建筑密度越低，相对应的空地率就越高，为环境质量的提高提供了更好的用地条件。为了保证较好的环境质量，必须根据用地功能、建筑类型等因素确定建筑密度的上限。本区的居住区建筑密度不应大于28%，学校、文化、体育等用地建筑密度不宜超过20%，商业、办公等用地建筑密度可适当提高，但不宜超过40%。

15 生态走廊

生态走廊是龙子湖地区生态系统中的重要组成部分，通过沿河、沿路、沿高压走廊建立的50～200m宽绿色廊道连接各个生态公园，并与防护绿带、道路绿化带贯通，形成不间断的生态网络。

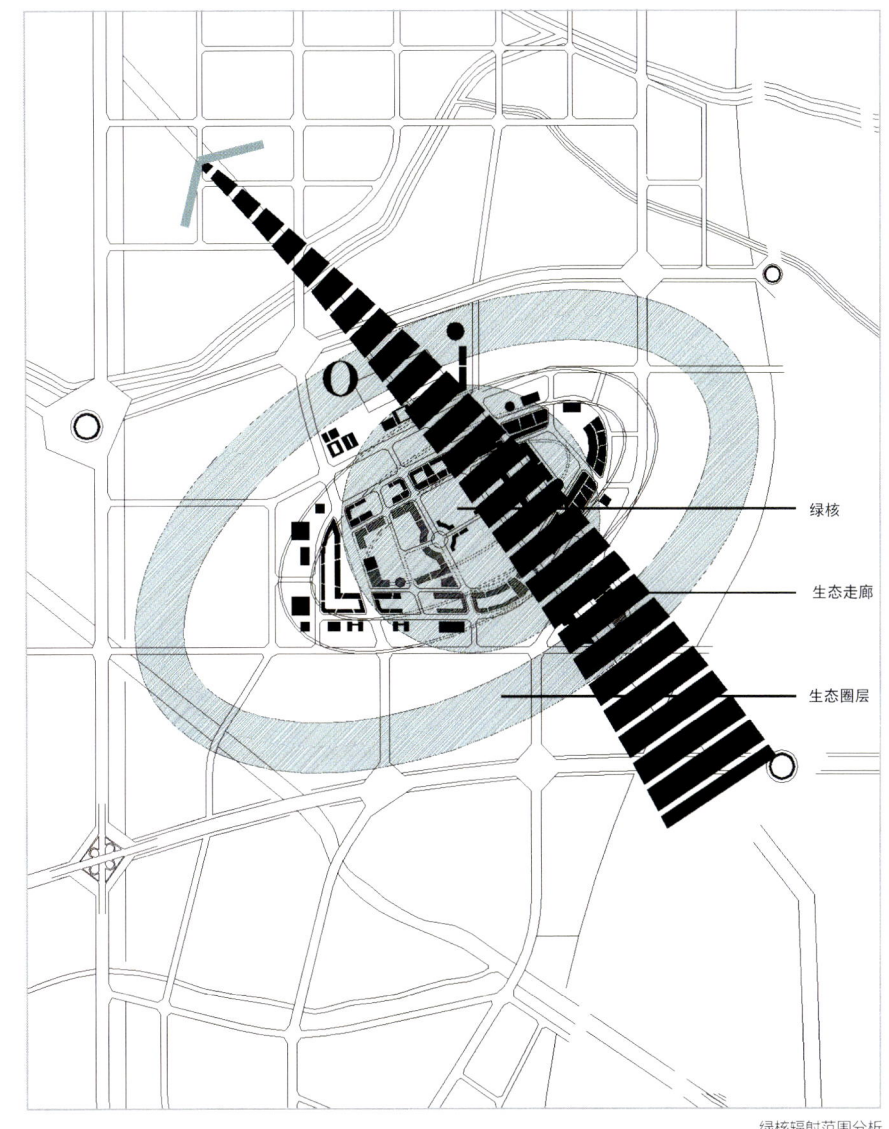

绿核辐射范围分析

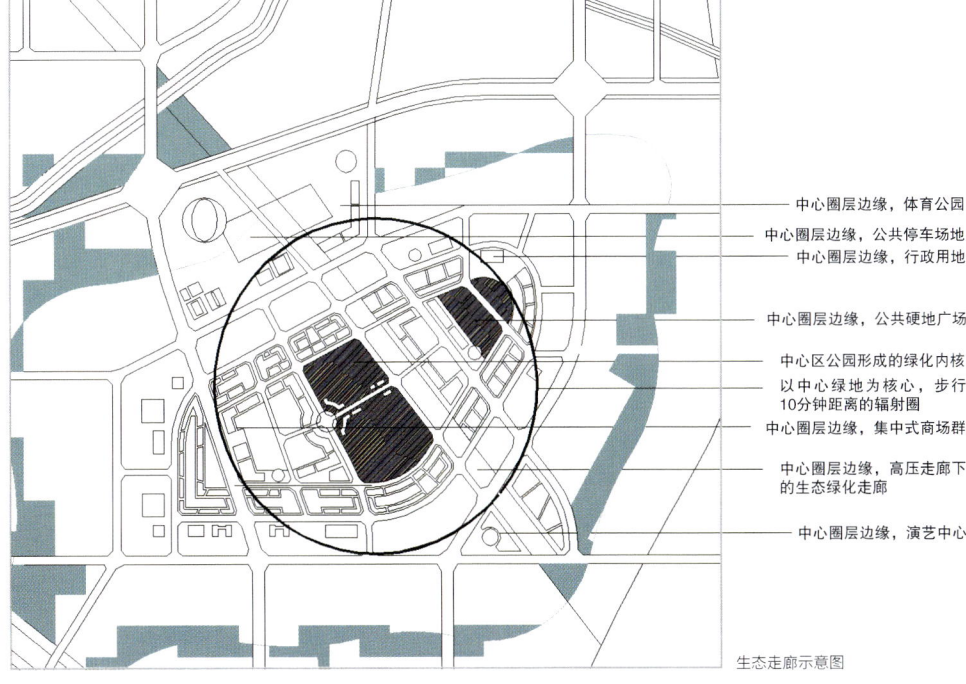

生态走廊示意图

16 城市设计理念

建立真正有效率和活力的共享系统，并以形态规划、技术措施和管理措施保证其实现。

建立不同层次、类型的共享单元，并注重相互之间的紧密联系。

控制与导引相结合。采用灵活的城市设计策略，在不同的层次上采取不同的规定性和指导性的措施、指标。

将城市设计理念应用于大学校园规划。

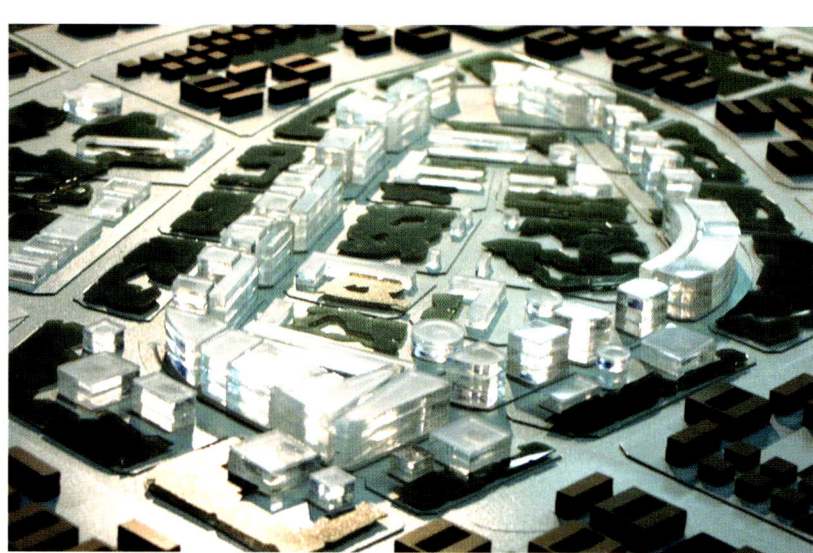

中心区意向

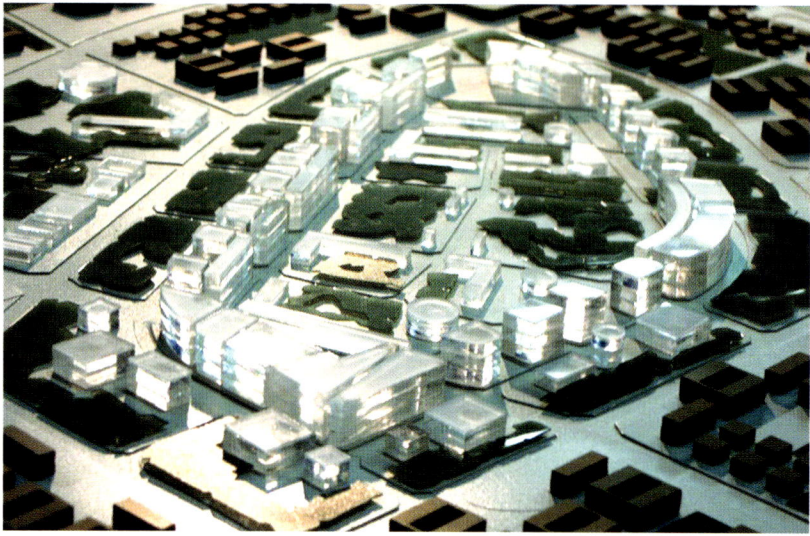

中心区重要节点城市设计

中心区效果图

用地功能分区布局

- 集中绿地
- 教学科研用地
- 学生生活用地
- 体育用地

主要校园交通组织

- 道路节点
- 建筑场地出入口
- 车行交通

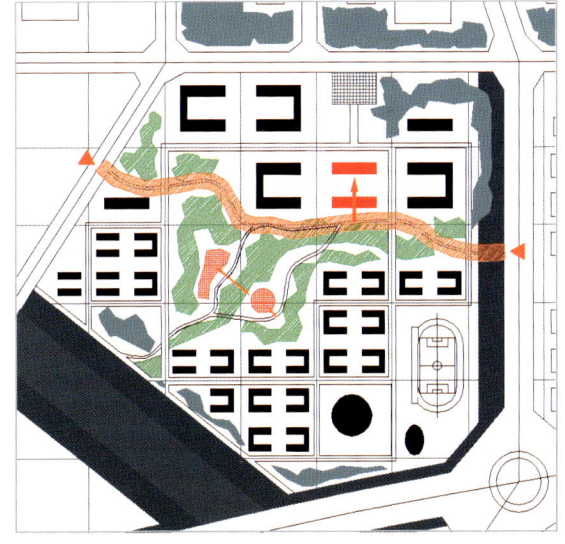

校际开放空间组织

- 校际开放走廊
- 校园集中绿地
- 校园公共资源
- 校园广场

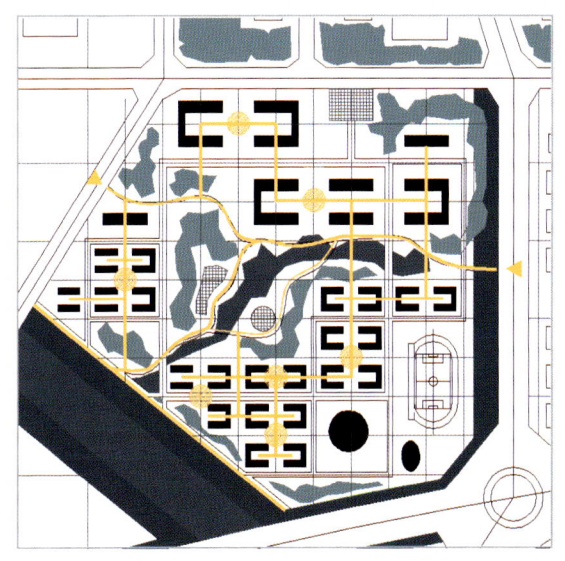

校园步行交通组织

- 组团内部庭院
- 步行交通

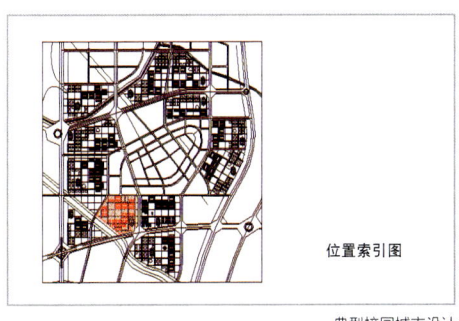

位置索引图

典型校园城市设计

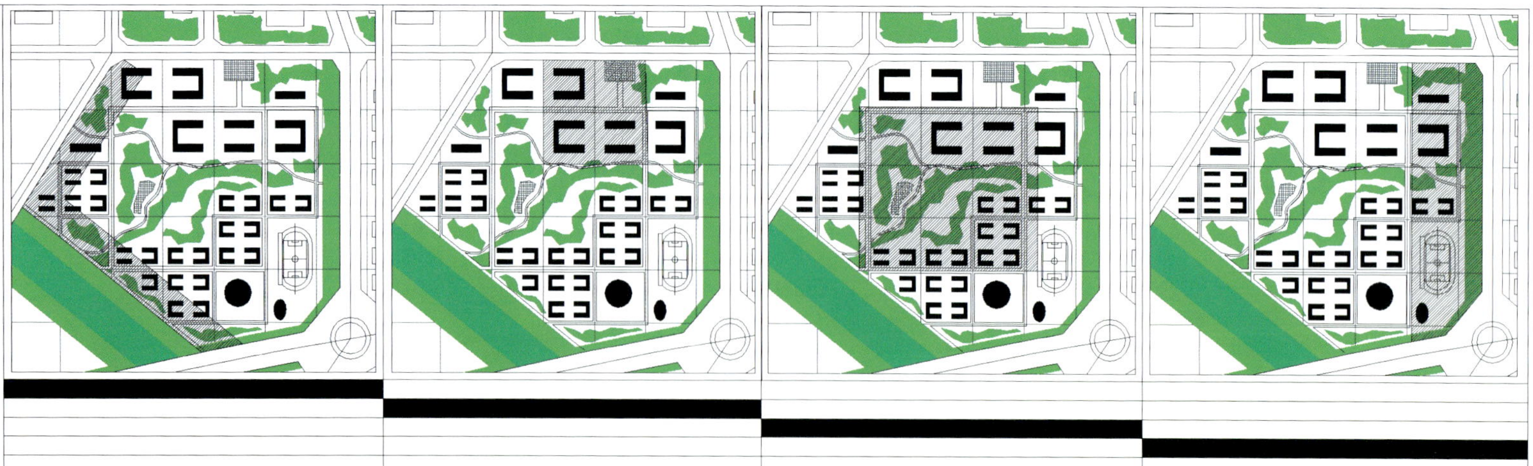

	滨河及绿地边缘	主入口	校际开放走廊	沿主干道及主要交叉口边缘
土地使用	利用自然环境，安排教学科研和学生居住建筑，形成休憩交流开放空间	布置校园主要教学科研建筑和入口绿地，保证与中心区边缘绿带连续性	布置校际共享资源、集中绿地等，保证校际步行空间的连续性与共享资源的可达性	安排集中绿地、体育用地或教学科研，减低对校园居住学习环境的干扰
建筑	注意对环境的呼应，提供有利观景面，保持视线通廊，避免隔绝景观与校园内部	建筑形式统一，相对呼应，注重其轴线与围合关系，形成积极的入口空间	建筑形式相对灵活，错落有致，注重与集中绿地的关系，保证校际步行可达性	通过建筑后退、构造和植物布置等减低环境影响
界面	形成多变错落的建筑界面和半开放空间，考虑从绿地和河岸看校园的建筑景观	保证建筑界面连续性，天际线统一而有变化，体现校园形象	建筑界面丰富自由，注意界面层次性，高低错落，鼓励半开放空间的形成	建筑界面注重校园文化建筑的特点，富有校园气氛
道路	依托景观面形成步道，并与校园道路广场构成网络	宽敞的林荫大道，入口广场，平直而低速	保证校际步行连续性，步行路线自由，易达各共享资源	校园各级道路避免直接接入城市主干道
开放空间	通过校园道路广场等开放空间，引入城市河流绿地景观	通过林荫大道、入口广场和大片绿地，引入中心区外围绿带	校园中心绿地、共享资源布置与校际步行系统结合，构成活跃的校际交流场所	结合城市环境，塑造校园气氛

典型校园城市设计

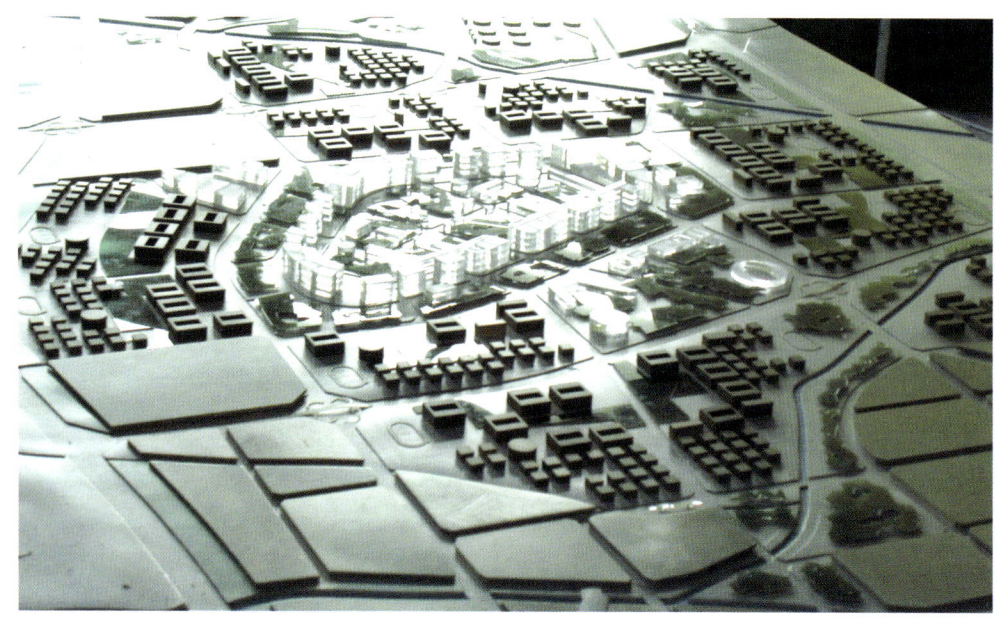

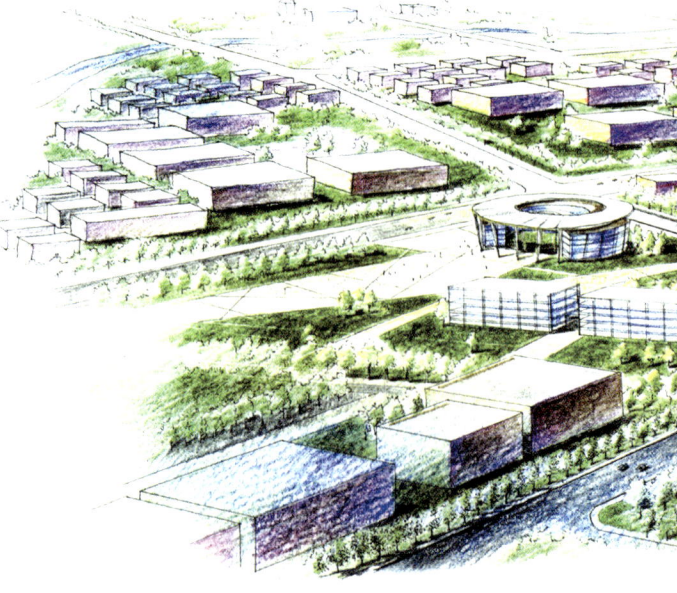

典型校园意向

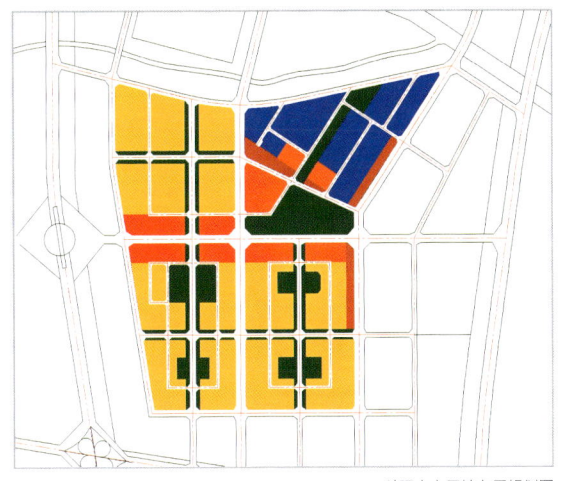

科研中心用地布局规划图

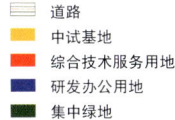

道路
中试基地
综合技术服务用地
研发办公用地
集中绿地
商业用地

公共绿地
大型公建
12～18F
6～9F
3～6F
低层为主

高度分布图

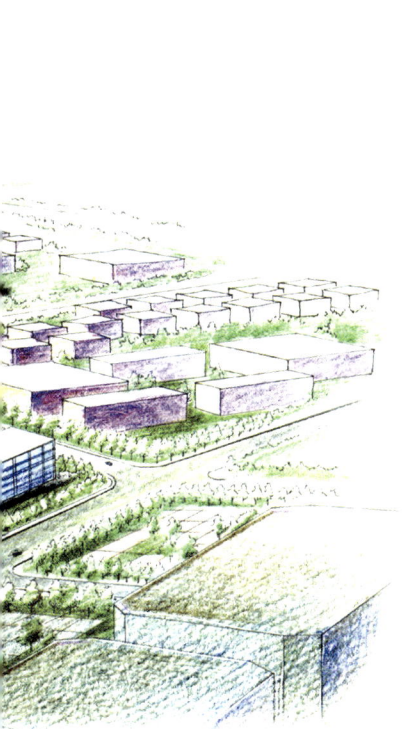

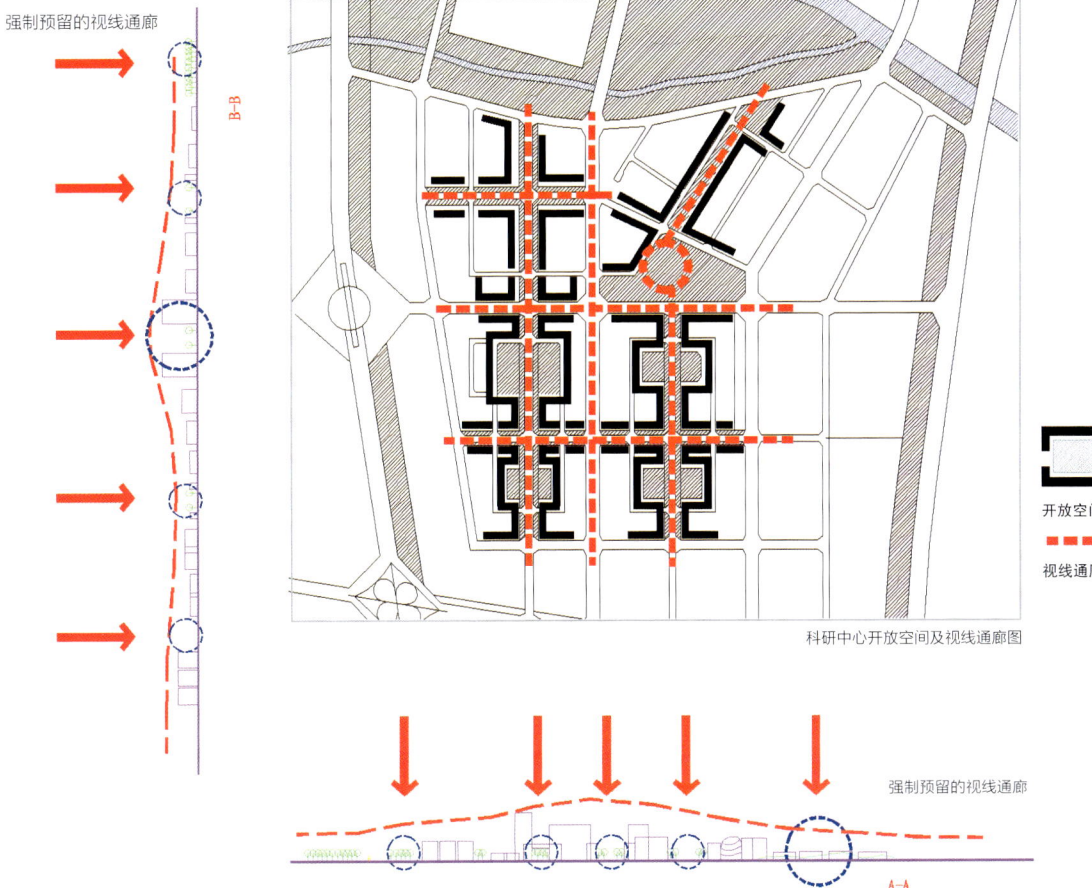

强制预留的视线通廊

开放空间
视线通廊

科研中心开放空间及视线通廊图

强制预留的视线通廊

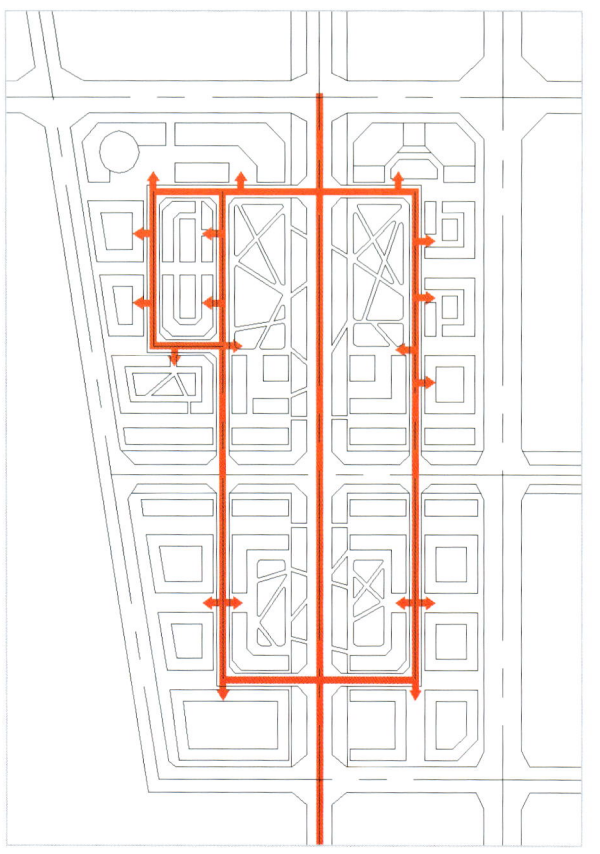

场地出入口设计

建筑退线

	距离	备 注
A	15m	公共建筑适当退后，预留步行广场并种植绿化隔离带
B	15m	建筑与主干道间距较大，主要种植绿化隔离带
C	10m	建筑与城市次干道间距≥10m
D	5m	建筑与支路间距≥5m
E	30m	建筑与城市次干道道路红线间距30m，中间种植中央绿地，建筑退让绿地红线≥5m

主干道
次干道
人行优先
主要休闲场所

人车交通分析

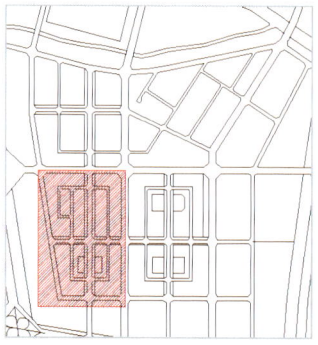

位置索引图

核心区	边缘区	内部街区
核心区：布置高层建筑，容积率较高，满足科研片区以及龙子湖地区南部的城市公共生活需要，形成整个龙子湖地区南部的发展次中心	边缘区：依托便捷的城市交通，布置中等密度、多层科研建筑，提供支持科研产业的发展空间	内部街区：布置广场与集中绿地，密度较低，形成良好研究与生活环境，为科研活动和研究人员生活提供多样的支持
位于科研片区中心位置，提供办公、商业、酒店、会议、生活服务等功能，布置公共建筑和服务设施	主要为科研企业、事业单位用地，提供办公、研究、会议交流等功能，可兼容小型实验和无污染小工业	主要为科研办公建筑，可以兼容居住、商业、生活服务功能，围绕集中绿地和广场可提供更多的休憩交流和公共活动空间
建筑形式鼓励合理的创新设计，形成丰富的街道景观与天际线，在城市节点提供标志性建筑	满足整体城市建设和城市建设要求	与集中绿地和广场相呼应，根据实际需要设计高低错落的建筑，构造良好的社区环境
裙房适宜行人尺度，提供多样的商业、公共活动，丰富街道空间界面；塔楼鼓励变化的屋顶，构造积极的天际线	建筑界面多变，体现出其科研文化建筑形象	注重建筑与开放空间的过渡衔接关系，构造有意义的半室外空间，并提供宜人的连续步行环境
临城市干道，满足快速交通和行人舒适安全要求，营造丰富积极的城市街廊	沿城市次干道提供便捷、安全的交通，满足多样的用地功能要求	满足低速车行和停车要求，并创造宜人的步行环境和连续的步行系统，保证公共空间可达性
包括建筑室外广场和街头绿地等，提供行人休息空间和室外公共活动空间	包括建筑室外广场和街头绿地等，提供行人休憩空间	主要有片区集中绿地和广场以及建筑室外半室外空间，提供丰富的城市活动和交往空间

科研中心片区各项用地面积

序号	用地名称	用地面积（hm²）	所占比例（%）
1	研发用地	33.8	11.3
2	生产用地	106.5	35.6
3	商业用地	8.1	2.7
4	综合服务用地	28	9.3
5	道路用地	71.5	23.8
6	绿地	52.1	17.3
	总计	300	100

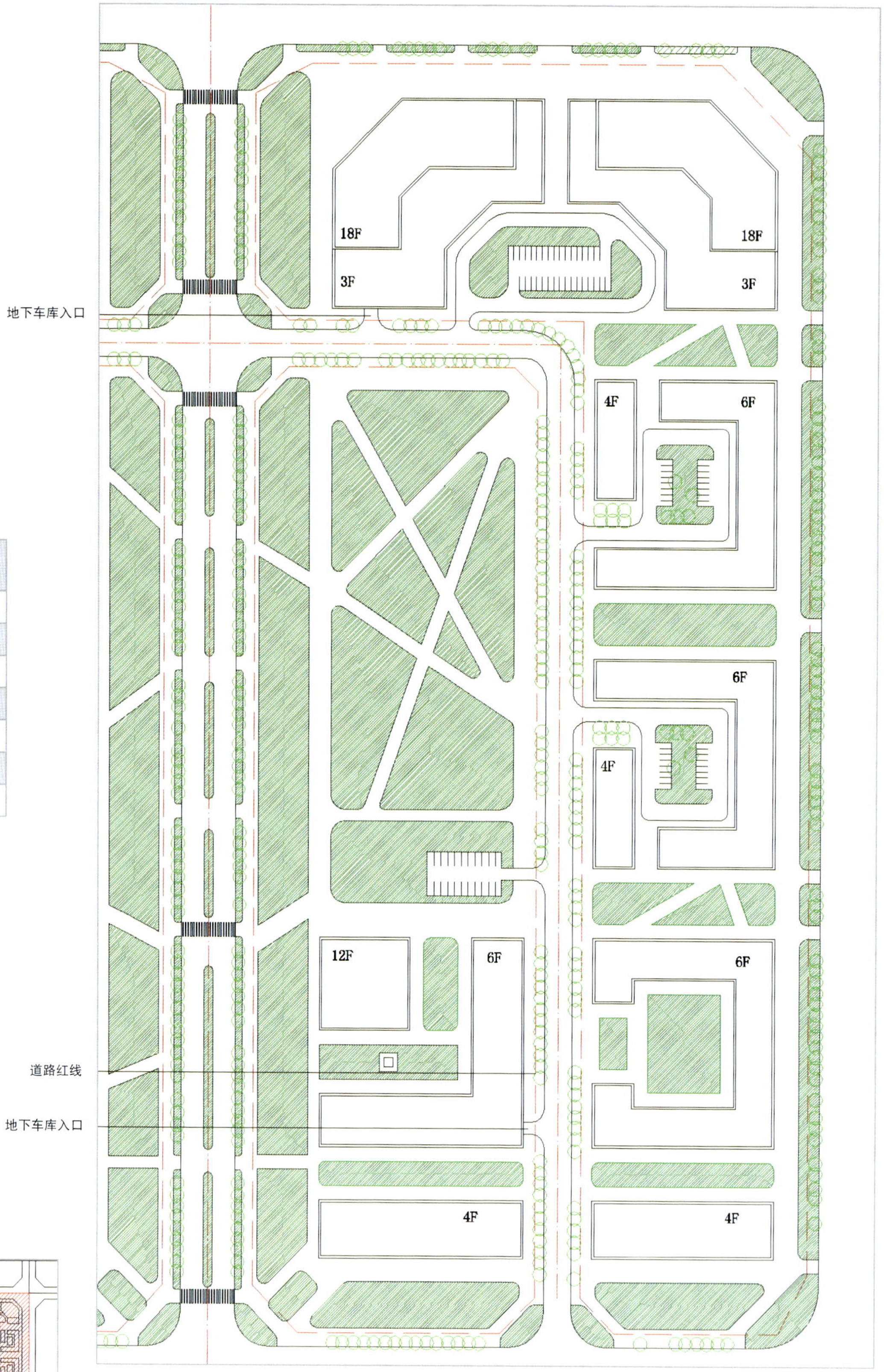

地下车库入口

道路红线

地下车库入口

节点总平面

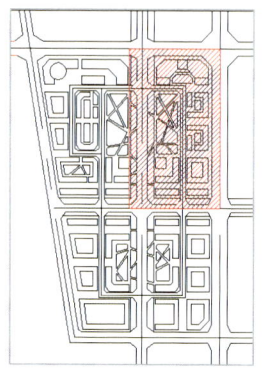

位置索引图

方案（B）

1 发展定位

龙子湖地区位于城市的边缘，在形态上是城市与农村的过渡地带。龙子湖地区的特点在于它不是一个通常意义上的从中心到外围的相对均匀的衰减，受用地东部800m宽的生态绿带、铁路环线和京珠高速公路的影响，龙子湖有可能是一个突然中止的边界。以高等教育和科研为主导的功能也决定了这不是一个普通的城市边缘地带，而应该具有很多自身的特点。

1.1 发展定位：接受龙湖中心区的辐射，同时作为一个单独而强有力的生长点带动整个郑东新区的发展。

1.2 功能定位：高等教育基地、科研中心、投资场所、信息市场、良好的居住地。龙子湖地区是相对独立的以高等教育与科研为主导，同时具有商务、办公、居住、旅游、娱乐和休闲活动的多元功能的综合地区，是环境舒适的，提供有特色居住的地区。

1.3 生态定位：生态环境上东西方向应连接龙湖地区、拓展区和东部的广大农村地带，北面连接黄河生态带。本地区应提升整个城市的环境质量。

1.4 文化定位：基于现状、面向未来的文化氛围浓厚的地区。肩负推动校园文化和地区文化发展的重任。

这些功能相辅相承。

2 人口与用地规模

2.1 人口规模

2.1.1 包括大学在校生、在编教工及其家属和就地安置的村民。大学在校生合计约12~15万人；在编教师按照1:15师生比计算约0.8~1万人，再按照带眷率0.6，带眷系数2.4，核算家属人数约1.2~1.5万人；就地安置的村民约2.23万人。以上三项合计16.23~19.73万人。

2.1.2 相对确定的人口有科研人员、物流园区从业人员和商业金融、医疗、教育等服务行业人员及其家属。这部分人口规模可以根据各类用地估算得出：科研人员约0.8~1万人；物流园区就业人口约1~1.5万人；其他商业金融服务人口1.5~2.5万人，以上三项加家属合计约10万人。

2.1.3 为规划保留弹性和应变性，预留其他不可预见人口规模约3~5万人。

综合以上三项人口规模总计：32~34万人。

2.2 用地规模

规划区总用地4049.3hm²，扣除防护林带、水域和其他用地911.4hm²，城市建设用地为3137.9hm²。按照32万人计算，人均建设用地98.0m²。

3 规划结构

3.1 模式选择：有核心的经纬网格+游离的浮岛

用组团式布局"游离在绿地上的浮岛"满足弹性的要求和分散的限定，并与龙湖地区的规划保持形态上的相似。浮岛的规模与处于城市边缘的龙子湖地区的建设强度和形态印象一致。浮岛自身拥有全周长的绿色界面，与生态系统和公共空间保持亲和性。

用有核心的经纬网格与郑州老城区的形态秩序保持一致，为龙子湖建立了结构秩序，同时符合了共享的限定。使分散的浮岛产生紧密联系，共同构成作为整体的龙子湖地区。每个组团也拥有自己的核心，大多数组团均布置有大学作为发展的带动因素。

两种结构模式的叠加实现了分散与秩序的结合，构成了整个龙子湖地区的规划结构。

4 综合交通规划

4.1 路网结构

适应组团式的规划结构，龙子湖地区的路网结构可以视为双重网格叠套的形式。

第一层次路网是由周边高（快）速路和区内快速路与主干路组成内外环加放射的形式，该层次路网主要承担区内外快速交通联系和区内组团之间的交通。

第二层次路网则是各组团内部的路网，依托区内环路，各自形成方格网加组团环路的形式，主要承担组团内部交通。

各规划组团一览表

组团名称	组团用地规模（hm²）	组团人口规模（万人）	主导职能	其他职能
A组团	427.6	6	大学	配套居住
B组团	292.2	4	大学	配套居住
C组团	250.2	3.5	大学	配套居住
D组团	127.0	2.5	大学	配套居住
E组团	333.7	4.5	大学	配套居住
F组团	262.6	5.5	居住	商业服务
G组团	76.1	——	物流	仓储，对外交通
科学城组团	205.6	1.5	科研	配套居住
商务岛组团	171.8	3	商务	行政管理、配套居住 会展、文化娱乐
运动城组团	94.8	1.5	体育	配套居住

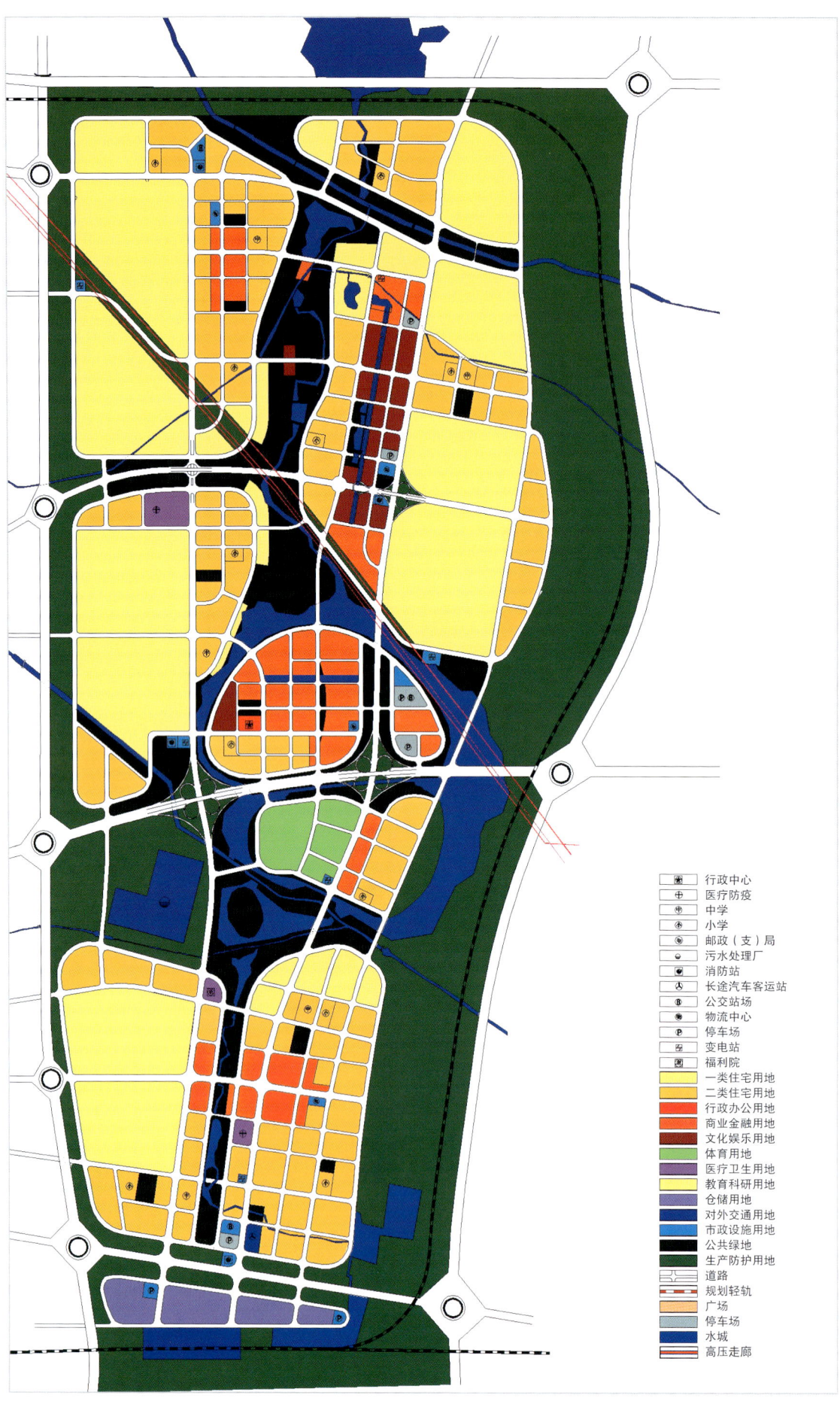

土地利用总体规划

The Master Plan for Zhengdong New District

规划总平面示意图

郑东新区
总体规划篇 | 229

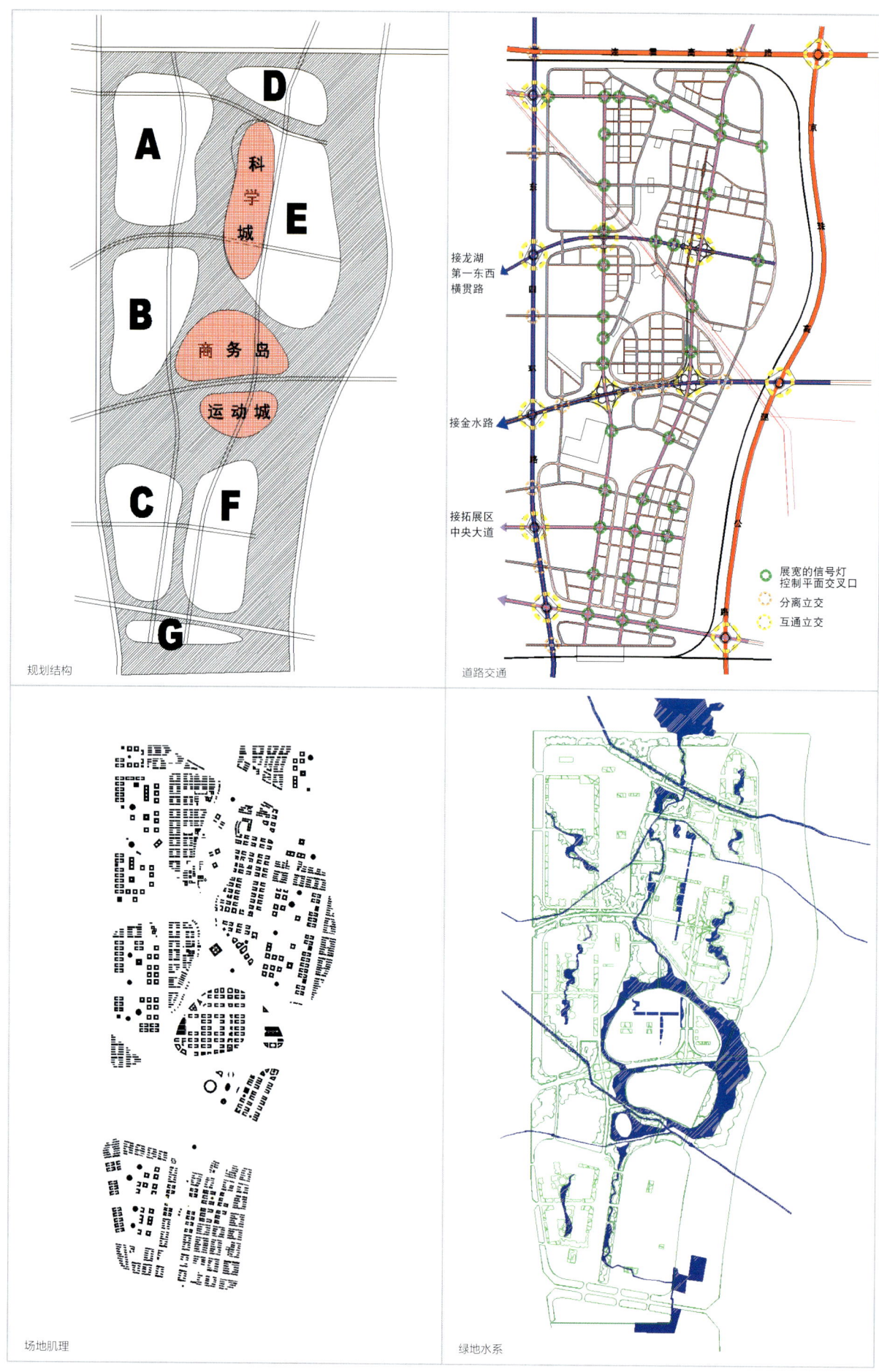

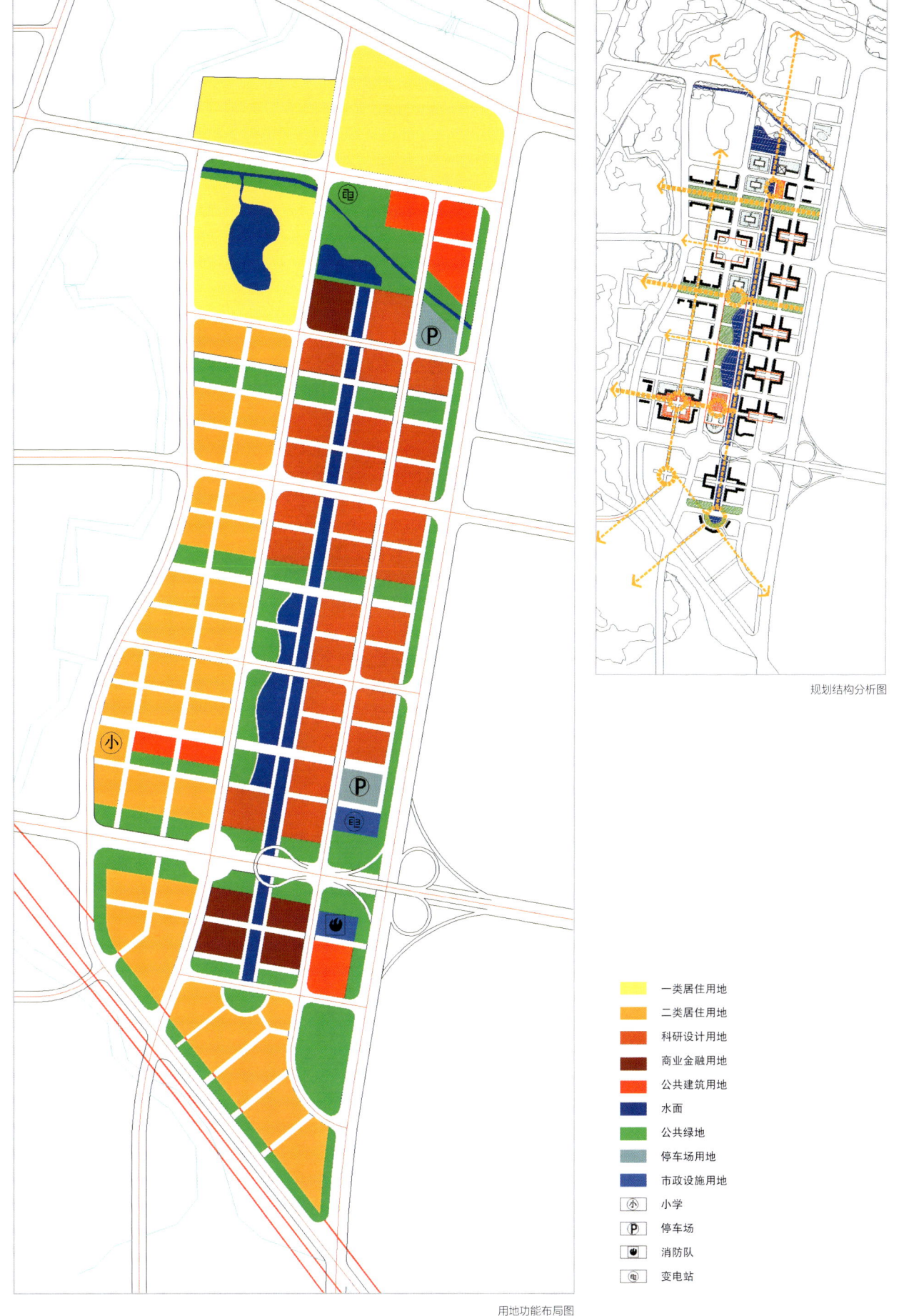

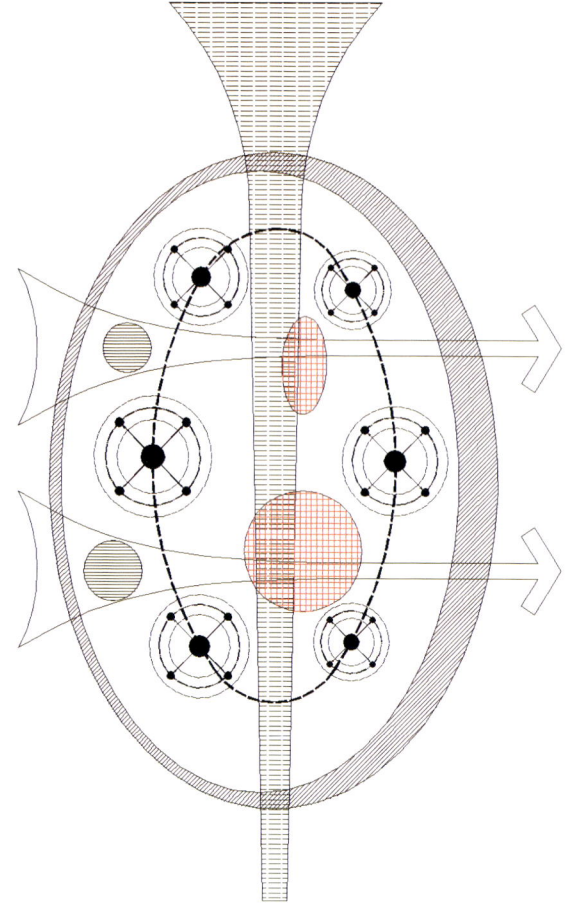

公共景观与生态系统模式示意图

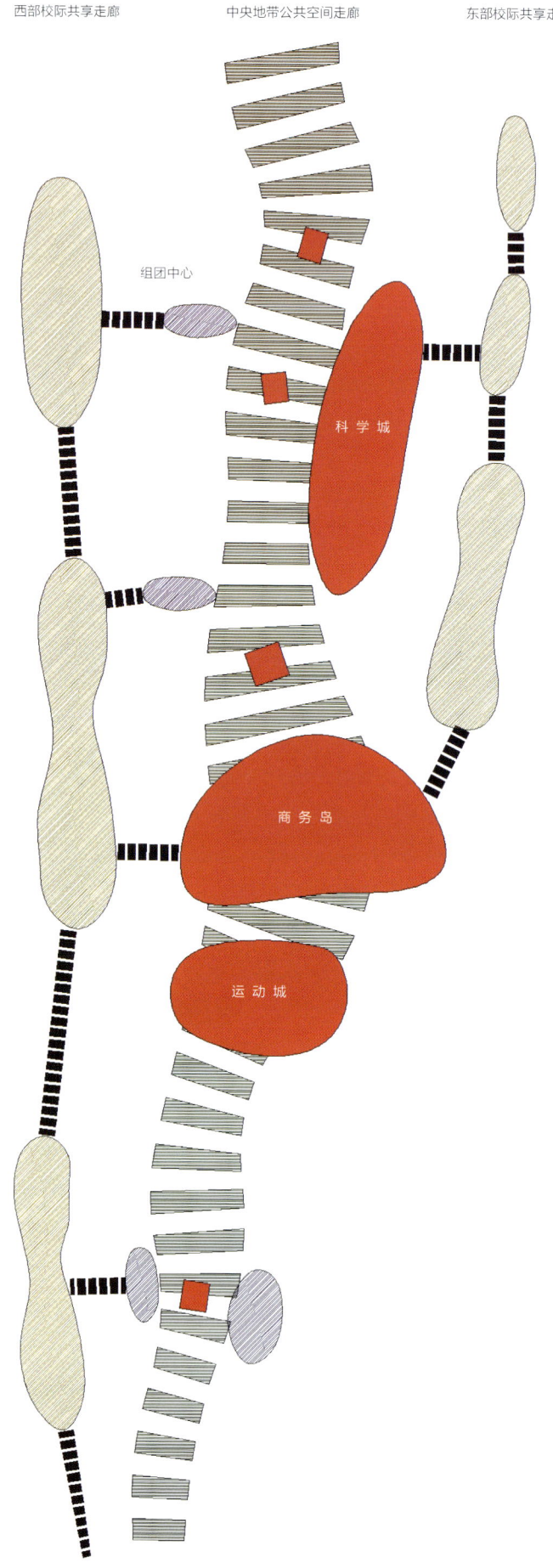

西部校际共享走廊　　中央地带公共空间走廊　　东部校际共享走廊

组团中心

科学城

商务岛

运动城

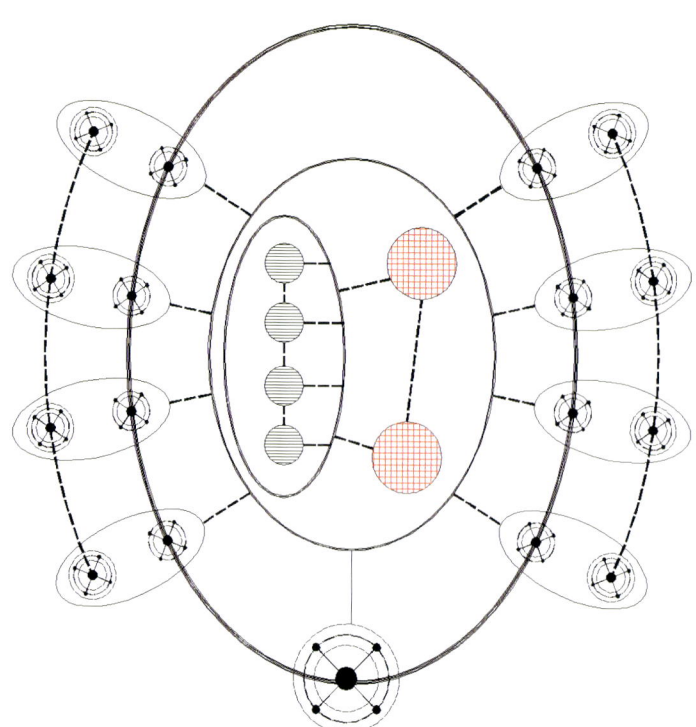

公共空间系统模式示意图

公共空间系统

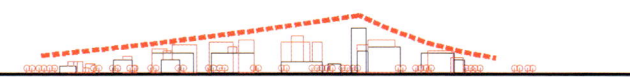

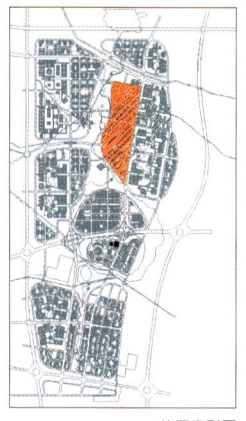

位置索引图

▨	h = 2 ~ 3f
▨	h = 3 ~ 6f
▨	h = 6 ~ 9f
▨	h = 12 ~ 18f
■	h<85m

建筑高度控制

科学城城市设计

郑东新区
总体规划篇 | **233**

A 视线分析图   B 公共关系系统分析图   A+B

广场
水面
绿地
建筑
外部空间
建筑界面
视线通廊
视线焦点

交通系统分析图   用地布局规划图

广场
场地主要入口
主要车行道
主要人行道

一类居住用地
二类居住用地
科研设计用地
商业金融用地
公共建筑用地
水面
公共绿地
停车场用地
市政设施用地
小学
停车场
消防队
变电站

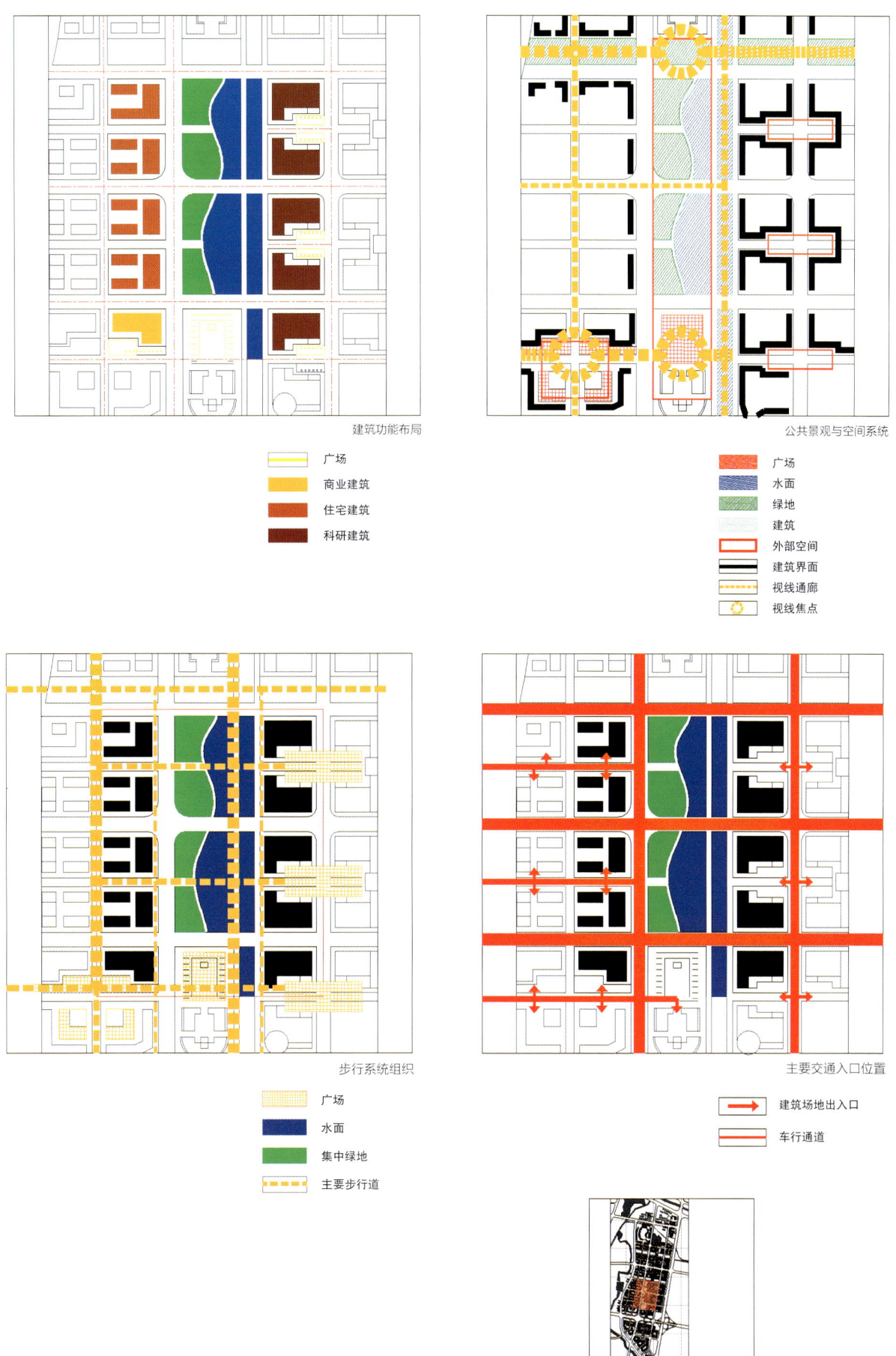

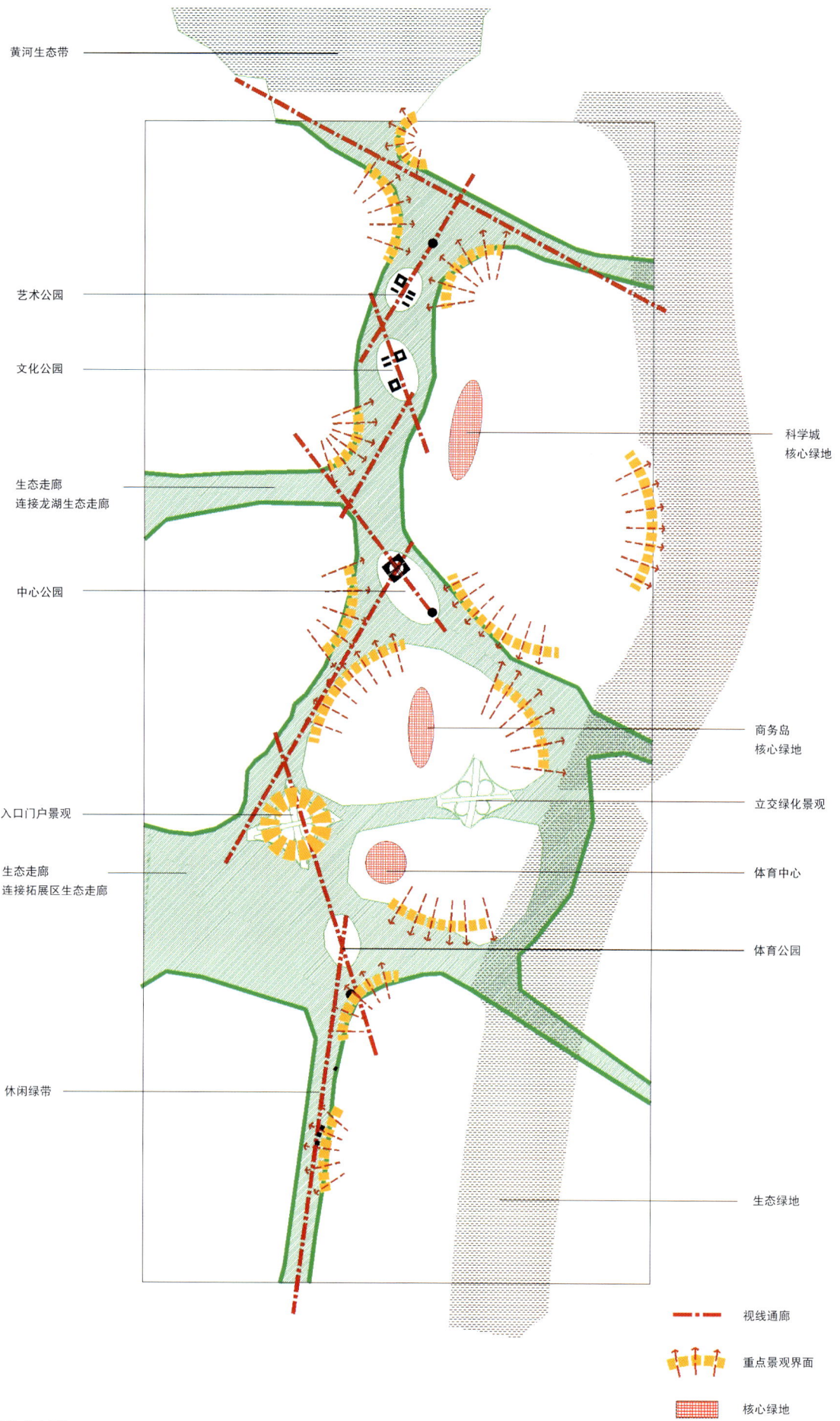

公共景观与生态系统

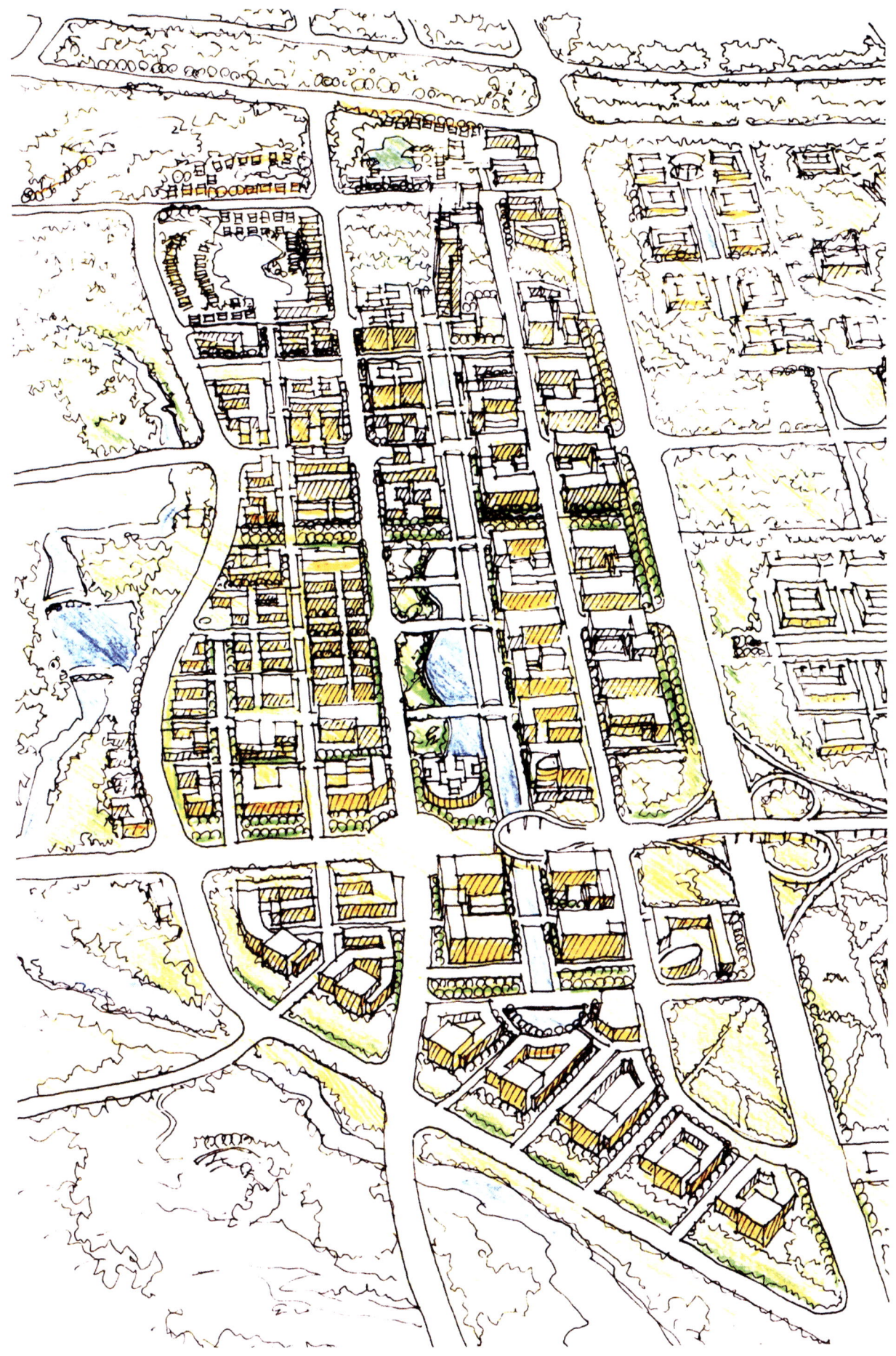

科学城意向

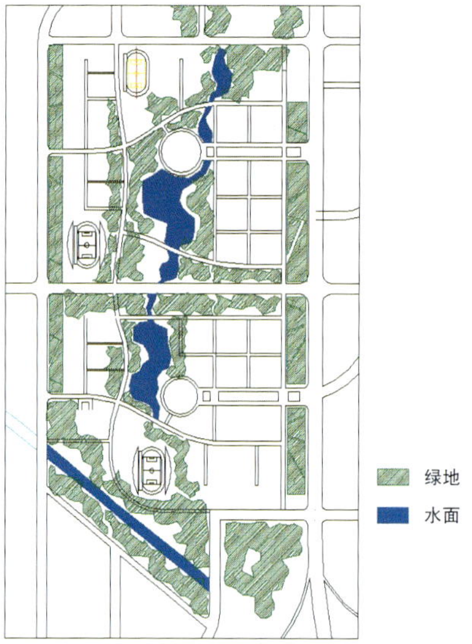

公共景观系统分析	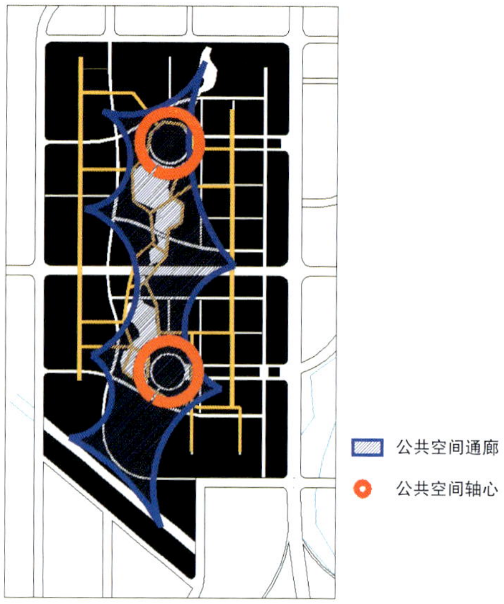 公共空间系统分析	交通系统分析

图例：
- 绿地
- 水面
- 公共空间通廊
- 公共空间轴心
- 非机动车道
- 机动车道
- 校际公交站点
- 主要出入口
- 次要出入口

位置索引图	公共绿地布局	生活区布局	科研教学区布局

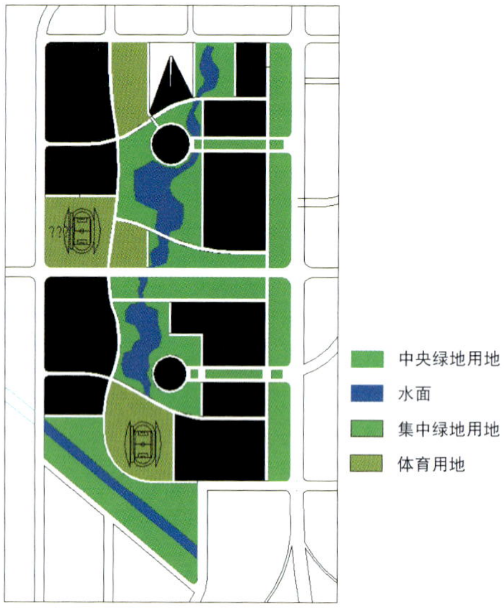

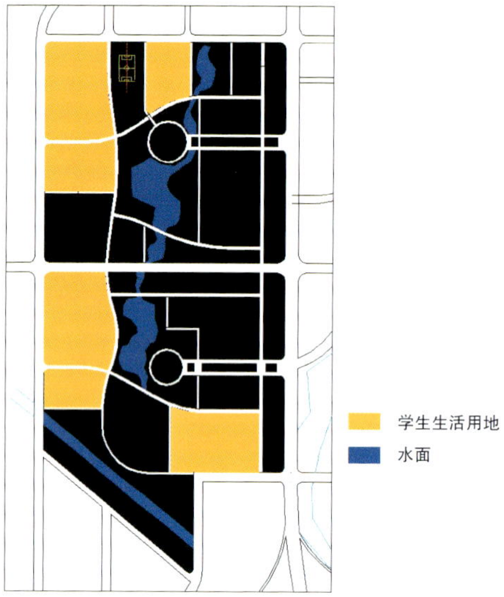

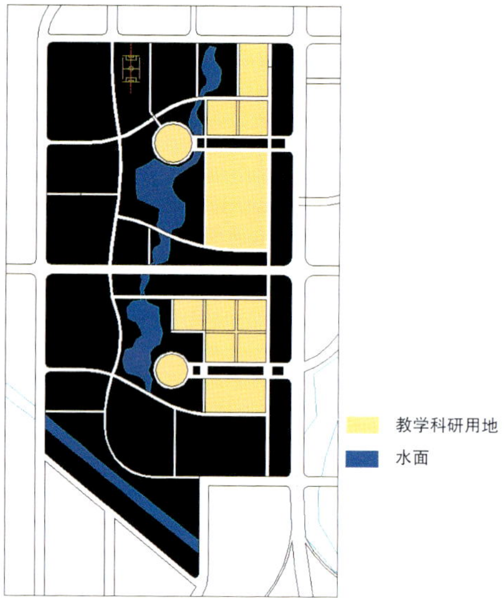

图例：
- 中央绿地用地
- 水面
- 集中绿地用地
- 体育用地
- 学生生活用地
- 教学科研用地

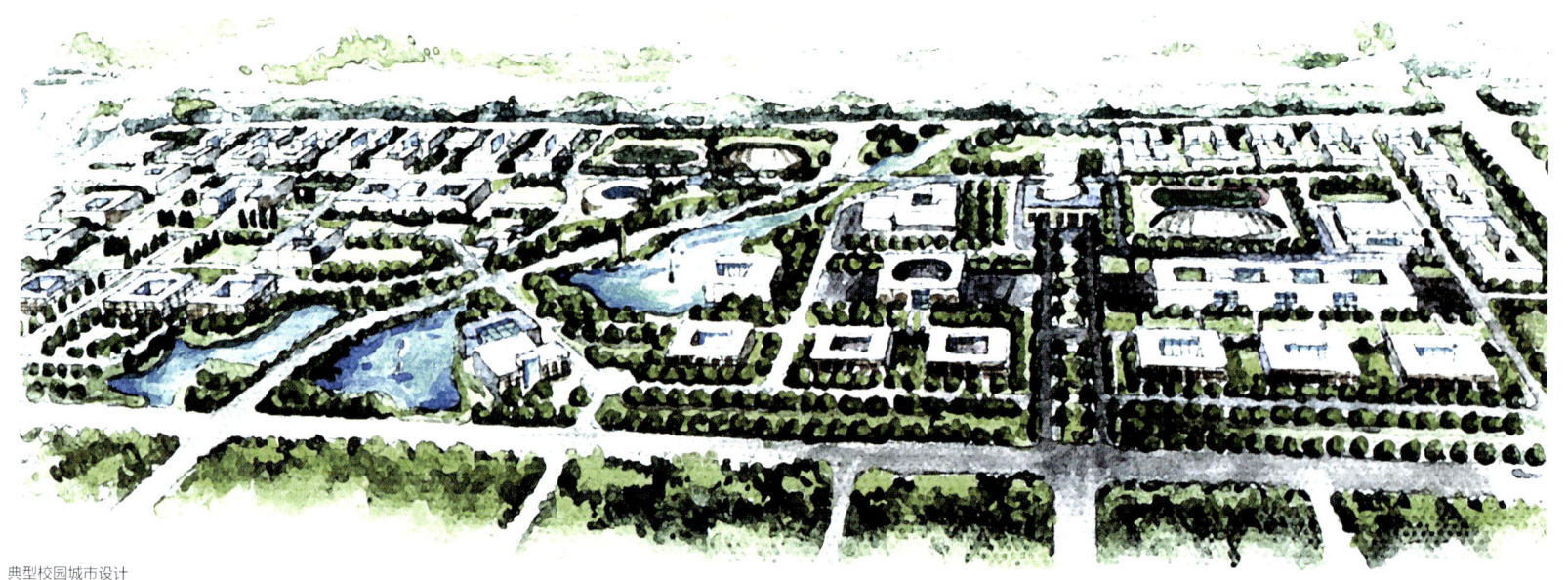

典型校园城市设计

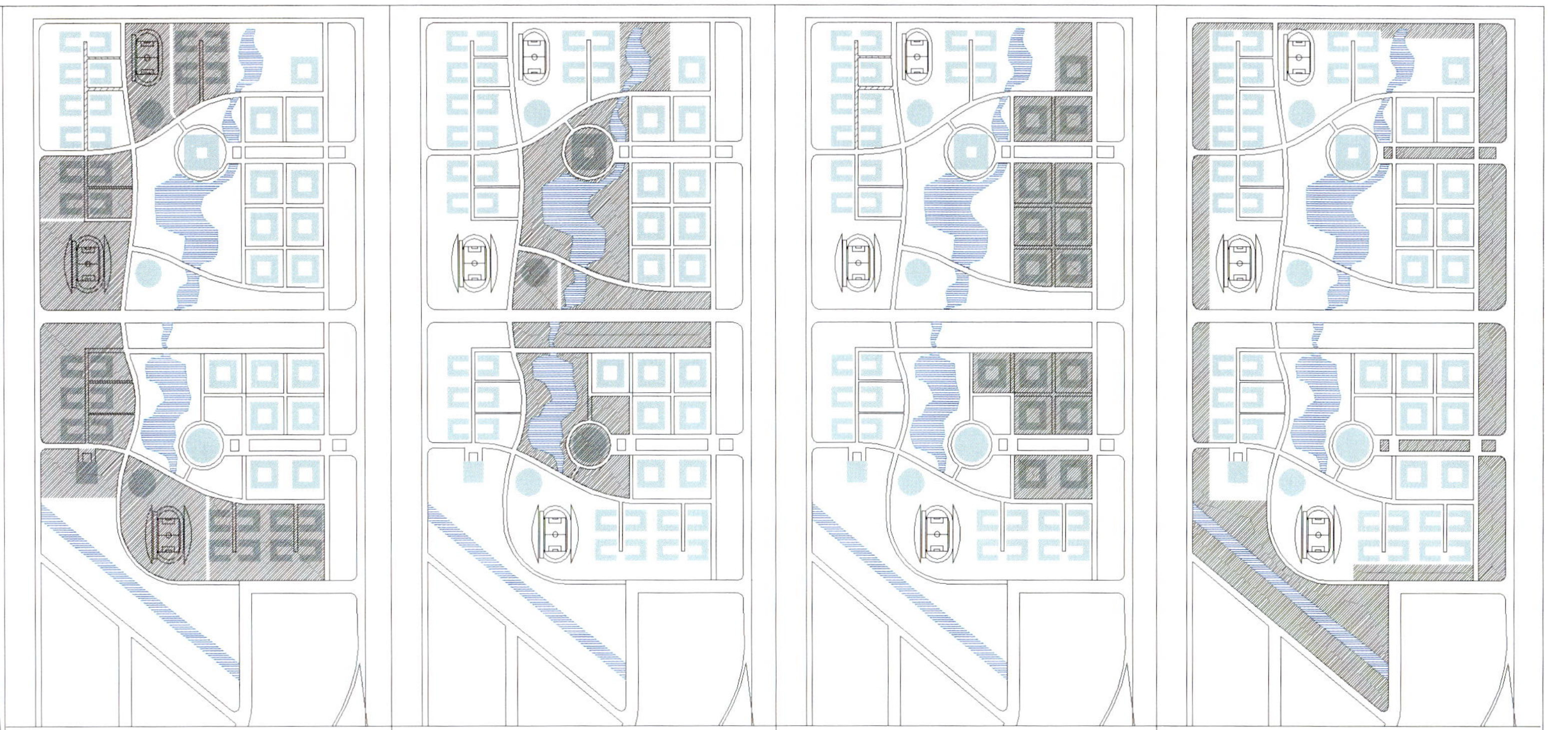

	校际生活运动带	校际共享带	校际科研教学带	主入口及边缘区
土地使用	安排学生居住建筑和体育馆及各种室外球类运动场，形成生活休憩交流空间。	布置校际共享资源、集中绿地等，保证校际步行空间的连续性与共享资源的可达性。	安排教学建筑和科研中心及广场庭院，形成工作学习交流空间。	入口：布置主要教学科研建筑和入口绿地保证与中心区边缘绿带连续性。 边缘：布置休闲活动场所。
建筑	注意对环境的呼应，学生宿舍宜围合出生活内院。保持视线通廊，避免隔绝景观与校园内部。	建筑形式相对灵活，错落有致，注重与集中绿地的关系，室内外空间联系，保证校际步行可达性。	注意对环境的呼应，教学楼宜组成内部庭院。保持视线通廊，避免隔绝景观与校园内部。	入口：建筑形式统一，相对呼应，注重轴线与围合关系，形成积极的入口空间。
界面	形成多变错落的建筑界面和半开放空间考虑从东四环看校园的建筑景观。	建筑界面丰富自由，注意界面层次性，高低错落，鼓励半开放空间的形成。	形成多变错落的建筑界面，表达教学与科研建筑特有的形象。考虑干道和入口校园总体的建筑形象。	入口：保证建筑界面连续性，天际线统一而有变化，体现校园形象。 边缘：以绿化为主，保护生态景观。
道路	在学生宿舍间形成步道和自行车道，并与校园道路广场构成网络。	鼓励机动车道沿外围设置，保证校际步行连续性，步行路线自由，易达各共享资源。	在教学楼间形成步道和自行车道，并与校园道路广场构成网络。考虑机动车道对教学楼影响。	入口：宽敞的林荫大道，入口广场，平直而低速。 边缘：形态自由的林荫小道，步行为主。
开放空间	宿舍区设计尺度亲切宜人的生活开放空间，而体育场馆间形成开敞的户外活动空间，收放开合，形态多样。	校园中心绿地、中心广场、共享资源布置与校际步行系统结合，构成活跃的校际交流场所。	鼓励教学楼内设计安静的户外学习空间，区内设计开敞活动广场，空间形态多样。	入口：通过林荫大道、入口广场和大片绿地，结合校园共享绿带与中心绿带。 边缘：鼓励各种宜人活泼的活动场地。

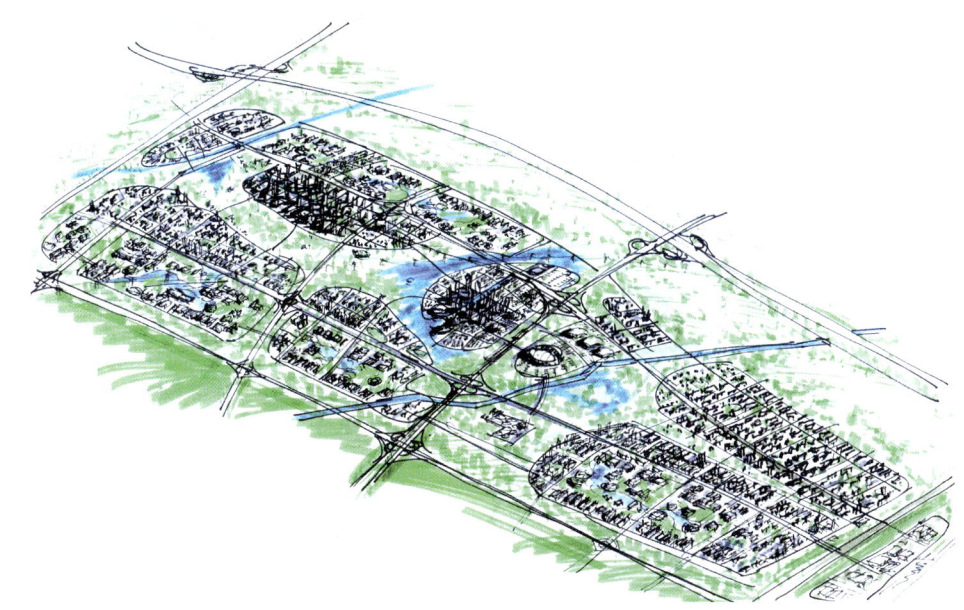

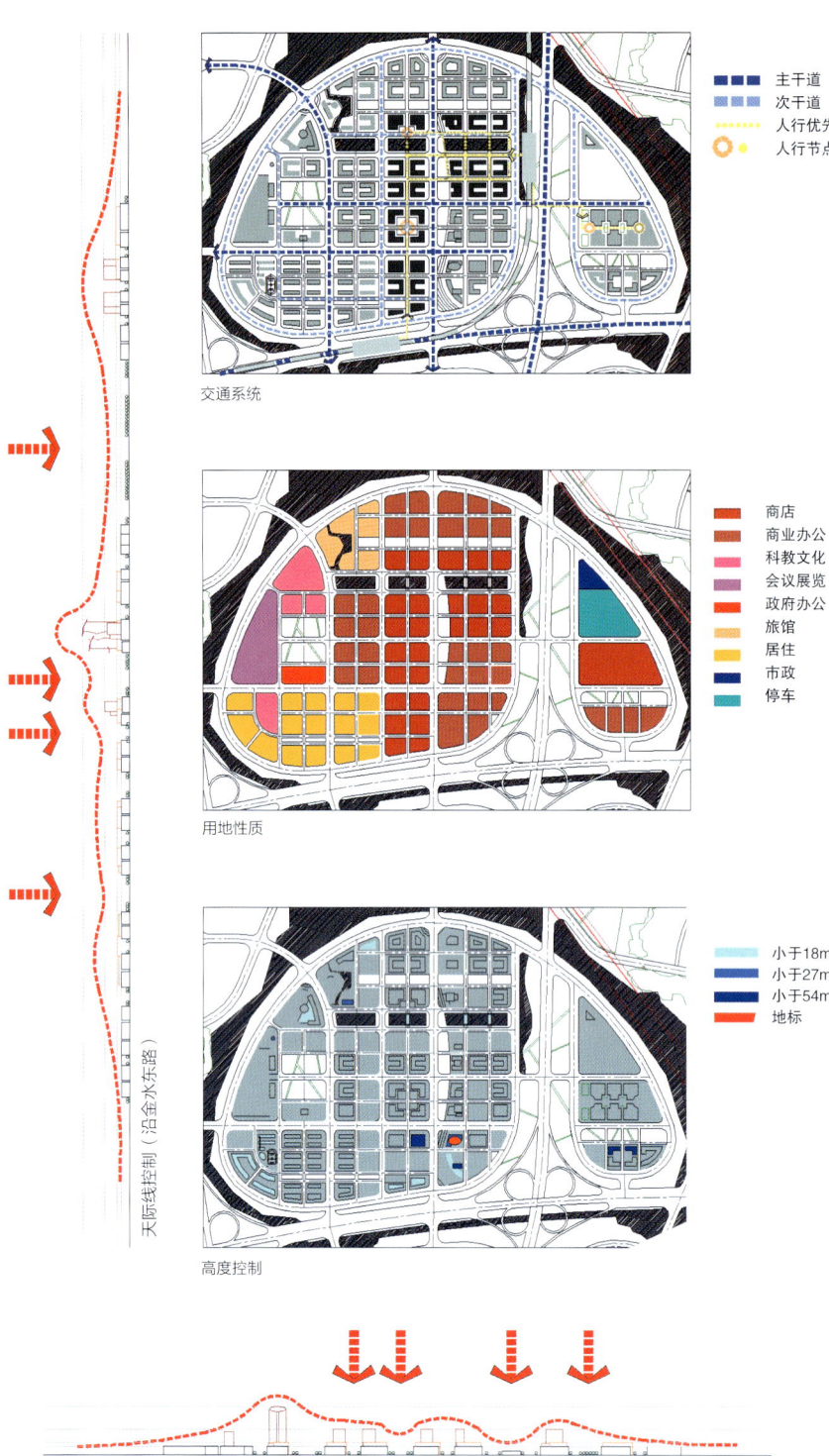

交通系统

用地性质

高度控制

天际线控制（沿至善大道）

商务岛城市设计

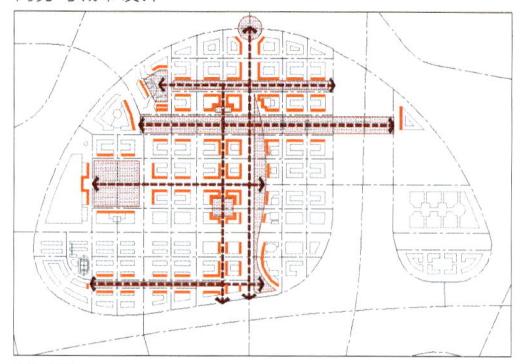

公共空间

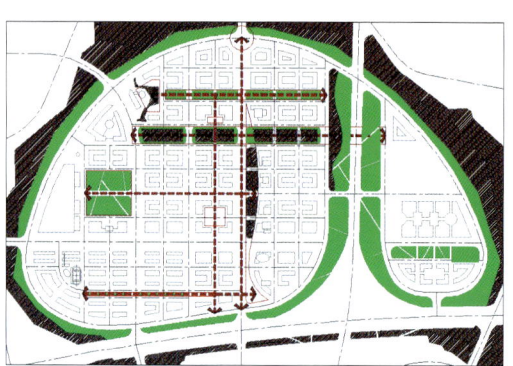

生态景观

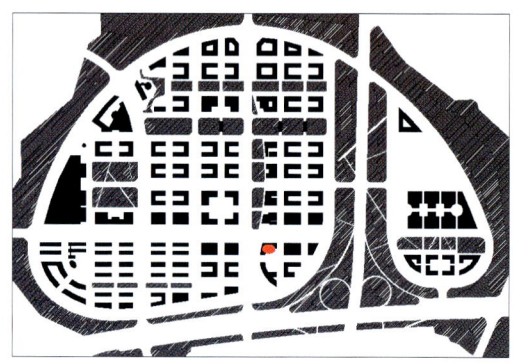

肌理

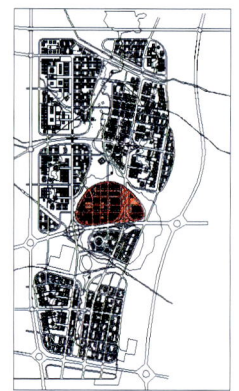

位置索引图

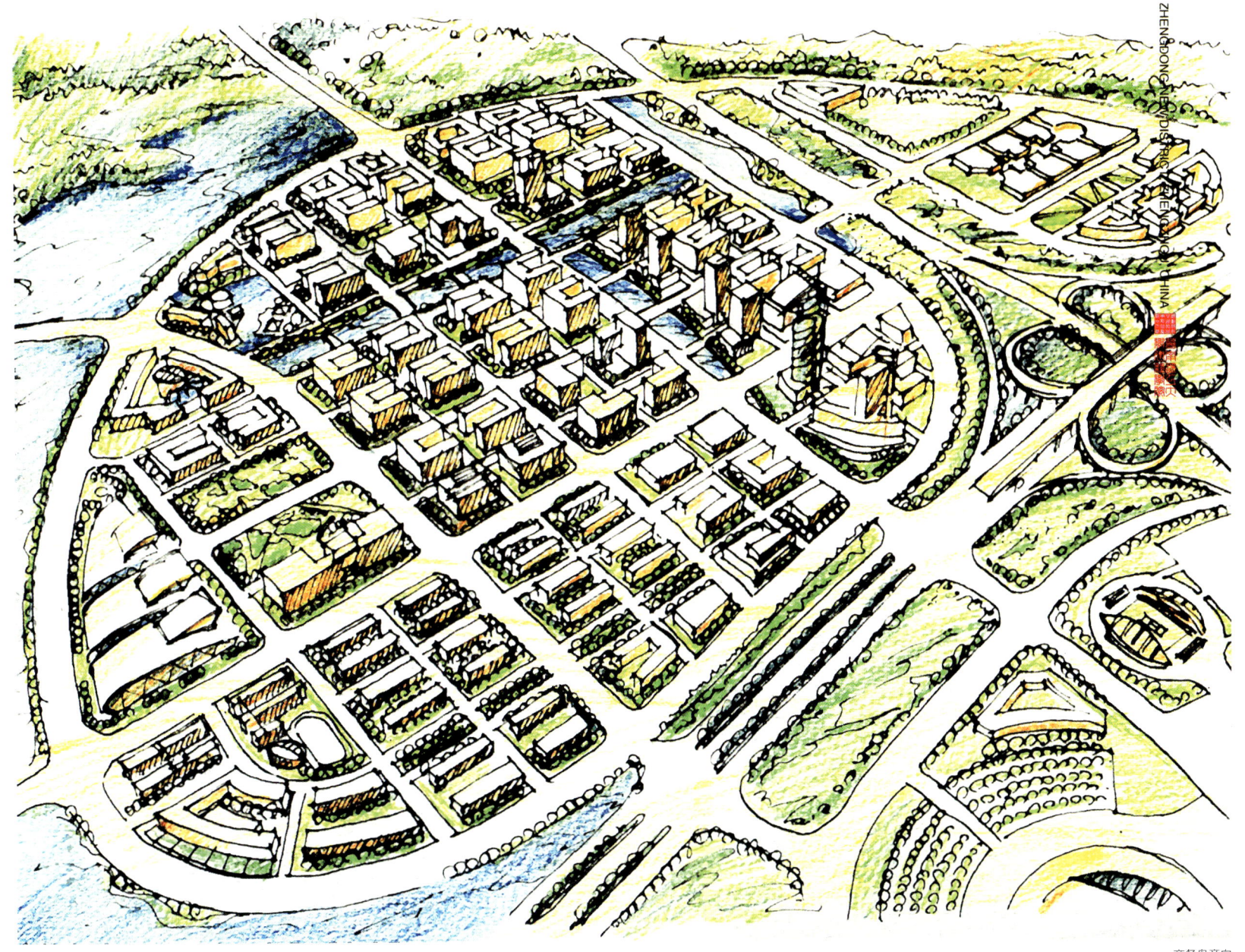

商务岛意向

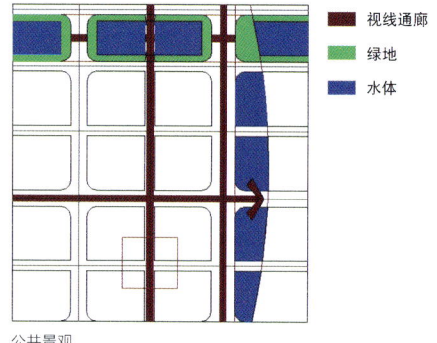
公共景观

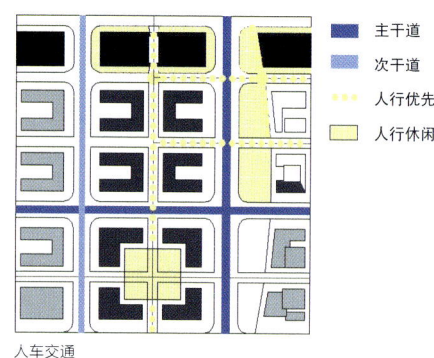
人车交通

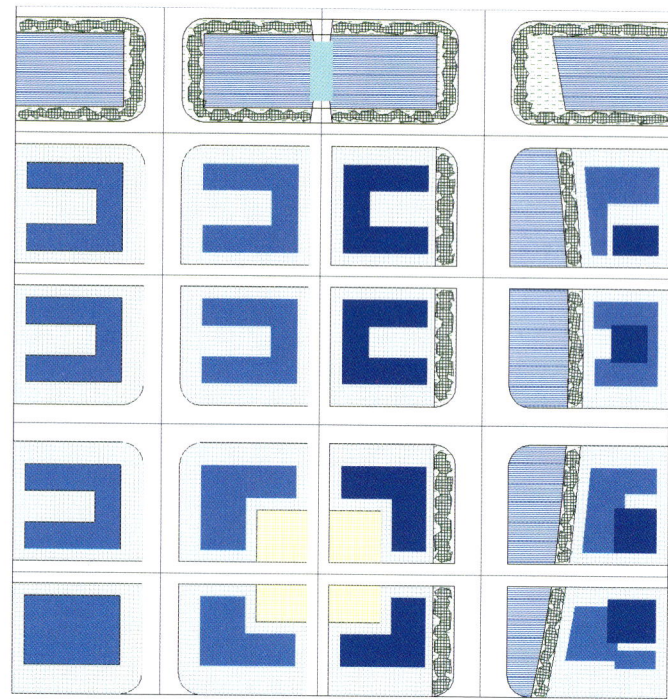
商务岛典型地段

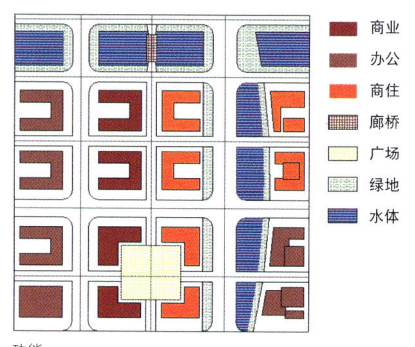
功能

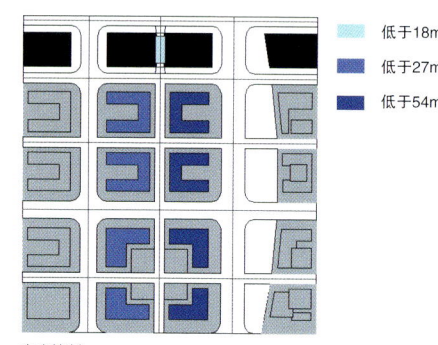
高度控制

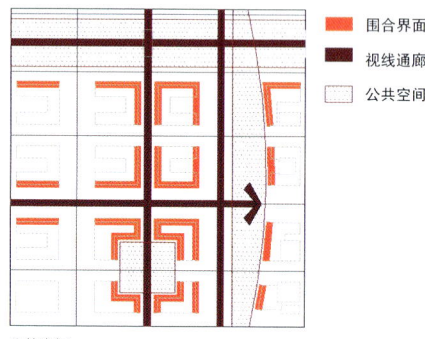
公共空间

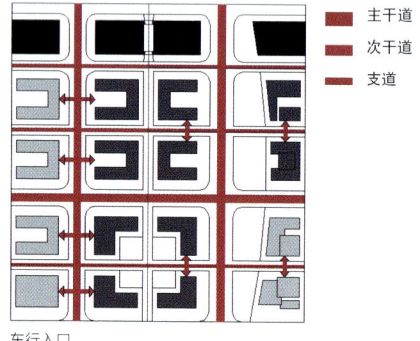
车行入口

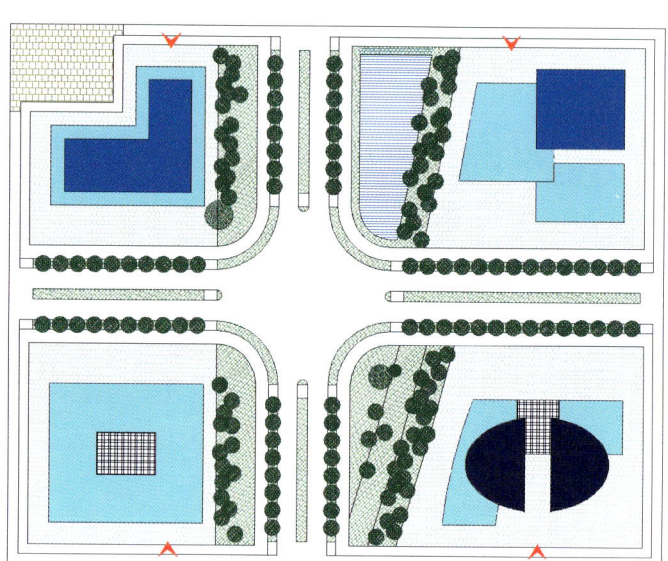
商务岛典型节点

位置索引图

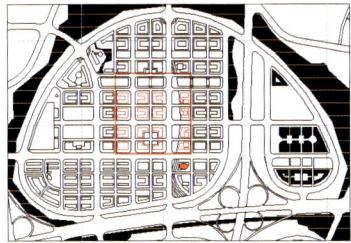

位置索引图

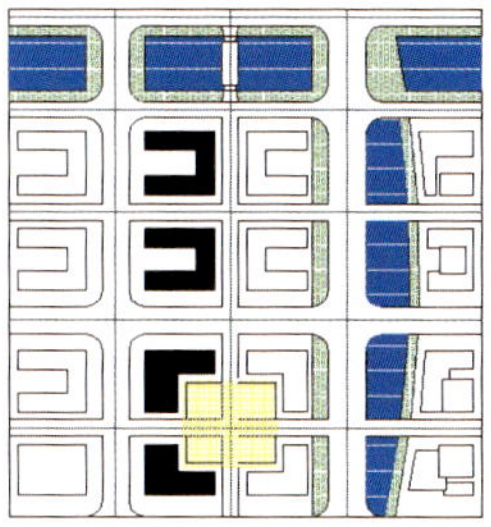

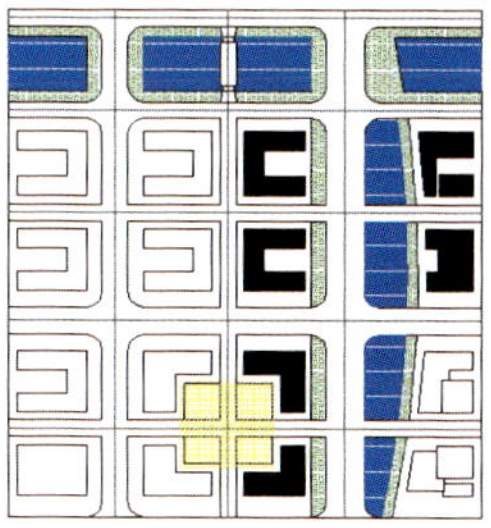

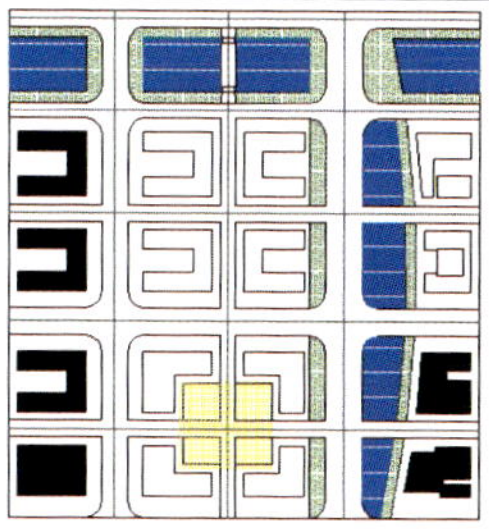

位置索引图

中央绿地	商业中心的核心绿地,是联系东西向和南北向两片商业步行区的纽带。提供活跃的林荫下、水边的休憩与活动场所。以自然园林、水面为主,不规则的小径和亲水台阶,尺度宜人的活动设施和廊桥散布其中。鼓励公共的文化艺术展览。		
中央广场	位于主要步行商业地带的核心,提供公众大型活动的聚会场所,组织商业化广场活动。以硬质铺地为主,兼有绿地与休憩区域,布置足够的广场设施、桌椅。表达商业区聚会集中广场的特色形象。		
建筑类型	A 商业建筑	B 商住建筑	C 办公建筑
建筑功能	6~9层的多层公共建筑,沿步行带为商铺、饮食等商业用途,其余可考虑适量办公用途。建议房地产商集中开发,以营造良好并连续的商业购物休闲空间。	12~18层的商住混合建筑,沿步行区域为3~5层群房,提供超市购物,餐饮娱乐,健身美容和社区服务;塔楼部分作居住用途。建筑造型鼓励合理的创新设计,并与西侧商业建筑风格协调。	西列为6~9层办公建筑,总平面布置注意设置活动与休憩广场绿地,并与周边建筑形成组团。东列为12~18层办公建筑,沿中央绿地一侧为4~6层的裙房。布局注意联系中央绿地形成共享的活动区域,保留中央绿地视线通廊。
建筑退线	沿城市支路(W=25m/15m),建筑退让道路红线距离≥5m; 建筑退让广场红线距离≥5m	沿城市次干道(w=36m/30m),建筑退让道路红线距离≥10m; 沿城市支路(w=25m/15m),建筑退让道路红线距离≥5m 建筑退让中央绿地红线距离≥5m	沿城市次干道(w=36m/30m),建筑退让道路红线距离≥10m; 沿城市支路(w=25m/15m),建筑退让道路红线距离≥8m 建筑退让中央绿地红线距离≥5m
建筑界面	鼓励提供更好的室内和室外的联系特别是与中心活动广场的联系,强调其活跃多变的商业气氛。鼓励创新设计,强调商业娱乐功能。保持界面连续性,为连贯步行提供条件。街角部份设计较活跃的元素。	沿中央绿地与步行区域底层裙房鼓励提供更好的室内和室外的联系,强调其活跃多变的商业气氛。保持界面的连续性,为连贯步行提供条件。 鼓励小高层住宅不要采用统一的高度。避免采用千篇一律的建筑模式。力求中央绿地旁的住宅外形新颖丰富。	沿中央绿地的裙房风格统一,建议基座作较稳实的,韵律感强的立面处理,保持界面的连续性,为连贯步行提供条件。 鼓励主体建筑界面反映富有高新科技特色的建筑形象,不宜采用统一的高度。注意与中央绿地的协调。
公共空间	气氛活跃热闹的商业活动广场。以硬质铺地为主,布置灵活的商业娱乐设施。注意与室内、室外的联系。	西侧为气氛活跃热闹的商业活动广场。以硬质铺地为主,布置灵活的商业娱乐设施。注意与室内、室外的联系。 东侧提供宁静的休闲日常活动空间;以绿化为主,公共生活空间。	提供宁静舒适的工作环境和办公人员之间交流活动场所。以绿化和铺地结合营造组团内部的公共空间,注意与中央绿地联系。

商务岛城市设计

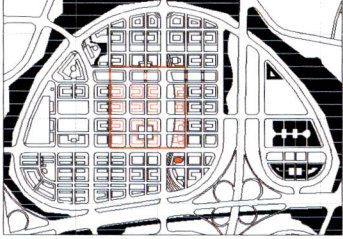

位置索引图

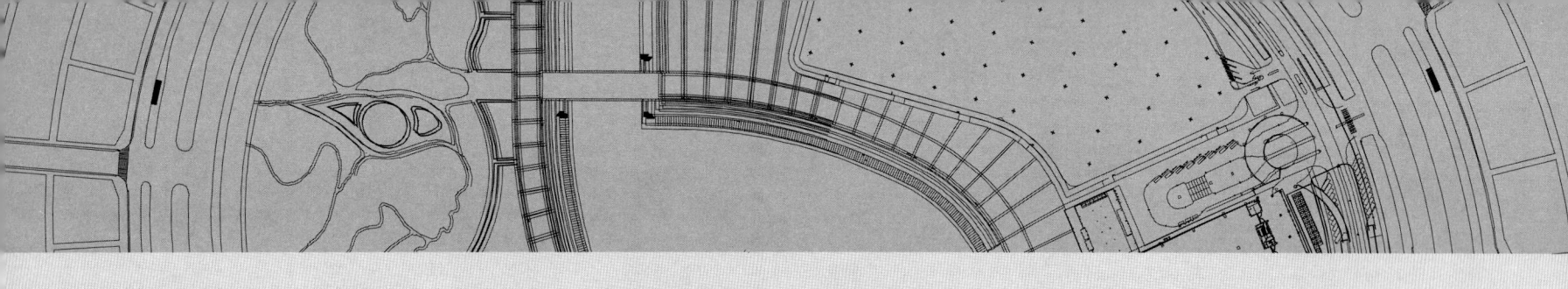

3 | 郑东新区拓展区控制性详细规划

Regulatory Detailed Plan of the Extention Area of Zhengdong New District

设计单位：华南理工大学建筑学院
　　　　郑州大学城市规划设计研究院
设计时间：2003年4月

1 前期分析

1.1 地理位置与规划范围界定

郑东新区拓展区位于郑州市区东部，是规划中的郑东新区的重要组成部分，规划范围西起107国道（东三环路），东至规划的四环路、北至熊耳河，南以陇海铁路为界。用地约成梯形，东西宽约5km，南北长3～6km，总用地约为23.90km²。

1.2 自然环境条件

本区规划范围内地势平坦，属黄河冲积平原，地形略向东北方向倾斜，地基承载力1～1.5kg/cm²，七里河由西南向东北斜穿本区，熊耳河紧贴本区北界，这两条河流是城市泄洪河道，河流两岸缺少堤防，雨期易积水内涝。

1.3 人口现状

区内共有村庄（自然村）19个。总户数6746户，常住人口约2.5万人，分属金水区祭城镇和管城区圃田乡管辖。

现状用地平衡表

序号	用地代号	用地名称		面积（万m²）	比例（%）	人均（m²/人）
1	R	居住用地		725.06	31.22	26.85
		其中	一类居住用地	58.51		
			二类居住用地	666.55		
2	C	公共设施用地		104.26	4.49	3.86
		其中	行政办公			
			商业金融	38.96		
			文化娱乐	17.99		
			体育用地	15.63		
			医疗卫生	11.9		
			教育科研	19.78		
3	M	工业用地				
4	W	仓储用地		80.23	3.45	2.97
5	T	对外交通用地		6.35	0.27	0.24
6	S	道路广场		448.84	19.33	16.62
7	U	市政公用设施		131.98	5.68	4.89
8	G	绿地		491.36	21.57	18.2
		其中	公共绿地	162.36		
			防护绿地	328.37		
9	D	特殊用地		47.4	2.04	1.76
10	C/R	混合用地1		80.88	3.48	3
11	C/W	混合用地2		206.14	8.88	7.63
	合计	城市建设用地		2322.5	100	86.02
12		水域和其他用地		67.86		
	合计	总用地		2390.36		

1.4 现状综合评价

1.4.1 规划区交通区位良好，用地条件较好，适宜城市建设。

1.4.2 规划区内有较多村庄和军事用地，在规划中应根据具体情况予以保留、改造或拆迁安置。

1.4.3 现在的批发市场建设质量不高，布局散乱，规划应予以调整。

1.4.4 七里河斜穿规划区，使得城市防洪成为城市建设应予以充分考虑的问题（按原《郑州市防洪规划》，七里河在本区为郊区河道，防洪标准为二十年一遇），但也为城市建设提供了较好的生态与景观条件。

1.5 区位分析

在国务院批复的郑州市总体规划（1995～2010）中，确定了郑州的总体结构为"中心组团式"。市区由中心组团、东部郑东新区组团、西部须水组团、北部花园口组团和南部组团构成。市区以中心组团为核心，各组团间保留绿化隔离地带，形成相对独立的城市建设区。郑州市近期发展的主要部分为东部组团。

黑川纪章建筑都市设计事务所所做的郑东新区概念规划，对郑州市的总体规划结构进行了梳理。在"新陈代谢"和"共生"概念的支持下，肯定了郑州市的中心组团式的城市结构，并强化了组团间的生态回廊。同时提出了由西南向东北贯穿整个市区的历史文化轴，并根据铁路和现有产业布局的特点提出了在西北和东南两个V字形区域内安排基础产业设施的概念。从这两个规划看，本次规划所涉及城区均在空间上处于整个郑东新区的中心部位，这个特征决定了本规划区在郑东新区发展中的至关重要的支撑作用。

1.6 功能分析

结合城市总体规划对本区的基本考虑，本区在功能上应具备以下特点：

1.6.1 西引东拓、北启南承的枢纽区

由于上述的空间特征，本区成为了由郑州东部进入市区的必经之地。市区通过金水路、郑汴路穿过本区与京珠高速乃至中牟、开封相连。同时，本区是城市跨越四环的空间引导与功能支持。在郑东新区范围内看，本区北面与新的城市CBD隔熊耳河相望，并通过泰山路、太行路、衡山路紧密连接。南面与国家郑州经济技术开发区仅一路之隔，并通过泰山路、衡山路与之联系，因而在用地上本区是使郑东新区南北一体的空间衔接区。

1.6.2 CBD健康持续发展的功能支持区

由于CBD的性质决定了其功能主要是发展商务、文化等设施的安置。本区紧邻CBD区，因而在本区内进行合适档次的居住区建设，对CBD的发展将起到重要的支持作用。同时，本区的南半部紧邻黑川纪章所指出的V字形产业地区，并且是围绕郑州东站已经形成的仓储批发产业区的一个部分。本规划区东西两侧为城市规划的三环和四环，这样的条件决定了其拥有发展物流产业的良好基础，本区的物流、批发产业将与新CBD的会展、商务相互支持，相得益彰，对于构建现代化的商贸城市起着重要作用。

1.6.3 新区项目投资的缓冲吸纳区

在CBD区域中，对项目投资的规模、性质具有较高的要求，而要启动郑东新区建设，房地产开发（特别是适合于一般城市居民要求的住宅区的开发）、产业投资的预热作用十分重要，本区将成为新区重要的投资吸纳地和项目建设缓冲区，使得新区在项目投资决策和选址中有较多的回旋余地。

1.6.4 土地收益的储备回收区

新区建设，尤其CBD建设需要巨大的资金投入，而从郑州市的建设现状看，CBD的土地收益回收可能周期较长。而本区以住宅开发为主，回收较快。土地开发收益将为其提供资金支持。

1.6.5 本地组团的公共服务核心区

根据黑川纪章方案，本区与科技园和龙子湖度假区居住组团共同构成城市的本地功能组团，由于本区更靠近老城区和新的CBD，从交通的流向上看，本

区应该是这个组团的主导部分，并为本组团提供准城市级的公共服务设施。

1.7 功能定位

1.7.1 产业功能

郑州优越的区位条件使其具有发展商贸产业的优势，在城市总体规划中明确提出商贸产业是郑州的主导产业。随着经济技术的发展，传统的以商品物质流通为主的格局逐步向以金融、信息为主导转变。具体到本区，商贸产业主要体现在大型专业批发市场和涵盖物质运输、储运、搬运、流通加工、配送、信息处理等功能的物流产业。本区依托107国道、郑汴路、四环快速路、陇海铁路的交通优势，可以进一步拓展和延伸原郑州东站和郑汴路的批发物流功能区，形成郑州东部的大型批发、物流集团。从本区内部来看，批发、物流产业不仅是本区最重要的经济增长点，而且有利于就近解决居民的就业。

1.7.2 居住功能

居住是城市最基本的职能，从郑州的发展战略看，在未来不长的时间内，城市的人口规模应会有较快扩张，将带来旺盛的住宅需求。从土地开发的角度讲，住宅的建设是实现经济效益最直接、最快捷的方式。按照郑东新区总体概念规划的要求，本区要解决25～30万人的居住问题。考虑到多元化的居住需求和空间上的布局，确定环CBD、龙湖地区为高档居住区，本区则主要以中档居住区为主。所谓"中档"，除了面积标准要适当，以满足一般中等收入居民的居住需求外，还应保证较高的环境品

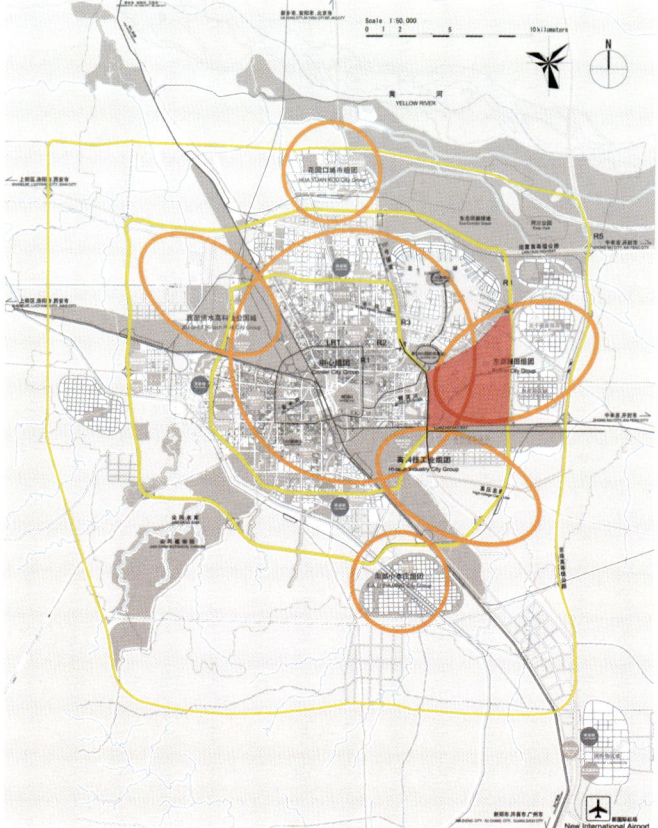

区位图

土地利用现状图

金水路与郑汴路的穿越使得该区成为郑州市东部的入口区和郑州市向东发展的引导区。黄河路、农业路、东风路的延伸使得该区成为新CBD、龙湖高档住宅区和国家郑州经济技术开发区的链接区。

区位图

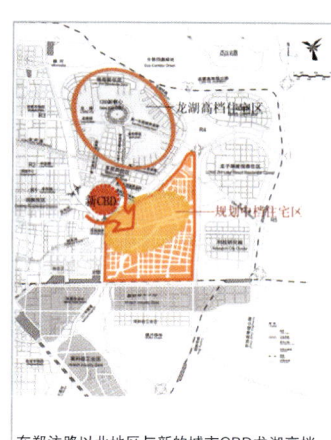

在郑汴路以北地区与新的城市CBD龙湖高档住宅区相配合，形成以中档住宅为主体的居住地段。

区位图

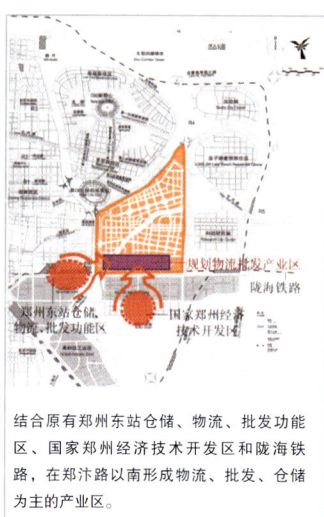

结合原有郑州东站仓储、物流、批发功能区、国家郑州经济技术开发区和陇海铁路，在郑汴路以南形成物流、批发、仓储为主的产业区。

区位图

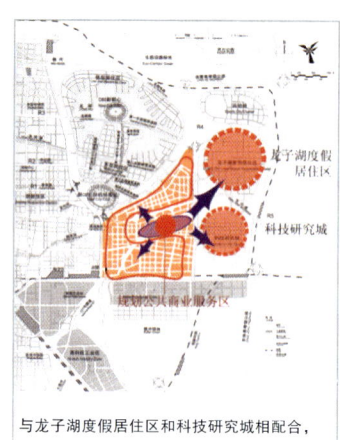

与龙子湖度假居住区和科技研究城相配合，形成具有自身特色的城市功能组团，并在规划地区内建设为该功能组团提供公共服务的综合性空间。

区位图

位。具体体现为：开发强度适当，生态绿化比例较高，公建设施配套齐全，并且有一定特色。即（面积）标准不高，（环境）水平高。在居住区组织结构上要有所创新，突破传统小区模式，努力构建适应现代居住生活的社区模式。

1.7.3 服务功能

商业、文化、体育等服务设施是反映一个城市和地区建设水平和生活质量的重要标志。本区的服务设施除了要满足本区居民需求外，还要考虑到四环以东两个居住组团的需求。因此，本区的公建服务设施应该按"准"城市级设置。服务功能要致力构建、适应未来发展需求的生活模式，特别突出将生态绿地、文化、体育、休闲、娱乐等设施与商业、商务相结合以形成新的中心区功能模式，满足文明、健康、个性、交流等现代生活要求。

综上所述，我们对本区的基本定位为：

郑东新区重要的组成部分，城市新 CBD 的支持区，以批发、物流、居住、服务等功能为主体的综合区。

1.8 规划原则

1.8.1 生态原则

充分吸收黑川纪章概念规划的精髓，如"共生"、"新陈代谢"等理念及生态回廊等概念，利用河道、铁路、城市快速路等形成绿色廊道并结合各用地的功能要求安排公园绿地以构建良好的生态系统，并且将这些生态绿地与居民生活、游憩结合起来，形成健康优美、富有生机和活力，所有人都能共享的、良好的居住生活环境。

1.8.2 经济原则

在用地布局、建筑和开发控制等方面充分考虑到经济性。首先要合理进行总体布局争取更多用地用于房屋建设；其次要在保证城市建设和市民生活正常展开的前提下，适当提高土地利用率，确保充足的土地收益以支持新区建设，以利于吸纳投资。

1.8.3 生活原则

常规的居住区、小区、组团三级组织模式，强调分级配套，往往造成结构的封闭、机械性和不经济。因此本次规划采用街坊、居住区两级结构，将 5～10hm^2 的街坊（扩大组团式小区）作为基本邻里单元，只配套少量基层设施如便利店、车库等，而将小区级、居住区级公建集中沿街布置，将文化、体育、商业服务设施和绿地结合，形成特色街道，这些街道与中央核心建立密切联系，形成一个开放的动态公共空间网络，同时保持静态细胞（街坊）的私密与宁静。

1.8.4 可操作原则

在用地布局中充分考虑到建设的对象和滚动开发，每一期居住地段块开发都安排相应的服务设施，既考虑现实可操作性，又保证整体结构的完整性。

1.9 规划结构

1.9.1 三纵三横——环道路骨架

本区路网结构基本采用方格网，纵向 3 条街道分别为泰山路、太行路、衡山路，横向 3 条主干道为金水路、郑汴路和规划中央路，为了加强区内各地段联系，在外围规划一条环路。这个道路骨架不仅能满足交通需求，并且在城市空间结构上看也较为合理。

1.9.2 一圈河——生态廊道

吸收黑川规划的优点，在本区用地边缘利用沿铁路、城市快速路和河流的条件，建立一个生态廊道，形成一个绿化生态防护圈，使得本区与其他城市组团有明确的边界。同时，利用斜穿本区的七里河，形成本区的核心绿化生态轴。生态廊道的建立对于构建健康、舒适的生存环境十分有利。

1.9.3 一带——产业发展带

考虑到本区的交通区位优势，在郑汴路南以货栈街（珠江路）为主轴，规划批发、物流和工业产业发展带。这条产业带依托郑州东站仓储区，郑汴路批发市场群和东开发区工业、仓储区的现有优势，形成强有力的产业增长点。

1.9.4 一心——中央公共核心

以中央路为主轴，依托七里河生态公园，形成包括商业、商务、文化、体育、娱乐、公益服务等多项公共服务功能的中央公共核心。核心的建立不仅形成本区的特色标志，而且就近辐射到四环东部两居住组团。

1.9.5 五区——居住区

居住区呈环状围绕中央公共核心布置，包括 5 个居住区（每个 3～5 万人）。居住区与中央公共核心距离较近，联系便捷，步行或自行车可达，并且联系得生动而有趣味，充分体现对人的尊重和关怀。根据市领导意见，金水路北侧泰山路与衡山路之间的地段预留为省直机关办公区。

1.9.6 鱼骨状公共空间轴

城市公共空间由一条主轴（中央路）和数条延伸次轴组成，形成鱼骨状结构，将居住区级公建和城市级公建通过特色街道（肋）建立密切联系，形成一个开放、高效的公共空间网络，并且这个网络与公共绿地、街道绿地网络紧密结合，充满生机和活力。

2 用地功能与布局

2.1 居住用地

2.1.1 从人均居住用地的标准来分析。国标《城市居住区规划设计规范》GB 50180-93 规定的居住区人均用地标准为 14～21m^2。住宅为中档标准，住宅面积多在 100m^2 以上，户均人口也随着家庭核心化趋势接近 3.0 人。参照郑州近年来的实际建设情况，本区居住区人均用地标准确定为 28~30m^2，总的居住用地控制在 550~600hm^2。

2.1.2 从住宅的建设容量分析。配套 18~20 万人的居住，户均人口按 3.5 人 / 户计算，则住宅建筑总量约 5.5 万套。按照上述的分类比例，多层、小高层、townhouse 分别为 3.3 万套、1.65 万套、0.55 万套。

通过大量的横向比较和综合分析居住环境的要求，经过调查与分析，要保持适当的开发容量，保证良好的居住环境，多层、小高层、townhouse 的住宅容积率宜分别控制在 1.2、1.5、0.8 左右，三者平均面积分别按 100m^2、150m^2、180m^2 计算，由此我们可以确定：多层住宅区 3.3 万套 ×100m^2/ 套 ÷1.2=275hm^2，小高层住宅区 1.65 万套 ×150m^2/ 套 ÷1.5=165hm^2，townhouse 住宅区 0.55 万套 ×180m^2/ 套 ÷0.8=125hm^2，合计 565hm^2。

本区居住用地总量应控制在 550hm^2 左右。此外，本区需安置约 3 万村民居住，根据市政府意见，按人均 90m^2 用地标准，需安置用地 275hm^2。

2.2 公共服务设施用地

本区的公共服务设施主要集中在金水路与中央路之间的七里河两侧，形成一个集商业金融、文化娱乐、体育休闲等多功能的大型城区中心。具体布局为：商业金融设施分别沿泰山路和中央路展开，分别形成两个商业集中区。前者规模较小，主要是为第一期建设提供配套，同时也是 CBD 的一个补充。后者规模较大，服务全区，并沿中央路延伸到四环东部各组团。文化设施集中在七里河与中央路交汇处。由于临中央路，处于两大商业区之间的过渡地带，可达性较好。并且可以充分利用临七里河的优势塑造良好的城市景观。文化广场面向七里河展开，并且是数条道路的交汇点，将成为本区标志性的城市景观。体育设施和教

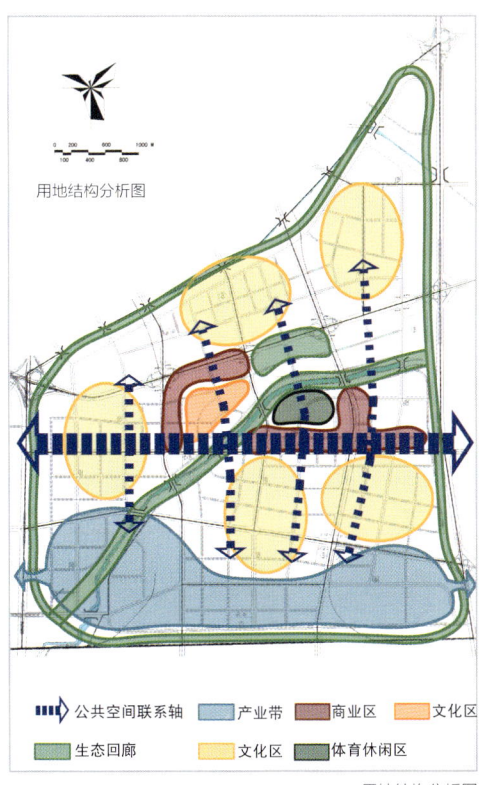

用地结构分析图

育科研用地位于七里河南侧，这些绿地率较高的用地与隔河相对的中央公园相对应，在城市中心形成辽阔的开放景观。

居住区级公建包括高级中学、九年义务学校、敬老院、文化娱乐中心、主题公园和商业服务设施等。教育、文化、公共设施等公益设施用地集中布置在居住区中心，商业服务设施成带状沿街布置。

2.3 批发物流产业用地

郑汴路以南区域具备发展批发物流业的优越条件，事实上现状用地中就已有大量的批发市场和仓储区，因此，在本次规划中将在郑汴路以南规划物流产业区。根据全市物流产业的总体部署，有关部门建议建设圃田物流园区，范围从310国道以南，陇海铁路以北，107国道以东，京珠高速公路以西，用地规划远期10km²，近期5km²。由于用地条件的限制，本区郑汴路南已布置村庄安置区和部分市政设施用地，因此实际可用于物流园区建设用地约350~400hm²。

西区：位于107国道和七里河之间，也是物流园区的核心部分。主要承担国内物流，包括仓储、加工、分装、交易和信息服务与管理。由于该区现状条件好，并已有一定基础，是一期建设的重点。

中西区：位于七里河与泰山路之间，该区利用现有粮食储备库及铁路专用线，规划大型散货仓储区，并依托专用线建设货运站场。

中东区：位于珠江路以南，泰山路与衡山路之间，该区规划为中小型、私营物流投资区。由于该区街坊较小，并且有军事用地混杂，适合于经营灵活的第三方物流企业发展。

东区：位于衡山路与东四环之间，规划为集仓储、保税、交易为主的国外物流区。

3 市政基础设施规划

本规划只涉及主要市政设施的用地布局，具体的市政基础设施规划见郑州市规划院《郑东新区起步区基础设施系统规划》。

3.1 供水

本区供水由位于七里河以北、泰山路西侧的东周水厂供给，近期为20万m³/日，远期为40万m³/日。

3.2 消防

根据《城镇消防站布局与技术装备配备标准》，本区布局消防站3个，每个用地占0.3hm²。

3.3 供电

本区规划有刘庄、圃田、禹庄三座220kv变电站，主变3×18kva，每座占地面积10亩（约0.67hm²）。另规划110kv变电站七座，主变3×4kva，每座占地3亩（约0.21hm²）。

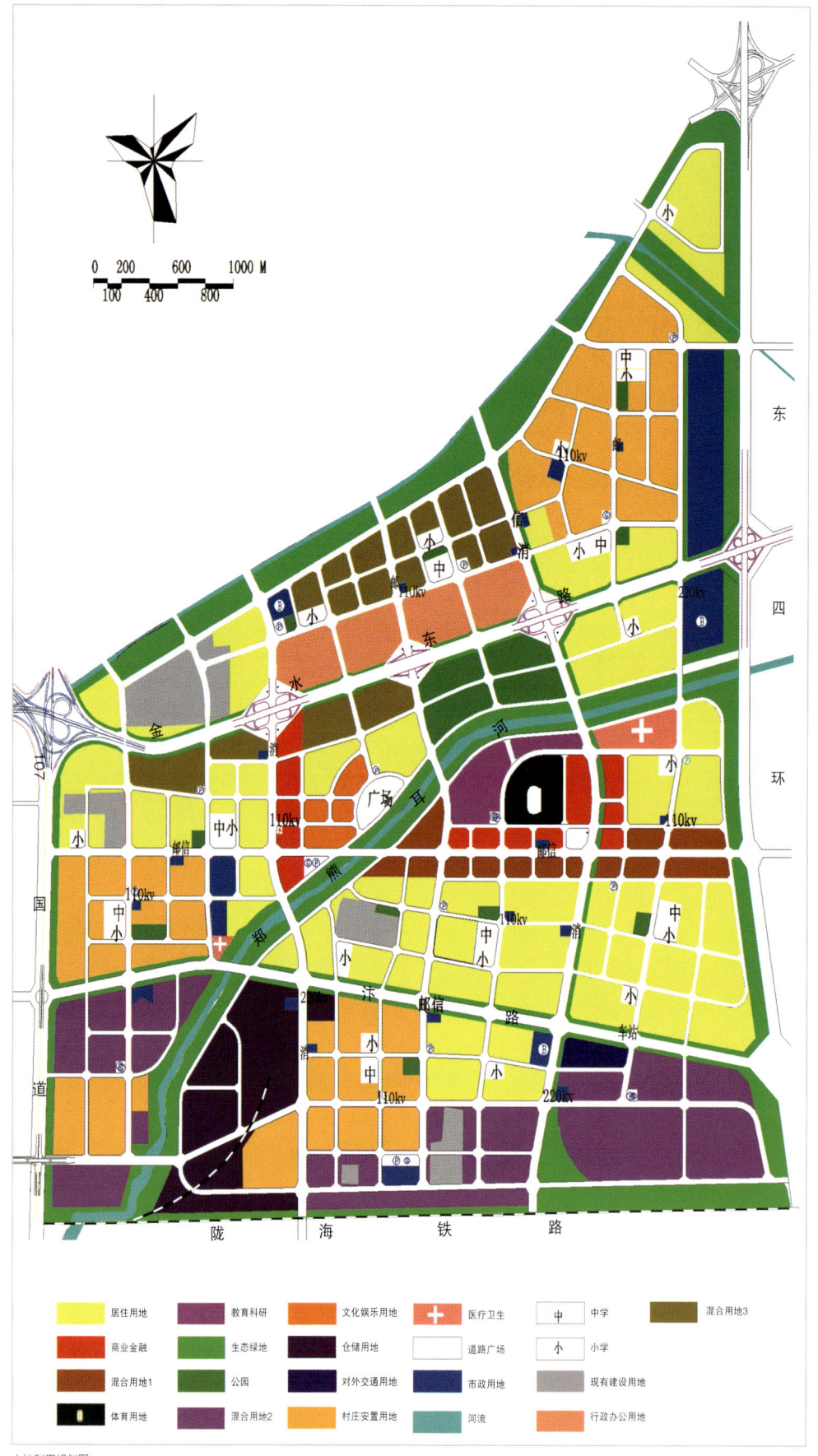

土地利用规划图

3.4 电信

本区规划电信分局 3 座，分别为庐山分局、衡山分局、郑汴分局，每座占地 5 亩（约 0.33hm^2），程控装机容量 5～6 万门。

3.5 邮政

本区规划邮政支局 4 座，分别为庐山支局、衡山支局、郑汴支局、祭城支局，每座占地 5 亩（约 0.33hm^2），规划邮政所 8 所。

3.6 供热

根据郑州市热力规划，郑东热电厂将承担本区供热，该热电厂选址尚需论证。近期本区供热可考虑家庭燃气或电力供热。

3.7 燃气

位于郑汴路北侧、七里河西侧的燃气门站保留现状。

4 综合交通规划

4.1 规划目标

在《郑州市总体规划》及《郑东新区总体发展概念规划》的指导下，结合规划区的用地情况、社会、经济发展情况，规划一个适应规划区经济、社会发展；交通安全、经济、快速、舒适；服务设施齐全的交通系统，并完善郑州市总体交通格局。

4.2 具体表现

4.2.1 道路网结构简洁、明快，各条道路等级分明、功能明确。

4.2.2 交通服务设施网络完善，交通服务方便、快速而又不会影响交通。

4.3 规划原则

4.3.1 交通规划必须从战略发展角度出发的原则；

4.3.2 交通与社会、经济、人民生活水平协调发展的原则；

4.3.3 节约土地、节约投资的原则；

4.3.4 交通规划与环境保护相结合的原则；

4.3.5 以人为本的原则。

4.4 道路网规划

现状情况说明：

规划区西侧为现有 107 国道，东侧为《郑州市总体规划》中的东四环路。在规划区内部，已有几条规划道路，这几条规划道路情况如下：

4.4.1 南北向道路，从东向西依次为

（1）衡山路，是《郑州市总体规划》中的城市主干道，从北向南贯穿整个规划区，红线宽度 60m。

（2）太行路，是黑川纪章《郑东新区总体发展概念规划》中的城市主干道，从北部进入规划区，一直延伸至规划区南部，红线宽度 50m。

（3）泰山路，是《郑州市总体规划》中的城市主干道，从北向南贯穿整个规划区，红线宽度 60m。

4.4.2 东西向道路，从北向南依次为

（1）金水路，是《郑州市总体规划》中的城市快速路，从东向西贯穿整个规划区，红线宽度 80m，双向八车道，设计车速为 80km/h，是本区与老城区和东部新区联系的主要道路。

（2）中央大道，为城市主干道，红线宽度 50m，从东向西贯穿整个规划区。

（3）郑汴路，是《郑州市总体规划》中的城市主干道，红线宽度 60m，从东向西贯穿整个规划区。

这几条干道呈"三横三纵"的方格网形状，间距为 800~1300m。在南北方向上把规划中的郑东新区 CBD、郑州东经济技术开发区以及本规划区有机地联系起来；在东西方向上把郑州市与京珠高速公路结合在一起，并留出了向东发展的出口。

序号	用地代号	用地名称		面积（万平方米）	比例（%）	人均（平方米/人）
1	R	居住用地		499.72	24.28	25.00
		其中	一类居住用地	25.32		
			二类居住用地	474.40		
2	C	公共设施用地		147.39	7.16	7.37
		其中	行政办公	51.96		
			商业金融	36.12		
			文化娱乐	12.65		
			体育用地	15.62		
			医疗卫生	11.92		
			科育研究	19.12		
3	M	工业用地				
4	W	仓库用地		73.85	3.59	3.69
5	T	对外交通用地		6.69	0.32	0.33
6	S	道路广场		448.84	21.80	22.44
7	U	市政公用设施		78.03	3.79	3.90
8	G	绿地		440.27	21.39	22.01
		其中	公共绿地	162.93		
			防护绿地	277.34		
9	D	特殊用地		47.08	2.29	2.35
10	X	混合用地		316.60	15.38	15.83
		其中	混合用地1	43.50		
			混合用地2	194.60		
			混合用地3	78.50		
合计		城市建设用地		2058.47	100	102.92
11	E	水域和其它用地		331.89		
		其中	村镇建设用地	249.02		
合计		总用地		2398.36		

城市用地规模平衡表

4.4.3 主干道网规划

规划中央大道，东起东四环路，西至107国道，从规划区中部穿过，疏解规划区中部东西向交通。在与东四环路的交叉口预留与东部地区的接口，在与107国道的交叉口预留与西部地区的接口，道路等

道路系统规划图

级为主干道，红线宽度50m，双向6车道。其与衡山路、太行路、泰山路、金水路及郑汴路构成"三横三纵"的主干路网结构，各主干路交叉口间距为800~1300m。

4.4.4 次干道网规划

在主干路网之间规划扬子路、黄山路、珠江路、庐山路等14条城市次干道，构成规划区二级道路网，联系规划区内部各个小区的交通。次干道路网密度为1.45km/km²。其中珠江路与规划区西边的货栈街相接，承担与规划区西边联系的交通。郑汴路以南地区主要为物流业、批发业及仓储用地。预测该地区未来交通主要为货运交通，在陇海铁路以北150m处规划珠江三路为货运交通道路，道路等级为城市次干道，以满足物流、批发等大量货运交通的需求。扬子路、黄山路、珠江路、庐山路4条次干道组合成规划区的生活性环道。

4.4.5 支路网规划

在次干道间布置支路，组成联系各街坊的道路网络，承担街坊间的交通。支路网密度为3~4km/km²。

4.4.6 居住小区级道路

为适应新的交通形势发展，满足日益增长的机动交通等的需求，居住小区级道路红线宽度一般为10m，密度一般不低于0.3km/km²。

4.5 建设分期

4.5.1 总体建设分期

第一期建设约5km²，建成金水路和泰山路，以金水路和泰山路交叉口为核心进行住宅开发，并提供

道路结构断面图

相应的商业服务设施，商业服务设施布置在交叉口东南角。物流中心建设开始启动。

第二期建设约9.7km²，在泰山路以东沿金水路和郑汴路向东推进，在泰山路以西，拓展金水路和郑汴路之间用地。同时，充实中央公共服务区，完善物流仓储区，改造批发市场，并且七里河的改造整治完成，形成特色景观。

第三期建设约7.8km²，大型商业中心形成，完善中央核心公建区，进一步进行居住区开发和各项服务设施。

4.5.2 中心区建设分期

第一期提供为第一阶段住宅开发服务的商业、文化、娱乐、行政办公设施，用地集中在泰山路、金水路交叉口东南角。第二期加大文化娱乐、休闲、体育、中央公园的建设力度，形成具有特色的中心区，为塑造迎合新世纪生活形态打下物质环境基础。第三期进一步充实公共服务体育设施，建成服务于包括渡假区、科技区在内的城市功能组团完善的中心区。

5 园林绿地规划

5.1 年规划目标

在《郑东新区总体发展概念规划》和国家有关法规、标准的指导下，结合规划区的用地情况、社会、经济可持续发展目标，遵从尊重自然、尊重人、尊重文化的三大原则，规划出一个具有生态可持续性，能有效提高本区人居环境质量，改善城市面貌，延续郑州"绿城"特色的城市生态绿地系统。

5.2 建设标准

园林绿化用地人均21.57m²，人均公共绿地6.0m²。居住区中多层住宅绿地率不宜小于38%，小高层不小于40%，Townhouse不低于33%。对于学校、文化、体育等设施用地，绿地率应大于40%，商业、商务等开发容量较大的地段，绿地率不应小于30%。

5.3 规划原则

5.3.1 结合居民生活游憩需要，提供多种类型公共绿地，并保证其可达性和开放性。

5.3.2 加强景观大道、中心区、滨河地带等城市重要地段的绿地控制。

5.3.3 充分利用现有河道，加大两岸绿化，建立沿河生态走廊。

5.3.4 均衡布置，形成网络，亲近居民。

5.3.5 重视道路绿化，控制道路两侧绿化用地。

5.3.6 力争形成系统、完整、连续的动植物生活圈。

5.4 布局结构

沿熊耳河、东四环路、107国道和陇海铁路的绿带为生态回廊，沿七里河为斜穿本区的滨河公园，形成本区的基本生态结构。并以道路绿化及绿化防护带

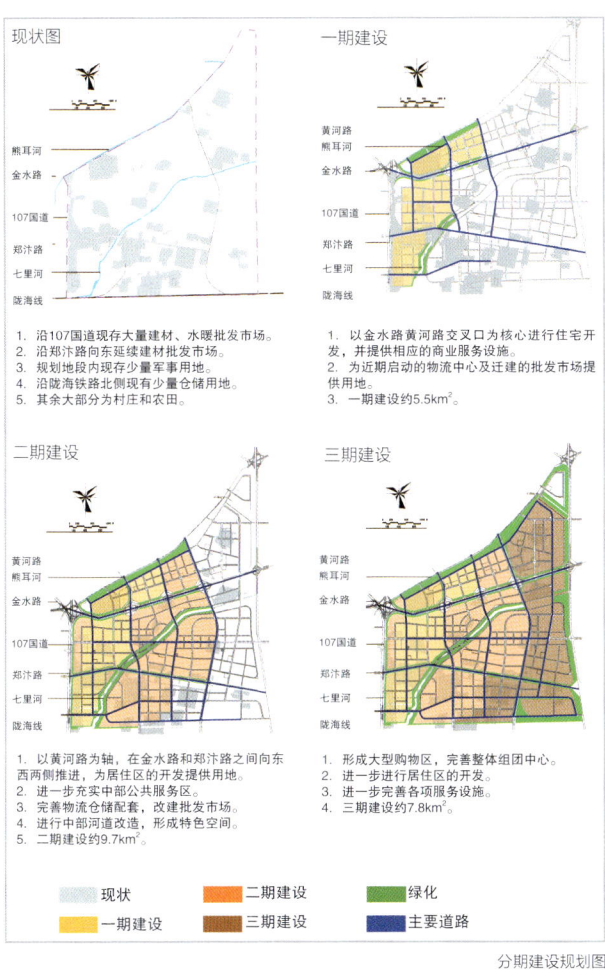

现状图
1. 沿107国道现存大量建材、水暖批发市场。
2. 沿郑汴路向东延续建材批发市场。
3. 规划地段内现存少量军事用地。
4. 沿陇海铁路北侧现有少量仓储用地。
5. 其余大部分为村庄和农田。

一期建设
1. 以金水路黄河路交叉口为核心进行住宅开发，并提供相应的商业服务设施。
2. 为近期启动的物流中心及迁建的批发市场提供用地。
3. 一期建设约5.5km²。

二期建设
1. 以黄河路为轴，在金水路和郑汴路之间向东西两侧推进，为居住区的开发提供用地。
2. 进一步充实中部公共服务区。
3. 完善物流仓储配套，改建批发市场。
4. 进行中部河道改造，形成特色空间。
5. 二期建设约9.7km²。

三期建设
1. 形成大型购物区，完善整体组团中心。
2. 进一步进行居住区的开发。
3. 进一步完善各项服务设施。
4. 三期建设约7.8km²。

现状　二期建设　绿化
一期建设　三期建设　主要道路

分期建设规划图

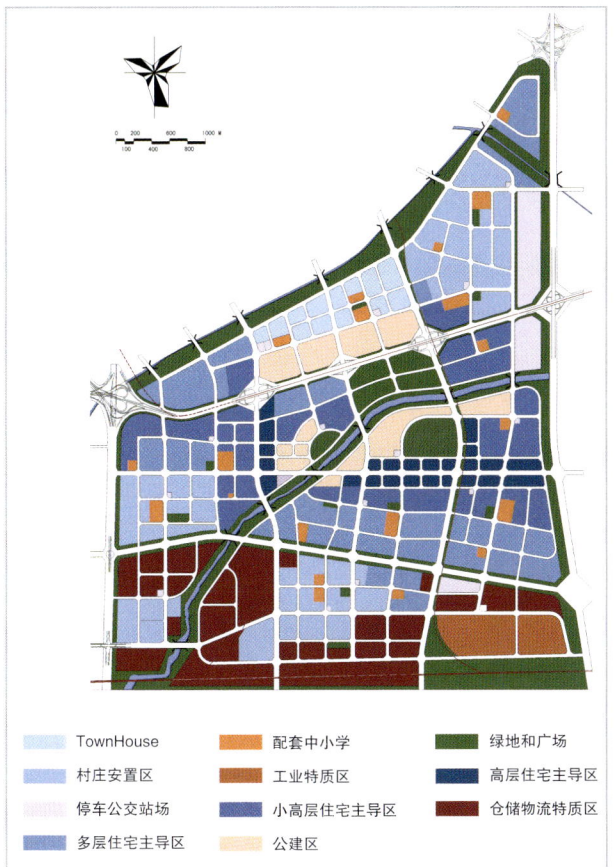

TownHouse　配套中小学　绿地和广场
村庄安置区　工业特质区　高层住宅主导区
停车公交站场　小高层住宅主导区　仓储物流特质区
多层住宅主导区　公建区

空间形态规划图

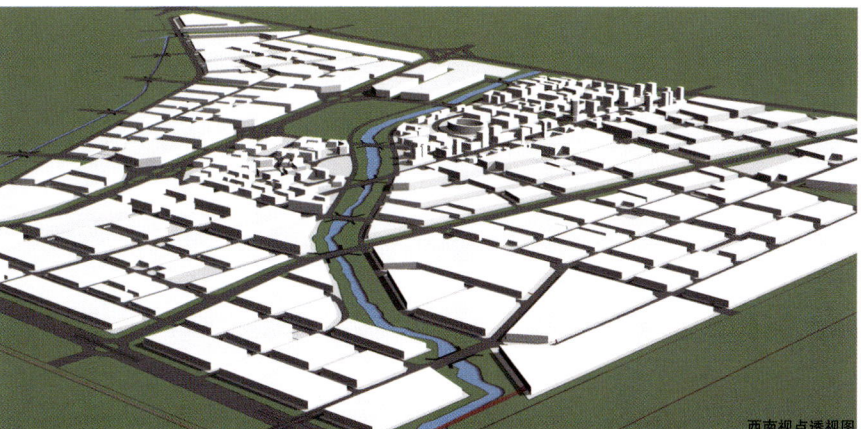

西南视点透视图

全景俯瞰图

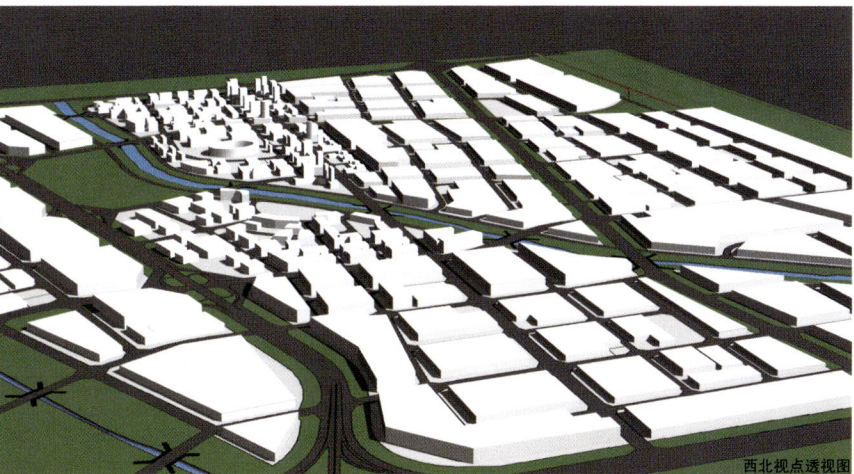

西北视点透视图

中心区俯瞰图

绿化指标一览表

绿化类型		名称	面积（hm²）	小计（hm²）
生态防护绿地	生态廊道	107国道生态廊	12.90	277.34
		东四环生态廊	74.18	
		熊耳河生态廊	69.28	
		陇海铁路生态廊	52.00	
	防护绿地	金水路	16.22	
		郑汴路	28.67	
		衡山路	24.16	
		其他	0	
公共绿地	公园	中央公园	38.21	162.93
		七里河滨河公园	109.06	
	开敞绿地	B-1-4地块绿地	2.39	
		B-6-1地块绿地	1.70	
		D-7-1地块绿地	1.22	
		G-8-2地块绿地	0.75	
		L-5-2地块绿地	1.45	
		M-6-3地块绿地	1.14	
		N-6-2地块绿地	0.99	
		P-7-2地块绿地	4.76	
		S-8-2地块绿地	1.32	
合计			440.27	

为线，以中央公园为面，以小型公园为点，形成点、线、面相结合的层次分明的绿地系统。

5.5 分类控制

郑东新区拓展区园林绿地系统包括以下组成元素：

（1）生态廊道是沿107国道、东四环、陇海铁路、熊耳河的生态绿地。

（2）公共绿地是向公众开放、有一定游憩设施，具有休闲、生态、美化、防灾等综合功能的绿地。包括中央公园、七里河滨河公园、居住区开敞绿地等。

（3）防护绿地：沿金水路、郑汴路两侧，沿衡山路高压走廊等的防护绿地。

（4）道路绿地：道路红线内的绿地，如行道树绿带、分车绿带、交通岛绿地、交通广场和停车场绿地等。

5.5.1 生态廊道

沿熊耳河150m左右绿带、107国道50m宽绿带，东四环路100m宽绿带，陇海铁路边50~150m不等的绿带，加上作为公共绿地使用的沿七里河两岸设置的50m的绿带，构成"一圈一带"的绿色生态廊道构架。

5.5.2 公共绿地

中央公园是本区最大的公共绿地，位于拓展区中心区内，与七里河连成一体，面积约为38.21hm²。

5.5.3 防护绿地

沿金水路两侧各设20m宽的绿化防护带，它们也是金水路景观的重要组成部分。

郑汴路两侧各30m绿地。

沿衡山路东侧约30m左右的防护绿地。

5.5.4 道路绿地

快速路及城市Ⅰ级主干道绿地率也不应小于30%。城市Ⅱ级主干道，其绿地率不应小于25%。城市次干道和支道，其绿地率不应小于20%。

绿化分析图

6 中心区城市设计

6.1 建筑体量与空间形态规划

本区的物质空间形态根据建筑的功能特点分为三种特质区：居住建筑特质区、城市中心特质区和物流批发业建筑特质区。建筑高度外围低，中间高，总体上略呈金字塔式分布。

6.1.1 居住建筑特质区：沿生态回廊利用其景观及生态吸引力，布置低层 Townhouse 住宅为主，高度控制 8～10m 为主；沿中心区外沿利用其中心区区位及开放景观吸引力，布置以小高层住宅为主，高度控制 30～35m 为主；其余大面积的居住区，以多层居住建筑为主，高度控制 15～20m 为主。

6.1.2 中心区特质：大体量低密度建筑和高层并有，建筑高度大致沿河向南逐渐升高。依据建筑使用功能，西端文化区布置大体量公共建筑；中部沿河的中央公园及体育公园，以绿地为主，布置大体量建筑，

中心区总平面图

中心区概述
中心区是服务本区并兼顾东侧科技城和龙子湖度假居住区的商业、商务、文化、休闲、体育综合区。规划东部为行政、医疗、商务区；西部为文化、商业、商务区；南侧为商业商务带；金水路和七里河之间为中央公园。

第一期
为第一阶段开发的住宅区提供所需要的商业服务、文化、娱乐、行政办公设施。

第二期
加大文化、娱乐、休闲、体育设施和中央公园的开发与建设力度，形成具有特色的中心区，为新的生活形态打好物质环境方面的基础。

第三期
进一步充实公共服务体系，建成服务本区兼顾龙子湖度假居住区、科技研究城的完善的中心区。

图例：道路　一期建设　二期建设　三期建设　规划中心区建筑　河流

中心区分期建设图

文化区建筑意向（下左）
体育区建筑意向（下中）
商贸区建筑意向（下右）

示范性住宅小区环境设计意向

空间开阔；南部沿道路形成商业商务和行政办公区，并在内部形成步行街，以高层及其裙房为主，并靠近公园布置大体量shopping Mall。

6.1.3 物流批发业建筑特质区：郑汴路以南以大体量仓储、批发、物流建筑及大面积室外场地为主，满足其特殊需要。

7 居住区规划示范

居住区示范规划方案用地 13.3hm^2，充分考虑了郑州地区的气候特点，主要采用多层一梯两户住宅楼与低层连排住宅结合的设计，另有少量一梯四户小高层。户型采用大户型为主，注重朝向设计和实用性。总体规划注重周围大环境与小区内小环境的渗透与融合，建筑与绿化共生，在保证朝向的前提之下使每户均有良好景观。建筑造型强调简洁现代、明快舒展，用色淡雅。

建筑布局采用规整式布局，环境则多用自由曲线，穿插在建筑中，活泼室外景观。小区主体绿化以水为轴，结合曲折有致的岸线布置游泳池、嬉水平台、休憩场所和景观小品，营造小桥流水的田园景象。另外在住宅附近分散布置儿童活动场地、体育锻炼设施及私密空间，丰富小区空间层次。

示范性住宅小区总平面

 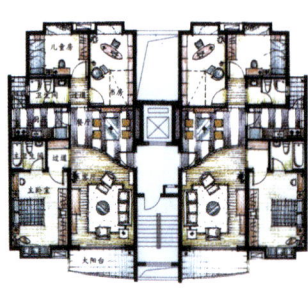 

示范性住宅小区住宅设计意向

示范性住宅小区环境设计意向

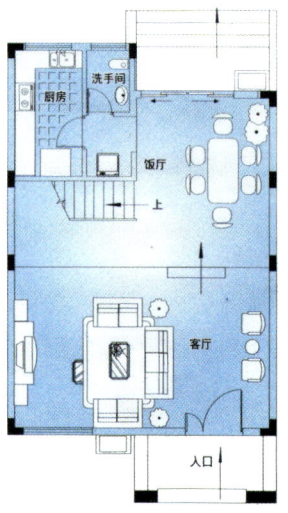
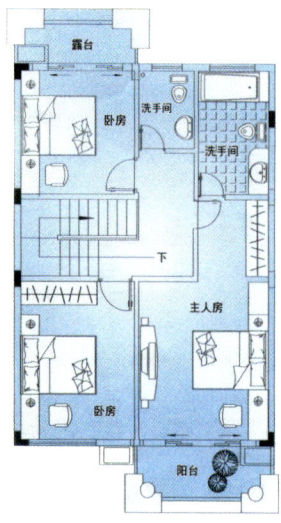

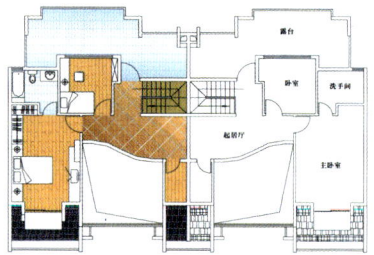

示范性住宅小区TOWNHOUSE设计意向：欧陆风情与现代主义

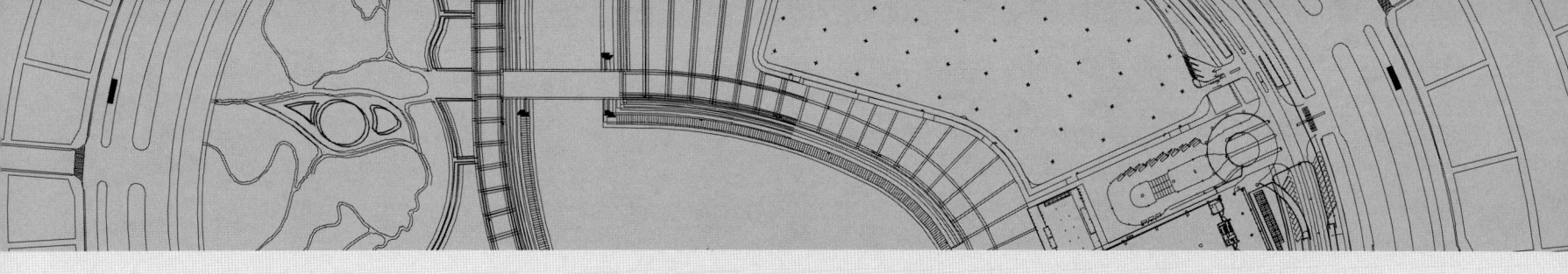

龙湖地区控制性详细规划
Regulatory Detailed Plan for Longhu Area

4

规划编制单位：黑川纪章建筑·都市设计事务所
Kisho Kwrokawn Architect & Associates, Japan

郑州市规划勘测设计研究院
ZhengZhou Urban Planning Desigm & Survey Research Institute

1 序

1.1 规划书的制作过程

本规划书是在2003年8月25日提出的《郑州市郑东新区控制性详细规划最终报告书》的基础上，针对2003年11月13日的验收会议记录，修改相关内容后编制完成的。

具体过程如下：

2003年8月25日里川纪章建筑都市设计事务所提出《郑州市郑东新区控制性详细规划最终报告书》

2003年11月13日领受《郑州市郑东新区龙湖地区控制性详细规划最终报告书》验收会议纪要。

2004年1月17日与郑东新区管理委员会商讨相应对策与修改方案。

1.2《郑州市郑东新区龙湖地区控制性详细规划最终报告书》验收会议的内容

以下为总结11月13日验收会议后得到的意见书的内容摘要。

《郑州市郑东新区龙湖地区控制性详细规划最终报告书》验收会议纪要

《郑州市郑东新区龙湖地区控制性详细规划最终报告书》验收于11月13日在市规划局会议室举行，会议由市规划局主持，郑东新区管委会、东区土地规划局、管委会设计院、市规划设计院、市规划局有关技术人员参加了会议。与会人员对《最终报告书》进行了充分评议，现将各单位对《最终报告书》的意见和建议以及各单位提交的书面意见汇总如下：

1.2.1 规划成果不规范。规划成果内容和深度须符合《城市规划编制办法实施细则》和《设计任务书》的要求，应补充文本和分图图则，增加指导性指标，明确界定规划说明中规定性要求与规划引导性内容。

1.2.2 用地分类应按《城市用地分类与规划建设用地标准》执行。用地分类中混合用地过多，缺少卫生医疗、文化娱乐、体育、商业金融业等用地。中小学校密度偏大，应结合国家规范统一规划。

1.2.3 地块划分应包括与道路中心线控制的有关内容。

1.2.4 建设用地构成表中，不应把水域和生态绿地纳入建设用地。

1.2.5 龙湖副中心区半岛与龙湖北区是否可用道路直接连接，请提出意见。

1.2.6 龙湖北区内环路按2002年3月28日的文本应为30m车行道和40m人行景观大道，现调整为80m车行道是否合理和必要。

1.2.7 第一东西横贯道路规划为城市快速路，应对交叉口作出针对性处理，以保证交通主流方向的快速高效。

1.2.8 主次干道交叉口应进行交叉平面渠化，对路口适当展宽。每个道路交叉口应保证必要的转弯半径。

1.2.9 道路横断面布置：

（1）人行道过窄，应结合管线敷设要求进行核定。

（2）部分机非隔离带过窄，建议非机动车道，人行道统一布置。

1.2.10 新区规划各级道路网密度偏低，道路用地占建设用地指标高（建设用地扣除水面与生态绿地，总用地2977hm^2，道路广场用地933.27hm^2，占34.86%），与规范（8%~15%）出入较大。

1.2.11 应明确城市公交停车场的规模，并在龙湖以北人口密集区增设公交首末站。

1.2.12 新区配建停车场指标偏低。应核定出城市机动车公共停车场面积、泊位数；居住区指标建议按户计算。

1.2.13 建筑后退道路红线不分主次干道均为5m，是否合理？请针对主次干道、不同街区、不同用地功能提出合理的后退距离。

1.2.14 部分建筑限高24m不经济，有待推敲。

1.2.15 人口规模偏大，实际人均用地偏低（其中：部分人均居住用地仅1.51m^2）。

1.2.16 规划应考虑村庄安置区的用地布局，村庄安置用地面积为932760m^2。

1.3 各意见的相应处理方法

针对2003年11月13日验收会的各项意见，采取以下处理方法。

1.3.1 作出规划成果的补充与指导性指标

在本阶段的工作中，完成图则原稿的制图并制定了指导性指标及城市设计要求的内容。

1.3.2 用地分类和各种设施的配置

按《城市用地分类与建设用地标准》（GBJ137-90）的规定制定了用地分类的编码。

原来的住商混合用地改为商业用地，而新设的与住宅合用的用地，编码用C2/R2表示。

在公共设施用地方面，明确记载了各用地的类别、配置及容量。

按《城市居住区规划设计规范》（GB 50180-93）附表A.0.3规定的服务半径为500m、1000m的原则，对规划区内的中、小学校重新布局。在43处学校用地内，小学占27处，初中占11处，共计38处。

1.3.3 道路中心线控制

完成标明道路中心线的图则原稿的制图。

1.3.4 水域和生态绿地的处理

重新制作了建设用地构成表，明确区分城市建设用地和其他用地。

并在此过程中，修改了水域和生态绿地的处理办法。

用地平衡表

序号	用地代号	用地名称	面积（平方米）	比例（%）	人均（平方米/人）
1	R	居住用地	7,646,668	38.3	23.3
		一类居住用地	1,611,504		
		二类居住用地	6,035,164		
2	C	公共设施用地	2,871,400	14.4	8.75
		行政办公	145,089		
		商业金融	828,646		
		住商混合用地	493,324		
		文化娱乐	450,530		
		体育用地	580,949		
		医疗卫生	372,862		
		教育科研	0		
		其他公共设施	0		
3	S	道路广场	4,537,145	22.7	
		道路用地	4,294,027	21.5	13.08
		广场用地	243,118	1.2	0.74
4	T	对外交通用地	72,714	0.4	
5	U	市政公用设施	447,375	2.2	
6	WL	物流用地	0	0.0	
7	G	绿地	4,399,288	22.0	13.40
		公园绿地	3,800,958	19.0	11.58
		防护绿地	598,330	3.0	
	合计	城市建设用地	19,974,590	100.0	

1.3.5 龙湖北区和副CBD地区的道路连接问题

在2004年1月17日提出的修正图的基础上，对各车道的构成状况进行了周密的调查，提出把含有宽37m自行车道、绿道的道路作为主干路进行设计的方案。

1.3.6 第一东西横贯道路的交叉路口规划

按2004年1月17日的答复，作出以下相应的对策。

与东西横贯道路相交的道路只限定为第一至第四城市中心轴线道路，与其他支线道路不设交叉口。

2 总则

2.1 编制目的

龙湖地区是位于郑东新区北部的城市新区，是结合两个CBD地区统一配置的综合性居住区。为保障郑东新区《龙湖地区概念总体规划》的顺利实施，控制和引导城市开发及空间环境的有序组织，合理使用城市土地，完善城市基础设施配套，特编制本规划。

2.2 规划适用范围

本规划把城市建设用地分为北（N区）、南（S区）以及副CBD(C区)三个片区。其中，北区规划范围为：龙湖北岸，用地面积11.5km²；南区的规划范围为：第一东西横贯道路和国家森林公园用地以南，东风渠以北，东三环以西，用地面积7.52km²；副CBD区的规范范围内：龙湖中心部的小岛，用地面积1.07km²。另外在北区的北部确保了1.32km²的村庄安置区的用地。

3 规划原则和规划目标

3.1 规划原则

3.1.1 适度控制原则

在开发强度上，参照龙湖地区概念规划的深化成果，确立有效的管理指标。同时，综合环境要素，合理分配，形成公共用地一体化的布局。

3.1.2 土地利用原则

通过对工作模型的研究，建立科学的控制指标体系，切实服务规划管理与开发。

3.1.3 创建环境共享的城市原则

作为21世纪的城市中心区，协调环境要素，形成开放，且别具风格的城市特征。

3.2 规划目标

将龙湖地区规划建设成为土地空间资源配置合理，开发建设及控制指标形成组织有序，配套设施完善，景观设计充分利用水域和绿地、优美、环境宜人的未来型城市新区。

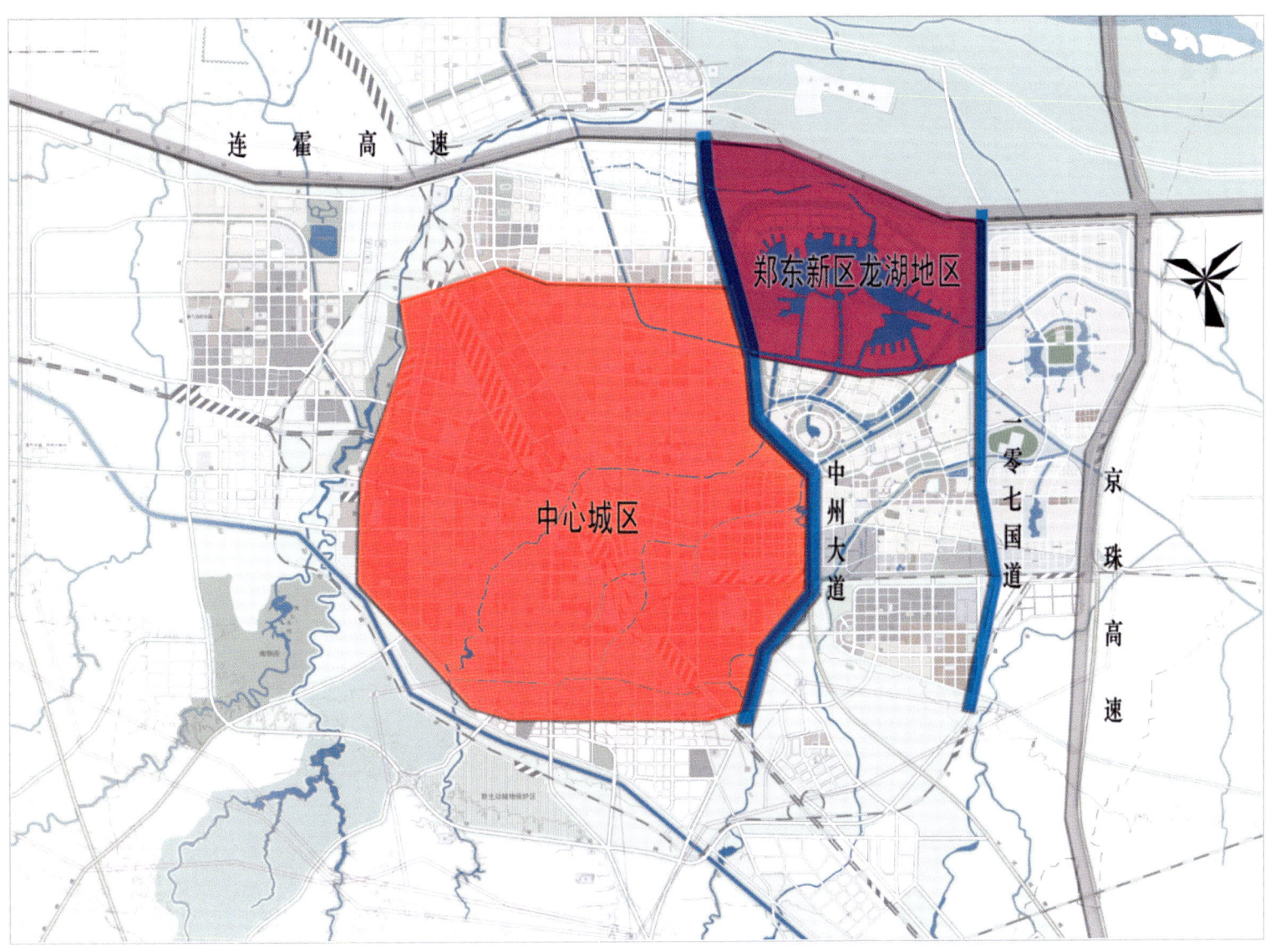

区位示意图

区位示意图

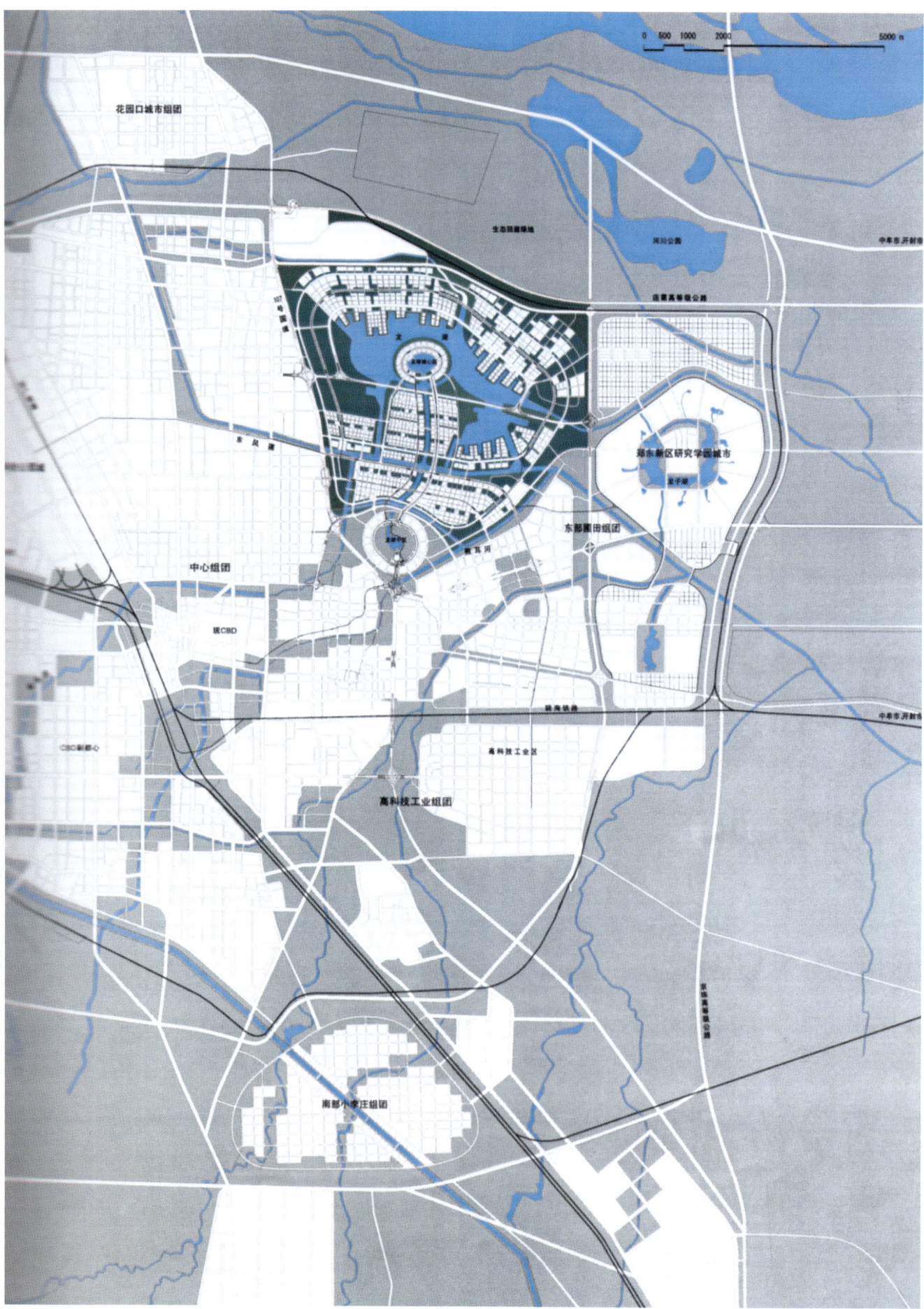

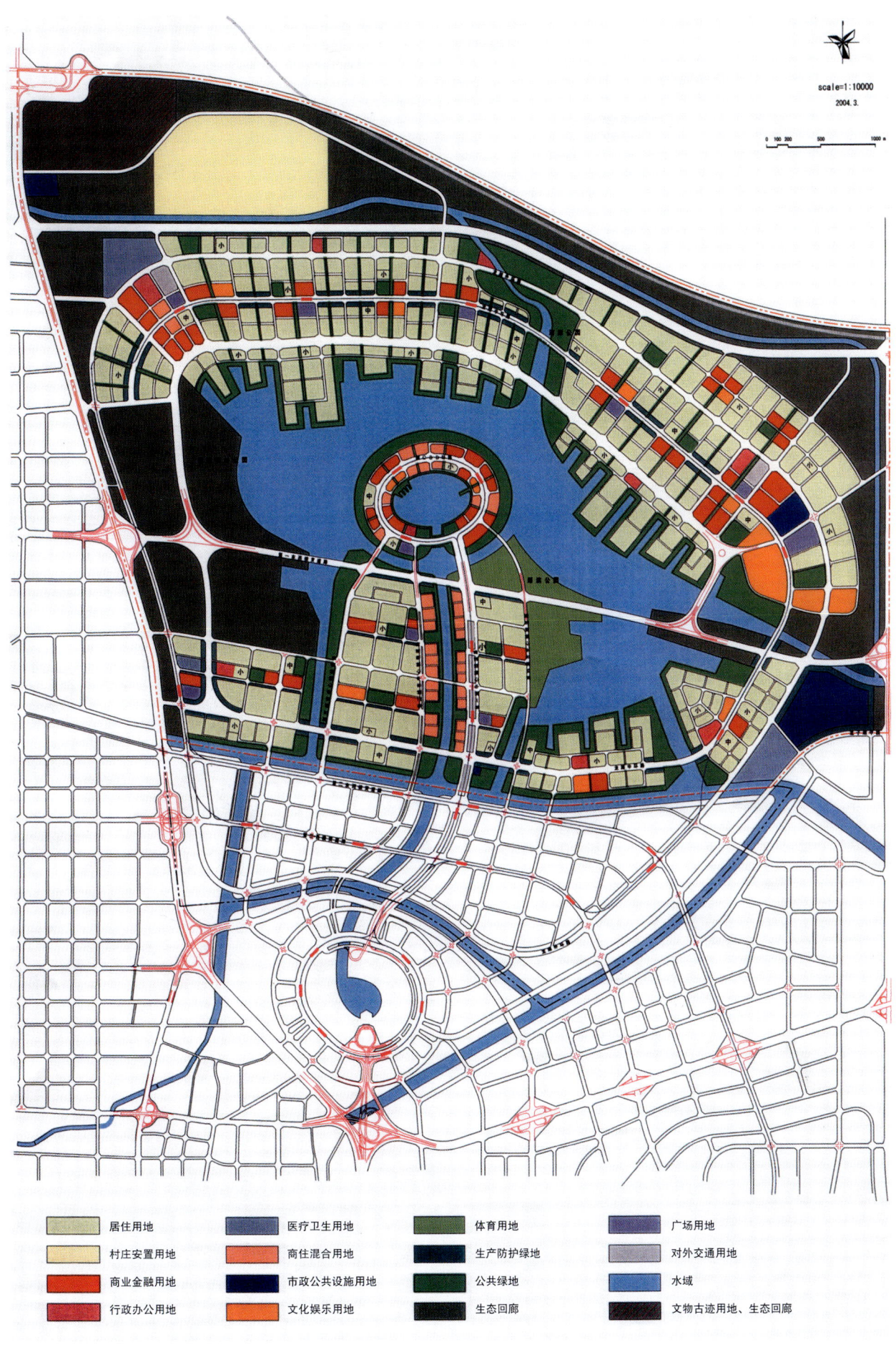

4 用地布局

龙湖北部和南部片区主要以居住用地为主，副CBD区是由旅游设施、休闲娱乐设施和商业设施、高层复合式设施（商业、住宅）组成的商住、旅游区。高层住商复合式建筑分布于新区的中心轴运河的两岸。

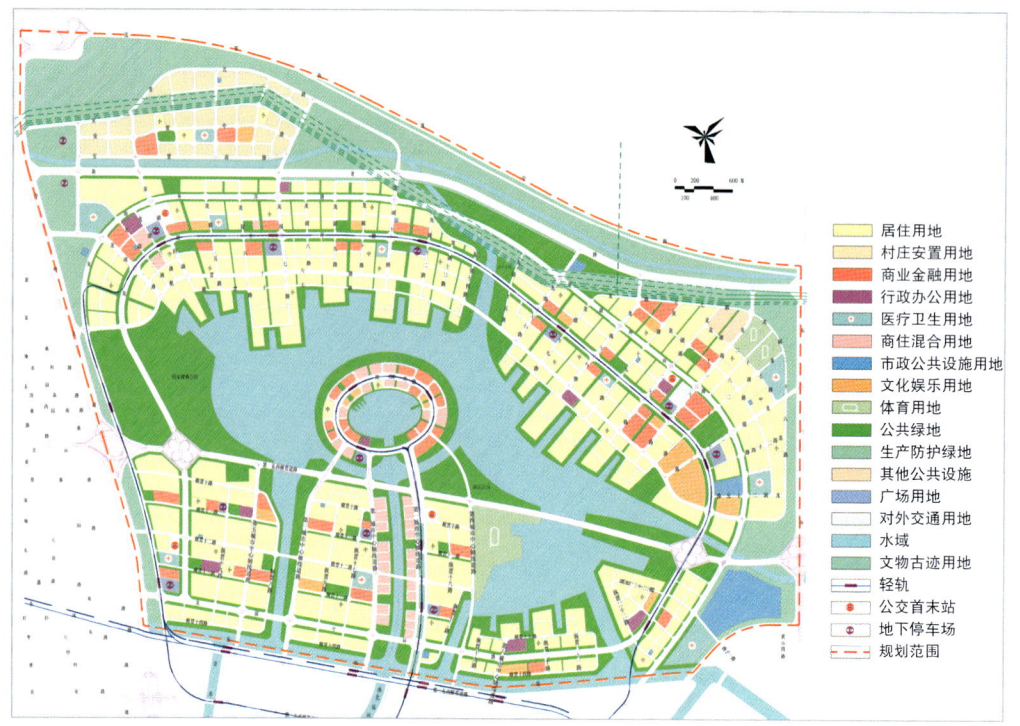

用地规划方案

序号	用地代号	用地名称	面积（ha）	比例（%）
1	R	居住用地	764.7	19.8
		一类居住用地	161.2	
		二类居住用地	603.5	
2	C	公共设施用地	287.2	7.4
		行政办公	14.5	
		商业金融	82.9	
		住商混合用地	49.3	
		文化娱乐	45.1	
		体育用地	58.1	
		医疗卫生	37.3	
		教育科研	0.0	
		其他公共设施	0.0	
3	S	道路广场	453.7	11.7
		道路用地	429.4	11.7
		广场用地	24.3	0.6
4	T	对外交通用地	7.2	0.4
5	U	市政公用设施	44.7	1.2
6	WL	物流用地	0.0	0.0
7	G	绿地	439.9	11.4
		公园绿地	380.1	9.8
		防护绿地	59.8	1.5
	E	河流水域	686.7	
		村镇用地	132.1	
		生态回廊	719.8	
	C7	文物古迹用地	92.2	
		市政公用用地	6.1	
		城市建设用地外道路用地	227.2	5.9
	总计	规划总用地	3862.0	100.0

城市建设用地平衡表

5 规划结构

规划区由北部6个居住区、南部3个居住区、中部1个居住区3部分组成，通过3个环路和第1至第四城市中心轴线道路相互联系。

6 人口规模

规划区总居住人口规模为32.8万人。其中龙湖北区规划6个住宅区,安排居住人口22.8万人;龙湖南区规划3个住宅区,安排居住人口10.0万人。

人口规模与分区密度图

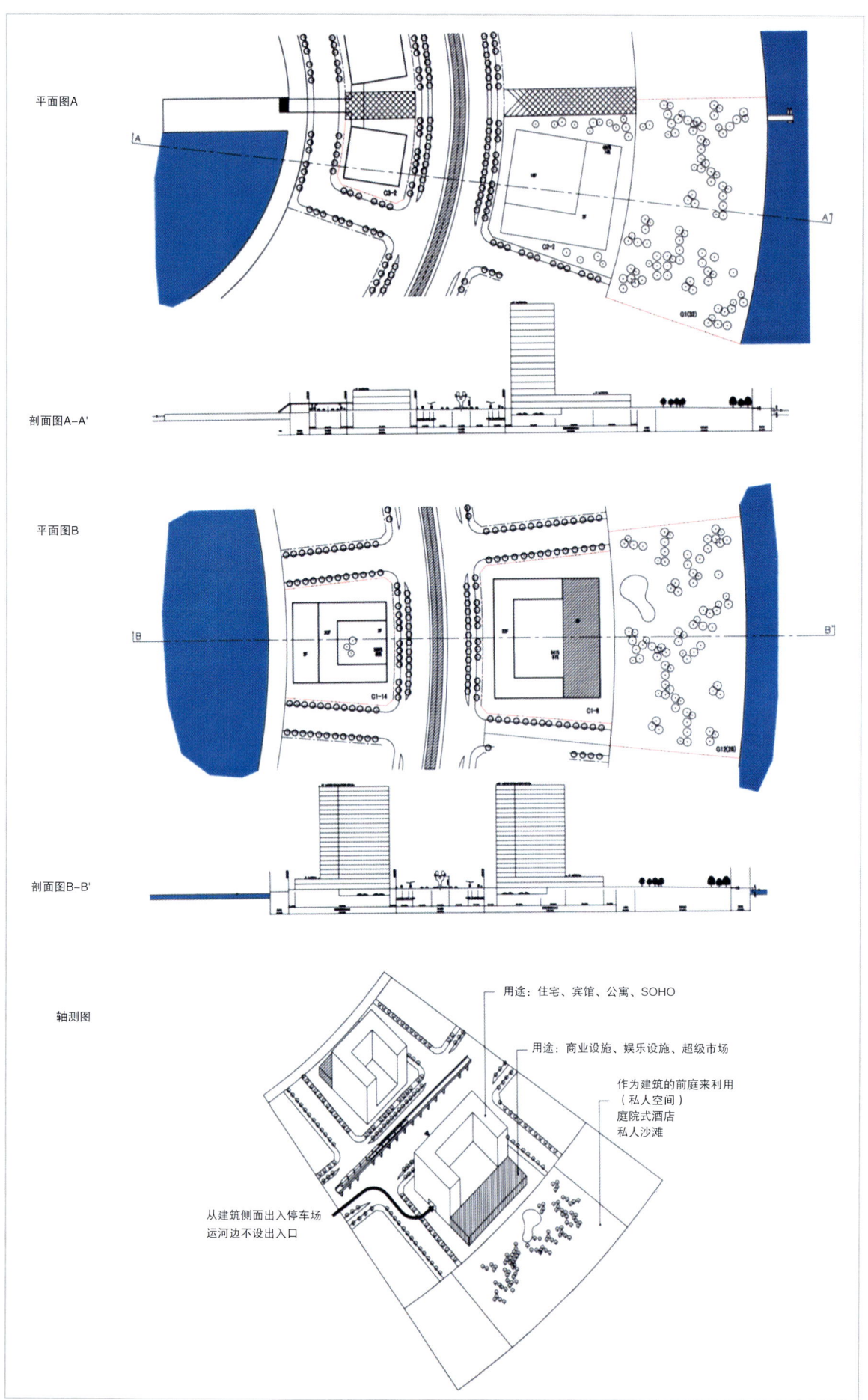

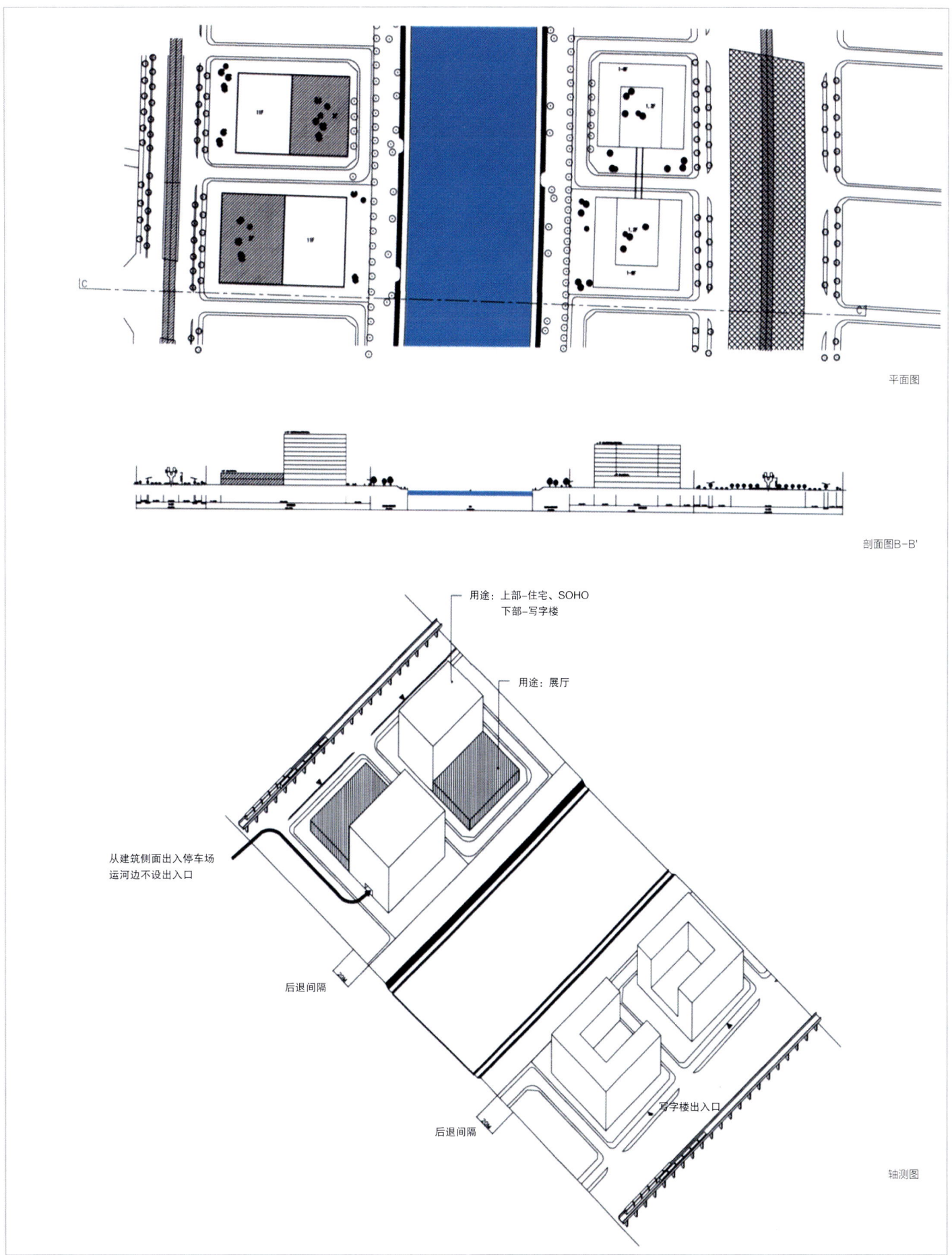

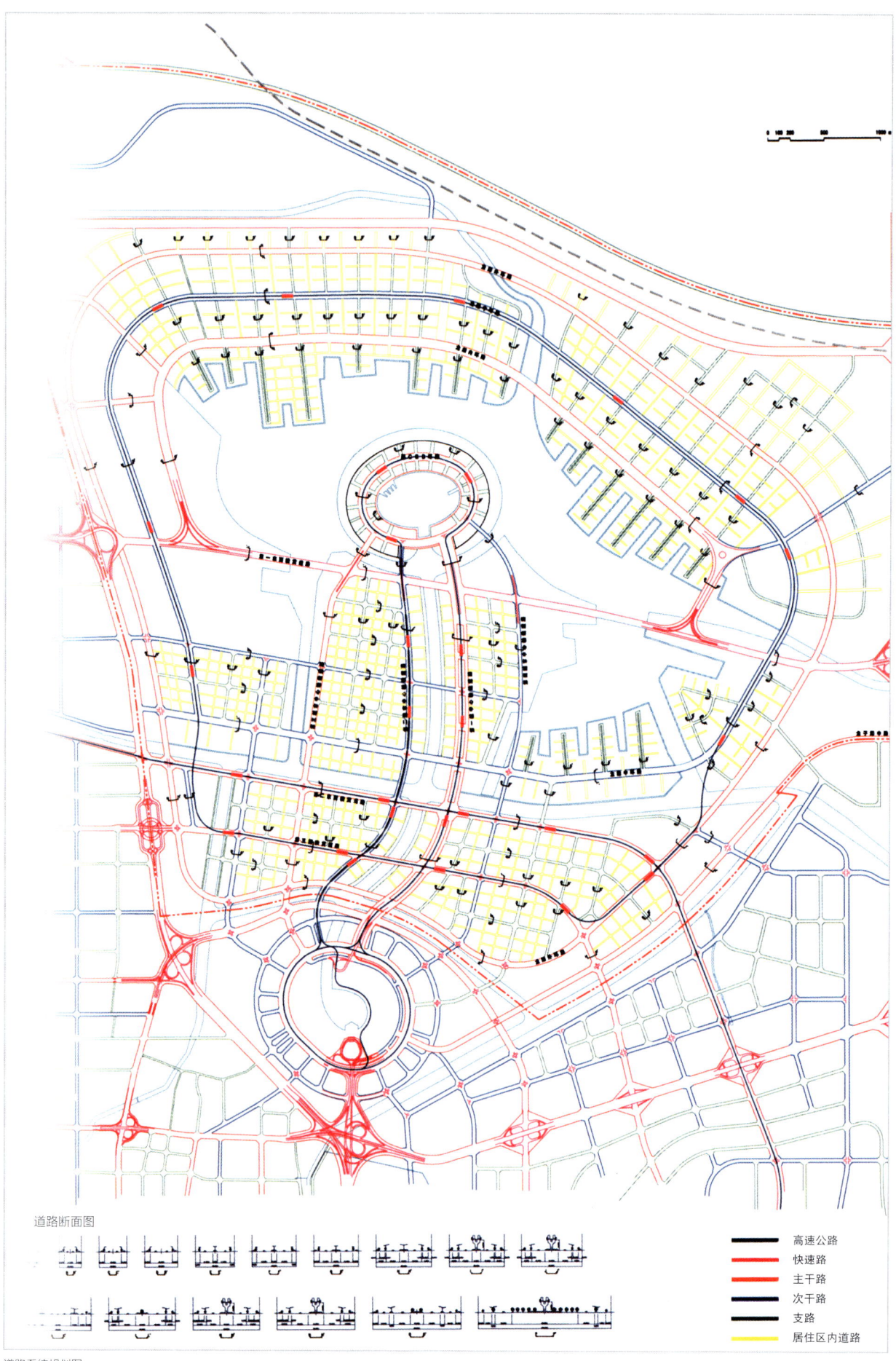

道路断面图

道路系统规划图

▬	高速公路
▬	快速路
▬	主干路
▬	次干路
▬	支路
▬	居住区内道路

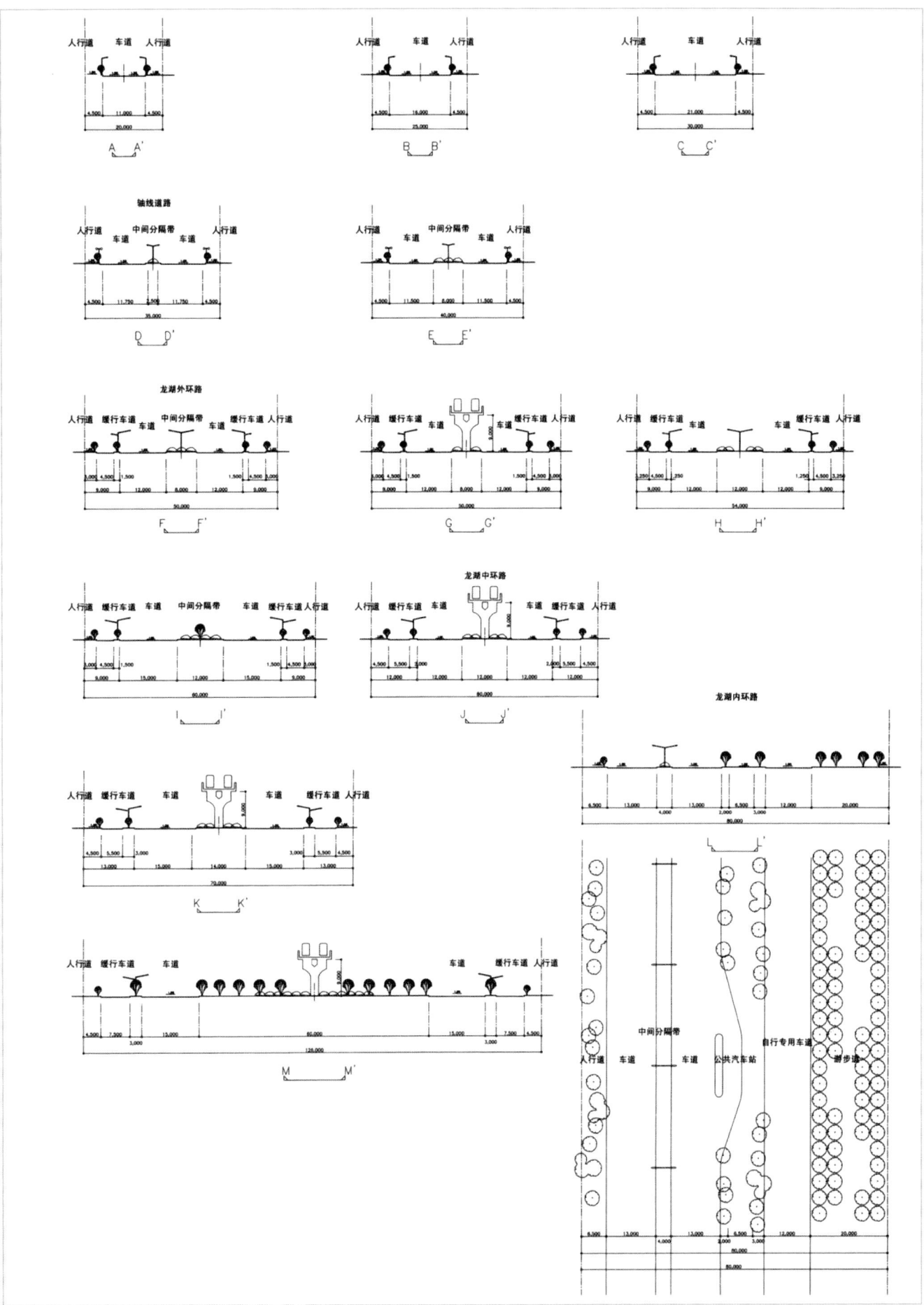

郑州市建筑物配建泊位指标

建筑物性质及分类		配备单位	建议机动车配建指标
住宅建筑	别墅	车位/100m²建筑面积	1
	高级住宅	车位/100m²建筑面积	0.3-0.5
	一般住宅	车位/100m²建筑面积	0.1-0.2
办公建筑	省级及涉外	车位/100m²建筑面积	0.6
	市级机关办公	车位/100m²建筑面积	0.5
	商业办公	车位/100m²建筑面积	0.4
旅馆	三星及更高	车位/客房	0.4
	三星以下	车位/客房	0.25
商业场所		车位/100m²建筑面积	0.4
市场	批发交易市场	车位/100m²建筑面积	1
	农贸市场	车位/100m²建筑面积	0.15-0.2
餐饮、娱乐、服务健身		车位/100m²建筑面积	1.5
医院	市级及以上医院	车位/100m²建筑面积	0.4
	市级以下医院	车位/100m²建筑面积	0.2
博览建筑	图书馆	车位/100m²建筑面积	0.25
	博物馆、展览馆	车位/100m²建筑面积	0.2
游览建筑	市区	车位/公顷	2
	市郊	车位/公顷	5
体育场馆		车位/100座位	1.5-2
交通建筑	火车站	车位/年高峰日1000旅客	2.2
	汽车站	车位/年高峰日1000旅客	2.2
	机场	车位/年高峰日1000旅客	2.2
影剧院	省市级影剧院	车位/100座位	2.5-3.5
	普通影剧院	车位/100座位	1.5-2.0

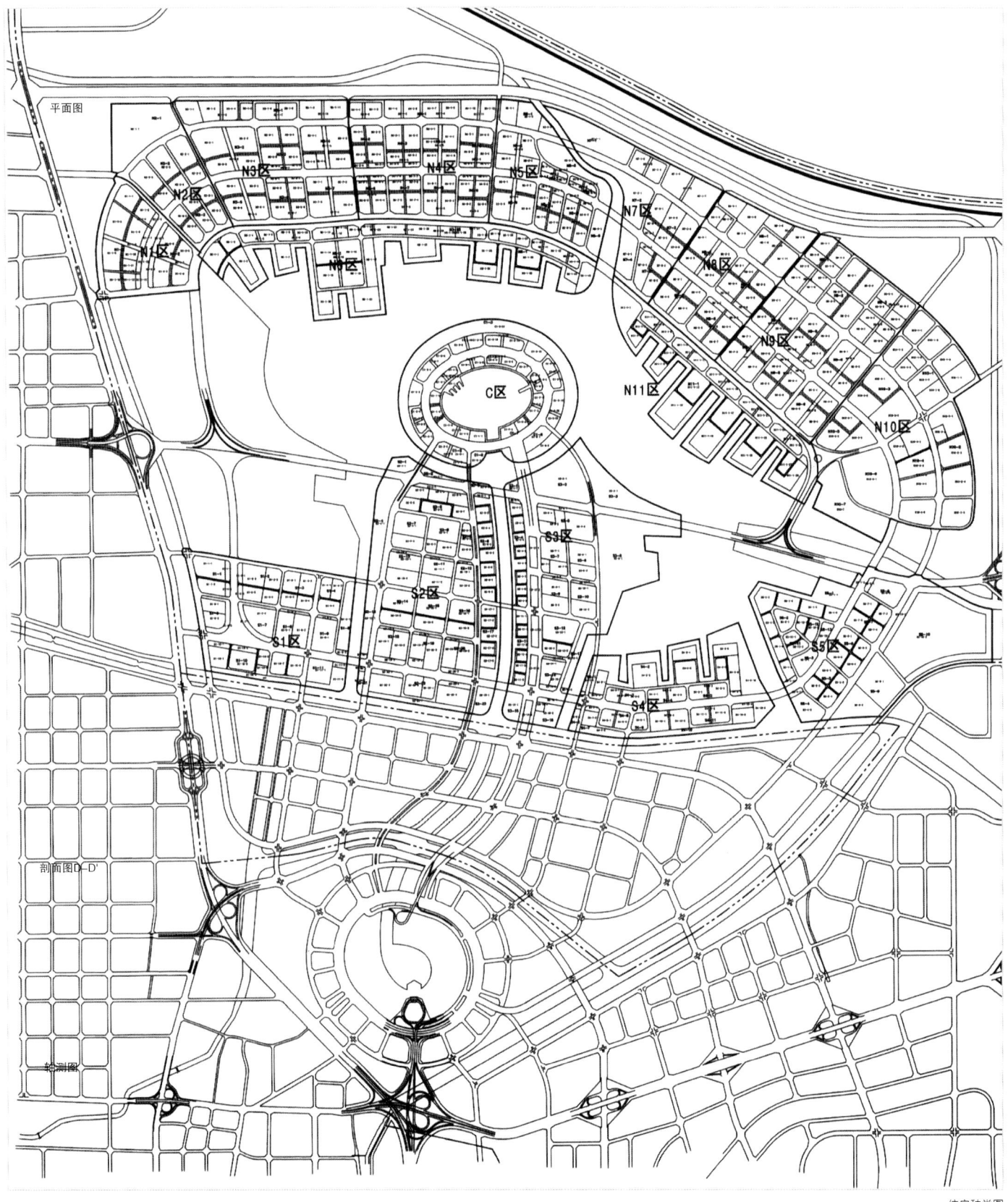

住户种类图

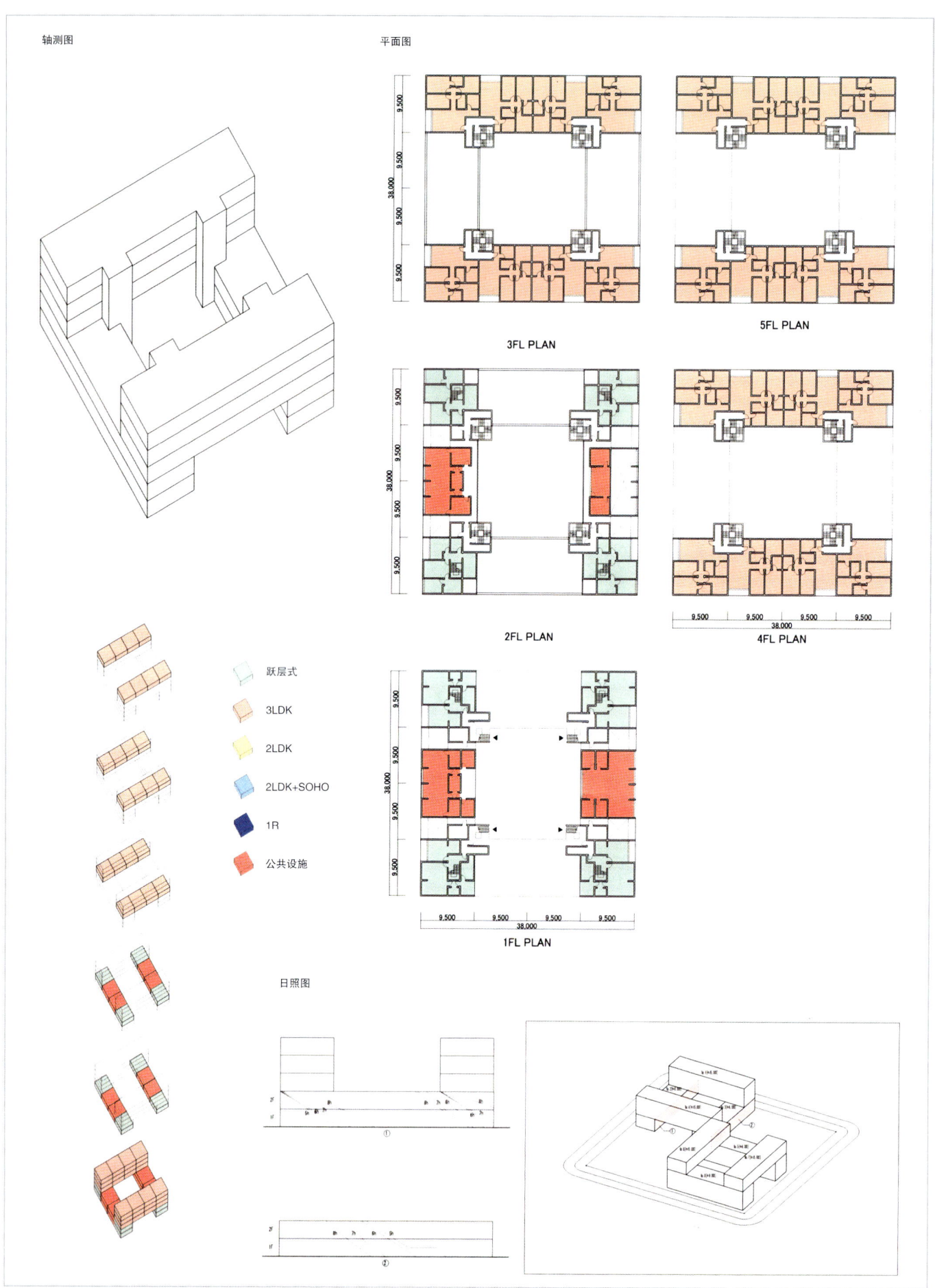

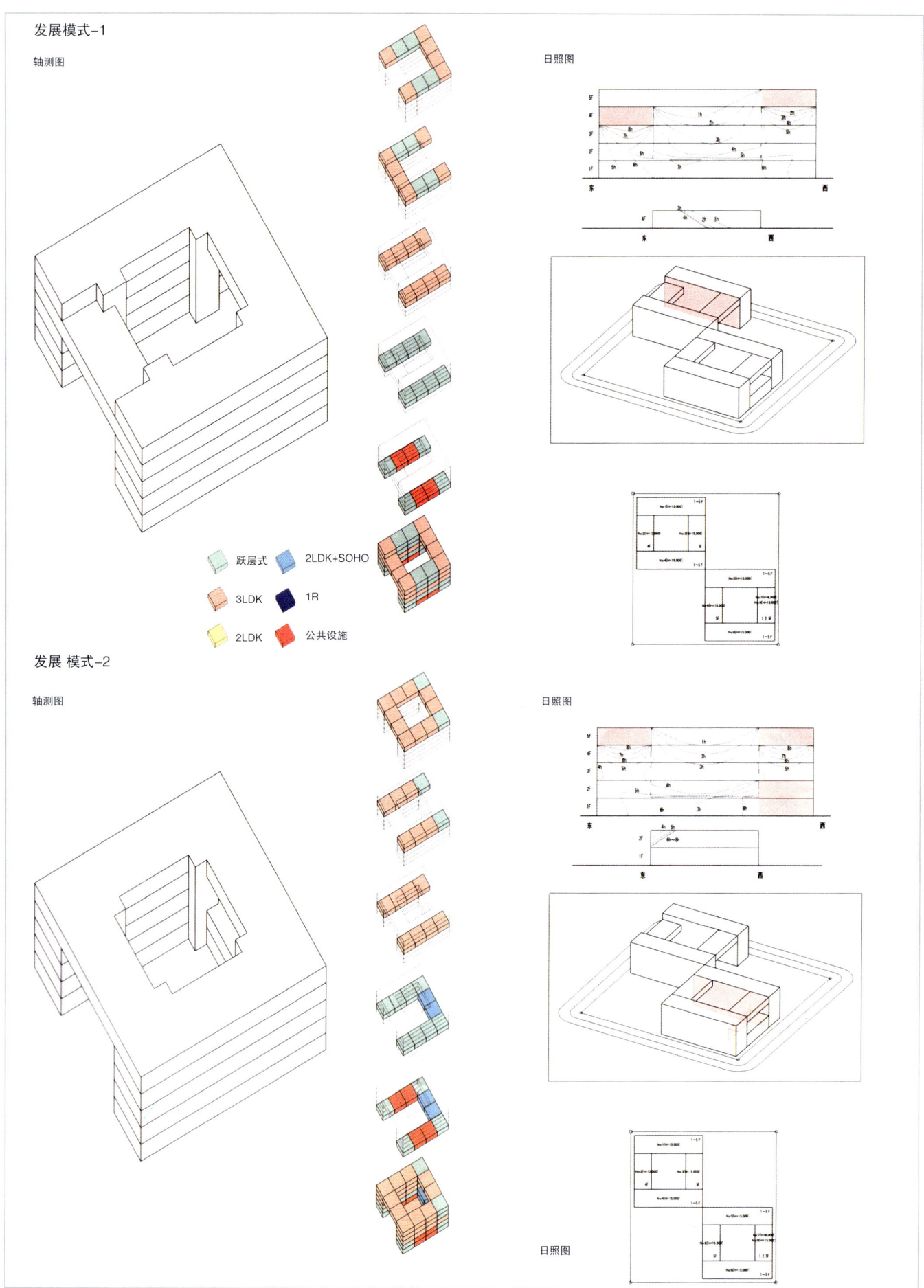

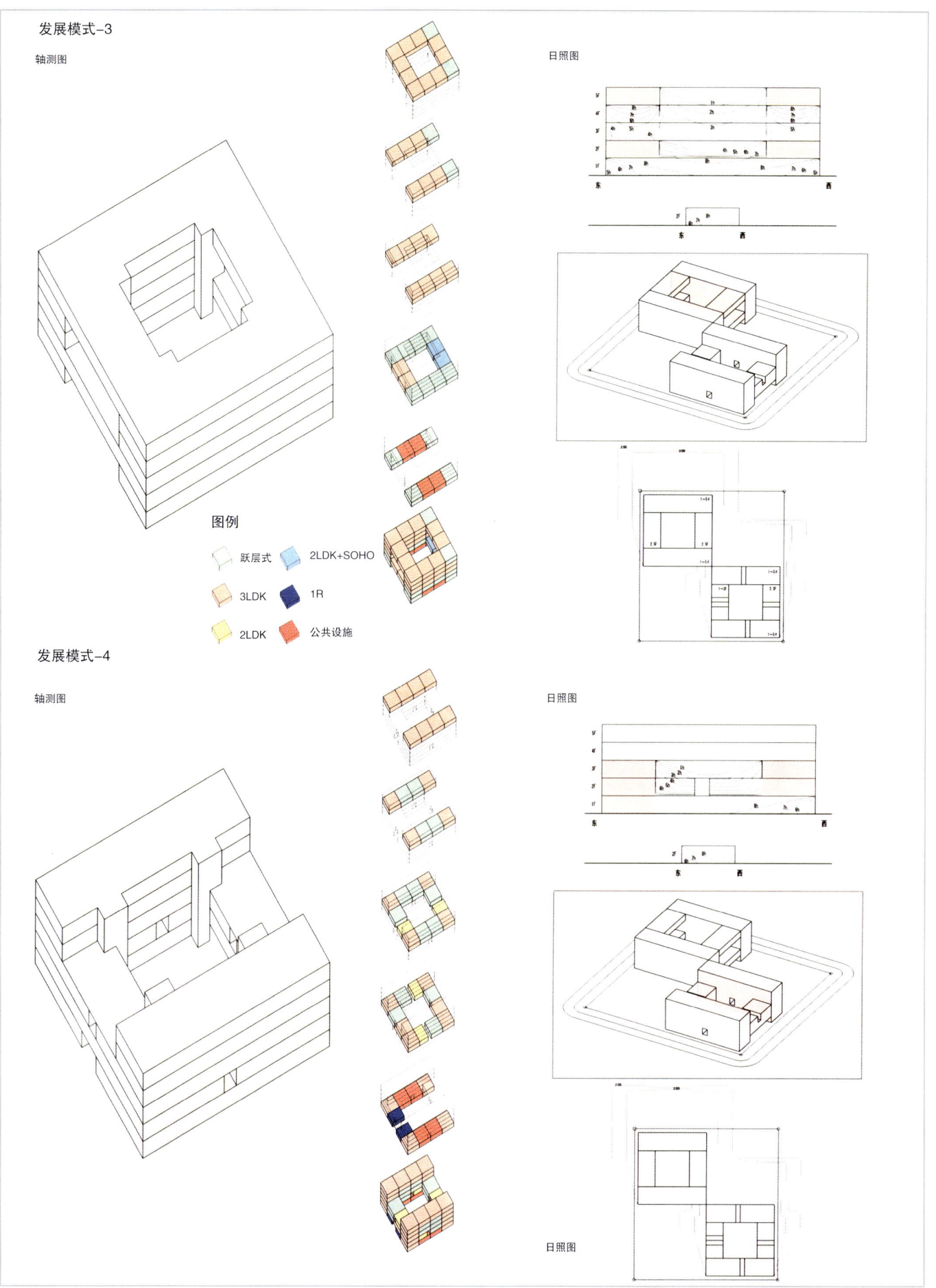

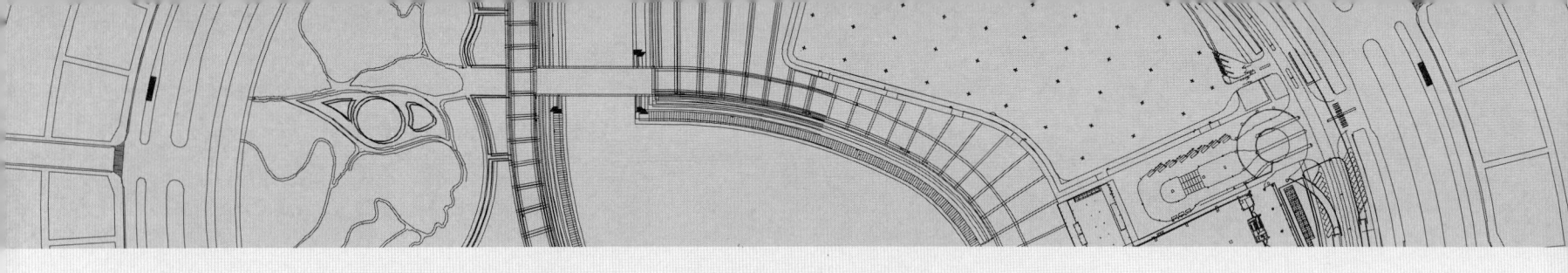

5 龙子湖地区控制性详细规划
Regulatory Detailed Plan for Longzihu Area

规划编制单位：郑州市规划勘测设计研究院
ZhengZhou Urban Planning Design & Survey Research Institute

1 编制目的

龙子湖地区是以大学园区为核心的城市新区，是郑东新区的重要组成部分。为保障郑东新区《龙子湖地区概念总体规划》的顺利实施，控制和引导城市开发及空间环境的有序组织，合理使用城市土地，完善城市基础设施配套，特编制本规划。

2 规划适用范围

规划区分为南北两个片区。其中北部片区规划范围为：东三环以东，连霍高速公路以南，东四环以西，魏河以北，规划用地面积9.02km²；南部片区规划范围为：东三环以东，金水路及东风渠以南，东四环以西，陇海铁路以北，规划用地面积14.24km²；规划区总用地面积23.26km²。

3 规划原则和规划目标

3.1 规划原则

3.1.1 适度控制原则

在开发强度上，执行有效控制，并给建设活动留出足够的弹性，保证公共空间和资源的合理分配；

3.1.2 可操作性原则

通过工作模型的研究，建立科学的控制指标体系，切实服务规划管理与开发；

3.1.3 开放性原则

打破封闭、独立的建设模式，形成新型共享、开放的城市特征。

3.1.4 规划目标

将龙子湖地区规划建设成为土地空间资源配置合理，开发建设组织有序，配套设施完善，景观优美、环境宜人的现代化城市新区。

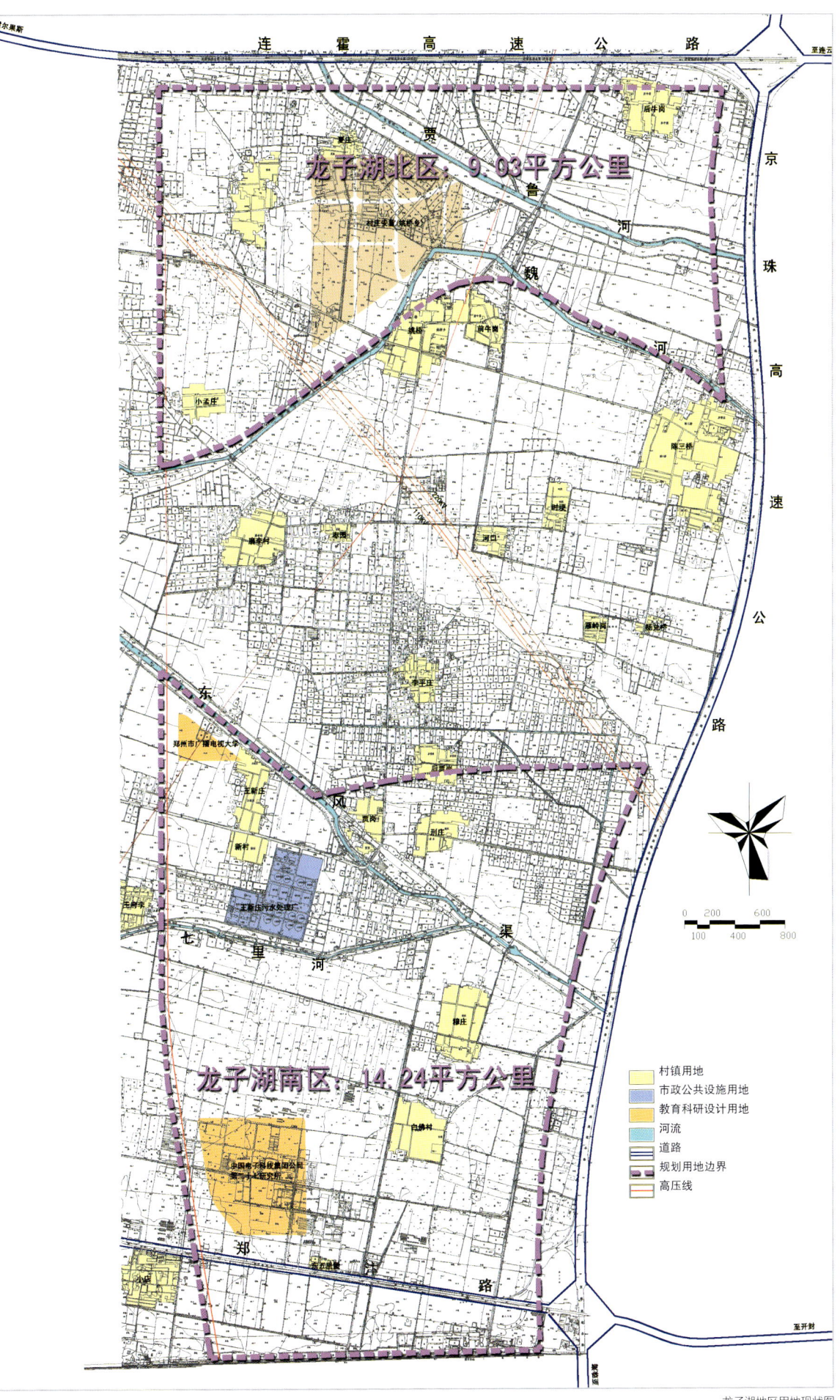

龙子湖地区用地现状图

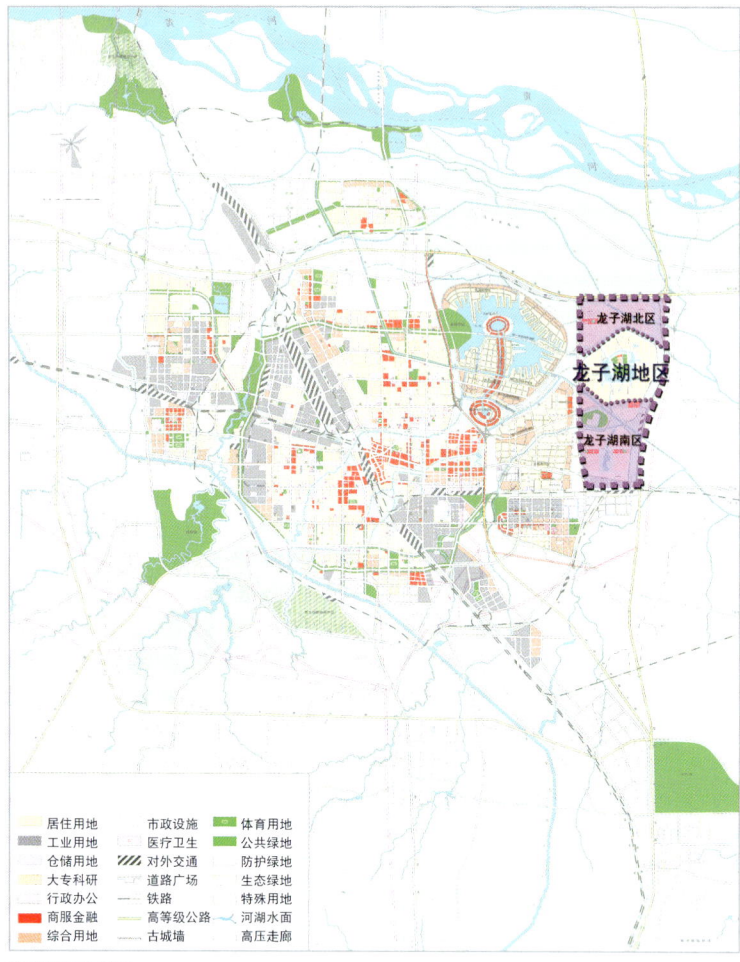

龙子湖地区区位图

4 空间布局与人口规模

4.1 用地布局

龙子湖北部片区主要以居住用地为主，南部片区主要以科研教育和物流用地为主。

4.2 人口规模

规划区总居住人口规模为21.5万人。其中龙子湖北区规划4个居住区，安排居住人口14.5万人；龙子湖南区规划2个居住区，安排居住人口7万人。

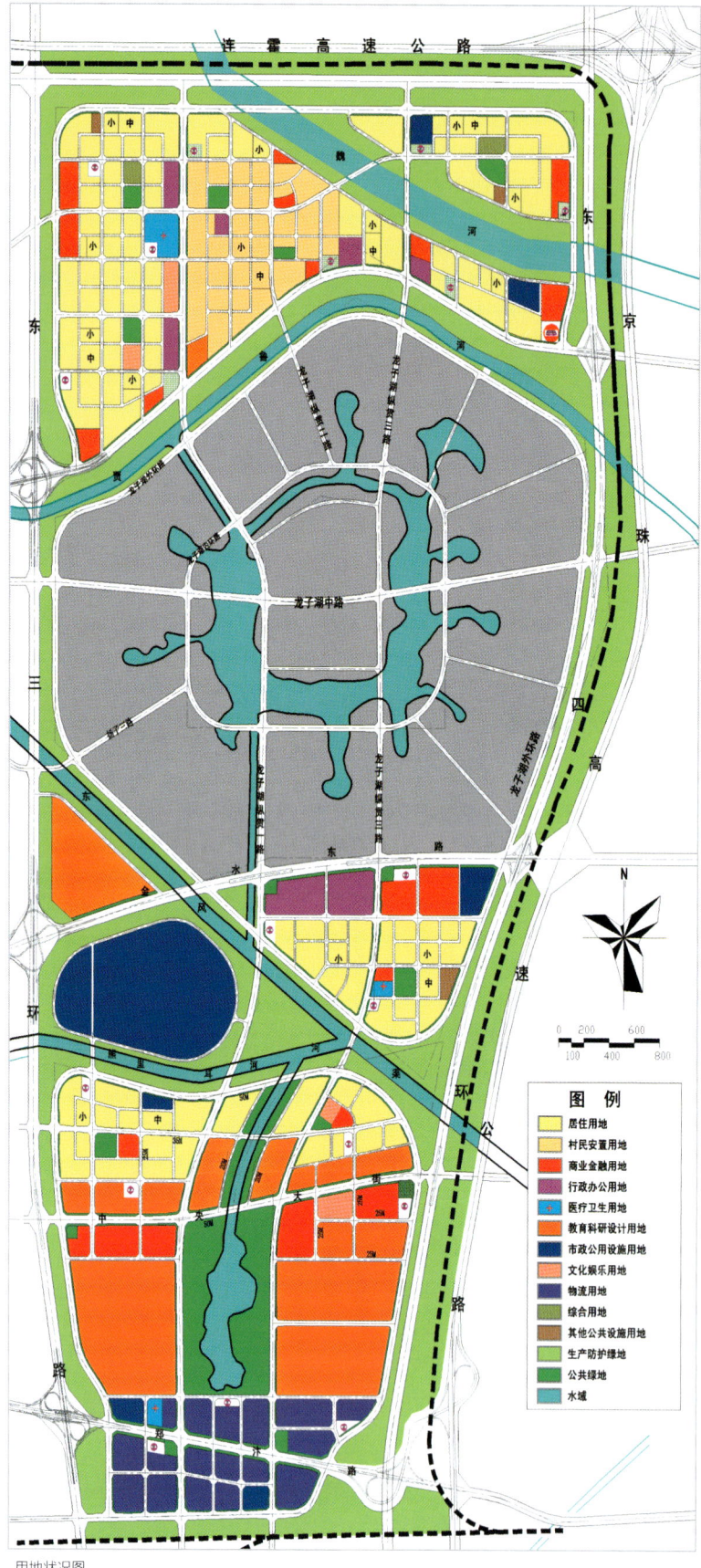

用地状况图

5 规划结构

规划区整体由北部4个居住区、中部1个办公园区、南部1个科技园区和1个物流园区4部分组成，通过龙子湖纵贯一路和纵贯二路串联构成龙子湖地区组团式布局结构。

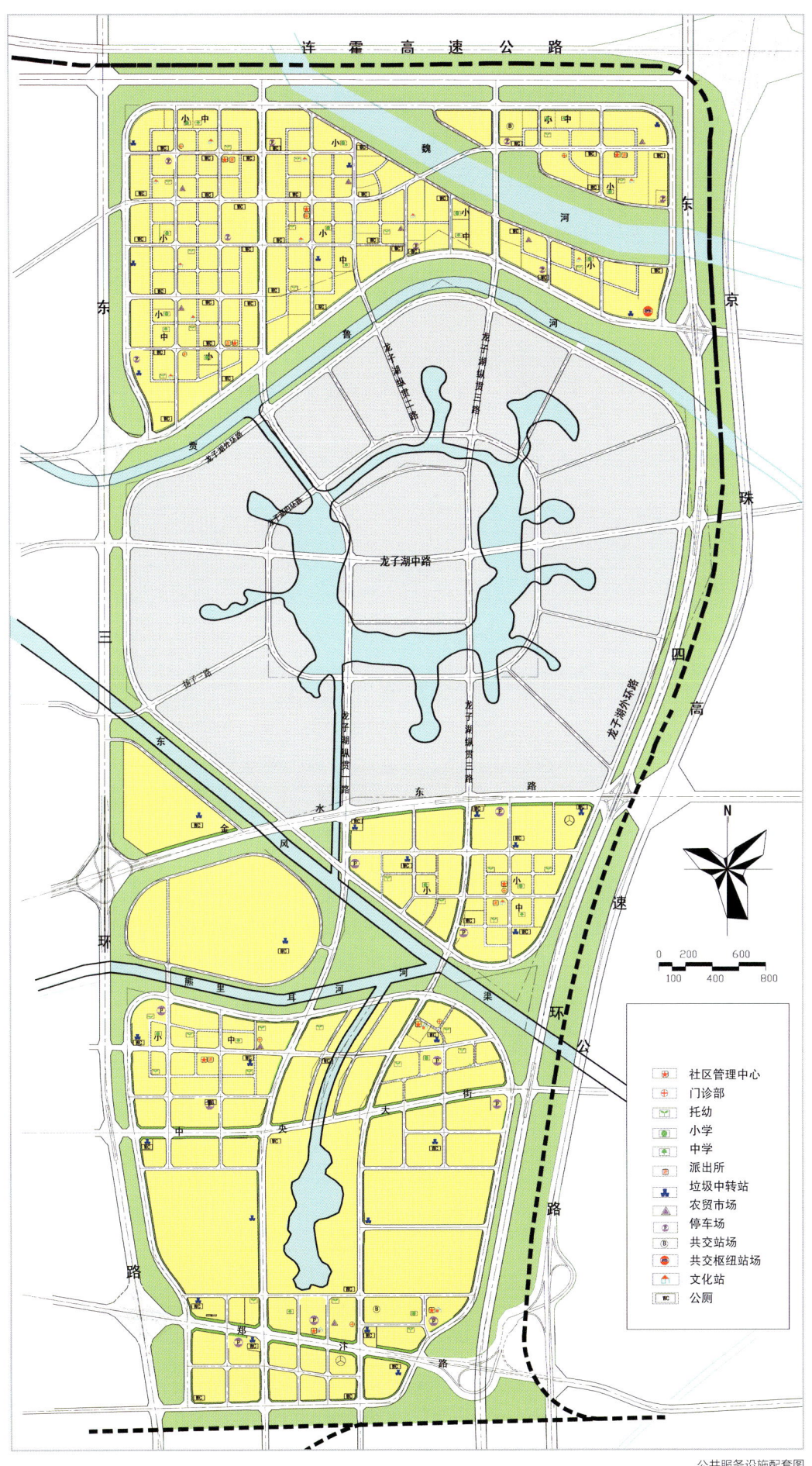

公共服务设施配套图

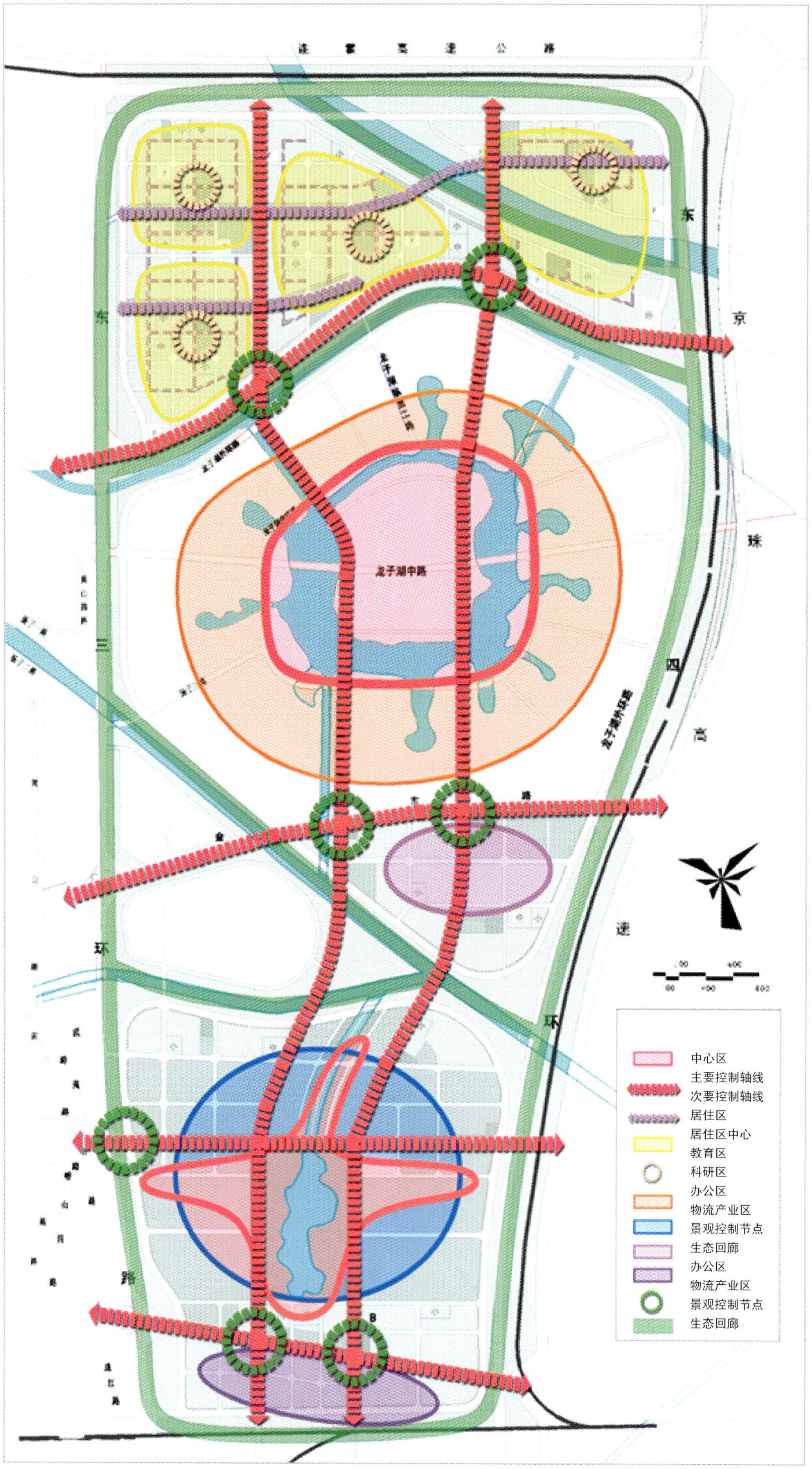

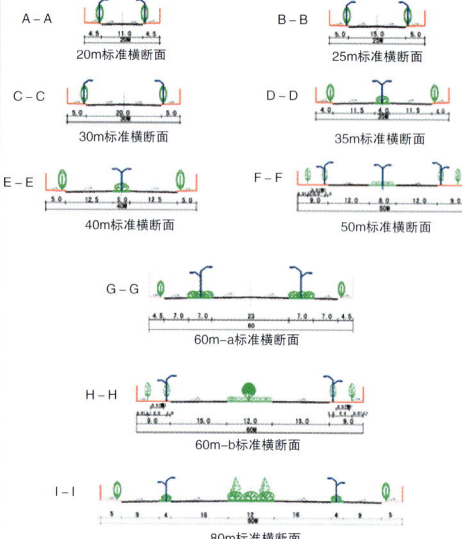

道路标准横断面图

结构分析图

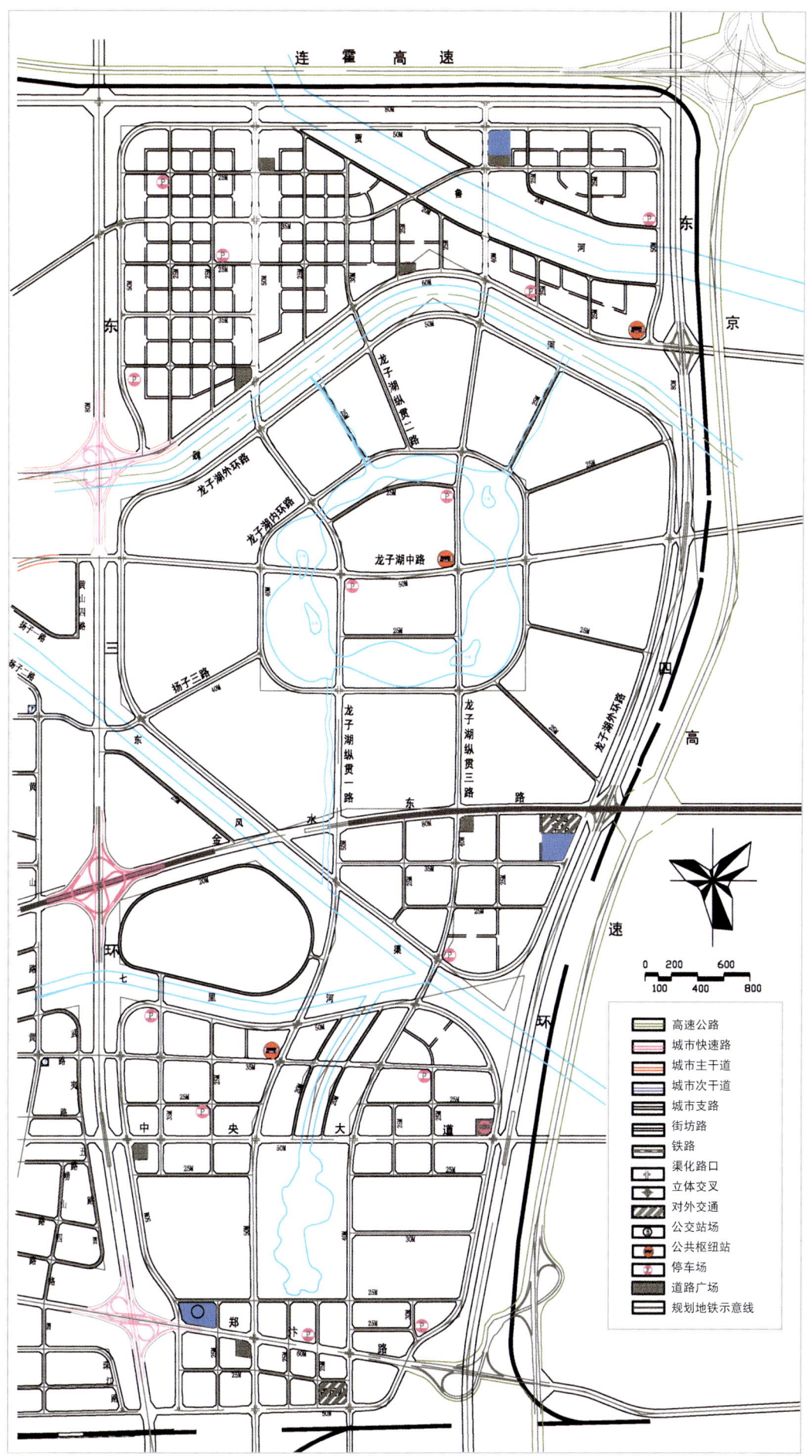

道路规划图

6 城市设计意向

结合黑川先生关于龙子湖地区的总体设想,从总体城市景观的角度把握规划区整体城市形态。规划从边界、区域、街道、节点、标志物五个基本城市设计要素把握构筑城市形态特征。结合用地调整强化主要景观轴线及节点,突出各分区景观特征。根据各分区的功能特点主要分为四种景观特征区：居住建筑特征区、办公建筑特征区、科研建筑特征区和物流建筑特征区。

居住建筑特征区:位置基本集中在北部片区,提供相对较少的开放空间,保证居住环境的私密性;突出亲切宜人的景观特征。

办公建筑特征区:位置集中在金水东路,景观要求较高,规划突出现代办公开放、亲和的景观特征。

科研建筑特征区:科研中心的建筑体量和空间形态要突出其理性、规则的特征,以表现科研活动的科学性、逻辑性、严密性的特点。因此,本区的建筑和空间形态上比较规则有序,并通过部分建筑的形态"变异"和景观环境的协调,使本区成为一个高品质的科研区。

物流建筑特征区:位置集中在郑汴路,针对物流业发展的特点,规划突出现代物流有序、高效的景观环境特征。

在此基础上,以地块为单位从建筑形式、建筑风格、建筑色彩及周围环境要素四个方面提出城市设计

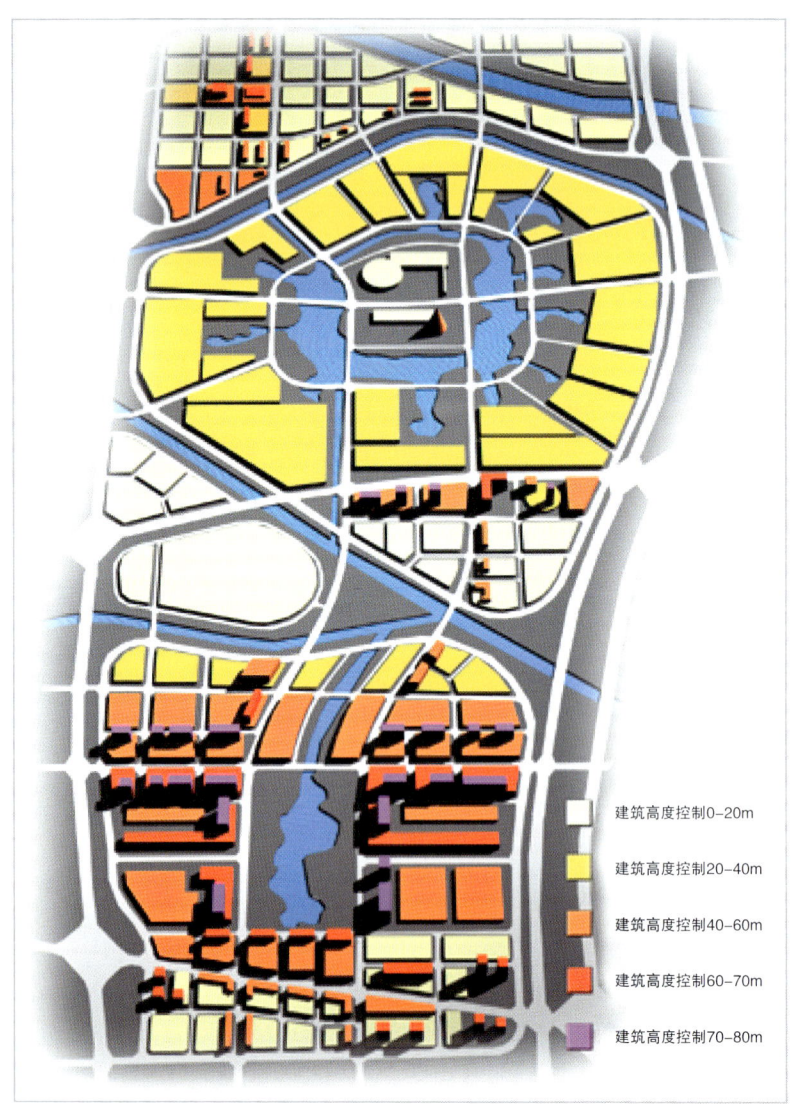

城市设计意向分析图一　　城市设计意向分析图二

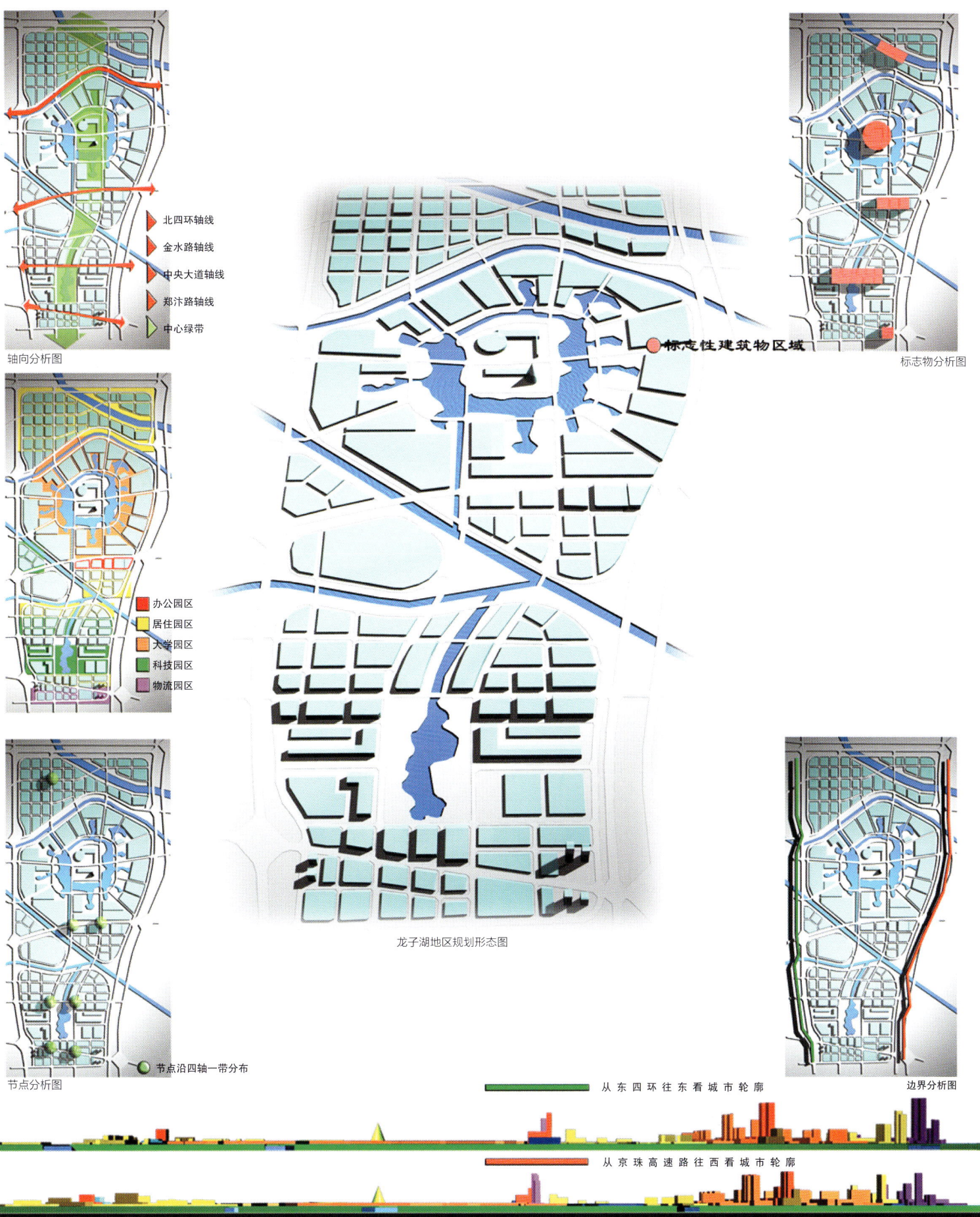

城市设计意向分析图三

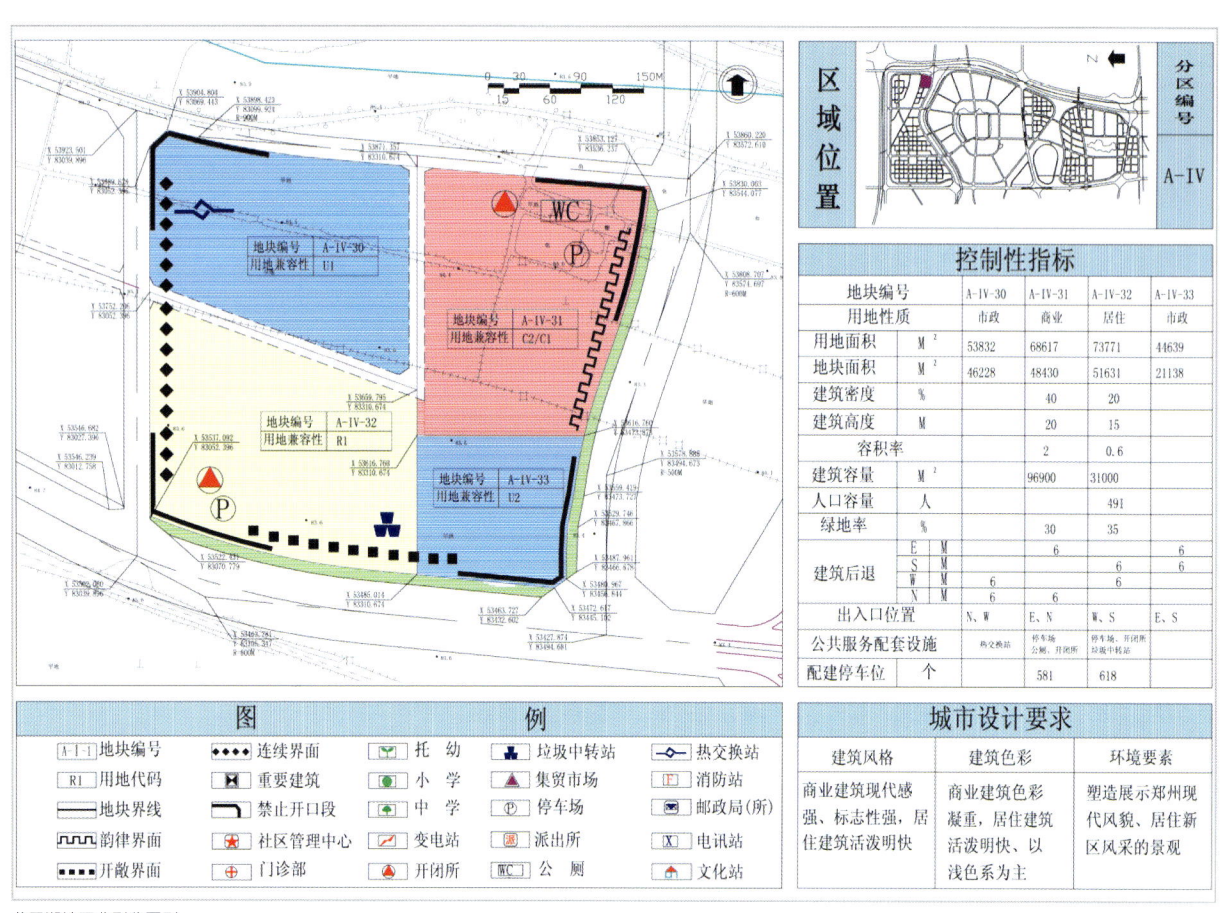

龙子湖地区典型分图则一

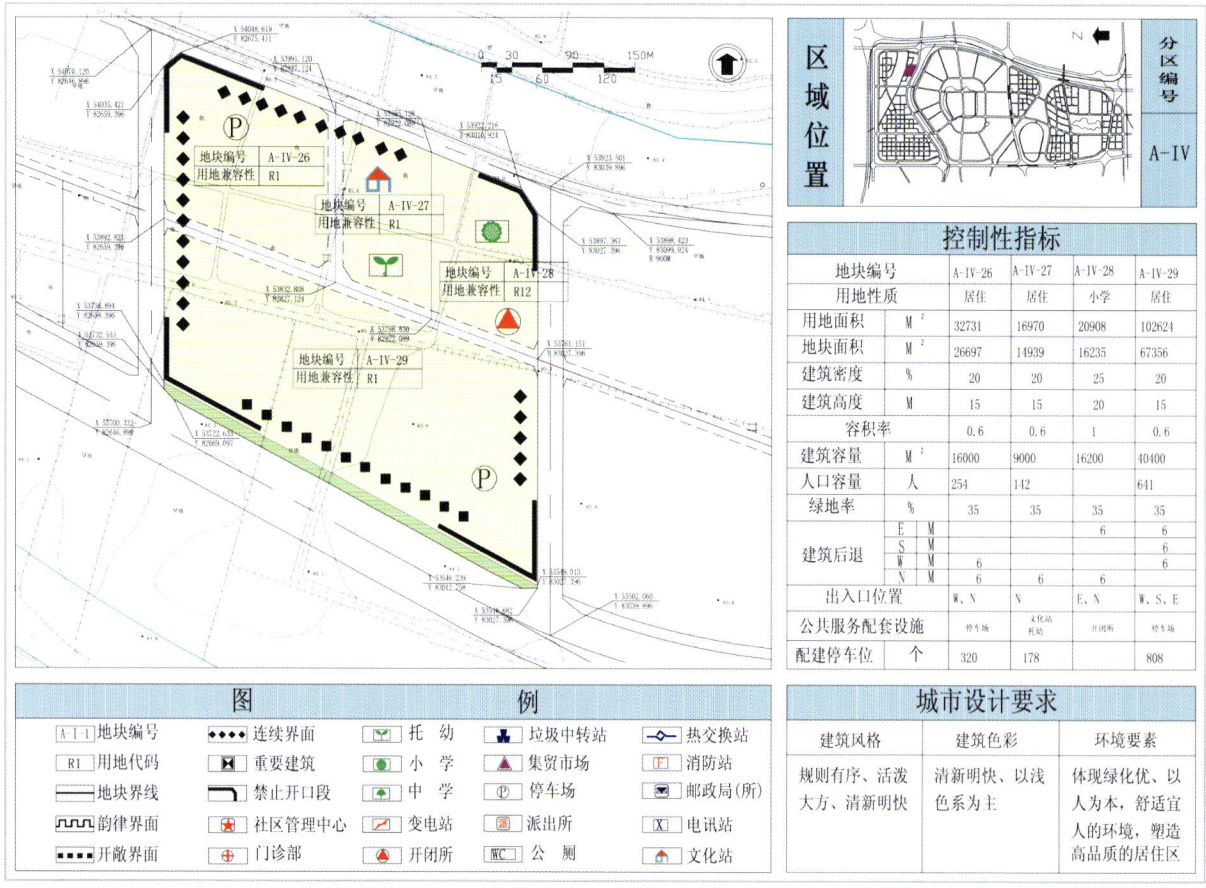

龙子湖地区典型分图则二

郑东新区基础设施总体规划 ⑥
The Overall Infrastructure Layout for Zhengdong New District

设计单位：中国市政工程华北设计研究院
郑州市规划勘测设计研究院
ZhengZhou Urban Planning Desigm & Survey Research Institute

1 编制意义

郑东新区基础设施总体规划的编制是郑东新区概念性总体规划国际方案征集中标方案（日本黑川纪章建筑·都市设计事务所方案）的深化和拓宽，为黑川方案的实施提供战术性保障。

2 规划范围

2.1 本规划范围为

本规划范围为郑东新区，规划总面积约150km²，规划建设用地约120km²。

郑东新区包括起步区、龙湖北区（东风渠以北）和龙子湖地区、郑州经济技术开发区。

起步区包括新城中心区和龙湖地区（东风渠以南）部分。

近期建设规划控制范围为：起步区、龙子湖地区（大学园区）。

中期建设规划控制范围为：龙子湖地区（北区、南区）。

远期建设规划控制范围为：龙湖地区。

2.2 规划主要内容

郑东新区基础设施总体规划主要包括下列专业规划内容：

道路交通规划、给水规划、中水规划、污水规划、雨水规划、电力规划、电讯邮政规划、热力规划、燃气规划、防灾规划、环卫规划、管线综合规划。

3 规划年限

本规划年限同郑州市郑东新区长远总体规划年限。

规划年限
近期：2003～2005年
中期：2006～2010年
远期：2011～2015年
1995～2010年（郑州经济技术开发区）
规划人口
起步区规划人口为44万人
龙子湖地区规划人口为35万人
龙湖北区规划人口为51.2万人
郑州经济技术开发区人口为5万人
郑东新区规划总人口为135.2万人

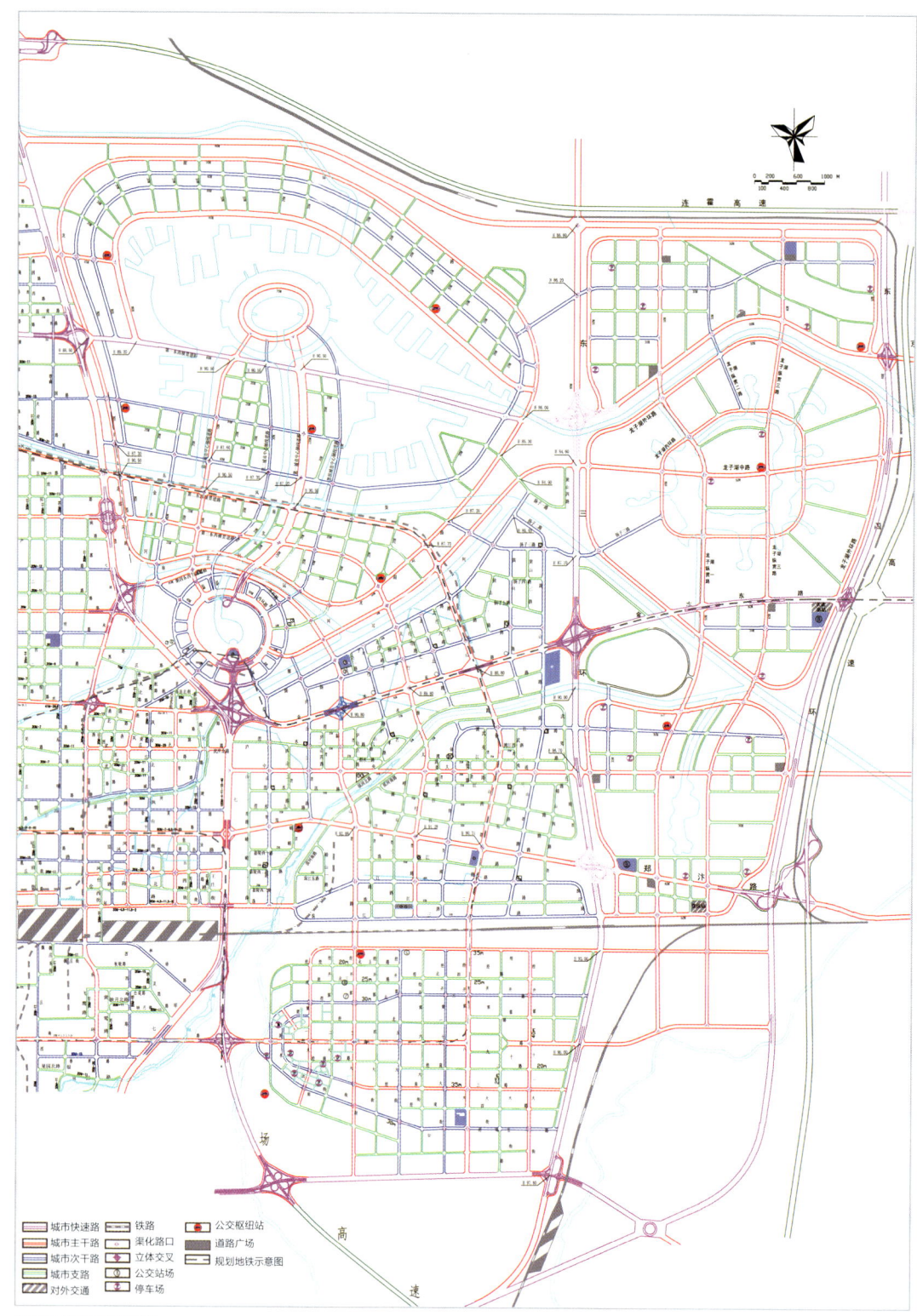

郑东新区道路交通规划图

4 路网系统规划

郑东新区龙湖南区、龙湖北区及龙子湖地区路网格局依据日本黑川纪章建筑都市设计事务所完成的"郑东新区概念性规划"及"龙子湖地区规划成果",适应组团式的规划结构,组团外围布置环路,组团间则通过2条以上城市快速路或城市主、次干道进行联系,保证组团间交通联系的顺畅;拓展区及经济技术开发区路网布局为方格式路网系统,它们之间通过泰山路、衡山路进行联系。

4.1 道路功能等级

结合郑东新区路网规划,按《城市道路交通规划设计规范》将道路等级分为四个层次:

4.1.1 城市快速路

快速路是联系城市不同区域的快速干道,为跨区域或过境的长距离交通服务,道路设计车速60~80km,规划道路红线宽60~100m,全线设置中央分隔带,严格控制交叉口间距。

4.1.2 城市主干路

主干路是联系区内各组团的主要道路,为城市组团间的交通服务。规划道路红线宽度40~120m,设计车道40~60km/h,机动车道设置中央分隔带,分隔带开口控制在300~500m。

4.1.3 城市次干路

次干路是连接主干路和支路之间的道路,为城市组团内部的交通服务。规划道路红线宽度30~40m。

4.1.4 城市支路

支路是为组团内部短距离交通服务的道路。规划道路红线宽20~25m。

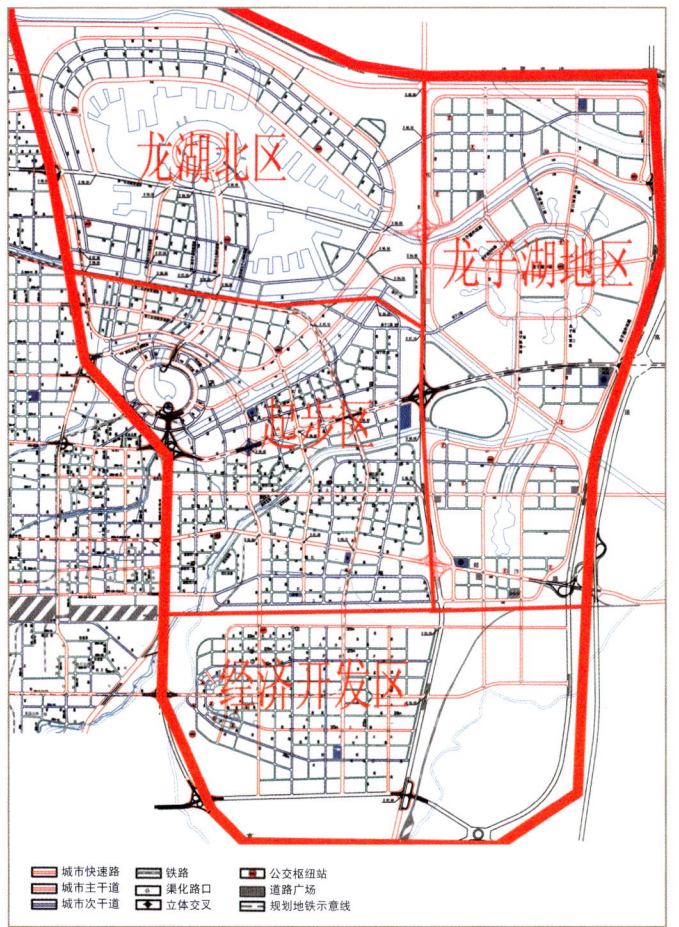

道路功能等级

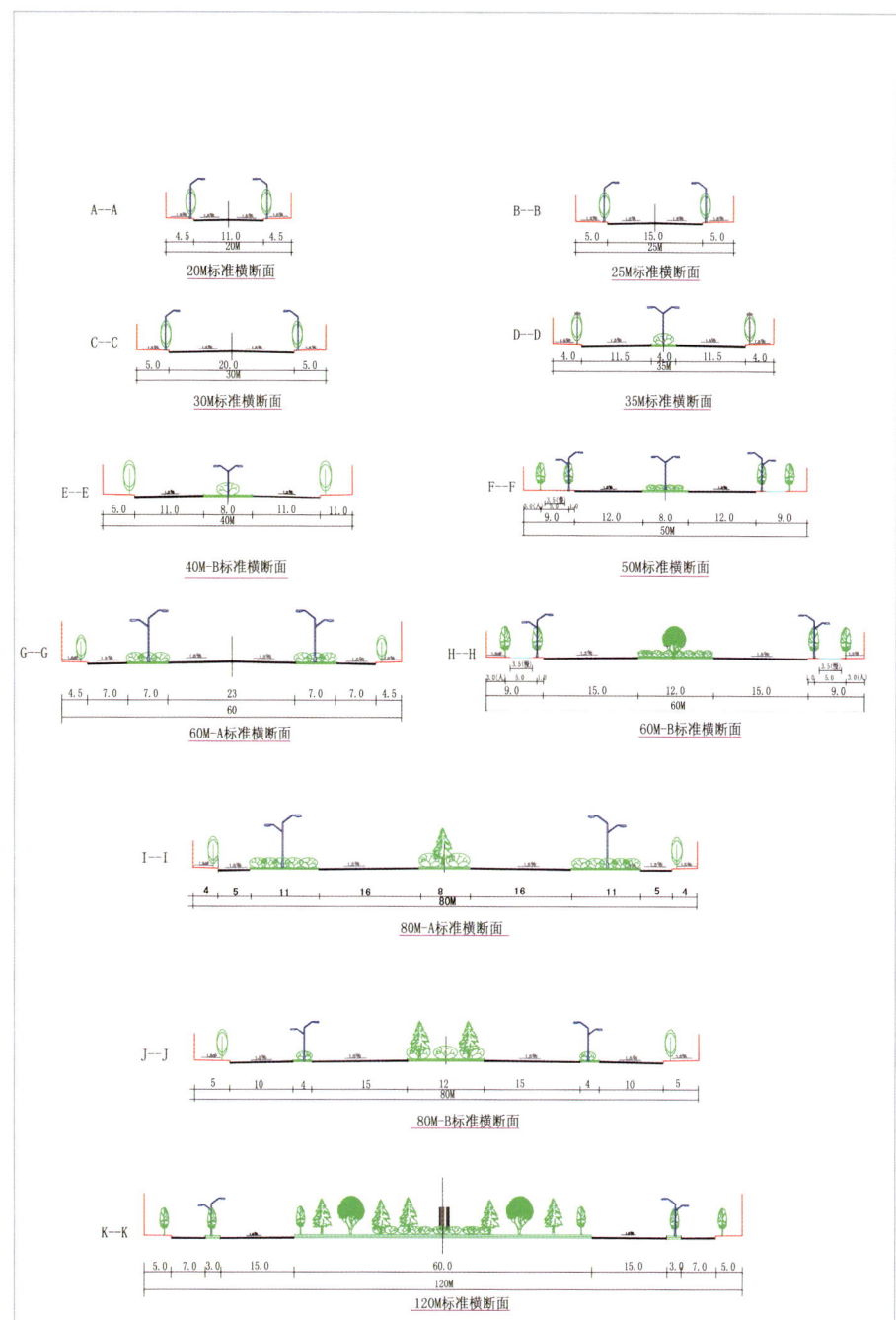

郑东新区道路标准横断面图

5 管网规划

在起步区内现有一座东周水厂,设计规模为20万t/日,能满足起步区和经开区用水需要。规划在龙湖北区和龙子湖地区之间,新建一座规模为30万t/日的自来水厂,水源为南水北调水。

各区内部规划形成环形供水干管骨架和网状供水管网,并通过干管相互连通,以保证供水的安全性。

规划在东周水厂及新建水厂内预留深度处理设施用地,并在城市主干路上预留有直饮水管位,在条件许可时为高档社区提供高水平的基础设施。

结合规划区的道路路网布局,同时为了保证中水供水安全,中水管网采用环状网与枝状网相结合供水方式。在龙湖北区沿龙湖环路成环,龙子湖教学区沿龙子湖外环路成环,南北居住区也各自成环,其他为枝状管。

在起步区内规划两条管道,一条沿东三环路向南供应热电厂及经济技术开发区工业用水,一条沿金水东路向西供应市政、绿化及景观等用水。

郑东新区给水规划图

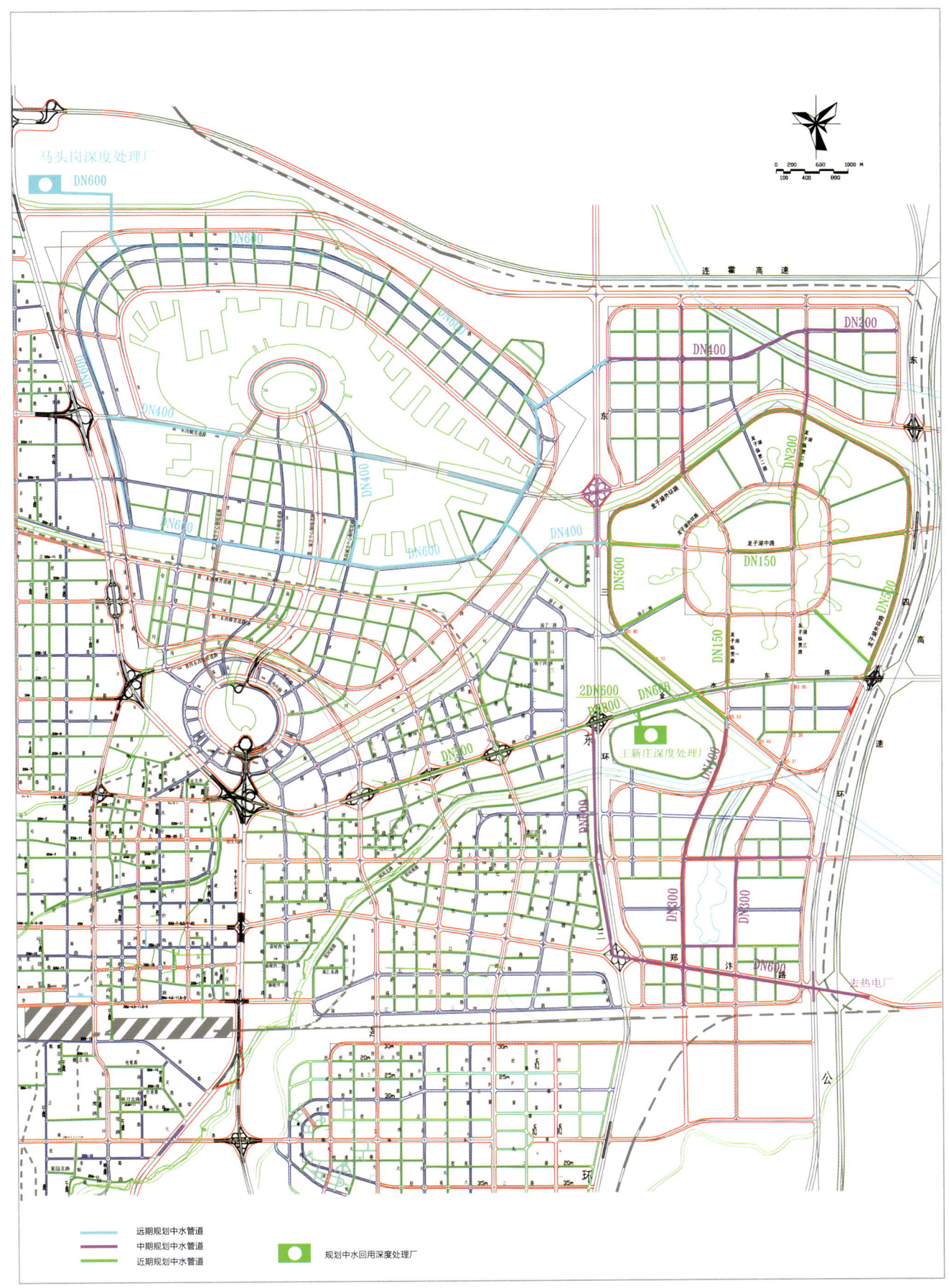

郑东新区中水规划图

郑东新区污水工程规划图

6 郑东新区污水管网规划

6.1 起步区

根据区内规划布局及排污工程现状，结合地形特点，规划泰山路、第三东西横贯道路、黄山路、衡山路、太行路5个污水干管系统污水排入王新庄污水处理厂。

6.2 龙湖北区

污水管网分为两支，污水沿主干道自东向西排到规划污水处理厂，中途各加一座污水抽升泵站。

6.3 龙子湖地区

区内污水管网分三支，污水排入王新庄污水处理厂。其中龙子湖外环与龙子湖纵贯一路交口处设一座污水抽升泵站。

6.4 经济开发区

区内污水通过污水管网系统沿第八大街穿过陇海铁路沿衡山路排至王新庄污水处理厂。开发区内污水管网已基本实施。

7 郑东新区雨水管网规划

7.1 起步区

结合郑东新区道路建设同步配套雨水管网系统，将东风渠、金水河、熊耳河、七里河等河道作为城市的雨水排放河道。

7.2 龙湖北区

雨水排放分三部分，就近排入东风渠及龙湖上游的贾鲁支河。

7.3 龙子湖地区

龙子湖地区北部，雨水就近排入贾鲁支河、贾鲁河。

龙子湖地区中部，因现状地面标高低，需分片汇集，加设3座雨水泵站抽升排放到东风渠及贾鲁支河。

龙子湖地区南部，雨水自南向北排入五里河和东风渠。

7.4 经济开发区

7.4.1 航海东路雨水主要排入映月路南干涵，郑尉公路以北地区雨水向东排入潮河。

7.4.2 衡山南路雨水主要排入关山路以东干涵，映月路以北、铁马路以西区域雨水，向北排入铁路边沟。

郑东新区雨水工程规划图

郑东新区集中供热管网规划图

8 郑东新区供热工程规划

本供热工程规划的内容包括龙湖北区、龙子湖地区及龙湖南区的供热规划。开发区已有供热热源及管网，并已实施，故本次规划不单独列出。

8.1 热源规划

规划郑东新区热电厂的规模为1000MW（2×200MW+2×300MW），可为规划区提供60%的热负荷（1663MW），此外在规划区西北角、龙子湖地区大学园区的东部及起步区东南部各设一座5×58MW的集中供热锅炉房。锅炉房在热电厂建成前作为起步区的先期热源，热电厂完全建成后作为热电厂的补充和调峰热源使用。

8.2 供热管网规划

供热管网按照一次规划，分期实施的原则建设。热网尽量布置在热负荷集中的区域，以减少管道长度，减少热损失和压力损失，并尽可能与其他市政管道布置在相同的道路上。供热一次管网热媒为130/65℃高温热水，采用直埋方式敷设至各换热站，由换站内接出供热二次管网，接到各建筑物，二次采用85/60℃低温热水作为热媒。

9 供电工程规划

9.1 电源规划

规划在京珠高速公路以东新建500kV郑东变电站（主变规模3×75万kVa），作为郑东新区的主要电源。同时在京珠高速公路以东规划建设一座热电厂，将为郑东新区电源提供有利支持。

9.2 220kV变电站

规划区内建设9座220kV变电站，总用地面积7.2hm²。每座变电站主变规模3×18万kVa；

9.3 110kV变电站

区内规划新建40座110kV变电站，总用地面积8.26hm²。每座110kV变电站主变最终规模3×4万kVa或3×5万kVa。

在新区中心区、龙湖核心区、商贸街区规划的变电站可与建筑物统一规划建设，或建地下变电站。

9.4 高压线路

220kV变电站形成环网供电，同时保证110kV变电站的电源线路分别来自两个不同的220kV变电站。

区内现状110kV及35kV架空线路近期保留，远期东移至东三环东侧或改为高压电缆地埋敷设。

规划3条高压走廊分别是：

9.4.1 连霍高速公路南侧，高压走廊宽度：东三环以西为180m，东三环以东为120m。

9.4.2 东三环东侧，高压走廊宽度80m。

9.4.3 陇海铁路北侧，高压走廊宽度80m~100m。

区内其他高压线路规划采用电缆隧道或电缆排管敷设。电缆隧道及排管应与相应道路的各种管线统筹考虑。

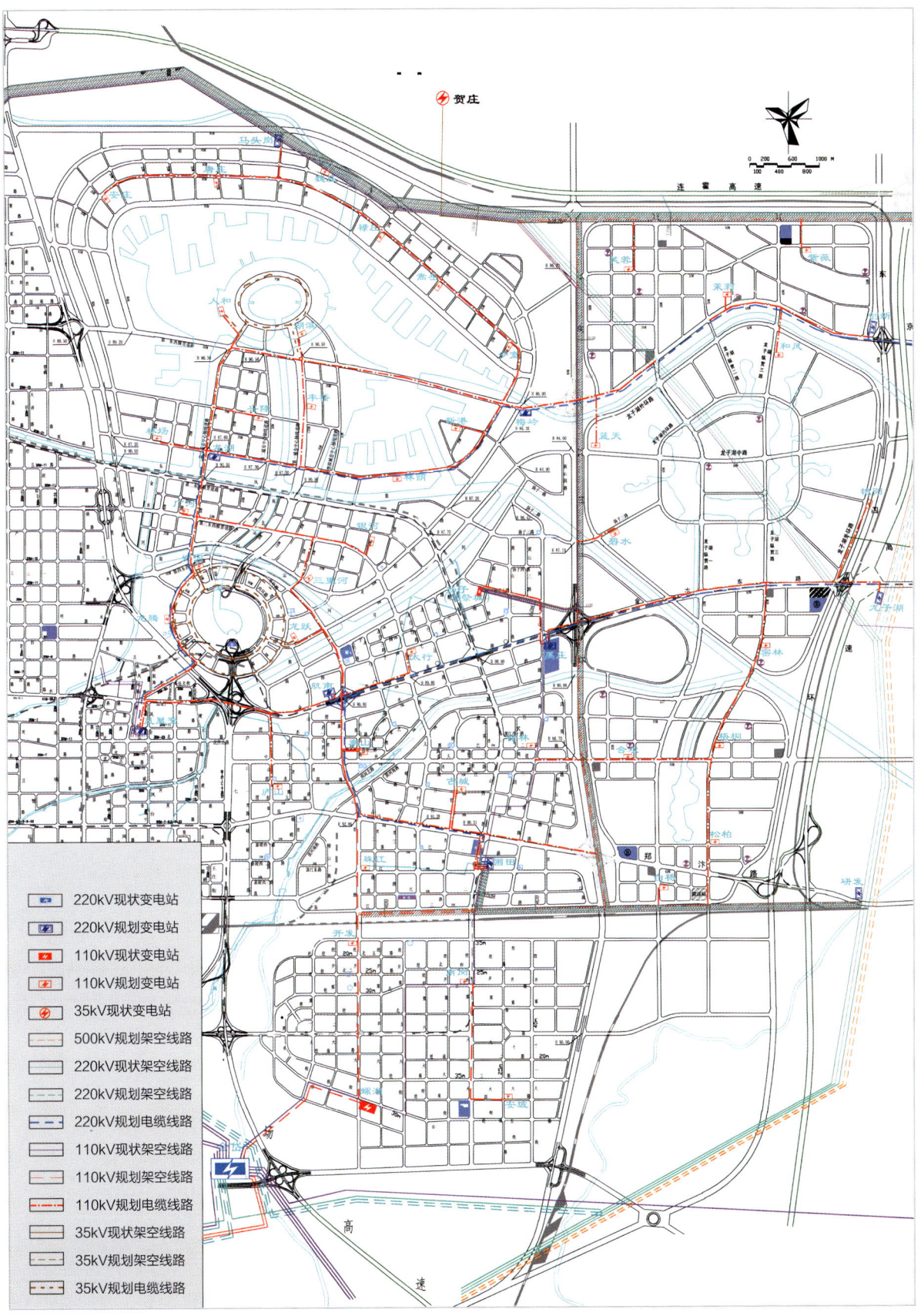

郑东新区供电工程规划图

郑东新区邮电规划图

10 郑东新区电讯工程规划

郑东新区将形成集商贸金融、行政办公等多种功能于一体的新城区，为郑州发展成为国家区域中心城市发挥核心功能，因此加强该地区电讯基础服务设施，利用现代信息技术、建立高效、安全可靠的公共通信平台，对推动郑东新区的发展将起重要作用。

规划采用适度超前的新技术，高起点、高标准地进行该地区的电讯基础设施建设，以适应信息时代的快速发展，推进信息化进程。程控电话普及率按60部/百人，预计规划区内电话交换机总容量为81.1万门。

规划电讯网络服务站16座，集中设置电信、有线电视、宽带网、无线等各种电讯设施。

全面建设宽带信息网络，建立数字化，光纤化城域骨干网，全面采用光纤作为骨干网络传输介质，同时采用先进的宽带交换、传输、接收技术，实现电子政务、远程医疗、视频点播、金融证券等服务，建立共用机房和互联网互通的交换平台，使所有的电讯运营网和ISP、ICP、有线电视传输等成为共用的城域骨干网，为提高资源利用实现三网合一（电话网、有线电视网、计算机网）。

11 邮政工程规划

规划新建17座邮政支局，邮政支局规划建成24小时不间断服务的自助邮局，实现居民24小时内均可自助办理邮政业务，为居民提供高效、快捷的优质服务，届时规划区内将形成完善先进的邮政体系。在积极抓好函件、包件、邮政储蓄、报刊和速递业务的同时，积极开拓邮政邮购、邮政广告、直递包裹等业务，大力发展邮政新业务，利用邮政集物流、资金流、信息流"三网合一"的优势，大力发展电子商务，为社会提供综合服务，满足社会需求。

12 郑东新区燃气规划

12.1 天然气输配压力级制

天然气输配压力级制采用中压A一级供气系统，中压管道规划压力为0.4Mpa（表），用户调压采用调压箱或调压柜。

12.2 调峰

天然气供应的季节调峰由供气上游负担，日、时调峰通过管道储气或储罐储气解决，"西气东输"天然气进入后，可期望从铺设在东三环路的DN500天然气高压管道储存气（1.6Mpa表压）获得补充，进入郑开新门站予以调峰。

起步区已有天然气门站一座，接出中压管道沿金水东路铺设至起步区内环路以及其他道路，中压干管管径为DN300。

龙湖地区和龙子湖地区从郑开新门站（合建站）接出中压管道至东三环路主管道，管径DN500，由东三环路分别向西和向东辐射。

开发区在航海路已铺设天然气东西干管，管径DN500，由此干线向南向北呈枝状辐射供应。

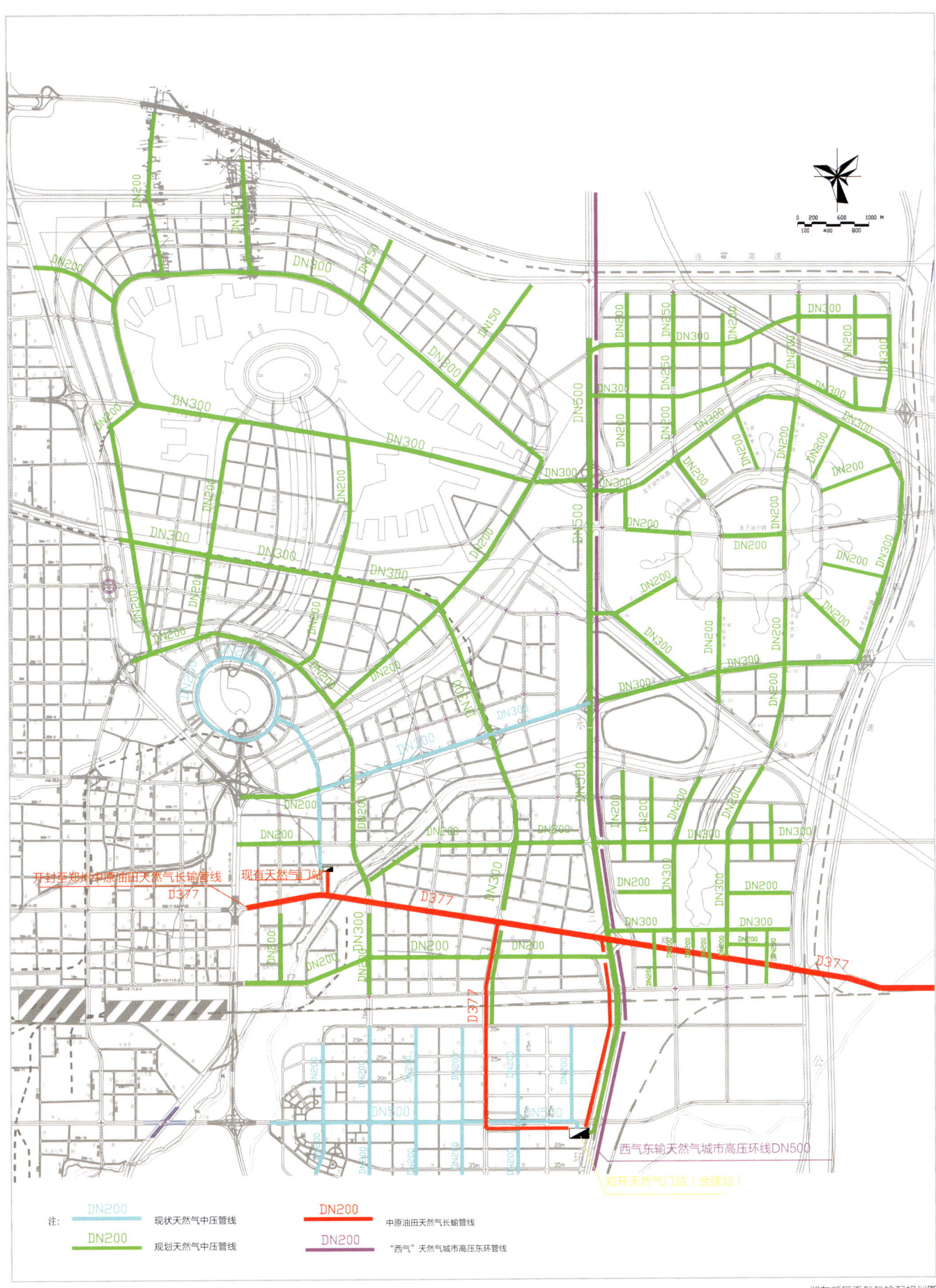

郑东新区天然气输配规划图

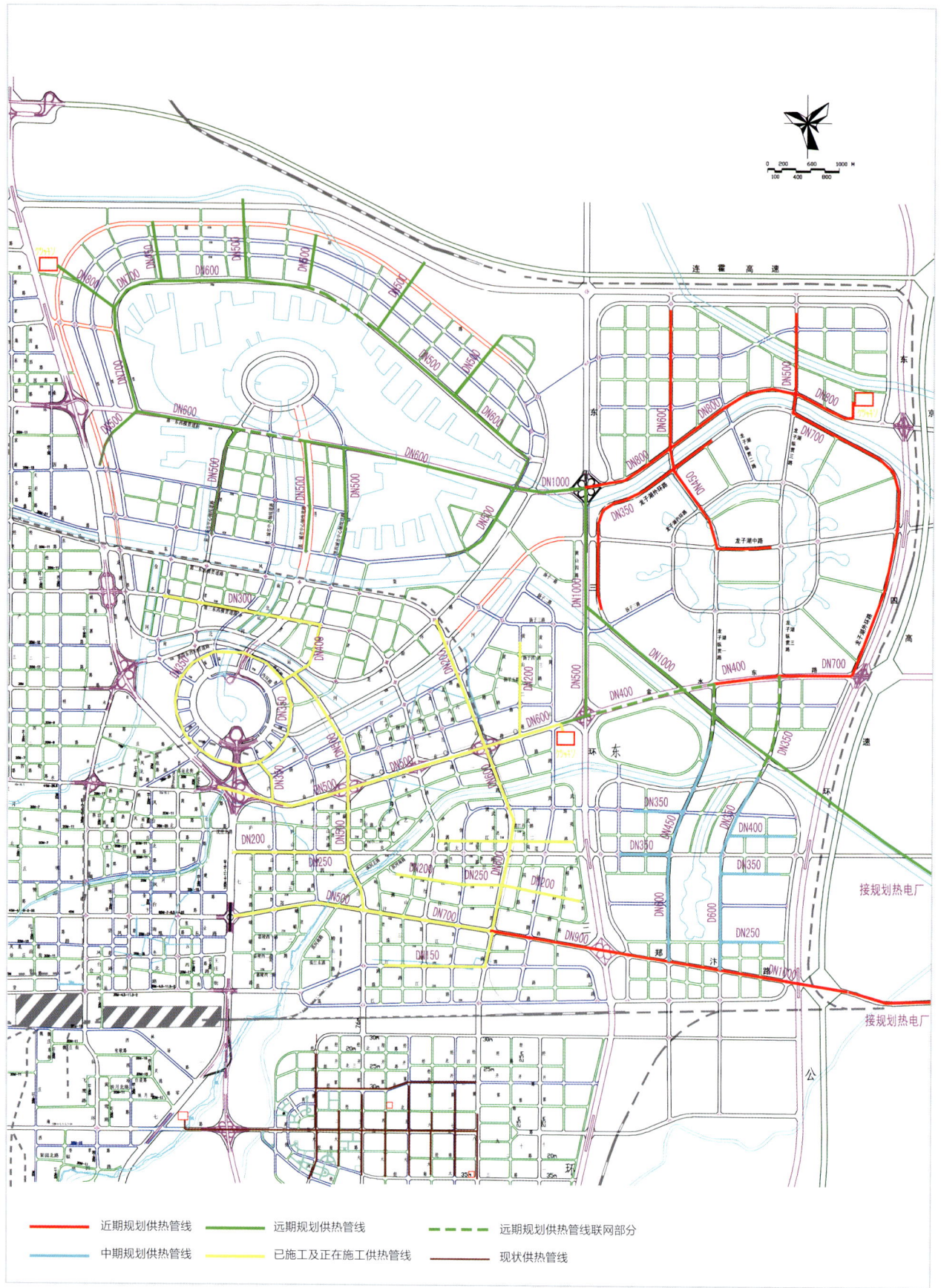

郑东新区集中供热管网规划图

13 郑东新区环境卫生规划

13.1 公共厕所

公共厕所按建设用地3座/km² 设置，全部为一类公厕。

废物箱设置在道路的两旁和路口。废物箱应美观、卫生、耐用，并能防雨、阻燃。

13.2 垃圾转运站

规划近期在郑州市郑东新区对城市垃圾试行袋装化和定点、定时收集，直接运输与转运站转运相结合。远期则逐步采用分类收集方式收运。

根据郑州市郑东新区本身的发展特点，每10km²设置一座。

13.3 垃圾无害化处理场（厂）

规划新建垃圾综合处理场（厂）一座，建于新区的下风向，不占城区建设用地。垃圾综合处理场（厂）包括生活垃圾堆肥处理、卫生填埋场和综合利用，可分期建设。

规划新建生活垃圾焚烧厂一座，建于规划热电联供厂旁边，服务范围为龙子湖地区。

规划新建医疗垃圾焚烧厂一座，建于规划热电联供厂旁边。

13.4 建筑垃圾堆积场

规划新建建筑垃圾堆积场一座，建于垃圾综合处理场（厂）旁。

环境卫生机构及工作场所规划规划设立基层环卫机构20个。

规划近期建设环境卫生停场一个，同时安装必需的修理设备，建成小型环境卫生修造厂。

14 郑东新区防灾规划

14.1 规划原则

规划区消防规划要坚持"预防为主，防消结合"的方针；从实际出发，科学合理规划消防安全保障体系，即要规划解决好当前存在的问题，又要考虑规划建设比较先进的城市消防安全保障体系。

加大高科技含量，装备先进的设备，达到高标准的消防安全水平。

规划本着近、中、远期相结合，全面规划与分步实施相结合，均衡布局与重点布防相结合的原则，使规划具有普遍的指导性和可操作性。

14.2 消防规划

建设消防救护体系，提高规划区消防救灾综合能力。消防责任区按 $4 \sim 7 km^2$ 布置站址，郑东北区及龙子湖设14个消防站，郑东新区起步区设6个消防站，开发区设2个消防站。消防用水由龙湖及龙子湖地区新规划水厂和东周水厂供给，实行消防、生活用水合一的城市供水管网。

建设消防指挥调度中心，配套建设消火栓、消防通道和消防通讯网。火警专线达到两对以上，每个消防中队至少有三辆消防车；

加强消防水源建设，均匀布置消防站点；室外消火栓应沿道路设置，按不大于120m间距设置消火栓，道路宽度超过60m时，在道路两边设置消火栓，并靠近十字路口；龙湖及龙子湖设置供消防车取水的取水口，并保证消防车的吸水高度不超过6m。

规划建筑物严格执行消防条例，确定防火等级，健全消防设施，疏通消防通道。

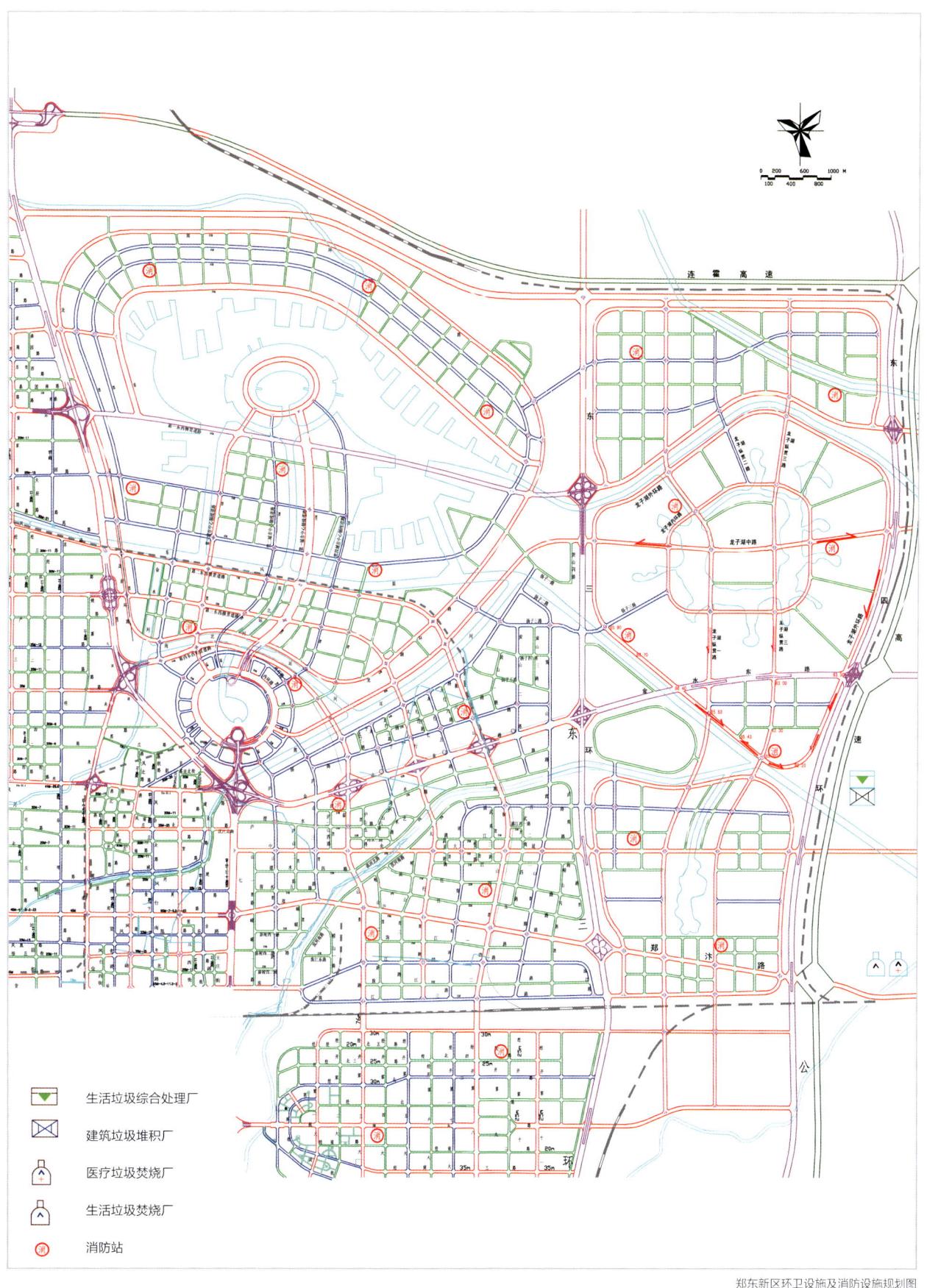

郑东新区环卫设施及消防设施规划图

15 郑东新区管线综合规划

15.1 规划原则

管线综合是根据道路、给水、排水、中水、热力、燃气、电力、通讯等专业规划进行综合。在郑东新区建立完整的基础设施体系，各专业管道位置、埋深、间距均应符合《城市工程管线综合规划规范》（GB 50289-98）的有关规定并满足各专业的规范和技术标准。

15.2 管线平面布置

道路东侧和北侧由外向内布置：电力、燃气、给水。道路西侧和南侧由外向内布置：热力、中水、通信和有线电视用户光缆、污水。这些管线尽量布置在人行道和绿化带下，在管道带较紧张的情况下，通信电缆、给水输水、燃气输气可布置在非机动车道和机动车道下面。由于雨、污水管径比较大，埋设较深，一般均布置在机动车道或非机动车道下。道路红线宽度超过40m的干道宜两侧布置给水配水管线和燃气配气管线；道路红线宽度超过50m的城市干道宜在道路两侧布置排水管线。

道路照明均设在隔离带、人行道或绿化带内。

现状管道与规划管道的衔接：凡在已建成区道路向外延伸的规划管线位置，基本维持原位置不变。

15.3 主要管道走廊

根据郑东新区各专业的管线规划，在干管集中、管线较多的路段，道路红线最好辟出5~10m的管道走廊。

在有条件的情况下，下一阶段道路横断面设计时，最好留出1~2个预留管位。

15.4 管线综合预测

随着今后郑东新区进一步发展，其配套设施会更加完善，所以管道带设计应留有余地，因此在下一阶段规划设计时，各专业设计要统筹安排、考虑发展；道路横断面设计时，预留1~2个管位，在管道较集中的路段专门辟出管道真走廊，今后专业设计应与道路设计同步，以减少横穿管线破路的情况；在确定建筑退线时，尽量留出足够的空间，为管线的发展留有余地。

16 厂站布置原则

规划厂站的选址基本按各专业规划厂站位置进行布局，满足靠近用户、线路短捷、安全卫生、节约用地的原则，尽可能减少对周围环境的影响。各专业站内的庭院布置，建筑绿化等，均要满足总体规划要求。

16.1 天然气储配站及混气站
天然气储配站和混气站属于月生产，应位于区域的边缘，其防护间距一定要保证，可采用绿化等方式减小对周围环境的影响。

16.2 热源厂
热源厂需靠近燃料来源地，为了减小对周围环境的影响，周围可用绿化带进行卫生防护。

16.3 雨污水泵站
雨污水泵站一般占地较小，在保证工艺合理，便于排放的前提下建造在边、角地带，以节省用地。

16.4 净水厂
净水厂应保证其卫生要求，远离污水处理厂站。

16.5 变配电站、电信局
应位于负荷中心，满足线路短捷、经济合理的要求。

16.6 污水处理厂
满足环保及卫生要求，位于规划区边缘、低地段，使管线短捷、降低管线埋深。

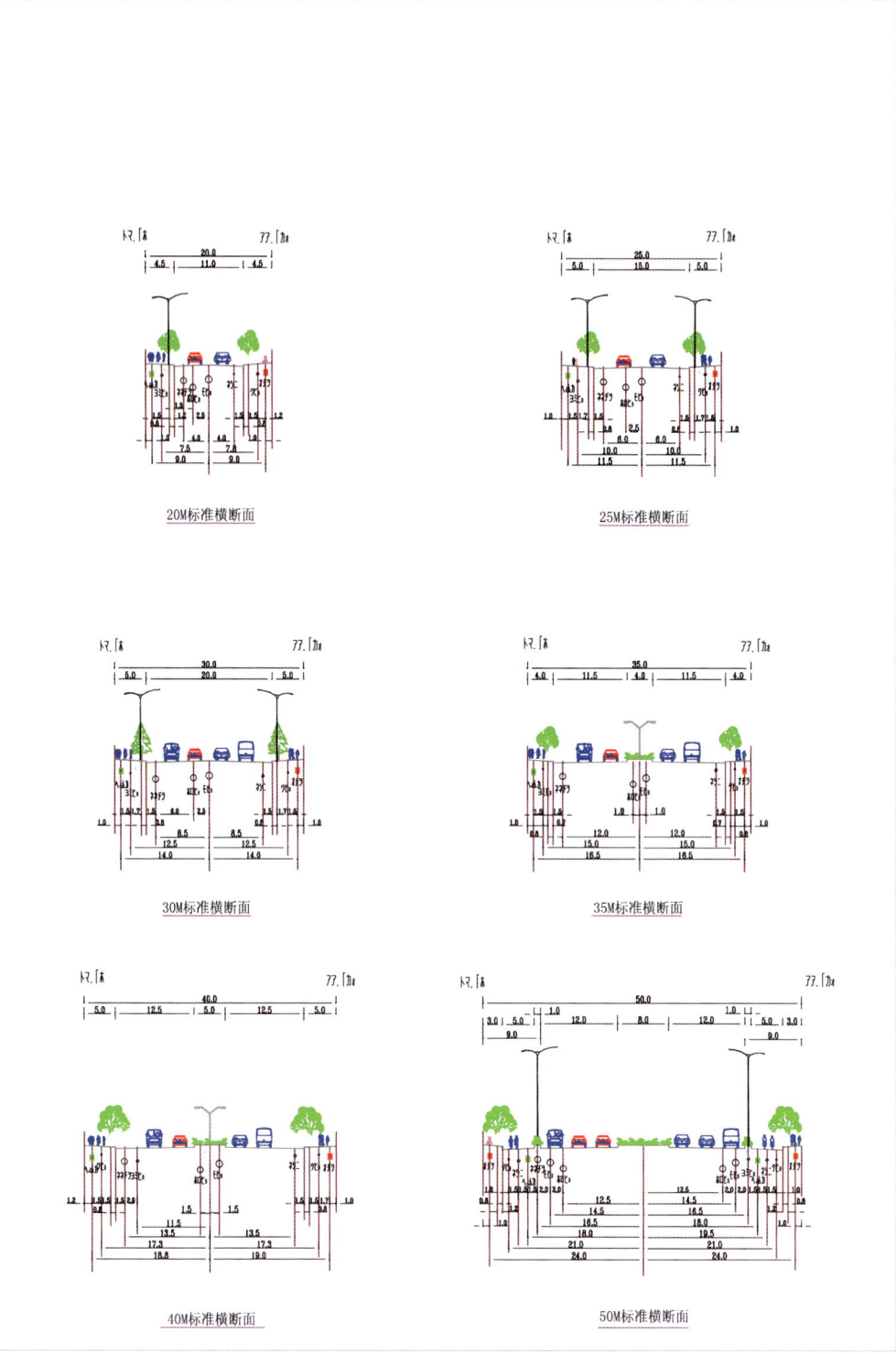

龙湖地区管线标准横断面规划图

17 抗震规划

17.1 规划原则

认真贯彻"预防为主、平震结合、常备不懈"的指导思想，立足抗御中强地震和大震，对地震灾害的预防、抗御和救灾工作，做好充分准备，最大限度地减小地震损失。

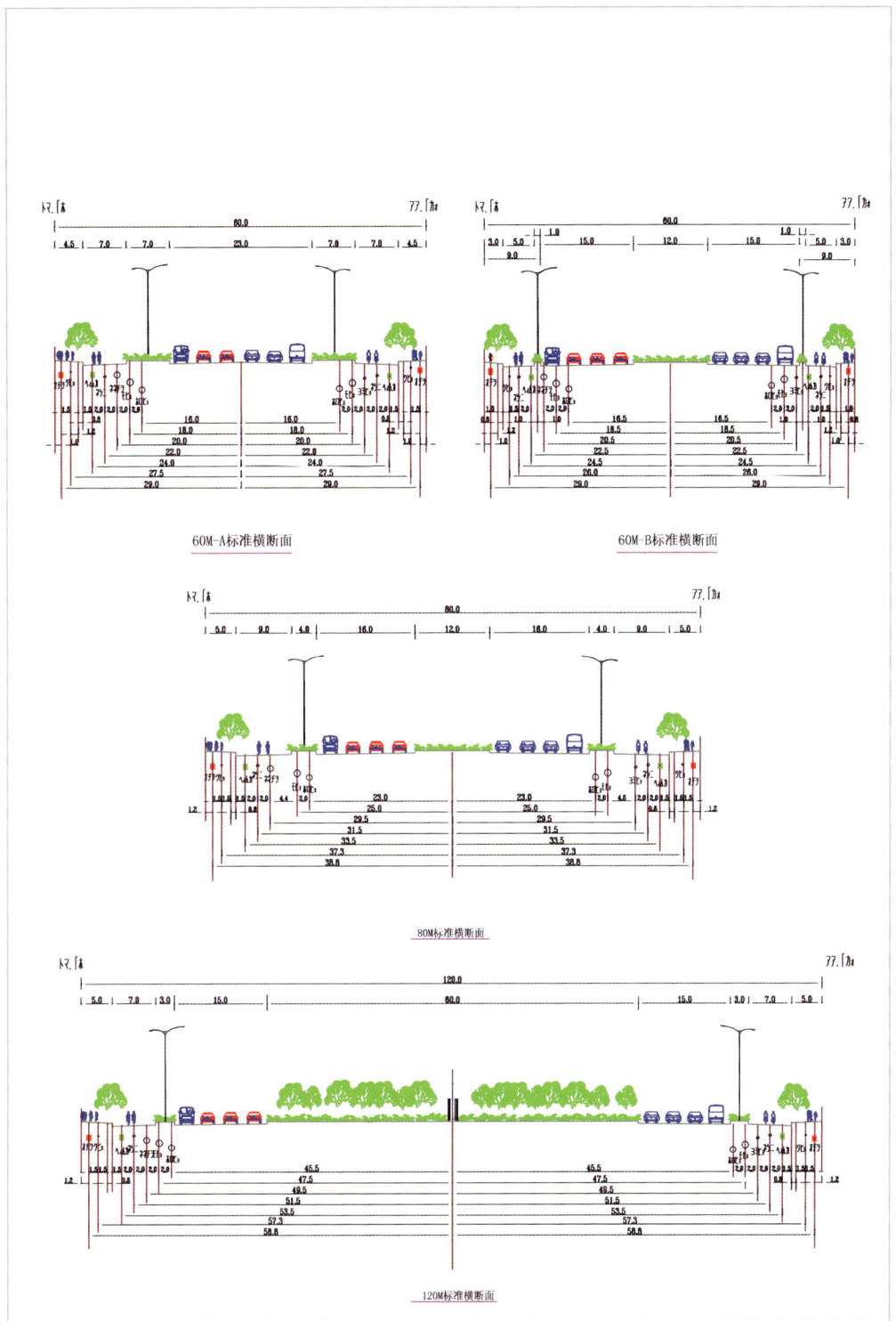

龙湖地区管线标准横断面规划图

根据国家关于城市抗震防灾规划编制工作的文件精神，结合城市总体规划，力求达到规划全面、重点突出，科学性和可能性融为一体。

17.2 防御目标

逐步提高城市的综合抗震能力，保障地震时人民生命财产的安全和经济建设的进行。在遭遇相当于设防烈度的地震影响时，城市生命线系统和重要工程不遭严重破坏，确保大中型企业能正常或很快恢复生产，人民生活不受较大影响，社会秩序很快趋于稳定。

17.3 抗震规划

根据《中国地震裂度区划图》，确定郑东新区为地震裂度VII度区。

按抗震规范《建筑抗震设计规范GBJ11-89》对城市生命线工程，如水厂、变电站、邮电通讯局、政府大楼等比基本裂度提高一度按VIII度设防。抗震指挥中心设在区政府。

新建工程从选址开始就必须符合总体规划和本规划要求，必须严格按照7度设防标准进行设计，任何单位或个人不得随意提高或降低设防标准。对生命线工程和重要建筑，更要严格把好设计质量关，凡不符合设防要求的项目，一律不予审批。

17.3.1 避震疏散规则：新区的公园、广场、停车场、体育场、中小学操场、教育科研用地的活动场地等是震灾时的主要疏散场地。

17.3.2 城市生命线工程防灾规划：规划区的公路、主次干道做为震灾时的疏散通道。新区给水、排水、供电、通讯、交通、医疗救护、粮食供应、仪器供应、消防和灾后指挥部，做为城市抗震重点防护目标，除去规定进行建筑抗震设计外，还应制定应急方案，以保证地震时能正常运行或很快修复。

17.3.3 供水系统

规划要求为了提高抗震能力，对现有的供水系统进行加固处理，提高供水的保障能力。城市新建供水系统应满足抗震能力要求。

17.3.4 供电系统

规划要求尽快对各变电站所有设备进行全面检查，对不符合抗震设防要求的建筑物尽快进行加固，并采取必要的抗震措施。新建变电站应采取必要的抗震措施，符合抗震要求。

17.3.5 医疗卫生系统

规划的医院应满足抗震要求，根据实际情况，分别配备小型发电机和备用水箱。

17.3.6 通讯系统

对各类设备、设施进行抗震性能检查，并根据使用特点采取切实可行的抗震防灾措施。储备一定数量的通信器材，以备震后应急抢险所需。

17.3.7 粮食保障系统

规划要求对仓库进行抗震鉴定，作为成品库使用。对水电设施及消防器材进行定期检查，保证正常使用。

17.3.8 交通运输系统

对主要道路上的桥梁、路堤进行摸底调查，提出加固方案。对火车站的所有设施进行抗震鉴定与加固，并制定应急方案，组织旅客疏散，能尽快恢复运行。

17.3.9 消防系统

在城市的适当位置要设置地下储水池，以备应急时使用。尽快完善消防管线建设，增加消火栓数量。对消防车库进行加固，提高抗震能力。

17.3.10 次生灾害防御

城市遭遇地震（尤其是强震）袭击时，建筑、设施和设备的倒塌或严重破坏常会导致火灾、爆炸、有毒物质的泄漏、污染等次生灾害发生，危害可能超过原生地震危害，因此，必须采取有效措施积极预防。次生灾害防御对策：在加强现有消防力量的同时，要配备消防器械，加强专业训练，定期演练，提高自救能力。

后记
Postscript

  总体发展概念规划是指导一个区域或城市发展的纲领性文件,是政府实施宏观调控的重要手段之一。其主要任务是确定区域或城市的宏观发展方向,寻求合理的空间发展模式和用地布局,完善配套设施,综合研究生态环境、交通组织、整体空间形象等问题。

  2001年,为实施中心城市带动战略,加快中原崛起,河南省、郑州市两级政府经过综合考虑,决定对郑东新区进行综合研究、统一规划、分期开发。为使开发建设有高起点、高品位、高标准的规划设计作为蓝图,郑州市采取了国际招投标方式,邀请了澳大利亚COX、法国夏氏、美国SASAKI、日本黑川纪章、新加坡PWD、中国城市规划设计研究院共六家单位进行了规划方案国际征集。经过专家评审,日本黑川纪章建筑·都市设计事务所的规划方案以先进的理念和独具魅力的设计获得一致好评并取得第一名。之后,设计单位又对规划方案进行了深化和完善,编制了控制性详细规划,对重点开发地区提出了城市设计导则。

  郑东新区规划设计的国际征集活动,引起了政府相关部门、专业人士,甚至普通市民的广泛关注,甚至产生了一些争论。有鉴于此,《郑东新区总体规划篇》作为《郑州市郑东新区城市规划与建筑设计》系列丛书的重要组成部分,详细介绍了此次国际征集活动的全过程,包括国际征集文件、六家设计单位的规划设计方案、评审会纪要及后期的修改、深化等。以期使读者对总体概念规划有一个较为全面的认识,并了解六家设计方案各自的特点及存在的问题。专业人员也可从自身的研究领域出发,来发现、甄别各个方案的优缺点。